U0287655

中国城市发展报告

（2023/2024）

主编单位

中 国 市 长 协 会

国际欧亚科学院中国科学中心

中国城市规划设计研究院

《中国城市发展报告》编委会　编

中国城市出版社

图书在版编目（CIP）数据

中国城市发展报告 . 2023/2024 /《中国城市发展报告》编委会编 . -- 北京：中国城市出版社，2024.10.

ISBN 978-7-5074-3763-8

Ⅰ. F299.21

中国国家版本馆 CIP 数据核字第 202458D8T8 号

责任编辑：陈夕涛　徐昌强　李　东
责任校对：赵　力

中国城市发展报告（2023/2024）

主编单位

中 国 市 长 协 会
国际欧亚科学院中国科学中心
中 国 城 市 规 划 设 计 研 究 院
《中国城市发展报告》编委会　编

*

中国城市出版社出版、发行（北京海淀三里河路9号）
各地新华书店、建筑书店经销
华之逸品书装设计制版
北京中科印刷有限公司印刷

*

开本：880毫米×1230毫米　1/16　印张：25¾　字数：607千字
2024年10月第一版　　2024年10月第一次印刷
定价：**198.00**元

ISBN 978-7-5074-3763-8
（904787）

《中国城市发展报告（2023/2024）》
机构组成名单

协编单位：（排名不分先后）

清华大学建筑学院

中国城市科学研究会

中国城市规划学会

中国城市经济学会

中山大学城市与区域研究中心

中国科学院地理科学与资源研究所

国家遥感应用工程技术研究中心

广东工业大学

住房和城乡建设部政策研究中心

序　言

蒋正华

（第九、十届全国人大常委会副委员长，国际欧亚科学院中国科学中心主席）

新一期《中国城市发展报告》即将与读者见面了。

作为中国城市发展的综合性报告，此版报告以"美丽中国，宜居城市"为主题，在涵盖2023年中国城市发展连续性的同时，进一步扩展视角，新增历史文化保护的内容，凸显对城市经济转型的认识，将城市落实到"人"，将发展回归人本，特别是对数字经济、低碳转型条件下的城市发展规律作出了新的概括。此版报告将实践总结、样本剖析、专家识见、理论探索融为一炉，对城市各级领导者、各类学术工作者、高校师生和社会各界会有较大的帮助。

2024年7月举行的党的二十届三中全会，开启了进一步全面深化改革的新征程，实现了改革全面性、改革实践性、改革目的性的新飞跃，这为中国式现代化提供了强大的新动能。党的二十届三中全会审议通过的《中共中央关于进一步全面深化改革　推进中国式现代化的决定》，紧紧围绕推进中国式现代化这个主题谋划和部署改革，谋强国复兴伟业，布中国式现代化大局，立党长期执政、国家长治久安之基，闪烁着马克思主义真理的光辉，是将改革进行到底的动员令，是进一步全面深化改革的路线图。党的二十届三中全会决定对以中国式现代化全面推进强国建设、民族复兴伟业具有重大而深远的意义。它既指明了中国发展的康庄大道，也揭示了人类进步的深层规律。

城市发展如何全面落实党的二十届三中全会的决定，是摆在我们面前的宏大课题。近代以来，城市就是经济和社会发展的强大引擎，城市化率也成为现代化程度的重要指标。改革开放以来，我们的城市化率以每年一个百分比的速度提升，全世界公认这是世界上最大规模的城市化。我们也要看到，同样的城市化在不同的国家、不同的历史时期会有不同的表现形式。中国式城市化是中国式现代化的重要内容。如何贯彻新发展理念、如何让我们城市发展

"稳"的基础更扎实，"进"的功能更充沛，"活"的品质更鲜明，"富"的门路更开阔，"美"的展现更精彩，这是艰巨的任务，也是神圣的使命。

每一位城市领导者，每一位城市学术研究者，每一位热心城市发展的读者，从现在起到2035年再到2049年，这确实是我们倾注真情实感，奉献真才实学，践行真抓实干的10年和25年，期待着我们共同努力！期待《中国城市发展报告》越办越好！

目　录

综论篇

2023年中国城市发展综述 ………………………………………………（3）

　　一、城镇化与城市发展基本数据 ………………………………………（3）

　　二、疫后经济复苏与发展新质生产力 …………………………………（7）

　　三、以人为核心的新型城镇化 …………………………………………（9）

　　四、宜居、韧性、智慧城市 ……………………………………………（12）

　　五、美丽中国建设与绿色发展 …………………………………………（15）

　　六、结语 …………………………………………………………………（17）

An Introduction of Urban Development in China：2023 …………（18）

　　Ⅰ. Basic Data about Urbanization and City Development …………（19）

　　Ⅱ. Post-pandemic Economic Recovery and Developing New Quality
　　　　Productive Forces ………………………………………………（24）

　　Ⅲ. People-centered New Urbanization ………………………………（28）

　　Ⅳ. Livable，Resilient，and Smart Cities ……………………………（33）

　　Ⅴ. Beautiful China Initiative and Green Development ………………（39）

　　Ⅵ. Epilogue ………………………………………………………………（42）

2023年中国城市发展十大事件 …………………………………………（44）

　　一、《习近平关于城市工作论述摘编》出版 …………………………（44）

　　二、国家加快推进城市"三大工程"建设 ……………………………（45）

　　三、中共中央、国务院表彰2023年度国家科学技术奖 ………………（46）

　　四、首届全球可持续发展城市奖在上海颁奖 …………………………（47）

　　五、国务院印发《全国城镇燃气安全专项整治工作方案》…………（47）

六、国家大力推动城市文化旅游高质量发展 ………………………………（48）

七、全面开展城市体检有序推进城市更新工作 ……………………………（49）

八、中国宣布支持高质量共建"一带一路"的八项行动 …………………（50）

九、第19届亚运会在杭州市隆重举行 ………………………………………（51）

十、国家发布关于促进民营经济发展壮大的意见 …………………………（52）

2023年中国城市住房和房地产发展概述 …………………………………（53）

一、房地产市场稳定恢复，供需两端优化政策陆续落地 …………………（53）

二、住房保障力度加大，保障房建设进一步加快 …………………………（58）

三、住房公积金制度持续优化，更加注重提质增效 ………………………（59）

四、打造老旧小区改造"升级版"，一体推进"四好"建设 ……………（61）

2023年中国城市交通发展概述 ……………………………………………（64）

一、区域与城市交通发展态势 ………………………………………………（64）

二、城市交通设施建设趋势 …………………………………………………（66）

三、城市交通服务与低碳发展 ………………………………………………（69）

四、结语 ………………………………………………………………………（71）

2023年中国城市市政基础设施发展概述 ………………………………（72）

一、推进城市体检与老旧基础设施改造 ……………………………………（72）

二、坚守基础设施安全底线 …………………………………………………（73）

三、持续提升人民群众切身福祉 ……………………………………………（75）

四、推动城市绿色低碳发展 …………………………………………………（76）

五、基础设施投资结构持续优化 ……………………………………………（77）

2023年中国城市信息化发展概述 ………………………………………（78）

一、数字新基建推动城市信息化高质量发展 ………………………………（78）

二、新技术集成应用深化新型智慧城市建设 ………………………………（80）

三、人工智能发展推动智慧城市新趋势 ……………………………………（84）

2023年中国城市服务业发展概述 ………………………………………（86）

一、服务业成为城市经济复苏的"主引擎" ………………………………（86）

二、构建城市服务业新体系 …………………………………………………（88）

三、提升城市现代服务业与先进制造业融合强度 …………………………（89）

四、增强城市服务业扩大开放力度 …………………………………………（91）

五、激发城市服务业集聚效应 ………………………………………………（92）

六、推动城市家政服务提质扩容 ……………………………………（93）

2023年中国城市治理发展概述 ……………………………………（95）
一、统筹发展和安全，全面提升城市安全韧性 ……………………（95）
二、坚持人民理念，扎实有序推进城市更新 ………………………（97）
三、强化数字赋能，探索城市智能治理模式 ………………………（99）
四、加强多元协同，健全共建共治共享治理制度 …………………（99）

2023年中国城乡历史文化保护传承发展概述 …………………（102）
一、持续摸清家底，开展历史文化资源普查认定工作 ……………（102）
二、创新理念思路，保护传承手段方法不断提升 …………………（103）
三、以人民为中心，推动科学保护修缮与活化利用 ………………（104）
四、完善制度机制，不断强化保护管理和监督检查 ………………（105）
五、扩大宣传力度，加强学术创新与优秀经验总结推广 …………（107）

论坛篇

扎实做好新时代城乡历史文化保护传承工作 …………………（111）
一、深入学习领会习近平总书记关于加强城乡历史文化保护传承的
重要论述精神 ……………………………………………………（111）
二、新时代我国城乡历史文化保护传承工作取得显著成效 ………（112）
三、切实在城乡建设中加强历史文化保护传承工作 ………………（114）

新质生产力发展与新型城镇化建设的相互影响机理及趋势研判 ……（116）
一、新质生产力与新型城镇化的内涵和特征 ………………………（116）
二、新质生产力发展与新型城镇化建设的相互影响机理 …………（119）
三、新质生产力发展与新型城镇化建设相互作用的趋势研判 ……（123）

基于大数据的城市规划与管理 …………………………………（125）
一、数字变革的时代 …………………………………………………（125）
二、数字时代的城市科学 ……………………………………………（126）
三、城市大数据分析与数据增强设计 ………………………………（126）
四、关于规划大模型的一点思考 ……………………………………（128）

城市基础设施社区化与城市高质量发展 ································ （130）

　　一、何谓经济类＋社会类＋生态类"三位一体"的城市基础设施建设新体系 ········ （130）

　　二、何谓XOD＋PPP＋EPC"三位一体"的城市基础设施建设新模式 ········· （131）

　　三、何谓"十圈十美"的城市基础设施社区化 ·························· （133）

中国城乡能源供给系统的低碳路径 ······························ （135）

　　一、全面电气化的可能性和全面电气化之后的能源需求预测 ··········· （136）

　　二、零碳电力系统 ·· （137）

　　三、零碳热力供给系统 ·· （139）

　　四、零碳燃料供给系统 ·· （141）

　　五、农村的新型能源系统建设 ·································· （141）

　　六、政策机制建议 ·· （142）

新阶段中国城市发展的特征、挑战与建议 ······················ （144）

　　一、中国城市发展的新阶段特征 ································ （144）

　　二、新阶段下中国城市发展面临的挑战 ·························· （147）

　　三、中国城市高质量发展的方向与行动建议 ······················ （149）

专题篇

中国人口负增长对城市发展的影响及应对 ······················ （155）

　　一、当前及未来一个时期中国人口负增长态势 ···················· （155）

　　二、中国超大城市人口发展态势和国际主要做法 ·················· （158）

　　三、中国人口负增长对城市发展的影响 ·························· （159）

　　四、新时代促进城市可持续发展的建议 ·························· （161）

健康城市与后疫情时代的机遇与挑战 ·························· （163）

　　一、市域层面建成环境的机遇与挑战 ···························· （163）

　　二、城区层面建成环境的机遇与挑战 ···························· （165）

　　三、社区层面建成环境的机遇与挑战 ···························· （167）

　　四、结语 ·· （168）

城市建成环境适老化改造的现状问题、发展趋势和对策建议 ········ （171）

　　一、推进适老化改造工作的必要性 ······························ （171）

　　二、开展适老化改造的重要意义 ································ （172）

三、城市建成环境适老化改造的对策建议 ……………………（174）

四、结语 ……………………………………………………………（177）

疫后城市旅游发展分析与趋势预判 ……………………………（179）

一、城市旅游定义与概况 …………………………………………（179）

二、城市旅游疫情影响与疫后复苏 ………………………………（181）

三、疫后城市旅游发展趋势预判 …………………………………（183）

四、我国城市旅游发展潜力分析 …………………………………（184）

五、结论和建议 ……………………………………………………（186）

国家低碳城市试点工作阶段评估：成效与问题及对策建议 …（189）

一、国家低碳城市试点的背景 ……………………………………（189）

二、低碳城市试点工作的指导思想、任务与内容 ………………（190）

三、低碳城市试点工作的进展评估 ………………………………（192）

四、试点工作存在的问题与对策建议 ……………………………（194）

观察篇

2023年中国市长协会舆情观察 ………………………………（201）

一、舆情综述 ………………………………………………………（201）

二、招商旅游舆情分析 ……………………………………………（204）

三、安全维稳舆情分析 ……………………………………………（206）

四、改革舆情分析 …………………………………………………（207）

五、脱贫攻坚舆情分析 ……………………………………………（208）

六、教育舆情分析 …………………………………………………（210）

七、疫情防控舆情分析 ……………………………………………（211）

八、反腐倡廉舆情分析 ……………………………………………（212）

九、环保舆情分析 …………………………………………………（214）

十、智慧城市舆情分析 ……………………………………………（215）

十一、节能降碳舆情分析 …………………………………………（217）

十二、全面小康舆情分析 …………………………………………（218）

十三、城市经济舆情分析 …………………………………………（219）

智慧城市的催化剂：人工智能对城市发展的机遇与挑战 ……（221）

一、引言 ……………………………………………………………（221）

二、智慧城市与人工智能技术概述 ……………………………………（221）

三、人工智能在城市发展中的机遇与挑战 ………………………………（222）

四、人工智能技术应用实践案例 …………………………………………（225）

五、人工智能与城市发展的展望与应对 …………………………………（227）

六、结语 ……………………………………………………………………（228）

韧性城市视角下城市自然灾害防控 ……………………………………（229）

一、韧性城市对城市建设和管理工作的要求 ……………………………（229）

二、城市典型自然灾害和次生灾害 ………………………………………（231）

三、适应韧性城市建设的城市自然灾害防控 ……………………………（234）

长三角地区碳排放观察和对策建议 ……………………………………（238）

一、区域尺度：长三角碳排放总量与特征 ………………………………（238）

二、城市尺度：长三角城市碳排放格局 …………………………………（239）

三、长三角碳排放变化与趋势判断 ………………………………………（240）

四、长三角绿色低碳发展路径建议 ………………………………………（243）

大型纪录片《文脉春秋》中的国家历史文化名城观察 ………………（247）

一、创新宣传方式，让历史文化保护工作深入人心 ……………………（247）

二、归纳保护传承好经验好做法，推广正确保护理念 …………………（249）

三、进一步加大宣传力度，全面扩大社会影响力 ………………………（251）

案例篇

义乌小商品市场

　　——中国式城市化的探索之路 ………………………………………（255）

一、引言 ……………………………………………………………………（255）

二、破冰变革，无中生有的小商品市场 …………………………………（255）

三、贸工联动，蓬勃发展的商贸城市 ……………………………………（258）

四、国贸改革，买卖全球的小商品之都 …………………………………（261）

五、国际义乌，中国式现代化的县域典范 ………………………………（264）

建设"有福之州"的探索与实践 …………………………………………（267）

一、绿色发展转型 …………………………………………………………（268）

二、环境治理保育 …………………………………………………………（270）

三、城市韧性提升 ………………………………………………（272）

四、全民共建共享 ………………………………………………（273）

五、结语 …………………………………………………………（275）

国家级近零碳示范区创建示范

　　——海南博鳌近零碳示范区创建探索与实践 …………（276）

一、示范区创建背景 ……………………………………………（276）

二、示范区创建举措 ……………………………………………（276）

三、示范区创建成效 ……………………………………………（279）

生态立市，文化赋能，创新驱动

　　——宜兴以新动能推动高质量发展的经验做法 …………（281）

一、生态产业化与产业生态化发展兼顾 ………………………（281）

二、文化赋能提升城市竞争力 …………………………………（283）

三、科技创新引领跨越发展 ……………………………………（284）

四、结语 …………………………………………………………（285）

苏州以城市更新行动聚力贡献名城保护发展新样板 ………（286）

一、苏州古城四十年保护历程夯实更新基础 …………………（286）

二、当下苏州古城保护发展面临现实挑战 ……………………（287）

三、苏州启动古城更新的全面探索 ……………………………（288）

四、结语 …………………………………………………………（293）

面向超大城市现代化治理转型的城市体检探索

　　——重庆城市体检实践 ………………………………………（294）

一、健全工作机制，搭建分级分类工作体系 …………………（294）

二、突出民生导向，探索建立全过程公众参与机制 …………（295）

三、加强更新转化，科学制定城市更新行动路径 ……………（296）

四、面向智慧治理，搭建城市体检信息平台 …………………（297）

五、结语 …………………………………………………………（299）

健康城市建设的扬州实践 ……………………………………（301）

一、健康扬州建设的背景与意义 ………………………………（301）

二、健康城市建设的扬州模式 …………………………………（302）

三、健康城市建设的思考 ………………………………………（307）

四、结语 …………………………………………………………（307）

附录篇

附录1　2023年中国城市规划发展大事记 ··（311）

附录2　2023年中国城市规划发展政策法规文件索引 ·······························（335）

附录3　中国城市基本数据（2021年）···（340）

附录4　两会市长声音（节选）···（380）

编后语 ···（389）

综论篇

2023年中国城市发展综述

　　2023年是三年新冠疫情防控转段后经济恢复发展的第一年。面对异常复杂的国际环境和艰巨繁重的改革发展稳定任务，以习近平同志为核心的党中央团结带领全国各族人民，顶住外部压力，克服内部困难，贯彻党的二十大精神，坚持人民至上，着力保障和改善民生，推进强国建设、民族复兴伟业，全面建设社会主义现代化国家迈出坚实步伐。

　　一年来，我国新质生产力加快形成，一批高端化、智能化、绿色化新型支柱产业快速崛起，现代化产业体系更加健全。国内的经济总量超过126万亿元，粮食总产再创新高，就业、物价总体平稳。区域协同发展继续推进，东北全面振兴谱写新篇，雄安新区拔节生长，长江经济带活力脉动，粤港澳大湾区勇立潮头。科技创新实现新突破，神舟十七号载人飞船发射取得圆满成功，国产大飞机C919投入商业运营，国产大型邮轮制造实现"零的突破"，"九章三号"量子计算原型机问世，"奋斗者"号极限深潜。新能源汽车、锂电池、光伏产品给中国制造增添了新亮色。成都大运会和杭州亚运会成功举办，体育健儿再创佳绩。在城乡建设领域，以人民群众安居为基点，推动好房子、好小区、好社区、好城区"四好"建设；稳步实施城市更新行动和乡村建设行动，一大批发展工程、民生工程、安全工程落地见效。

　　在充分肯定成绩的同时，也要清醒看到面临的困难和挑战。我国经济持续回升向好的基础还不稳固，有效需求不足，部分行业产能过剩，社会预期偏弱，风险隐患仍然较多，国内大循环存在堵点，国际循环存在干扰。就业总量压力和结构性矛盾并存，公共服务仍有不少短板。生态环境保护治理任重道远。我们只有直面问题和挑战，凝心聚力、攻坚克难，在中国式现代化的进程中不断取得新的更大成绩。

一、城镇化与城市发展基本数据

1.经济社会发展概况

　　国家统计局初步核算，2023年国内生产总值1 260 582亿元，比上年增长5.2%。其中，第一产业增长4.1%，第二产业增长4.7%，第三产业增长5.8%。第一、二、三产业增加值占国内生产总值的比重为7.1%：38.3%：54.6%。全年人均国内生产总值89 358元，比上年增长5.4%。全员劳动生产率为161 615元/人，比上年提高5.7%。年末全国人口140 967万人，比上年末减少208万人，其中城镇常住人口93 267万人，占总人口比重为66.16%；60

周岁及以上人口 29 697 万，占总人口比重为 21.1%。全年出生人口 902 万人，自然增长率为 -1.48‰。

2023 年，全年全国居民人均可支配收入 39 218 元，扣除价格因素（下同），实际增长 6.1%。按常住地分，城镇居民人均可支配收入 51 821 元，实际增长 4.8%；农村居民人均可支配收入 21 691 元，实际增长 7.6%。城乡居民人均可支配收入比值为 2.39，比上年缩小 0.06。脱贫县农村居民人均可支配收入 16 396 元，实际增长 8.4%。全年全国居民人均消费支出 26 796 元，实际增长 9.0%。按常住地分，城镇居民人均消费支出 32 994 元，实际增长 8.3%；农村居民人均消费支出 18 175 元，实际增长 9.2%。全国居民恩格尔系数为 29.8%，其中城镇为 28.8%，农村为 32.4%。全年居民消费价格比上年上涨 0.2%。

2023 年，全国农民工总量 29 753 万人，比上年增长 0.6%。其中，外出农民工 17 658 万人，增长 2.7%；本地农民工 12 095 万人，下降 2.2%。全国农民工人均月收入 4 780 元，比上年增长 3.6%。年末全国就业人员 74 041 万人，其中城镇就业人员 47 032 万人。全年城镇新增就业 1 244 万人，比上年多增 38 万人。全年全国城镇调查失业率平均值为 5.2%。年末全国城镇调查失业率为 5.1%。年末全国共有 664 万人享受城市最低生活保障［平均标准 785.9 元/（人·月）］，3399 万人享受农村最低生活保障［平均标准 621.3 元/（人·月）］，435 万人享受农村特困人员救助供养。

全国和重点城市规划实施情况年度体检评估显示：2023 年耕地和永久基本农田面积分别保持在 18.65 亿亩和 15.46 亿亩以上，全国生态保护红线面积稳定在 315 万平方公里以上。组织全国 683 个城市基于全国国土调查成果，在标准化的城市化统计区范围内，首次精准确定城区实体地域总面积 7.8 万平方公里。2023 年，全国批准建设用地面积 45.6 万公顷，同比下降 0.9%。其中，占用耕地 12.7 万公顷，同比下降 23.1%；批准城镇村建设用地 20.0 万公顷，同比下降 0.7%。全年全国国有建设用地供应总量 74.9 万公顷，比上年下降 2.1%。其中，工矿仓储用地 17.5 万公顷，下降 11.9%；房地产用地 8.4 万公顷，下降 23.3%；基础设施用地 49.0 万公顷，增长 7.2%。全年出让国有建设用地 25.5 万公顷，同比下降 17.1%；出让成交价款 5.1 万亿元，同比下降 16.4%。

2023 年，全国全年房地产开发投资 110 913 亿元，比上年下降 9.6%。房屋新开工面积 95 376 万平方米，比上年减少 20.4%；其中住宅 69 286 万平方米，比上年减少 20.9%。新建商品房销售面积 111 735 万平方米。二手房交易网签面积 70 882 万平方米。年末新建商品房待售面积 67 295 万平方米，其中商品住宅待售面积 33 119 万平方米。全年全国各类棚户区改造开工 159 万套，基本建成 193 万套；保障性租赁住房开工建设和筹集 213 万套（间）。新开工改造城镇老旧小区 5.37 万个，涉及居民 897 万户。年末全国私人轿车保有量 17 541 万辆，比上年增加 856 万辆。

2. 市级行政区划调整

民政部统计，2023 年末全国有设市城市 694 个；其中直辖市 4 个，副省级市（中央计划单列）15 个，地级市 278 个，县级市 397 个，市辖区 977 个；县（旗）合计 1 468 个；建制镇

21 421个，乡8 190个，街道办事处9 045个。

2023年，全国设市城市建制调整变动如下：

经国务院批准，新疆维吾尔自治区设立县级白杨市，由新疆维吾尔自治区直辖；西藏自治区撤销错那县，设立县级错那市，山南市代管；西藏自治区撤销米林县，设立县级米林市，林芝市代管。

国务院批复同意将云南省剑川县、福建省莆田市列为国家历史文化名城。至2023年末，全国共有国家历史文化名城142个，中国历史文化名镇312个，中国历史文化名村487个，中国传统村落8 155个，划定历史文化街区1 200余片，确定历史建筑6.72万处。

2023年6月，国务院同意新疆维吾尔自治区阿克苏阿拉尔高新技术产业开发区升级为国家高新技术产业开发区，定名为阿克苏阿拉尔高新技术产业开发区，实行现行的国家高新技术产业开发区政策。

截至2023年12月，全国共有国家高新区178家，实现园区生产总值18万亿元，占全国GDP比重约14%；国家高新区集聚了全国约30%的高新技术企业、40%的专精特新"小巨人"企业和60%的科创板上市企业。

3.城市（城区）建设

住房城乡建设部统计，2022年末，全国城市城区人口5.65亿人，其中城区暂住人口9 486万，城市建成区面积63 676平方公里。

2022年，全国市政设施固定资产投资完成22 310亿元，同比下降3.13%，占同期全社会固定资产投资比重为3.85%；其中，道路桥梁、轨道交通、排水（含污水处理及其再生利用）和园林绿化投资分别占38.4%、22.7%、10.1%和6.4%。

2022年，全国城市用水人口56 142万人，人均日生活用水量184.73升，供水普及率99.39%；城市用燃气人口55 393万人，燃气普及率98.06%，其中管道燃气普及率81.54%；城市集中供热面积111.25亿平方米，同比增长4.92%；城市道路长度55.22万公里，城市人均道路面积19.28平方米。

2022年末，全国共有城市污水处理厂2 894座，污水处理率98.11%，城市生活污水集中收集率70.06%；城市生活垃圾无害化处理场（厂）1 399座，生活垃圾无害化处理率99.90%，其中焚烧处理能力占72.53%；城市道路清扫保洁面积108.18亿平方米，机械清扫率80.13%；清运生活垃圾24 445万吨。全国有城市公园24 841个，公园占地面积6 728平方公里；城市建成区绿地率39.29%，人均公园绿地面积15.29平方米。

生态环境部统计，2022年全国339个地级及以上城市（以下简称339个城市）中，213个城市环境空气质量达标，占62.8%；126个城市环境空气质量超标，占37.2%。339个城市环境空气质量优良天数比例平均为86.5%，比2021年下降1.0个百分点。2022年，全国酸雨区面积约48.4万平方公里，占陆域国土面积的5.0%，比2021年上升1.2个百分点；其中较重酸雨区面积占0.07%，无重酸雨区。全国监测降水的468个城市（区、县）酸雨频率平均为9.4%，出现酸雨的城市比例为33.8%，比2021年上升3.0个百分点。2022年，全国地表水监测的 3 629 个国控断面中，Ⅰ–Ⅲ类水质断面占 87.9%，比 2021 年上升 3.0 个百分点；劣Ⅴ类水质断面占 0.7%，比 2021 年下降 0.5 个百分点。主要污染指标为化学需氧量、高锰酸盐指数和总磷。2022 年，全国地级及以上城市共 7 万余个城市声环境监测点位开展监测。城市区域昼间等效声级平均值为 54.0 分贝，与 2021 年相比基本保持稳定。城市区域声环境总体水平为一级的城市占 5.0%，二级的城市占 66.3%，三级的城市占 27.2%，四级的城市占 1.2%，五级的城市占 0.3%。

交通运输部统计，2022 年末全国拥有城市公共汽电车 70.32 万辆，比上年末减少 0.63 万辆，其中纯电动车 45.55 万辆，增加 3.59 万辆，占公共汽电车比重为 64.8%、提高 5.6 个百分点。拥有城市轨道交通配属车辆 6.26 万辆，增加 0.53 万辆。拥有巡游出租汽车 136.20 万辆，减少 2.93 万辆。拥有城市客运轮渡船舶 183 艘。年末全国城市公共汽电车运营线路 7.80 万条，比上年末增加 0.23 万条，运营线路总长度 166.45 万公里、增加 7.07 万公里，其中公交专用车道 1.99 万公里、增加 0.16 万公里。城市轨道交通运营线路 292 条、增加 17 条，运营里程 9 554.6 公里、增加 819 公里，其中地铁线路 240 条、8 448.1 公里，轻轨线路 7 条、263 公里。城市客运轮渡运营航线 79 条、减少 5 条，运营航线总长度 334.6 公里、减少 41.7 公里。全年完成城市客运量 755.11 亿人，比上年下降 24.0%。

4.县城建设

住房城乡建设部据国内 1 481 个县统计汇总，2022 年末，县城户籍人口 13 836 万人，暂住人口 1 773 万人，建成区面积 21 092 平方公里。全国县城完成市政公用设施固定资产投资 4 290.8 亿元，其中道路桥梁、供水、排水（含污水处理及其再生利用）、园林绿化、市容和环境卫生（含垃圾处理）、集中供热分别占县城市政公用设施固定资产投资的 35.4%、6.7%、18.0%、8.2%、5.2% 和 4.1%。

2022 年，全国县城用水人口 15 275.2 万人，供水普及率 97.86%，人均日生活用水量 137.2 升；用燃气人口 14 264 万人，燃气普及率 91.38%；集中供热面积 20.86 亿平方米；县城道路总长度 16.80 万公里，城市人均道路面积 20.31 平方米。县城共有污水处理厂 1 801 座，污水处理率 96.94%；生活垃圾无害化处理场（厂）1 343 座，全年清运生活垃圾 6 705 万吨。县城建成区绿地率 35.65%，人均公园绿地面积 14.50 平方米。

5.村镇建设

住房城乡建设部据国内 19 245 个建制镇、7 959 个乡和 233.2 万个自然村的统计汇总，2022 年末，全国村镇户籍总人口 95 975 万人，其中建制镇建成区 16 629 万人，乡建成区 2 124 万人，村庄 77 222 万人。建制镇建成区面积 44 230 平方公里，乡建成区面积 5 685 平方公里，村庄建设用地面积 124 907 平方公里。2022 年，全国村镇建设总投资 16 791 亿元，其中住宅建设投资 9 133 亿元，市政公用设施建设投资 4 484 亿元。年末，全国村镇实有住宅建筑面积 342.8 亿平方米；按户籍人口统计，人均住宅建筑面积 35.7 平方米。全国建制镇建成区供水普及率 90.76%，人均日生活用水量 105 升，人均公园绿地面积 2.69 平方米。乡建成区供水普及率84.72%，人均日生活用水量99升，人均公园绿地面积1.82平方米。在建制镇和乡的建成区内，年末实有道路长度56.6万公里，排水管道长度24.1万公里，公共厕所16.21万座。

二、疫后经济复苏与发展新质生产力

2023年，中国不仅有效巩固了抗疫成果，更在疫情防控常态化的背景下，实现了经济的稳步回升和高质量发展。这一年中，中国城市展现了强大的韧性和活力，为构建新发展格局、推动高质量发展奠定了坚实基础。2023年9月，习近平总书记在黑龙江考察调研期间首次提出"新质生产力"，并在2024年1月31日中共中央政治局第十一次集体学习时强调，加快发展新质生产力，扎实推进高质量发展。

1.健全医疗卫生体系

2023年1月8日，我国对新型冠状病毒感染正式从"乙类甲管"转变为"乙类乙管"，防控工作全面进入"保健康、防重症"阶段。经过各方不懈努力，全国不到2个月时间实现了疫情防控平稳转段，新冠及其他传染病疫情形势总体平稳。面对后疫情时代的到来，我国的疾病预防控制工作从应急模式过渡到新冠疫情与其他传染病一同管理的模式，并加快推进地方疾控机构改革。2023年12月，国务院办公厅发布《关于推动疾病预防控制事业高质量发展的指导意见》，提出要系统重塑疾控体系，全面提升疾控专业能力。

2023年末，全国共有医疗卫生机构107.1万个，比2022年增加3.8万个。其中医院3.9万个，比2022年增加2 000个；基层医疗卫生机构101.6万个，比2022年增加3.6万个；专业公共卫生机构1.2万个。基层医疗卫生机构数量有显著提升，有力推动了医疗卫生资源的均等化、普惠化与便捷化布局。2023年12月，全国爱卫办评选出40个全国健康城市建设样板市。排名第一的浙江省湖州市在全国率先开展紧密型城市医疗集团建设，推动优质医疗资源下沉，构建科学有序分级诊疗格局。目前，湖州市县域就诊率和基层就诊率分别稳定在90%和70%以上，老百姓能在家门口享受优质医疗服务。

2.增强经济发展活力

2023年，全国最终消费支出拉动经济增长4.3%，比上年提高3.1%，对经济增长的贡献率是82.5%，提高43.1%，消费的基础性作用更加显著。2023年，服务零售额比上年增长20%，快于商品零售额14.2%；居民人均服务性消费支出增长14.4%，占居民人均消费支出的比重达到45.2%，比上年提升2%。随着经济恢复的基础进一步稳固，就业形势也得到了总体改善，需要更加关注居民收入的稳定增长，这是夯实和提升居民消费能力的基础。各地也更加关注恢复和扩大消费水平，出台了促进消费的系列政策。

2023年，全社会固定资产投资509 708亿元，比上年增长2.8%。东部地区、中部地区、西部地区固定资产投资（不含农户）分别增长4.4%、0.3%、0.1%，东北地区下降1.8%。

第二产业投资规模162 136亿元，比上年增长9.0%，成为稳定经济和带动投资的主要领域。城市基础设施和公共服务的投资保持了稳中有升，电力、热力、燃气及水生产和供应业增长23.0%。房地产开发投资比上年下降9.6%，通过"保交楼"等一系列政策支持，总体避免了房地产市场可能出现的蔓延风险。

我国航空发动机、燃气轮机、第四代核电机组等高端装备研制取得长足进展。新能源汽车、新材料等出口突破1万亿元，高铁、风电、无人机、众多智慧和智能产品的技术水平处于世界领先水平。2023年是中国提出"一带一路"倡议的10周年，中国与"一带一路"国家进出口额194 719亿元，比上年增长2.8%，展现出较强的增长潜力。当然也要看到，在半导体和飞机制造等行业中，中国企业在国内外市场占比小，且高度依赖外国技术。另外，中国高端制造业在沿海地区占比达到72.7%、新兴产业占比达到67.96%，还需要通过进一步优化布局，来降低产业链和供应链潜在的风险。

3.发展新质生产力

随着新一轮科技革命和产业变革的深入推进，大数据、云计算、区块链、人工智能、量子技术等各类新技术不断涌现，极大拓展了生产边界，赋能产业发展。技术基础方面，2023年，我国数字经济核心产业增加值占GDP比重达到10%；数据生产总量达32.85ZB，同比增长22.44%；算力总规模达230EFlops，居全球第二位；移动物联能力持续加强，"物"连接数占比超过"人"连接数。产业应用方面，我国当前已建成近万家智能工厂和数字化车间；国家中小企业数字化转型试点城市创建工作于2023年6月正式启动，苏州、东莞、宁波、厦门、合肥、武汉等30个市（区）成为首批试点；北京、上海、杭州等城市掀起产业大脑、经济大脑建设热潮，服务于产业分析、精准招商、企业服务等应用场景。

2023年，我国战略性新兴产业企业总数已突破200万家，产业总体及重点领域发展均取得显著成效；其中，生物产业（25%）、相关服务业（19%）和新一代信息技术产业（17%）企业数量占比排名前三。新能源汽车市场占有率突破30%，迈入规模化、全球化发展新阶段。

2023年8月，工信部组织开展2023年未来产业创新任务揭榜挂帅工作，面向元宇宙、人形机器人、脑机接口、通用人工智能等4个重点方向，加速新技术、新产品落地应用。目前，全国约有20个省市围绕类脑智能、量子信息、基因技术、未来网络、氢能和储能等布局未来产业。其中，2023年生成式人工智能市场规模约为14.4万亿元，企业采用率已达15%，尤其在制造、零售、电信、医疗健康等方面的应用均取得较快增长。

2023年12月，工信部等八部门印发《关于加快传统制造业转型升级的指导意见》，支持传统产业高端化、智能化、绿色化、融合化发展。在绿色转型方面，国家累计培育绿色工厂3 616家（截至2023年3月），上海制定《上海市发展方式绿色转型促进条例》。在智慧升级方面，工信部制造业数字化转型行动和智能制造工程累计服务工业企业18.3万家，其中数字化研发设计工具普及率达79.6%、关键工序数控化率达62.2%。

4.构建区域与城市科技创新格局

京津冀研发投入强度全国领先，创新策源能力稳步提高；长三角技术合同成交额达1.77万亿，占全国比重近30%，技术转化呈现"总量大、单数多"特征；粤港澳大湾区PCT专利申请量达2.44万件，在全球创新100强科技集群中排名第二；成渝联合共建重点实验室，成都超算中心持续为区域科技创新企业提供算力支持。此外，东西部科技合作机制不断健全，科技援疆、援藏、援青等结对深化，宁夏全国东西部科技合作引领区累计实施近1 700项东西部科技合作项目。

2023年全球科技创新中心100强榜单中，北京、上海、深圳、杭州、广州五城排名进入全球前30，基础研发投入、高技术企业投资均保持较快速增长。以国有资本引领、撬动社会投资为特征的"合肥模式"助力城市打造"芯屏汽合""急终生智"等产业地标，实现战新产业发展和资产保值增值"双赢"。

三、以人为核心的新型城镇化

2023年，国家对城镇化与区域发展提出新要求，各地按照主体功能定位，积极融入和服务构建新发展格局，重点城市群、都市圈、超大特大城市以及县城建设均取得进展。在我国总人口持续负增长背景下，人口区域分化趋势加剧，各地希望通过户籍制度改革为人口流动创造新机遇。

1.人口与就业发展趋势

2023年，全国总人口继续减少的幅度较上年有所扩大。全国出生人口连续下降，总和生育率在1.0左右，在全球主要经济体中排倒数第二，仅略高于韩国。总体来看，全国人口负增长与老龄化相互强化，加速了老龄化与少子化进程。

近年来，我国城区常住人口300万以下城市的落户限制基本取消，300万以上城市的落户条件有序放宽，全国范围已实现户口迁移、首次申领居民身份证和开具户籍类证明"跨省通办"，新生儿入户"跨省通办"实施范围稳步扩大，居民身份证异地受理、挂失申报和丢失招领制度在深入落实，为流动人群节省了大量往返办证时间和经济成本。

2023年，全国31个大城市城镇调查失业率平均值5.4%，较2022年降低0.6%；农民工就业形势持续改善。2023年高校毕业生规模达到1 158万人，同比增加82万人。2023年6月全国城镇16—24岁劳动力调查失业率（包含在校生）达到21.3%，是进行该项统计以来的最高水平。由于招聘需求减弱、毕业生人数增长，区域就业机会和流动意向错配等原因，企业"招工难"和毕业生"就业难"并存的结构性矛盾仍然存在。

2023年，我国具有大学文化程度人口超2.5亿人。16—59岁劳动年龄人口平均受教育年限达11.05年。根据猎聘大数据研究院《全国高校毕业生就业趋势与展望2023》，企业对高学历人才的需求更为迫切，本科生需求占比从2021届的28.8%增长到2023届的42.9%，硕士需求从2.2%增长到6.3%，博士需求占比从0.4%增长至1.4%，大专、大专以下和不限学历的应届生需求占比持续下降。

2.全龄友好城市建设

2023年4月，国家发展改革委发布《中国儿童友好城市发展报告（2023）》；8月，住房城乡建设部等部委联合发布《〈城市儿童友好空间建设导则〉实施手册》，引导各地全面开展友好空间建设工作。11月，国家发展改革委等部委联合发布《城市社区嵌入式服务设施建设工程实施方案》，提出关注"一老一小"设施建设，并选择50个城市开展试点。

2023年10月，深圳举办世界青年发展论坛·青年发展型城市论坛，发布《青年发展型城市建设深圳倡议》，提出推动"城市对青年更友好、青年在城市更有为"。目前全国已有200多座城市提出建设青年发展型城市，共同促进青年高质量发展。

2023年2月，国家卫健委发布《关于开展2023年全国示范性老年友好型社区创建工作的通知》，明确将创建1 000个示范性老年友好型社区。交通部发布《2023年持续提升适老化无障碍交通出行服务工作方案》，明确适老化出行环境建设要求。住房城乡建设部发布《城市居家适老化改造指导手册》，为居家适老化改造提供系统指引。民政部等部门印发《积极发展老年助餐服务行动方案》，明确社区养老服务设施适老化改造标准。

2023年正式施行修订版《中华人民共和国妇女权益保障法》，为妇女全生命周期提供全方位保护。7月，长沙推出"女性友好型城市"建设新举措，引领全国开展女性友好工作。

3.城镇化空间格局与重点地区

2023年，习近平在多地考察中指出，京津冀要在协同发展上迈上新台阶，长三角要在一体化发展方面取得新突破，粤港澳大湾区要成为中国式现代化的引领地，东北要在维护国家安全和全面振兴方面谱写新篇章，长江经济带要在高水平保护上下更大功夫，进一步推动高质量发展。2023年中央经济工作会议强调，充分发挥各地区比较优势，按照主体功能定位，积极融入和服务构建新发展格局。优化重大生产力布局，加强国家战略腹地建设。

2023年，全国常住人口城镇化率比2022年提高0.94%，增长速度较上年有所回升；户籍人口城镇化率2023年达到48.3%，比2020年提高2.9%，与常住人口城镇化率的差距从2020年的18.49%缩小到17.86%。省会城市成为人口增长"主力军"。中西部省份人口向东部流动趋势明显，河南、湖南、甘肃、重庆等中西部省市人口减少规模较大，东北三省人口持续减少，浙江、广东、海南等地人口增幅突出，人口加速向大城市、东部地区集中。

2023年，长三角、珠三角、成渝、中原等城市群人口显著增长，合肥、郑州人口分别增长21.9万、18万，杭州、成都、深圳、上海等城市人口增长均超过10万人，位居全国前列。根据世界知识产权组织（WIPO）发布的《2023年全球创新指数（GII）报告》，深圳—香港—广州、北京、上海—苏州集群进入全球前5，南京、武汉、杭州、西安等城市创新集群也进入全球前20。

4.现代化都市圈建设

截至2023年，获国家发展改革委批复的都市圈共14个，其中2023年获批7个，2021年和2022年分别获批3个和4个。

都市圈的加速设立响应了"十四五"规划中"发展壮大城市群和都市圈"的战略要求。一是经济总量持续扩张，且发展质量较高、动力较强。以南京都市圈为例，2023年实现地区生产总值5.1万亿，较2022年增长2 000亿；都市圈的8市2县（区）中，有9地的规上工业增加值增幅高于全国平均水平，7地投资增速快于全国。二是以统筹资源、错位发展、深度融合为导向，城市间产业分工协作水平不断提升。以成都都市圈为例，2023年新型显示等9条重点产业链跨市域协作配套企业增至1 551家，同比增加3.3%。三是基础设施"硬联通"加速推进，公服设施走入共建共享时代。2023年郑州都市圈首条市域铁路开通运行，更好地满足了区域内"一小时通勤"需求；成都都市圈异地就医直接结算541.8万人次，同比增长44.4%。

都市圈在快速发展的同时，依然面临着一些问题和挑战。为真正实现区域的协同互补和高质量发展，行政壁垒仍需进一步消除，以强化区域间的机制"软联通"；基础设施建设应更精准适配实际需求，以确保更高效地实现互联互通。

5.超大特大城市发展

2023年，我国21座超大特大城市常住人口增长117.7万人，仅有重庆1座城市人口负增长。相较于2022年61.2万的人口增量和7座城市的人口负增长，人口增长反弹趋势显著。其中，郑州人口增长18万，位居超大特大城市的首位；北上广深四座城市人口全部重回正增长，北京是继2016年人口转跌以来的首次正增长，上海、深圳、广州人口增量在10万以上，位居增长前列。此外，在其他全国主要城市中，合肥常住人口比上年增加21.9万，超过所有超大特大城市，显示出强大的人口吸引力。总体而言，在全国人口总体减少、城镇化增速放缓的背景下，后疫情时代的超大特大城市仍然显示出较强的人口集聚能力。

世界气象组织（WMO）发布的《2023年亚洲气候状况》报告显示，2023年亚洲是世界上灾害最多发的地区，气候变暖速度快于全球平均水平，洪水和暴雨造成的人员伤亡和经济损失最高。灾害频发叠加高密度高强度的建设模式，导致我国超大特大城市的安全风险隐患更加突出。2023年7月，京津冀地区遭遇特大暴雨洪涝灾害，此次降雨量是北京地区有仪器测量记录140年以来最大值，给经济社会造成了巨大损失。为应对安全风险挑战，2023年7月国务院常务会议审议通过《关于积极稳步推进超大特大城市"平急两用"公共基础设施建设的指导意见》，成为保障城市灾后功能正常运转，提升应急水平的重要举措。

6.以县城为载体的城镇化建设

各地县城建设的重点是提升基础设施建设水平、综合承载能力与治理能力。广东、浙江、山东、山西等省还大力推动全国新型城镇化示范县城和省级重点县城建设工作，引导县城提升高质量和绿色低碳建设水平。广西壮族自治区出台了《广西加快县城基础设施改造 建设推进以县城为重要载体的城镇化建设实施方案（2023—2025年）》，山东省印发了《关于推进我省绿色低碳县城建设的意见》。

大城市周边县城加强与周边大城市的协作，鼓励发展园区合作和"飞地经济"，吸纳一般性制造业、区域性物流基地、专业市场等资源疏解转移，形成了良好产业发展生态。各县坚持"一县一策"，引导县城产业差异化发展。重点生态功能区县城因地制宜发展绿色产业，有序承接生态地区超载人口转移，加强发展绿色适宜产业和清洁能源。

据不完全统计，2023年我国东、中、西部及东北地区拥有省级及以上产业园区的县占比分别达到85%、67%、37%和63%以上；983个县城综合商贸服务中心、3 941个乡镇商贸中心实现了建设改造，有效满足了县域居民多样化的消费升级需要；各地建设各类县级物流和寄递配送中心1 500个，降低了乡村物流成本；支持升级改造农产品零售市场878家，新增冷库96万吨，提升了农产品流通效能。在产业带动下，强县城城镇人口集聚程度进一步增强。

四、宜居、韧性、智慧城市

2023年各地以城市体检作为基础性工作全面铺开，老旧小区和危旧房改造、完整社区建设、城市生命线安全工程建设、市政基础设施补短提质、城市内涝系统化治理均在城市更新行动框架下取得新进展；保障性住房、"城中村"改造、"平急两用"公共基础设施建设"三大工程"稳步推进；城乡历史文化保护传承体系不断完善；新技术在智慧城市与新型基础设施建设的应用中探索经验，同时赋能城市治理能力提升。

1.城市更新行动

各地的城市更新试点城市落实试点工作实施方案，并结合各自资源禀赋、发展阶段、经济社会发展条件等开展了特色化的探索。在过去两年试点期内，重点推进城镇老旧小区改造、基础设施更新改造、城市功能完善等。国内21个试点城市共实施城市更新项目19 478个，其中已完成项目13 469个，在建项目4 855个。已建成的城市更新项目也获得了良好的运营反馈，初步产生了经济、社会、生态等综合效益。

2023年，住房城乡建设部继续把城市体检作为实施城市更新行动、促进城市开发建设方式转型的重要基础，选择了10座城市（县）进行试点，坚持问题导向，划细城市体检单元，分层级查找问题短板，加强评价诊断，制定整改措施，初步构建了"发现问题—解决问题—巩固提升"的工作机制。住房城乡建设部提出要求，在地级及以上城市全面开展城市体检工作，作为坚持以人民为中心，推动城市人居环境高质量发展的重大举措。

2023年7月，住房城乡建设部等7部门发布《关于扎实推进2023年城镇老旧小区改造工作的通知》，聚焦"楼道革命""环境革命""管理革命"，要求各地对老旧小区进行全面体检评估，按照"一小区一对策"原则扎实推进城镇老旧小区改造工作；提出要结合改造因地制宜推进小区活动场地、绿地、道路等公共空间和配套设施的适老化、适儿化改造，加强老旧小区无障碍环境建设。6月和12月，第七批、第八批《城镇老旧小区改造可复制政策机制清单》相继印发，推广北京、深圳、滁州、长沙、广州、常州等地典型做法。2023年全国开工改造城镇老旧小区5.37万个，惠及居民897万户，完成投资近2 400亿元。

2022—2023年，住房城乡建设部在积极推进城市更新行动中提出建设一批完整社区，补齐一老一幼等设施短板。2023年7月，《关于印发完整社区建设试点名单的通知》印发，决定在全国106个社区开展完整社区建设试点，聚焦人民群众急难愁盼问题，发挥试点先行、示范带动作用，打造一批完整社区样板。全国设市城市新建居住区达标配建养老服务设施比例由2022年的84.9%提高到2023年的87.2%，提高2.3个百分点；2023年累计新增各类健身设施74 590个。2019—2023年，在各城镇老旧小区改造中，加装电梯10.8万部，增设或提升养老、托育、助餐等各类社区服务设施约6.8万个。

2023年5月11日，住房城乡建设部推进城市基础设施生命线安全工程现场会在合肥召开，全面启动城市基础设施生命线安全工程建设工作。同年10月，《关于推进城市基础设施生命线安全工程的指导意见》印发，进一步明确工作任务。城市内涝治理工作由内涝点治理逐步转向综合应对和能力建设并重。2023年国家针对防灾安全领域能力建设，增发1万亿元国债用于补短板、强弱项惠民生工程建设，其中1 400亿元用于全国2 372个排水防涝项目，预期有效缓解城市内涝风险。同时，在广州、武汉、西安、成都、昆明等8座城市建设国家级应急排涝基地，增强城市应对内涝的能力和水平。

2.保障性住房、城中村改造、"平急两用"公共基础设施建设"三大工程"

2023年9月，国务院办公厅印发《关于规划建设保障性住房的指导意见》，提出住房保障体系将主要由公租房、保障性租赁住房和配售型保障性住房组成，支持城区常住人口300万以上的大城市（共35个）率先探索实践，主要面向住房困难且收入不高的工薪收入群体以及城市需要的引进人才群体。

2023年7月，国务院办公厅印发《关于在超大特大城市积极稳步推进城中村改造的指导意见》，提出在具备条件的城区人口300万以上人口的大城市开展城中村改造。改造分三类推进实施：符合条件的实施拆除新建，不符合条件的开展经常性整治提升，介于两者之间的实施拆整结合。强调先谋后动，先行做好征求村民意愿、产业搬迁、人员妥善安置、历史文化风貌保护、落实征收补偿安置资金等前期工作，确保不动则已，动则必快、动则必成；强调与保障性住房建设相结合，要求改造地块除安置房外的住宅用地及其建筑规模，按一定比例建设配售型保障性住房；鼓励将村民富余的安置房集中建设并长期用作保障性租赁住房，或将整治提升类城中村房屋整体长期租赁并改造提升用作保障性租赁住房。

2023年7月，国务院办公厅印发《关于积极稳步推进超大特大城市"平急两用"公共基础设施建设的指导意见》。同时，各部门陆续出台政策文件共18项，"平急两用""1+N+X"配套政策体系建设基本完成。2023年12月，作为共同牵头部门，住房城乡建设部配合国家发展改革委向国务院办公厅报送了规划项目3 394个。各地加紧推动工作，如北京市平谷区开展"平急两用"设施建设试点工作，打造吃、住、行、医和集中承载等应用场景；浙江省出台验收标准，杭州市出台各类设计指南，加快项目落地实施。

3. 城乡历史文化保护传承

2023年，国务院公布了两座国家历史文化名城，全国新增了7座省级历史文化名城；住房城乡建设部、财政部公布了35个传统村落集中连片保护利用示范区，组织开展了第八批历史文化名镇名村的评选工作。

全国城乡历史文化保护传承体系规划纲要已形成成果，多轮征求各部门意见；28个省（直辖市、自治区）和新疆生产建设兵团均已开展省级规划编制工作，浙江、江苏、安徽等省推动市县级保护传承体系规划编制工作。

住房城乡建设部印发《关于扎实有序推进城市更新工作的通知》，明确提出要坚持"留改拆"并举、以保留利用提升为主，鼓励小规模、渐进式有机更新和微改造，防止大拆大建；上海公布实施了《优秀历史建筑外墙修缮技术标准》。

2023年8月，由中央宣传部指导，住房城乡建设部具体牵头，会同文化和旅游部、国家文物局组成工作专班，开展《历史文化遗产保护法》《历史街区与古老建筑保护条例》《传统村落保护条例》的制定和《历史文化名城名镇名村保护条例》的修订工作，2024年5月列入了《国务院2024年度立法工作计划》，重庆等十余座城市出台了地方性保护法规；2023年5月23日，国家标准《城乡历史文化保护利用项目规范》正式发布；2023年9月13日，最高人民检察院和住房城乡建设部共同印发了《关于在检察公益诉讼中加强协作配合 依法做好城乡历史文化保护传承工作的意见》。

2023年，中央广播电视总台与住房城乡建设部联合推出《文脉春秋》纪录片，首播十集触达观众近3亿人次；2023年10月25日，住房城乡建设部在苏州市召开历史文化街区和历史建筑保护利用现场会；2023年12月19日，文化遗产保护传承座谈会在京召开，中共中央政治局常委、中央书记处书记蔡奇出席会议并讲话。

4. 智慧城市与新型基础设施建设

2023年，智慧城市在城市规划、建设、治理的全生命周期取得显著成效。CIM平台建设标准体系进一步完善，推进城市CIM基础信息平台建设，构建城市数据资源体系；积极探索 CIM+ 应用，覆盖城市更新、城市体检、城市安全、城市管理、智慧市政、智慧园林、智慧水务、智慧社区等领域。第二届"CIM与智慧城市建设论坛"上，多个城市介绍探索建设数字孪生城市经验，不断提升城市建设管理的信息化、网络化、智能化水平。

截至2023年末，全国5G用户普及率超过50%，数字经济快速发展、数字基础设施规模和能级不断跃升。以住房城乡建设部"数字住建"数据中心为例，汇聚行业基础数据，形成统一的基础数据库，持续以全国房屋建筑和市政设施调查数据"底板"指导地方推进城市信息模型（CIM）基础平台建设，形成统一的空间底座。

5.城市治理能力提升

部分城市印发实施城市管理精细化行动方案，系统、规范推动城市精细化管理工作有序开展，城市精细化管理水平得到全方位提升。例如，2023年，北京市印发《深入推进背街小巷环境精细化治理三年（2023—2025年）行动方案》，宜昌市印发《宜昌市城市综合管理精细化三年行动方案（2023—2025年）》，成都市发布《成都市城市精细化管理规范》地方标准等。

各地加强科技赋能，推进人工智能、物联网、5G等新技术在城市管理各方面深入应用，助力提"智"增效。例如，2023年，哈尔滨市印发《哈尔滨市加快数字政府建设实施方案（2023—2025年）》，深圳市印发《深圳市数字孪生先锋城市建设行动计划（2023）》等等，为城市智慧治理做好顶层设计。

各地聚焦城市基层治理最后一公里，通过加强党建引领、搭建协商议事平台、发挥社会组织作用等多种方式，不断完善城市基层治理体系。例如，2023年，鹤壁市以党委文件印发《中共鹤壁市委办公室关于印发〈'有事好商量'基层协商议事平台建设实施方案〉的通知》，锦州市制定了《聚焦民生实事 叫响"党在你身边"抓党建促乡村振兴三年行动方案（2023—2025年）》，夯实基层治理基础。

五、美丽中国建设与绿色发展

2023年1月，国务院发布《新时代的中国绿色发展》白皮书，全面介绍新时代中国绿色发展理念、实践与成效，分享中国在绿色生态、绿色生产、绿色生活、绿色发展体制机制等方面的经验。2023年12月，党中央、国务院印发《关于全面推进美丽中国建设的意见》，要求牢固树立和践行绿水青山就是金山银山的理念，协同推进降碳、减污、扩绿、增长，以高品质生态环境支撑高质量发展，打造美丽中国建设示范样板，建设美丽中国先行区、美丽城市、美丽乡村，加快形成以实现人与自然和谐共生现代化为导向的美丽中国建设新格局。

1.生态环境保护与修复

2023年，全国地表水水质优良（Ⅰ－Ⅲ类）断面比例达到89.4%，同比上升1.5%，好于"十四五"目标4.4%。生态环境部印发《关于进一步做好黑臭水体整治环境保护工作的通知》，推动县级城市黑臭水体消除比例达到70%以上；指导河北、江苏、浙江、福建、山东、广东、海南等东部7个省份率先开展县城黑臭水体排查整治，全国县城黑臭水体清单初步建立。《通知》要求到2025年，7省县城黑臭水体基本消除，其他省份因地制宜稳步推进县城黑臭水体整治，并同步建立拟纳入治理的黑臭水体问题清单，到2025年力争县城黑臭水体有较大幅度减少。

2023年，国务院印发《空气质量持续改善行动计划》，旨在深入打好蓝天保卫战，保障人民群众身体健康，推动经济高质量发展。该计划强调协同推进降碳、减污、扩绿、增长，以改善空气质量为核心。全国339个地级及以上城市细颗粒物（PM2.5）平均浓度为30微克/立方米，好于年度目标近3微克/立方米。全国优良天数比例为85.5%，扣除沙尘异常超标天后为86.8%，好于年度目标0.6%。京津冀及周边地区、汾渭平原等大气污染防治重点区域PM2.5平均浓度同比分别下降2.3%、6.5%。这表明重点区域的治理取得了显著成效。

在生态文明建设和城乡绿色高质量发展的背景下，全国国土空间格局不断优化，以国家公园为主体、以自然保护区为基础、以各类自然公园为补充的自然保护地体系建设有序推进，印发实施第一批5个国家公园总体规划，全国各级各类自然保护地总面积约占陆域国土面积18%。各地大力开展城市山水格局保护治理和城市绿廊绿道建设，结合城市更新行动，推进见缝插绿、留白增绿和口袋公园建设，城市园林绿化建设和环境品质不断提升。至2023年末，全国城市人均公园绿地面积达到15.50平方米，全国105个大城市公园与绿地占比4.0%，城市区域生态空间的系统性和服务质量不断提升。

全国持续推进城市区域的山体、水体、绿地和棕地生态修复，至2023年，已开展全国海绵城市试点90个，提升了城市应对气候变化、抵御暴雨灾害等方面的弹性和韧性能力。生态环境部印发《中国生物多样性保护战略与行动计划（2023—2030年）》，提出加强城市生物多样性调查监测，增强本地生物多样性、生态连通性和完整性，推进生物多样性友好型城市建设，将生物多样性融入城市修补、生态修复、智慧化改造及各类示范创建过程，加快推动社会公众生物多样性体验设施建设。

2. 绿色低碳发展

2023年4月，国家标准委、国家发展改革委等部门印发《碳达峰碳中和标准体系建设指南》，明确了双碳标准体系建设的基本架构，进一步制定了双碳标准编制目标。8月，印发《氢能产业标准体系建设指南（2023版）》，构建了制、储、输、用全产业链标准体系，成为我国首份氢能标准体系顶层设计指南。11月，印发《关于加快建立产品碳足迹管理体系的意见》，对产品碳足迹管理各项重点任务作出系统部署，推动建立符合国情实际的产品碳足迹管理体系。

2023年10月，国家发展改革委印发《国家碳达峰试点建设方案》，提出选择100个具有典型代表性的城市和园区开展碳达峰试点建设，并公布首批碳达峰试点名单。各地加快推进低碳试点示范地区建设，海南博鳌近零碳示范区作为我国创建的首个国家级近零碳示范区，8大类18个项目已全部完成，可实现年供应清洁电力2 257万度，减碳11 617.7吨/年，占现状碳排放量的86.4%，目标是到2024年达到近零碳运行目标；上海加快修订《关于推进本市绿色生态城区建设的指导意见》，印发《绿色生态规划建设导则》，划定新城绿色生态城区目标单元。上海市首个超低能耗公建项目——临港中心BIPV项目已实现并网发电，全国首个启动DCMM贯标的数字经济特色产业园区——上海数字江海国际产业城区已基本建成。

3. 公园城市建设

2023年1月，住房城乡建设部办公厅印发《关于开展城市公园绿地开放共享试点工作的通知》，要求因地制宜确定公园绿地开放共享区域，科学制定公园绿地开放共享方案，以人为本完善开放共享区域配套设施，创新公园绿地开放共享管理制度和机制。2023年，全国新建和改造提升城市绿地约3.4万公顷，建设"口袋公园"4 128个，绿道5 325公里；全国846个市县、6 174个城市公园开展绿地开放共享试点，轮换共享草坪1.14万公顷，让人民群众共享绿地空间。

全国多个省市结合当地实际，在总结公园城市实践的基础上，持续推动公园城市建设实践。一是创新公园城市实施机制。2023年初，广州、上海陆续发布推进公园城市建设的指导意见，上海市绿化委员会发布《上海市公园城市规划建设导则》；山东省在推进公园城市试点的基础上，发布《山东省公园城市建设指引》。二是创新技术标准引领公园城市实践。9月，成都市在公园城市实践的基础上，发布《公园城市"金角银边"场景营造指南》《公园城市公园场景营造和业态融合指南》《公园城市乡村绿化景观营建指南》《公园城市绿地应急避难功能设计规范》《公园社区人居环境营建指南》《城市公园分类分级管理规范》等6项公园城市地方标准，并同步发布《四川天府新区公园城市标准体系（2.0版）》。

六、结语

2024年是新中国成立75周年，是实现"十四五"规划目标任务的关键一年。

习近平指出："以中国式现代化全面推进强国建设、民族复兴伟业，是新时代新征程党和国家的中心任务，是新时代最大的政治。""我们的目标很宏伟，也很朴素，归根到底就是让老百姓过上更好的日子。孩子的抚养教育，年轻人的就业成才，老年人的就医养老，是家事也是国事，大家要共同努力，把这些事办好。""我们要营造温暖和谐的社会氛围，拓展包容活跃的创新空间，创造便利舒适的生活条件，让大家心情愉快、人生出彩、梦想成真。"

党中央国务院对2024年工作作出了全面部署，主要包括：大力推进现代化产业体系建设，加快发展新质生产力；深入实施科教兴国战略，强化高质量发展的基础支撑；着力扩大国内需求，推动经济实现良性循环；坚定不移深化改革，增强发展内生动力；扩大高水平对外开放，促进互利共赢；更好统筹发展和安全，有效防范化解重点领域风险；坚持不懈抓好"三农"工作，扎实推进乡村全面振兴；推动城乡融合和区域协调发展，大力优化经济布局；加强生态文明建设，推进绿色低碳发展；切实保障和改善民生，加强和创新社会治理。

2024年是农历甲辰龙年。龙是中华民族的图腾，"见龙在田，天下文明"。祝愿全国人民振奋龙马精神，以龙腾虎跃、鱼跃龙门的干劲闯劲，开拓创新、拼搏奉献，书写中国式现代化建设新篇章。

（作者：毛其智，清华大学教授，国际欧亚科学院院士；王凯，全国工程勘察设计大师，中国城市规划设计研究院院长，教授级高级城市规划师）

An Introduction of Urban Development in China: 2023

The year 2023 marked the first year for economic recovery and development following three years of COVID-19 prevention and control. In the face of an unusually complex international environment and the challenging tasks of advancing reform and development and ensuring stability at home, the Communist Party of China (CPC) Central Committee with Comrade Xi Jinping at its core brought together the Chinese people of all ethnic groups and led them in withstanding external pressures and overcoming internal difficulties with dedicated efforts. Implementing the guiding principles from the 20th CPC National Congress, the Chinese government put the people first, and worked hard to ensure and improve their well-being, build China into a strong country and realize national rejuvenation, making solid advances in building a modern socialist country in all respects.

In the past year, China has witnessed accelerated formation of new quality productive forces, the rapid rise of new pillar industries that are high-end, smart, and eco-friendly, and an improved modern industrial system. In 2023, China's gross domestic product (GDP) surpassed CNY126 trillion, grain output reached a record high, and job market and consumer prices remained generally stable. China continued to advance coordinated regional development. New progress has been made in fully revitalizing northeast China. The Xiong'an New Area is growing fast, the Yangtze River Economic Belt is full of vitality, and the Guangdong-Hong Kong-Macao Greater Bay Area is embracing new development opportunities. New breakthroughs have been made in scientific and technological innovation. China successfully launched the Shenzhou-17 manned spaceship. The C919 large passenger airliner entered commercial service. China delivered its first domestically-built large cruise ship. Chinese scientists unveiled a quantum computer prototype named "Jiuzhang 3.0". The deep-sea manned submersible Fendouzhe reached the deepest ocean trench. New energy vehicles, lithium batteries, and photovoltaic products were a new testimony to China's manufacturing prowess. China successfully held the Chengdu Summer Universiade and the Hangzhou Asian Games, and Chinese athletes excelled in their competitions. In urban-rural development, China aiming to let the people live in peace, pushed ahead with the building of good houses, good housing estates, good communities, and good urban districts. China steadily implemented urban renewal and rural development campaigns, with a large number of projects designed to promote development, people's livelihoods, and safety bearing fruits.

While recognizing its achievements, China is keenly aware of problems and challenges that confront the country. The foundation for China's sustained economic recovery and growth is not solid enough, as evidenced by a lack of effective demand, overcapacity in some industries, weak public expectations, and many lingering risks and hidden dangers. Furthermore, there are blockages in domestic economic flows, and the global economy is affected by disruptions. China is confronted with both pressure on overall job creation and structural employment problems, and there are still many weak links in public services. China has a long way to go in protecting and improving the environment. The country should face these problems and challenges head-on, overcome difficulties in solidarity, and strive to make greater achievements in the journey towards the Chinese path to modernization.

Ⅰ. Basic Data about Urbanization and City Development

1. Overview of economic and social development

According to preliminary estimates from the National Bureau of Statistics, China's GDP reached CNY126 058.2 billion in 2023, up by 5.2% over the previous year. Of this total, the value added of the primary industry, the secondary industry, and the tertiary industry grew by 4.1%, 4.7%, and 5.8%, respectively, over the previous year. The value added of the primary industry accounted for 7.1% of the GDP; the secondary industry accounted for 38.3%; and the tertiary industry accounted for 54.6%. The per capita GDP in 2023 was CNY89 358, up by 5.4% over the previous year. The overall labor productivity was CNY161 615 per person, up by 5.7% over the previous year. By the end of 2023, the total number of national population reached 1 409.67 million, a decrease of 2.08 million over that at the end of 2022. Of this total, urban permanent residents numbered 932.67 million, accounting for 66.16% of the national total; 296.97 million people were aged 60 and above, accounting for 21.1% of the national total. There were 9.02 million births in 2023, with the natural population growth rate being −1.48‰.

China's per capita disposable income was CNY39 218 in 2023. After deducting price factors (the same below), per capita disposable income rose by 6.1% from the previous year. Separately, urban per capita disposable income came in at CNY51 821, up by 4.8% in real terms, while the figure in rural areas stood at CNY21 691, up by 7.6% in real terms. The ratio of per capita disposable income for urban residents to that of rural residents was 2.39, 0.06 lower than in 2022. Last year, all farmers in 832 former national-level poverty-stricken counties saw their per capita disposable income reach CNY16 396, up by 8.4% in real terms. The national per capita consumption expenditure was CNY26 796, with a real increase of 9.0%. In terms of permanent residence，the per capita consumption expenditure of urban households was CNY32 994，up by 8.3% in real terms. The per capita consumption expenditure of rural households was CNY18 175，up by 9.2% in real terms. The national Engel's Coefficient stood at 29.8%，with that of urban and rural households standing at 28.8% and 32.4% respectively. The consumer prices in 2023 went up by 0.2% over the previous year.

The total number of migrant workers was 297.53 million，up by 0.6% over that of 2022. Specifically，the number of migrant workers who left their hometowns and worked in other places was 176.58 million，up by 2.7%，and those who worked in their own localities reached 120.95 million，down by 2.2%. The per capita monthly income of migrant workers was CNY4 780，up by 3.6% over that of the previous year. At the end of 2023，the number of employed people in China was 740.41 million，and that in urban areas was 470.32 million. The newly added employed people in urban areas numbered 12.44 million in 2023，0.38 million more than that of the previous year. The urban surveyed unemployment rate in 2023 averaged 5.2%. The urban surveyed unemployment rate at the end of the year was 5.1%. By the end of 2023，minimum living allowances were granted to 6.64 million urban residents（CNY785.9 per person per month on average）and 33.99 million rural residents（CNY621.3 per person per month on average），and 4.35 million rural residents living in extreme poverty received relief and assistance.

An annual assessment of the implementation of the national planning and planning across key cities showed that in 2023，China consistently maintained its farmland area above the red line of 1.865 billion mu，its permanent basic farmland above 1.546 billion mu，and the national ecological protection red line area above 3.15 million square kilometers. China demarcated its urban area for the first time through urban boundary setting in 683 cities across the country based on the result of the national land survey. The delineation showed that built-up urban areas cover 78 000 square kilometers. In 2023，the total area of approved construction land across China was 456 000 hectares，a decrease of 0.9% from the previous year. Of this，the area of occupied cultivated land was 127 000 hectares，marking a decrease of 23.1%；and 200 000 hectares of urban and rural construction land was approved，a decrease of 0.7% from the year before. In 2023，the total supply of state-owned land for construction use was 749 000 hectares，a decrease of 2.1% over that of the previous year. Of this total，the land supply for industry，mining and warehousing was 175 000 hectares，down by 11.9%；that for real estate was 84 000 hectares，down by 23.3%；and that for infrastructure facilities was 490 000 hectares，up by 7.2%. During the year，255 000 hectares of state-owned construction land was sold，down 17.1% year on year；the transactions of land transfers amounted to CNY5.1 trillion，down 16.4% year on year.

In 2023，the investment in real estate development was CNY11 091.3 billion，down by 9.6% over the previous year. The floor space of newly-started housing projects was 953.76 million square meters，down by 20.4% over the previous year；among that，the floor space for residential buildings was 692.86 million square meters, down by 20.9% over the previous year. The floor space of newly built commercial buildings sold was 1 117.35 million square meters. The floor space of second-hand housing online transactions reached 708.82 million square meters. The floor space of newly built commercial buildings for sale was 672.95 million square meters at the end of 2023, among which the floor space of the commercial residential buildings for sale was 331.19 million square meters. In 2023, 1.59 million housing units began to be rebuilt in rundown urban areas nationwide and 1.93 million were basically completed. There were 2.13 million units of government-subsidized rental housing that began to be built or were made available. Renovation began on 53 700 old urban residential communities, benefiting 8.97 million households. By the end of 2023, privately-owned cars numbered 175.41 million, an increase of 8.56 million year on year.

2. Adjustment of municipal administrative divisions

Statistics from the Ministry of Civil Affairs (MCA) showed that at the end of 2023, China had 694 cities: four municipalities directly under the Central Government, 15 sub-provincial cities (separately planned by the central government), 278 prefecture-level cities, 397 county-level cities, and 977 districts under the jurisdiction of cities. The country had 1 468 counties (banners); 21 421 administrative towns; 8 190 townships, 9 045 sub-district offices.

In 2023, the State Council approved the following adjustments in city establishment:

The State Council approved establishing Baiyang as a county-level city directly under the jurisdiction of Xinjiang Uygur Autonomous Region; and upgrading Cuona and Mainling in Xizang Autonomous Region from "county" to "county-level city", placed under the jurisdiction of Shannan and Nyingchi, respectively.

The State Council approved designating Jianchuan county in Yunnan Province and Putian city in Fujian Province as a national historical and cultural city. By the end of 2023, the Chinese government had designated 142 national historical and cultural cities, 312 historical and cultural towns and 487 historical and cultural villages, brought 8 155 traditional villages under state protection, and identified more than 1 200 historical and cultural blocks and 67 200 historical buildings.

In June 2023, the State Council approved the upgrading of the Aksu and Alaer High-tech Industrial Development Zone in Xinjiang Uygur Autonomous Region to the national level, with the current policies for national high-tech industrial development zones applicable.

As of the end of December 2023, China's total number of national high-tech industrial development zones had reached 178, the economic output of which hit CNY18 trillion, or about 14% of the country's GDP. These zones are home to about 30% of China's high-tech enterprises, 40% of its specialized, high-end, and innovation-driven "Little Giant" small and medium-sized enterprises (SMEs), and 60% of its firms listed on the STAR Market.

3. Construction of urban and urban districts

According to data from the Ministry of Housing and Urban-Rural Development (MOHURD), by the end of 2022, urban population in China's cities reached 565 million, including 94.86 million temporary residents, and urban built-up areas covered 63 676 square kilometers.

In 2022, China's fixed-asset investment in municipal facilities reached CNY2 231 billion, down by 3.13% from a year earlier and accounting for 3.85% of the total fixed-asset investment. Specifically, the proportion of investment in roads & bridges, rail transit, drainage (including sewage treatment and recycling) and landscaping came in at 38.4%, 22.7%, 10.1%, and 6.4%, respectively.

In 2022, 561.42 million people in China's cities used water, with per capita daily water consumption for domestic use standing at 184.73 liters, and 99.39% of the population had access to water; There were 553.93 million people in China's cities used natural gas and 98.06% of the population had access to natural gas, with the pipeline gas penetration rate standing at 81.54%; centralized heating in Chinese cities covered 11 125 million square meters, an increase of 4.92% over the previous year; The total length of China's urban roads reached 552 200 kilometers, and the per capita urban road area was 19.28 square meters.

By the end of 2022, China had 2 894 urban sewage treatment plants, achieving a sewage treatment rate of 98.11% and a 70.06% centralized collection rate of municipal domestic sewage; 1 399 harmless treatment plants for municipal domestic waste, with the rate of harmless treatment of municipal domestic waste standing at 99.90%, of which incineration treatment capacity accounted for 72.53%. 10 818 million square meters of urban roads were cleaned, with mechanical road sweepers used for 80.13% of the roads. 244.45 million tonnes of domestic waste was removed. The country had 24 841 city parks covering an area of 6 728 square kilometers; the green space rate in urban built-up areas reached 39.29%, with the per capita coverage of green spaces measuring 15.29 square meters.

In 2022, 213 cities, or 62.8%, of the 339 Chinese cities at and above the prefecture level, met the national ambient air quality standard, while the remaining 126 cities, or 37.2%, exceeded the national standard, according to statistics from the Ministry of Ecology and Environment (MEE). The proportion of days with good air quality stood at 86.5% on average, down by 1.0 percentage points compared with 2021. In 2022, China's acid rain areas measured 484 000 square kilometers, making up 5% of its land area, up by 1.2 percentage points from 2021. Of the acid rain areas, 0.07% suffered from relatively serious acid rain and there were no records of serious acid rain. Among the 468 cities (districts, counties) where rainfall was monitored, the average frequency of acid rain stood at 9.4%, and 33.8% of the cities experienced acid rain, up by 3.0 percentage points from 2021. In terms of water quality, 87.9% of the 3 629 state-controlled surface water sections reached Grade I to III in 2022, up by 3.0 percentage points; the share of surface water at Grade V, the lowest level, stood at 0.7%, down by 0.5 percentage points from a year earlier. The main pollution indicators are chemical oxygen demand, permanganate index, and total phosphorus. In 2022, China monitored more than 70 000 acoustic environment monitoring points in cities at and above the prefecture level. The daytime average equivalent sound level from regional environment was 54.0 decibels, a figure that remained relatively stable compared to 2021. The proportion of cities that met Grade I, Grade II, Grade III, Grade IV, and Grade V regional acoustic environment standard was 5.0%, 66.3%, 27.2%, 1.2%, and 0.3%, respectively.

According to data from the Ministry of Transport, by the end of 2022, China had 703 200 public buses and electric buses in its cities, which fell by 6 300 from the end of 2021. Of them, pure electric vehicles increased by 35 900 to 455 500, accounting for 64.8% of the total, up by 5.6 percentage points; China's rail transit system had a fleet of 62 600 allocated vehicles, an increase of 5 300; there were 1 362 000 in-service taxis, a decrease of 29 300; Chinese cities operated 183 passenger ferry boats for urban transport. By the end of 2022, the number of urban public bus and electric bus routes across the nation reached 78 000, up by 2 300 from the end of the previous year, with the total length increasing by 70 700 kilometers to 1 664 500 kilometers. These routes included 19 900 kilometers of bus lanes, an increase of 1 600 kilometers. China had put 292 urban rail transit lines into operation, an increase of 17 lines, bringing the total operating mileage to 9 554.6 kilometers, an increase of 819 kilometers. The lines included 240 subway lines and 7 light rail lines, totaling 8 448.1 kilometers and 263 kilometers, respectively. Urban passenger ferry services operated 79 routes, a decrease of five routes, with the total length falling by 41.7 kilometers to 334.6 kilometers. For the whole year, 75 511 million passengers were transported, down by 24.0% from the previous year.

4. Construction of county seats

At the end of 2022, China's 1 481 county seats had a household registered population of 138.36 million, including 17.73 million temporary residents, and the urban built-up area stood at 21 092 square kilometers, according to statistics from the MOHURD. All the county seats completed fixed-asset investment worth CNY429.08 billion in municipal facilities, of which investment in roads & bridges, water supply, drainage (including sewage treatment and recycling), landscaping, city appearance, environment & sanitation, and centralized heating accounted for 35.4%, 6.7%, 18.0%, 8.2%, 5.2% and 4.1%, respectively.

In 2022, 152.75 million people in county seats used water, with 97.86% of the population having access to water and the per capita daily water consumption for domestic use standing at 137.2 liters; 142.64 million people used natural gas, with 91.38% of the population having access to natural gas; centralized heating covered 2 086 million square meters; the total length of roads in county seats was 168 000 kilometers, and the per capita urban road area was 20.31 square meters. By the end of 2022, total county seats had 1 801 sewage treatment plants, achieving a sewage treatment rate of 96.94%, and 1 343 harmless treatment plants for municipal domestic waste. For the whole year, 67.05 million tonnes of domestic waste were removed. By the end of the year, the green space rate in built-up areas reached 35.65%, with the per capita coverage of green spaces measuring 14.50 square meters.

5. Construction of towns and villages

The MOHURD compiled data from China's 19 245 administrative towns, 7 959 townships, and 2 332 000 villages. By the end of 2022, there 959.75 million people were registered with a village or town household registration, with 166.29 million people in built-up areas of towns, 21.24 million people in built-up areas of townships, and 772.22 million people in villages. Administrative towns had a built-up area of 44 230 square kilometers, townships had a built-up area of 5 685 square kilometers, and villages had a construction land area of 124 907 square kilometers. Throughout 2022, total investment in town and village development stood at CNY1 679.1 billion, including CNY913.3 billion for housing construction and CNY448.4 billion for municipal utility development. By the end of the year, the housing area in towns and villages reached 34.28 billion square meters, with a per capita of 35.7 square meters by the registered population. In the built-up areas of towns, 90.76% of the population had access to water, with the per capita daily water consumption for domestic use standing at 105 liters; and the per capita coverage of green spaces measured 2.69 square meters. In the built-up areas of townships, 84.72% of the population had access to water, with the per capita daily water consumption for domestic use standing at 99 liters; and the per capita coverage of green spaces measured 1.82 square meters. In the built-up areas of towns and townships, the length of roads reached 566 000 kilometers, the length of drainage pipelines stood at 241 000 kilometers, and total 162 100 public toilets in the end of this year.

II. Post-pandemic Economic Recovery and Developing New Quality Productive Forces

In 2023, while consolidating its anti-pandemic achievements, China achieved stable economic recovery and high-quality development with pandemic prevention and control becoming a normal. During the year, Chinese cities demonstrated robust resilience and vitality, which laid a solid foundation for creating the new development pattern and promoting high-quality development. In September 2023, president Xi Jinping put forward the term "new quality productive forces" for the first time during an inspection tour to Heilongjiang Province. At the 11th group study session of the Political Bureau of the CPC Central Committee held on January 31, 2024, Xi stressed accelerating the development of new quality productive forces and making solid progress in promoting high-quality development.

1. Improving the medical and healthy system

On January 8, 2023, China made the announcement to downgrade the management of COVID-19 from a Class A infectious disease to Class B, putting the focus of China's new phase of COVID-19 response on protecting people's health and preventing severe cases. Through unremitting efforts across society, China secured a smooth transition in COVID-19 prevention and control within less than two months, and kept the situation for COVID-19 and other infectious diseases stable. In the post-pandemic era, China has shifted its disease prevention and control model from an emergency model to one where COVID-19 and other infectious diseases are managed simultaneously, and accelerated reform in local disease control institutions. In December 2023, the General Office of China's State Council issued the *Guidelines to Promote the High-Quality Development of Disease Prevention and Control*. The document stressed systematically reshaping a disease prevention and control system and comprehensively enhancing professional expertise in disease control.

At the end of 2023, China had 1 071 000 medical and healthcare institutions, an increase of 38 000 from 2022. Of them, the number of hospitals increased by 2 000 to 39 000; the number of community-level medical and healthcare institutions grew by 36 000 to 1 016 000; and there were 12 000 professional public health institutions. The significant increase in community-level medical and healthcare institutions greatly improved equal, inclusive and convenient access to medical and healthcare resources. In December 2023, the Office of the National Patriotic Health Campaign Committee announced the list of 40 national models for healthy city development. Huzhou in east China's Zhejiang Province ranked first on the list. The city has been a pioneer in building a closely-knit urban medical group, in an effort to channel medical resources to grassroots healthcare institutions and create a science-based, orderly, and tiered diagnosis and treatment pattern. Currently, the rates of county-level medical visits and primary-level medical visits in Huzhou are stable at above 90% and 70%, respectively, allowing residents to access high-quality medical services right at their doorstep.

2. Enhance the economic vitality

In 2023, consumption played a more fundamental role in driving economic growth. Final consumption drove economic growth by 4.3 percentage points, 3.1 percentage points higher than the previous year. The annual contribution of final consumption expenditure to China's economic growth was 82.5%, improving by 43.1 percentage points compared with 2022. In 2023, the retail sales of services climbed by 20% year on year, outpacing that of commodities by 14.2 percentage points; per capita service consumption expenditure surged by 14.4%, accounting for 45.2% of the total, up by 2 percentage points from the previous year. As China further stabilized the foundation for its economic recovery, the job market has improved overall. In this context, more attention should be paid to stable increase in resident income, which forms the basis for consolidating and increasing people's spending power. Local governments have rolled out pro-consumption policies to revive and expand consumption.

The total investment in fixed assets of China in 2023 was CNY50 970.8 billion, up by 2.8% over the previous year. Of the investment in fixed assets (excluding rural households), the investment in eastern areas was up by 4.4%, central areas up by 0.3%, western areas up by 0.1%, and northeastern areas down by 1.8%. The secondary industry received an investment of CNY16 213.6 billion, up by 9.0%, becoming the major contributor to economic stability and the main driver of investment. The investment in urban infrastructure and public services maintained a steady rise, with the investment in the production and supply sectors of electricity, heating power, natural gas, and water increasing by 23.0%. The investment in real estate development decreased by 9.6% year on year. By introducing policies such as ensuring timely deliveries of presold homes, it has largely succeeded in forestalling the spread of potential risks in the real estate market.

China has made substantial progress in the research and development (R&D) of high-end equipment, such as aircraft engines, gas turbines, and 4th-generation nuclear power units. In 2023, exports of electric vehicles, lithium batteries and photovoltaic products, surpassed the trillion yuan, and China was a world leader in technology levels of high-speed railways, wind power, unmanned aerial vehicles, and numerous smart and intelligent products. Last year marked the 10th anniversary of the Belt and Road Initiative (BRI) proposed by China. Throughout the year, China's trade with Belt and Road partners grew by 2.8% to CNY19 471.9 billion, showing strong growth potential. However, in sectors including semiconductors and aircraft manufacturing, Chinese enterprises have a very small market share both at home and internationally, and they depend heavily on foreign technology. Additionally, China's high-end manufacturing industry and emerging industries are predominantly concentrated in its coastal areas, with proportions of 72.7% and 67.96%, respectively. China should optimize its industrial layout to reduce potential risks in its industrial and supply chains.

3. Developing new quality productive forces

Today, a new round of technological revolution and industrial is profoundly evolving, leading to the emergence of new technologies such as big data, cloud computing, blockchain, artificial intelligence (AI), and quantum technology. These advancements are greatly expanding production boundaries and driving industrial development. China boasts a solid technological foundation. In 2023, the value-added output of core industries in the digital economy reached 10% of China's GDP; China generated 32.85 zettabytes of data last year, up by 22.44% year on year; the scale of computing power reached 230 EFLOPS, ranking second in the world; China's mobile Internet of things (IoT) has made remarkable progress in network and industrial capability, with the number of mobile IoT connections in China surpassing the number of mobile phone users. Moreover, China is making headway in industrial application. The country has established nearly 10 000 digital workshops and intelligent factories. In June 2023, China started a trial program selecting 30 cities to pilot the digital transformation of SMEs, with Suzhou, Dongguan, Ningbo, Xiamen, Hefei, and Wuhan among the earliest participants. Cities like Beijing, Shanghai, and Hangzhou are experiencing a surge in industrial brains and economic brains, focusing on scenarios including industrial analysis, targeted investment attraction, and enterprise services.

In 2023, China's strategic emerging industries developed rapidly, yielding noticeable results in overall industrial development and key fields. The number of enterprises in strategic emerging industries exceeded 2 million. Enterprises in biological industry (25%), related service industry (19%), and next-generation information technology industry (17%) took the largest shares. Notably, the penetration rate of NEVs in China, or the proportion of NEVs in all car sales, rose above 30%. With this achievement, the NEV sector has entered a new stage of large-scale, globalized development.

In August 2023, the Ministry of Industry and Information Technology (MIIT) unveiled a program for nurturing candidates for innovation tasks in future industries, with a focus on accelerating the application of new technologies and products in the fields of metaverse, brain-computer interface, humanoid robotics, and artificial general intelligence. So far, 20 provinces and cities in China have incorporated future industries in their development plans, covering Brain-Inspired Intelligence (BII), quantum information, genetic technology, future networks, hydrogen energy, and energy storage. In the generative AI field, for example, the market size was around CNY14.4 trillion in 2023, and the adoption rate of generative AI among Chinese enterprises reached 15%. In particular, applications in manufacturing, retail, telecoms, and healthcare have all seen rapid growth.

In December 2023, the MIIT and other seven government authorities released *The Guideline on Accelerating the Transformation and Upgrading of Traditional Manufacturing Industries*, supporting high-end, intelligent, green, and integrated development in these industries. The country has seen good outcomes in green transformation and intelligent upgrading. By the end of March 2023, China had nurtured 3 616 green factories at the national level; Shanghai has unveiled the Regulations of Shanghai Municipality on Promoting Green Transformation of Development Modes. The national service platform for the integration of informatization and industrialization served

183 000 industrial enterprises. The penetration rate of digital R&D and design tools came in at 79.6%, and the numerical control rate of key production processes reached 62.2%.

4. Construction a new pattern of regional and urban technological innovation

The Beijing-Tianjin-Hebei region held a leading position in China in terms of the R&D investment intensity, witnessing steady improvement in the capacity of fostering original innovation. In the Yangtze River Delta region, the value of technological contracts hit CNY1.77 trillion, accounting for nearly 30% of the national total. Technology transfers in the region were conducted in large volumes and numerous transactions. In the Guangdong-Hong Kong-Macao Greater Bay Area, the number of patent applications through the Patent Cooperation Treaty (PCT) reached 24 400. The Global Innovation Index (GII) 2023 ranked the Shenzhen-Hong Kong-Guangzhou science and technology cluster second among the top 100 S&T clusters around the world. The Chengdu-Chongqing Economic Circle is home to key laboratories jointly established by the two regions. And the National Supercomputing Center in Chengdu is providing around-the-clock computing power support for innovative enterprises and research institutes in the two regions. Across regions, the technological cooperation mechanism between the eastern and western regions has improved, and "pairing assistance" programs in Xinjiang, Xizang, and Qinghai have been deepened. The Ningxia-based leading demonstration zone for science and technology cooperation between the eastern and western regions has carried out nearly 1 700 technological cooperation projects between the eastern and western regions.

At the city level, Beijing, Shanghai, Shenzhen, Hangzhou and Guangzhou ranked among the top 30 of the Top 100 Global Science and Technology Innovation Centers in 2023. Basic R&D input and high-tech enterprise investment in the five cities maintained rapid growth. Hefei, capital of Anhui Province, stands as a thriving cluster of cutting-edge science and technology. "Hefei model", a unique approach to fostering new industries by effectively combining the roles of state-owned capital and private enterprises, has assisted the city in building industrial landmarks such as integrated circuit, new display, new energy and intelligent connected vehicle, integrated development of AI empowering manufacturing, urban emergency safety, intelligent terminal, biomedicine and healthcare, and smart voice and AI, achieving a win-win outcome that involves developing strategic emerging industries and maintaining and increasing the value of assets.

Ⅲ. People-centered New Urbanization

In 2023, the Chinese government put forward new requirements for urbanization and regional development. China will encourage all regions to, based on their defined functions, integrate into and contribute to the creation of a new development pattern. China made progress in the development of key city clusters, metropolitan areas, super-large cities, megacities, and counties. With China's negative population growth continuing, regional demographic gap is widening, prompting local governments to drive population mobility through household registration reform.

1. Population and employment development trends

In 2023, China's population new birth continued to decline. The total fertility rate fell to about 1.0, ranking second to last among the world's major economies and slightly higher than Republic of Korea, which has the lowest fertility rate in the world. On the whole, the interplay between negative growth and aging has accelerated the process of aging and fewer children.

In recent years, China's cities with fewer than 3 million urban residents have basically removed restrictions on household registration, or *hukou*, and cities with more than 3 million people have been relaxing such restrictions in an orderly manner. Cross-province services for household registration transfers, initial ID card applications and the issuance of household registration certificates have been implemented nationwide; the scope of cross-province newborn household registration services is also expanding in a steady manner; off-site acceptance, loss reporting and retrieval of resident ID cards are being thoroughly implemented, significantly saving citizens time and economic costs.

In 2023, the nationwide urban surveyed unemployment rate in 31 major cities came in at 5.4%, down by 0.6 percentage points from 2022; the employment situation for migrant worked continuously improved. The number of college graduates in 2023 reached 11.58 million, up by 0.82 million year on year. The surveyed urban unemployment rate among those aged between 16 and 24 (including students) was 21.3% in June, the highest since records began. Due to a weakened recruitment demand and an increase in the number of graduates, coupled with a mismatch between regional job opportunities and the mobility preferences of job seekers, the structural problem where enterprises find it hard to hire employees and graduates find it hard to obtain a job still persists.

As of 2023, China boasted a population of over 250 million individuals with university-level education, and the average education years for the working-age population (aged 16-59) reached 11.05 years. Against this backdrop, enterprises are increasingly eager to hire highly educated talent, according to *The 2023 College Graduates Employment Data Report* released by China's Liepin Big Data Research Institute. The proportions of recruitment for fresh graduates with a bachelor's degree, a master's degree, and a doctoral degree increased from 28.8% to 42.9%, from 2.2% to 6.3%, and from 0.4% to 1.4%, respectively, between 2021 and 2023, while the proportion of recruitment for fresh graduates with lower education qualifications has continuously declined, the report said.

2. Building of all-age friendly cities

In April 2023, the National Development and Reform Commission (NDRC) released *The China Child-Friendly City Development Report (2023)*. In August, the MOHURD, the NDRC, and the National Working Committee on Children and Women jointly released *The Implementation Handbook for the Guideline on Child-Friendly Space Construction*, specifying the requirements for the building of child-friendly spaces. In November, the NDRC and other departments jointly issued *The Plan on the Construction of Service Facilities Embedded in Urban Communities*, proposing that China will build facilities for the elderly and children, and pilot the construction of service facilities embedded in the public spaces of residential areas in about 50 cities.

In October 2023, Shenzhen held *The Thematic Forum for Youth Development-oriented Cities*, a sideline event of the 2023 World Youth Development Forum. At the event, the Shenzhen Initiative for the Establishment of Youth Development-Oriented Cities was released, promoting efforts to make cities friendlier to young people and empower young people to achieve greater success in cities. To date, more than 200 Chinese cities have proposed building youth development-oriented cities to jointly advance high-quality youth development.

In February 2023, the National Health Commission issued *The Notice on Building National Exemplary Elder-Friendly Communities for 2023*, setting the yearly target at 1 000. In April, the Ministry of Transport released *The Work Plan for Improving Barrier-Free Transport Services for The Elderly In 2023*, specifying the requirements for building an age-friendly transport environment. In May, the MOHURD released *The Guideline for Adapting Home Environments to Make Life Easier for the Elderly*. In October, the MCA and 10 other departments released *The Action Plan to Promote the Development of Meal Services for the Elderly*, clarifying the standards for renovating elderly care service facilities at communities.

On January 1, 2023, the newly-revised *Law of the People's Republic of China on the Protection of Rights and Interests of Women* took effect, aiming to provide comprehensive protection for women throughout their life. In July, Changsha of Hunan Province rolled out new moves designed to build a women-friendly city, leading the nation in implementing women-friendly initiatives.

3. Urbanization spatial pattern and key regions

President Xi Jinping has mentioned regional development many times during his inspection trips around the country in 2023, He called for efforts to reach new heights in the coordinated development of the Beijing-Tianjin-Hebei region, make new major breakthroughs in integrated development of Yangtze River Delta, make the Guangdong-Hong Kong-Macao Greater Bay Area a trailblazer on the Chinese path to modernization, and promote the high-quality development of the Yangtze River Economic Belt with greater efforts in high-level protection of the Yangtze River basin. The Central Economic Work Conference 2023 stressed to give full scope to the comparative advantages of various regions and, by following the main functional positioning, actively serving the forging of a new development paradigm. And China will improve the distribution of major productive forces and strengthen the construction of national strategic hinterland.

By the end of 2023, the urbanization rate of permanent residents rose by 0.94 percentage points from 2022, representing a growth rate from the previous year; the urbanization rate among registered residents reached 48.3%, up by 2.9 percentage points from the end of 2020, narrowing the gap with the urbanization rate of permanent residents from 18.49 percentage points by the end of 2020 to 17.86 percentage points. Provincial capital cities saw the largest increase in the number of residents. From a population mobility standpoint, China has accelerated concentration of the population in large cities and eastern areas, moving from central and western areas. In particular, province-level regions in central and west China, like Henan, Hunan, Gansu, and Chongqing, have seen significant population declines, the three provinces in northeast China continued to experience population reductions, and regions like Zhejiang, Guangdong, and Hainan have witnessed significant population growth.

In 2023, the population of city clusters in Yangtze River Delta, Pearl River Delta, Chengdu-Chongqing, and China's central plains grew significantly. The population in Hefei and Zhengzhou increased by 219 000 and 180 000, respectively, and in cities like Hangzhou, Chengdu, Shenzhen, and Shanghai, the population increase surpassed 100 000, ranking them among the top in the country. *The GII 2023* published by the World Intellectual Property Organization ranked the Shenzhen-Hong Kong-Guangzhou, Beijing, and Shanghai-Suzhou among the global top 5, and cities like Nanjing, Wuhan, Hangzhou, and Xi'an among the global top 20.

4. Development of modern metropolitan areas

By the end of 2023, the NDRC had approved 14 metropolitan areas, seven in 2023, four in 2022, and three in 2021.

China has accelerated the establishment of metropolitan areas in response to the strategic requirement of developing and expanding city clusters and metropolitan areas set out in the Outline of the 14th Five-Year Plan (2021—2025) for National Economic and Social Development and the Long-Range Objectives Through the Year 2035. Firstly, aggregate economic output continued to expand, accompanied by high quality in development and strong momentum. The Nanjing metropolitan area, for example, reported a regional GDP of CNY5.1 trillion in 2023, marking an increase of CNY200 billion from 2022. Within the Nanjing metropolitan area, which encompasses eight cities and two counties, in which nine saw the growth rate of the value added of their industrial enterprises above the designated size surpass the national average, and seven enjoyed a faster investment growth rate than the rest of the country. Secondly, industrial division of labor and cooperation improved continuously, guided by the principles of resource coordination, differentiated development, and deep integration. An example is the Chengdu metropolitan area, where nine key industrial chains, including new display, expanded in 2023, with the number of cross-city cooperative enterprises increasing by 3.3% year on year to 1 551. Thirdly, metropolitan areas strengthened "hard connectivity" of infrastructure at a faster pace, entering an era of jointly building and sharing public service facilities. Last year, the Zhengzhou metropolitan area opened the first city-wide railway which better meets the "one-hour commuting" needs within the area; the Chengdu metropolitan area reported 5 418 000 cases of direct trans-provincial settlement of medical bills, up by 44.4% over the previous year.

Of course, China's metropolitan areas still face some problems and challenges despite their rapid development. To truly achieve coordinated, complementary, and high-quality development, China's metropolitan areas still need further break administrative barriers to strengthen "soft connectivity" of mechanisms among regions; and better suit infrastructure building to actual needs to enhance interconnectivity.

5. Development of super-large cities and megacities

In 2023, the number of permanent residents in China's 21 super-large cities and megacities increased by 1 177 000, and Chongqing was the only city that reported negative population growth. These figures reversed the population increase of 612 000 only and negative population growth of seven cities in 2022. Specifically, Zhengzhou had the highest population growth among China's super-large cities and megacities, with an increase of 180 000 people. Beijing, Shanghai, Guangzhou, and Shenzhen returned to positive population growth. Notably, Beijing recorded positive population growth for the first time since 2016, when its population started declining. Meanwhile, Shanghai, Shenzhen, and Guangzhou led the way in population growth, each exceeding 100 000 people. Among other major cities, Hefei led super-large cities and megacities with an increase of 219 000 in its permanent residents from the previous year, demonstrating a strong appeal. Overall, amid a declining national population and slowing urbanization rates, super-large cities and megacities remain an attractive destination for migrants in the post-pandemic era.

According to *The State of the Climate in Asia 2023* report from the World Meteorological Organization, Asia remained the world's most disaster-hit region from weather, climate and water-related hazards in 2023; Asia is warming faster than the global average; floods and storms caused the highest number of reported casualties and economic losses. Frequent disasters, coupled with high-density, high-intensity development models, have highlighted safety risks and hazards facing China's super-large cities and megacities. In July 2023, an extreme rainfall event and floods occurred in the Beijing-Tianjin-Hebei region, causing enormous losses to economic and social development. Beijing recorded its heaviest rainfall since records began 140 years ago. To cope with security risks and challenges, a State Council executive meeting held on July 14 adopted the Guidelines on Advancing to Build Dual-Use Public Infrastructure for both Normal and Emergency in Super-Large and Megacities as an important move to coordinate development and security and promote high-quality development of cities.

6. Promoting urbanization with a focus on county seats

The one key point of county seat's development is to enhance infrastructure level, as well as their overall carrying capacity and governance capabilities. Provinces including Guangdong, Zhejiang, Shandong, and Shanxi have vigorously advanced the building of national demonstration county seats for new urbanization and to steer county seats towards greater levels in high-quality, green, low-carbon development. Guangxi Zhuang Autonomous Region issued *The Implementation Plan for Accelerating the Renovation and Construction of County Seats Infrastructure and Promoting Urbanization with a Focus on County Seats* (2023—2025); Shandong Province released *The Opinions on Promoting the Building of Green and Low-Carbon County Seats*.

County seats close to metropolises have fostered cooperation with these metropolises, promoted industrial park cooperation, and supported the development of the enclave economy. They have also undertaken the transfer of resources such as general manufacturing, regional logistics hubs, and specialized markets, contributing to a sound industrial development ecosystem. Adhering to "One County, One Policy," county seats have pursued differentiated development of their industries. County seats of ecological significance develop green industries in light of local conditions, undertake the transfer of populations from ecological functional areas in an orderly manner, and make greater efforts on the development of suitable green industries and clean energy.

According to incomplete statistics, in 2023, the proportion of counties with industrial parks at the provincial level and above in China's eastern, central, western, and northeastern regions reached 85%, 67%, 37%, and 63%, respectively. A total of 983 comprehensive county-based business and trade service centers and 3 941 township markets and business and trade centers were transformed, effectively satisfying the diversified needs of rural residents amid a consumption upgrading push. A total of 1 500 county-level logistics and delivery centers were built, cutting down logistics costs in rural areas. China upgraded 878 agricultural retail markets, and added 960 000 tonnes of cold storage capacity, enhancing the efficiency of agricultural product circulation. Driven by the development of industries, counties are poised to attract more residents.

Ⅳ. Livable, Resilient, and Smart Cities

In 2023, urban physical examination as a foundation work was fully rolled out in all parts of the country. Within the urban renewal project framework, making new progress in the renovation of old urban residential buildings and dilapidated houses, the building of integrated communities, the construction of urban lifeline safety projects, the strengthening of weak links in and the improvement in the quality of municipal infrastructure, as well as in the systematic management of urban waterlogging. Chinese cities steadily promoted the "three major projects", which refer to the development of affordable housing projects, the redevelopment of shantytowns and the construction of affordable housing and dual-use public infrastructure that can accommodate emergency needs. Meanwhile, they continuously improved the system for preserving and inheriting history and culture in cities and rural areas; and to explore the application of new technologies in building smart cities and new-type infrastructure, as well as in enhancing urban governance.

1. Urban renewal projects

In 2021, China started a two-year pilot project for urban renewal in 21 cities and districts. Pilot cities have implemented the project plan and made distinctive explorations in light of their resource endowment, development stages, and economic and social development conditions. In the past two years, significant efforts have been put into renovating old urban residential buildings, upgrading and renovating infrastructure, and improving urban functions. These pilot cities carried out 19 478 urban renewal projects in total, with 13 469 already completed and 4 855 in progress. The completed urban renewal projects have received positive feedback during operation, initially yielding economic, social and ecological benefits.

In 2023, the MOHURD continued to regard urban physical examination evaluation as a crucial basis for advancing urban renewal projects and transforming the mode of urban development and construction, selecting 10 cities (counties) as pilot areas. Adopting a problem-oriented approach, cities conducted urban physical examination by defining specific check-up objects, identifying weak links at different levels, strengthening evaluation and diagnosis, and creating corrective measures. This process has led to the initial establishment of a working mechanism that transitions from identifying problems to solution and continuous improvements. In a guideline released in December, the MOHURD said starting from 2024, China will conduct an urban physical examination in all prefecture-level cities and above, as a major move to improve the living environment of urban dwellers under the people-centered philosophy.

In July 2023, the MOHURD and six other departments, released *The Notice on Advancing Solid Work in the Renovation of Old Urban Residential Communities in 2023*. Focusing on improving stairways, the living environment, and community management, the notice called for efforts to conduct comprehensive check-ups in old urban residential communities and urged targeted renovations. It emphasized making exercise and leisure areas, green spaces, roads, and other public spaces and supporting facilities of elderly and child-friendly. Additionally, it highlighted the need to strengthen the construction of barrier-free living environments in these communities. In

June and December, the MOHURD announced the seventh and eighth batches of *List of Replicable Policy Mechanisms for the Renovation of Old Urban Residential Communities*, respectively, seeking to spread best practices in the renovation of old urban residential communities from Beijing, Shenzhen, Chuzhou, Changsha, Guangzhou, and Changzhou. Throughout 2023, China started renovation work for 53 700 old urban residential communities that benefited 8.97 million households, with renovation projects seeing a total investment of nearly CNY240 billion.

From 2022 to 2023, the MOHURD stressed building integrated communities and addressing weak links in elderly and childcare facilities while proactively advancing urban renewal projects. In July 2023, the MOHURD and departments released *The Notice on Issuing the List of Pilot Communities for Building Integrated Communities*, designating 106 pilot communities under an integrated community pilot program. Designed to address the pressing difficulties and concerns of the people, the program aims to build a batch of integrated community models that can serve as exemplary models across the country. In 2023, the compliance rate of supporting aged care service facilities in newly built residential areas in cities reached 87.2%, 2.3 percentage points higher than in 2022; 74 590 pieces of fitness facilities were added. From 2019 to 2023, 108 000 elevators were installed in old urban residential communities, and approximately 68 000 facilities were built or upgraded for community services including elderly care, child care, and meal assistance services.

On May 11, 2023, the MOHURD held an on-site meeting on advancing urban infrastructure lifeline safety projects in Hefei, the ministry announced the decision to launch a national program to overhaul vital urban infrastructure. In October, the MOHURD issued *The Guideline on Promoting Urban Infrastructure Lifeline Safety Projects*, which further clarified work tasks for the program. Urban waterlogging management is shifting from site-specific control to equal emphasis on comprehensive response and capacity building. In 2023, the central government issued CNY1 trillion in additional government bonds to raise the country's capabilities in disaster prevention and safety, by addressing inadequacies and shoring up weak points in projects that serve people's livelihoods. Of the bonds, CNY140 billion was earmarked for 2 372 urban drainage and waterlogging prevention and control projects across the country, which are expected to alleviate the risks of urban waterlogging. Meanwhile, China will build national emergency drainage bases in eight cities, including Guangzhou, Wuhan, Xi'an, Chengdu, and Kunming, to boost their ability to cope with urban waterlogging.

2. "Three major projects" —the development of affordable housing projects, the redevelop urban villages, and the dualuse public infrastructure for both normal and emergency

In September 2023, the General Office of the State Council released *The Guideline on the Planning and Construction of Affordable Housing*. The affordable housing system will consist of public rental housing, government-subsidized rental housing, and affordable residences for sale under an allocation mechanism. The move will be promoted first in（35）large cities with a permanent urban population of over 3 million. The third type of affordable housing mainly targets low-income groups with housing challenges and talent sought by the cities.

In July 2023, the General Office of the State Council issued *The Guideline on Actively and Steadily Advancing the Rebuilding of Urban Villages in Super-large Cities and Megacities*, requiring eligible cities with a population exceeding 3 million to advance the rebuilding of urban villages. Village renovations will be carried out on a case-by-case basis: complete demolition and reconstruction for areas that meet the criteria, regular rectification and enhancement for those that do not, and a combination of demolition and rectification for those in between. The guideline underscored the importance of planning before taking action, such as soliciting the opinions of villagers, relocating industries, ensuring the proper resettlement of individuals affected, preserving historical and cultural heritage, and securing funds for compensation and resettlement, in order to ensure swift and successful renovation process. Village renovations will be aligned with government-subsidized housing to deliver concrete benefits to residents, the guideline said, adding that a proportion of the residential land and construction scale not designated for replacement housing be dedicated to the construction of affordable residences for sale under an allocation mechanism. The guideline encouraged the use of surplus replacement housing for villagers to be built and used as long-term affordable rental housing, or the transformation of urban village properties undergoing rectification and enhancement into long-term rental housing for affordable housing purposes.

The same month, the General Office of the State Council released *The Guidelines on Advancing to Build Dual-Use Public Infrastructure for both Normal and Emergency in Super-Large and Megacities*. Also, some ministries caught up by rolling out 18 relevant policy documents, basically putting in place the "dual-use for normal and emergency" and "1+N+X" supporting policy system. In December, as a co-lead ministry, the MOHURD cooperated with the NDRC in submitting 3 394 planned projects to the General Office of the State Council. At the local level, different regions are pushing forward efforts at a faster pace. For example, Pinggu District of Beijing piloted the construction of facilities for both normal and emergency use, creating application scenarios covering dining, housing, transportation, medical care, and centralized undertaking capacity; Zhejiang Province issued acceptance testing standards, with Hangzhou releasing design guidelines to expedite the implementation of projects.

3. Preservation and inheritance of history and culture in urban and rural areas

In 2023, the State Council announced two new national historical and cultural cities; China added seven provincial-level historical and cultural cities; the MOHURD and the Ministry of Finance announced 35 demonstration zones for centralized and contiguous preservation and utilization of traditional villages, and launched the selection work for the eighth batch of famous historical and cultural towns and villages.

China has produced outcomes in the outline for the national system and planning for the preservation and inheritance of history and culture in urban and rural areas, with opinions sought from various authorities over multiple rounds. To date, 28 provincial-level regions and the Xinjiang Production and Construction Corps have initiated the development of provincial-level plans. In particular, provinces like Zhejiang, Jiangsu, and Anhui are pushing ahead with the formulation of such plans at the city and county levels.

In 2023, the MOHURD released *The Notice on Advancing Urban Renewal Projects in a Solid and Orderly Manner*, explicitly emphasizing the need to adhere to the principle of maintenance, renovation, demolition of urban infrastructure, with a focus on maintenance, utilization, and improvement, and encouraging small-scale, incremental organic renewal and micro-renovations to prevent large-scale demolition and reconstruction. The same year, Shanghai implemented *The Technical Standards for the Restoration of External Walls of Excellent Historic Buildings*.

In August 2023, the MOHURD, under the guidance of the Publicity Department of the CPC Central Committee and in collaboration with the Ministry of Culture and Tourism and the National Cultural Heritage Administration, led the work to establish a task force to draft *The Law on the Preservation of Historical and Cultural Heritage*, *The Regulation on the Preservation of Historical Blocks and Ancient Buildings*, and *The Regulation on the Preservation of Traditional Villages*, and revise *The Regulation on the Preservation of Famous Historical and Cultural Cities*, *Towns and Villages*, included in *The Annual Legislative Plan of the State Council for 2024* unveiled in May 2023. More than 10 cities including Chongqing have released local laws and regulations on the preservation of cultural heritage. On May 23, 2023, national standard *Project Code for Urban and Rural Historical and Cultural Conservation and Utilization Engineering* was officially issued; on September 13, 2023, the Supreme People's Procuratorate and the MOHURD jointly issued *The Opinions on Strengthening Collaboration and Cooperation in Procuratorial Public Interest Litigation for the Preservation and Inheritance of History and Culture in Urban and Rural Areas according to the Law*.

In 2023, the China Media Group and the MOHURD jointly launched the documentary series titled Understanding *The Ages through Cultural Heritage*, with the first 10 episodes premiered reaching nearly 300 million viewers. On October 25, 2023, the MOHURD held an on-site meeting on the preservation and utilization of historical and cultural blocks and historical buildings in Suzhou. On December 19, 2023, a symposium on the preservation and inheritance of cultural heritage was held in Beijing. Cai Qi, a member of the Standing Committee of the Political Bureau of the CPC Central Committee, addressed the symposium.

4. Building of smart cities and new-type infrastructure

In 2023, China made noticeable progress in building smart cities, specifically, in the entire lifecycle of urban planning, building, and governance. The country promoted the construction of the City Information Modeling (CIM) platform, backed by an improved standard system, to create the city data resource system. In the meantime, China proactively expanded CIM to areas such as urban renewal, urban physical examination, urban safety, urban management, smart municipal services, smart gardening, smart water management, and smart communities. At the Second Forum of CIM and Smart City Construction, representatives discussed the experience of Chinese cities in building digital twin cities and enhancing the informatization, networking, and intelligence of urban construction management.

In the past year, digital economy expanded rapidly in China, with the scale and levels of digital infrastructure continuously growing. By the end of 2023, 5G penetration rate in China topped 50%. Take for example the "Digital Zhujian" data center supported by the MOHURD. The data center aims to form a unified basic database by collecting basic industry data. On the basis of the national survey data about houses, buildings, and municipal facilities, it intends to guide localities in advancing the construction of the CIM basic platform and build a unified spatial foundation.

5. Improvement of urban governance capabilities

Some Chinese cities have implemented action plans for refined urban management in a systematic and standardized manner, thereby boosting the level of refined urban management across the board. In 2023, Beijing issued *The Three-Year (2023—2025) Action Plan for Advancing the Refined Governance of Back Streets and Alleys*; Yichang released *The Three-Year (2023—2025) Action Plan for the Refined Comprehensive Urban Management in Yichang City*; Chengdu introduced *The Specification for Refined Urban Management in Chengdu City* as a local standard.

Chinese cities have harnessed technology to enhance urban management, applying new technologies like AI, IoT, and 5G to boost intelligence and efficiency. For example, Harbin issued *The Implementation Plan of Harbin for Accelerating the Construction of a Digital Government (2023—2025)*, and Shenzhen released *The Action Plan of Shenzhen for Building a Pioneering Digital Twin City (2023)*, among others, in 2023, providing top-level design for smart urban governance.

Chinese cities have also, targeting the last mile of urban grassroots governance, continually improved the urban grassroots governance system, by enhancing the leading role of Party building, building platforms for consultative decision-making, and leveraging social organizations, among other means. In 2023, for example, Hebi issued *The Notification from the CPC Hebi Municipal Committee Office on the Issuance* of the "*Implementation Plan for the Construction of the 'Good*

Negotiations' Grassroots Consultative Decision-Making Platform" as an official Party committee document; Jinzhou developed the Concentrating on the People's Immediate Concerns, *The Party is Always with You—Three-Year Action Plan* (2023—2025) for Improving Party Building and Promoting Rural Revitalization, strengthening the foundation of grassroots governance.

V. Beautiful China Initiative and Green Development

In January 2023, the State Council issued a white paper titled *China's Green Development in the New Era*. The white paper aims to present a full picture of China's ideas, actions, and achievements in green development in the new era, and to share its experience in areas such as green ecology, green production, green living, and institutions and mechanisms for green development. In December 2023, the CPC Central Committee and the State Council issued *The Opinions on Comprehensively Promoting the Development of a Beautiful China*. The Opinions required upholding and acting on the idea that lucid waters and lush mountains are invaluable assets, and urged concerted efforts to cut carbon emissions, reduce pollution, pursue green development, and boost economic growth, supporting high-quality development with a high-quality ecological environment, creating role models for the Beautiful China Initiative, building pioneering zones for the Beautiful China Initiative, beautiful cities, and beautiful villages, and accelerating the advancement of a new pattern for the Beautiful China Initiative in pursuit of modernization featuring harmony between humanity and nature.

1. Ecological and environmental protection and restoration

In 2023, China saw improved water quality. Good-quality surface water — at Grade I to III in China's five-tier system—accounted for 89.4% of the country's total, 1.5 percentage points higher than in 2022 and 4.4 percentage points higher than the target outlined in the 14th Five-Year Plan. The MEE released *The Notice on Further Cleaning up Black and Odorous Water Bodies and Improving he Environmental Protection*. By the end of the year, more than 70% of the black and odorous water bodies in county-level cities were eliminated. Seven provinces in eastern China—Hebei, Jiangsu, Zhejiang, Fujian, Shandong, Guangdong, and Hainan—took the lead in investigating and treating county seats black and odorous water bodies. Additionally, the national list of county seats black and odorous water bodies was initially created. The notice requires that county seats black and odorous water bodies in the seven provinces should be basically eliminated by 2025, and other provinces should steadily advance the treatment of county seats black and odorous water bodies according to local conditions and simultaneously create a list of black and odorous water bodies to be treated. By 2025, China will seek to achieve a significant reduction in black and odorous waters in county seats, the notice said.

China's air quality also improved last year. In 2023, the State Council released *The Action Plan for the Continuous Improvement of Air Quality*, aimed at boosting the battle to protect blue skies, protecting people's health, and promoting high-quality economic growth. The plan urged coordinated efforts to cut carbon emissions, reduce pollution, pursue green development, and boost economic growth, with the core objective of improving air quality. Data that showed that the average concentration of fine particulate matter（PM2.5）in 339 cities at or above the prefecture level in China was 30 micrograms per cubic meter in 2023, better than the annual target（32.9 micrograms per cubic meter）by about 3.0 micrograms per cubic meter. The rate of good air quality days in 2023 was 85.5%. It was 86.8% after excluding days with abnormally high dust concentrations, surpassing the annual target by 0.6 percentage points. In key areas for air pollution control, the Beijing-Tianjin-Hebei region and surrounding areas and the Fenwei Plain witnessed the average PM2.5 concentration in 2023 decrease by 2.3% and 6.5% respectively compared to the previous year, pointing to the effectiveness of pollution control in these areas.

As China strives for ecological progress and pursues green, high-quality development of urban and rural areas, the national spatial layout has been continuously optimized. The construction of a system of nature reserve areas, with national parks as the mainstay, nature reserves as the foundation, and various types of natural parks as supplements, is progressing in an orderly manner. The comprehensive plan for the first batch of five national parks has been issued and implemented. The total area of nature reserves at all levels across the country accounts for approximately 18% of the land area. A significant push is being made across Chinese cities to enhance the protection and governance of urban landscapes. This includes the development of urban green corridors and greenways, as well as advancing the creation of pocket parks—small outdoor public spaces ranging from 400 to 10 000 square meters—using scattered plots and bare land, in conjunction with urban renewal projects, leading to continuous improvements in urban landscaping and environmental quality. By the end of 2023, the per capita park area and green space in urban areas nationwide had reached 15.50 square meters, and in 105 major cities, parks and green spaces accounted for 4.0% of the urban area. Chinese cities are providing increasing systematic and high-quality services within regional ecological spaces.

China is making ongoing efforts in ecological restoration of mountains, water bodies, green spaces, and brownfield sites. By the end of 2023, the government had identified 90 cities as pilot sponge cities, a program designed to increase urban resilience to climate change and disasters like torrential rain. On January 18, 2024, the MEE issued *The China National Biodiversity Conservation Strategy and Action Plan（2023—2030）*. The action plan measures including beefing up the country's capability in biodiversity surveying and monitoring, strengthening local biodiversity as well as ecological connectivity and integrity, promoting the construction of biodiversity-friendly cities, incorporating biodiversity into urban restoration, ecological remediation, smart transformation, and various demonstration projects, and speeding up the building of facilities that provide the public with exposure to biodiversity.

2. Green and low-carbon development

In April 2023, the National Standardization Administration, the NDRC, and other departments issued *The Guidelines for the Establishment of a Standard System for Carbon Peak and Carbon Neutrality*, clarifying the basic framework for establishing a standard system for carbon peak and carbon neutrality and further setting the objectives of dual-carbon standards. In August, *The Guideline for the Establishment of a Standard System for the Hydrogen Industry (2023 version)* released. The guideline builds a standard system for the production, storage, transport and use of the hydrogen energy, becoming China's first top-level design guideline for the standard system of the hydrogen energy industry chain. In November, the NDRC and other departments jointly released *The Opinions on Speeding up the Establishment of a Carbon Footprint Management System for Products*. The guideline systematically clarifies key tasks for product carbon footprint management, adding that China would establish a product carbon footprint management system in line with its actual conditions.

In October 2023, the NDRC unveiled *The Plan for Carbon-peaking Pilot Projects*, announcing that China will launch carbon-peaking pilot projects in 100 cities and high-tech industrial development parks nationwide. In November, the NDRC released a list of the first batch of pilot cities and high-tech industrial development parks that will aim to peak carbon dioxide emissions. Regions across the country have accelerated the construction of low-carbon pilot demonstration areas. Boao Near-Zero Carbon Demonstration Zone in Hainan Province is China first national-level near-zero carbon demonstration zone. At present, the demonstration zone has completed a total of 18 projects in 8 categories, expected to provide an annual supply of 22.57 million kWh of clean electricity and achieve an annual carbon reduction of 11 617.7 tonnes, which accounts for 86.4% of the annual carbon emissions of 13 436 tons within current demonstration area. The demonstration zone aims to become a near-zero carbon operation area by 2024. Shanghai sped up the revision of *The Guiding Opinions on Promoting the Construction of Green and Ecological Urban Areas in Shanghai*, issued *The Guidelines for Green Ecological Planning and Construction*, and designated target units for green ecological urban areas. The Lingang Center BIPV project, Shanghai's first ultra-low energy public building project, has been connected to grid for power generation. Shanghai Digital Jianghai International Industrial Urban District, China's first digital industrial park to adopt the Data Management Capability Maturity Assessment Model (DCMM) standard, has been basically completed.

3. Building of park cities

In January 2023, the MOHURD general office issued *The Notice on Carrying Out the Pilot Work on Open and Shared Urban Park Green Spaces*, requiring that cities identify open and shared green spaces in light of local conditions, formulate relevant plans in a science-based manner, improve facilities in the open and shared spaces guided by the people-centered philosophy, and innovate in management systems and mechanisms for the opening and sharing of green spaces. In 2023, China built or renovated approximately 34 000 hectares of urban green spaces, and constructed 4 128 pocket parks and 5 325 kilometers of greenways. A total of 6 174 urban parks in 846 cities and counties initiated pilot projects for opening and sharing green spaces, with a rotation and sharing of 11 400 hectares of lawns, offering the public access to these green spaces.

Various provinces and cities in China have continuously advanced the construction of park cities, building on previous practices and in light of their local realities. Firstly, creating new implementation mechanisms for building park cities. Early in 2023, Guangzhou and Shanghai successively issued guidelines for promoting the construction of park cities. The Shanghai Greening Committee unveiled *The Guideline for Park City Planning and Construction in Shanghai*. Shandong Province, building on its park city pilot projects, issued *The Guideline for Park City Construction in Shandong*. Secondly, applying innovative technical standards to the practice of building park cities. In September, Chengdu, based on its park city practice, released six local standards for park cities, namely, *The Guideline for Creating the Park City "Golden Corner and Silver Edge" Scene*, *The Guideline for Park City Park Scene Creation and Business Format Integration*, *The Guideline for Park City Rural Greening Landscape Construction*, *The Specification for Park City Green Space Emergency Shelter Function Design*, *The Guideline for Building a Human Settlement Environment in the Park Community*, and *The Standards for Urban Park Classified and Tiered Management*, and simultaneously released *The Sichuan Tianfu New Area Park City Standard System* (*Version 2.0*).

VI. Epilogue

2024 marks the 75th anniversary of the founding of the People's Republic of China. It is also a crucial year for achieving the objectives and tasks laid down in the 14th Five-Year Plan.

President Xi Jinping made the following remarks: "Promoting the building of a strong country and the great rejuvenation of the Chinese nation through a Chinese path to modernization is the central task of the Party and the state on the new journey in the new era, and it represents the greatest political mission of the period." "Our goal is both inspiring and simple. Ultimately, it is about delivering a better life for the people. Our children should be well taken care of and receive good education. Our young people should have the opportunities to pursue their careers and succeed. And our elderly people should have adequate access to medical services and elderly care. These issues matter to every family, and they are also a top priority of the government. We must work together to deliver on these issues... We should foster a warm and harmonious atmosphere in our society, expand the inclusive and dynamic environment for innovation, and create convenient and good living conditions, so that the people can live happy lives, bring out their best, and realize their dreams."

The CPC Central Committee and the State Council have adopted overall guidelines for the work in 2024. This includes: striving to modernize the industrial system and developing new quality productive forces at a faster pace; invigorating China through science and education and consolidating the foundations for high-quality development; expanding domestic demand and promoting sound economic flows; continuing to deepen reform and boosting internal momentum for development; pursuing higher-standard opening up and promoting mutual benefits; ensuring both development and security and effectively preventing and defusing risks in key areas; making sustained efforts to deliver in work relating to agriculture, rural areas, and rural residents and taking solid steps to advance rural revitalization; promoting integrated development between urban and rural areas, advancing coordinated development between regions, and optimizing regional economic layout; enhancing ecological conservation and promoting green and low-carbon development; ensuring and improving the people's wellbeing and promoting better and new ways of conducting social governance.

2024 is the Year of the Dragon, which is the totem of the Chinese nation. It is hoped that people across the country embrace a spirit of vitality and determination as represented by dragon. With great momentum and ambition, Chinese people will explore new ground with hard work and dedication, collectively writing a new chapter in advancing Chinese modernization.

(Author: Mao Qizhi, Professor of Tsinghua University, Academician of International Eurasian Academy of Sciences; Wang Kai, National Master of Engineering Survey and Design, President of China Academy of Urban Planning & Design)

2023年中国城市发展十大事件

一、《习近平关于城市工作论述摘编》出版

2023年2月20日，《习近平关于城市工作论述摘编》由中共中央党史和文献研究院编辑出版发行。《论述摘编》分7个专题，共计300段论述，摘自习近平同志2012年11月至2022年12月期间的报告、讲话、贺信、指示等120多篇重要文献。其中部分论述是第一次公开发表。习近平同志围绕城市工作发表的一系列重要论述，立意高远，内涵丰富，思想深刻，明确了城市发展的价值观和方法论，深刻揭示了中国特色社会主义城市发展规律，深刻回答了城市建设发展依靠谁、为了谁的根本问题，以及建设什么样的城市、怎样建设城市的重大命题，对于不断推进城市治理体系和治理能力现代化，提高新型城镇化水平，提升城市环境质量、人民生活质量、城市竞争力，建设和谐宜居、富有活力、各具特色的现代化城市，开创人民城市建设新局面，全面建设社会主义现代化国家、全面推进中华民族伟大复兴，具有十分重要的指导意义。

在思路方法上，强调"一个尊重、五个统筹"。习近平总书记指出，要尊重城市发展规律；统筹空间、规模、产业三大结构，提高城市工作全局性；统筹规划、建设、管理三大环节，提高城市工作的系统性；统筹改革、科技、文化三大动力，提高城市发展持续性；统筹生产、生活、生态三大布局，提高城市发展的宜居性；统筹政府、社会、市民三大主体，提高各方推动城市发展的积极性。这些重要论述阐明了城市工作是一项系统工程的总体特征，明确了做好城市工作的基本思路和科学方法。

在格局形态上，强调促进大中小城市和小城镇协调发展。习近平总书记指出，要构建科学合理的城市格局；从全国看，大中小城市和小城镇、城市群要科学布局，与区域经济发展和产业布局紧密衔接，与资源环境承载能力相适应；因地制宜推进城市空间布局形态多元化；推动城市组团式发展，形成多中心、多层级、多节点的网络型城市群结构；选择一批条件好的县城重点发展。这些重要论述阐明了城镇体系建设的方向和原则，明确了城市空间布局的形态和结构要求。

在底线要求上，强调把生态和安全放在更加突出的位置。习近平总书记指出，城市工作要把创造优良人居环境作为中心目标；让城市融入大自然，让居民望得见山、看得见水、记得住乡愁；要把人民生命安全和身体健康作为城市发展的基础目标；无论规划、建设还

是管理，都要把安全放在第一位，把住安全关、质量关，并把安全工作落实到城市工作和城市发展各个环节各个领域。这些重要论述阐明了生态和安全的极端重要性，明确了城市工作的中心目标和基础目标。

在治理模式上，强调推进城市治理体系和治理能力现代化。习近平总书记指出，城市治理是推进国家治理体系和治理能力现代化的重要内容；既要善于运用现代科技手段实现智能化，又要通过绣花般的细心、耐心、巧心提高精细化水平；使政府有形之手、市场无形之手、市民勤劳之手同向发力；真正实现城市共治共管、共建共享。这些重要论述阐明了城市治理对于城市现代化的重要意义，明确了提高科学化、智能化、精细化水平的理念和手段。

（资料来源：中国政府网、中国建设新闻网）

二、国家加快推进城市"三大工程"建设

2023 年 4 月 28 日，中央政治局会议提出，规划建设保障性住房，在超大特大城市积极稳步推进城中村改造及"平急两用"公共基础设施建设，称为"三大工程"。规划建设保障性住房，是完善住房制度和供应体系、重构市场和保障关系的重大改革，重点是拓展配售型保障性住房的新路子。城中村改造是解决群众急难愁盼问题的重大民生工程，重点是消除安全风险隐患，改善居住环境，促进产业转型升级，推动城市高质量发展。"平急两用"公共基础设施建设，是统筹发展与安全、提高城市韧性的重大举措，重点是平时用得着、关键时刻能用得上。7 月 24 日，中央政治局会议再次强调"三大工程"建设重大工作部署；10 月 30 日，中央金融工作会议进一步明确提出，加快保障性住房等"三大工程"建设，构建房地产发展新模式。

相关顶层设计不断完善，《关于规划建设保障性住房的指导意见》《关于在超大特大城市积极稳步推进城中村改造的指导意见》《关于积极稳步推进超大特大城市"平急两用"公共基础设施建设的指导意见》相继出台。

根据《关于规划建设保障性住房的指导意见》，保障性住房重点针对住房有困难且收入不高的工薪收入群体，以及城市需要的引进人才等群体，城市人民政府应将符合条件的工薪收入群体纳入保障性住房申请和安排对象范围。以家庭为单位，保障对象只能购买一套保障性住房。已享受过房改房等政策性住房的家庭申请保障性住房，需按规定腾退原政策性住房。城市人民政府要摸清工薪收入群体的住房需求，从解决最困难工薪收入群体住房问题入手。根据供给能力，合理确定保障范围和准入条件，逐步将范围扩大到整个工薪收入群体。按照保基本的原则，合理确定城镇户籍家庭、机关事业单位人员、企业引进人才等不同群体的保障面积标准。在加快建设和筹集方面，围绕规划建设保障性住房，要制定规划计划、保障用地供给、加强配套设施建设；在规范配售和管理方面，围绕规划建设保障性住房，要公平公正配售、实施封闭管理、加强社区管理。

根据《关于在超大特大城市积极稳步推进城中村改造的指导意见》，城中村改造包括城镇开发边界内的各类城中村，具体范围由城市人民政府结合实际确定。优先对群众需求迫

切、城市安全和社会治理隐患多的城中村进行改造，成熟一个推进一个，实施一项做成一项。城市人民政府要加快摸清本区域城中村总量、分布、规模等情况，合理确定城中村改造空间单元范围，编制城中村改造控制性详细规划。区分轻重缓急结合需要与可能，编制城中村改造计划，建立项目清单，明确改造目标、改造方式、资金筹措安排、支持政策、组织实施等内容。制定城中村改造拆除新建、整治提升、拆整结合三个工作导则，确定三类改造方式内容清单。研究制定关于城中村改造中加强历史文化风貌保护的规定。还有依法实施征收，多渠道筹措改造资金，将城中村改造与保障性住房建设相结合。

根据《关于积极稳步推进超大特大城市"平急两用"公共基础设施建设的指导意见》，主要通过大城市在建设改造偏远山区或地区的民宿、旅游酒店、医疗机构、仓储基地等设施时，提前嵌入公共卫生等突发公共事件应急功能，打造一批"平急两用"公共基础设施，进一步完善医疗应急服务体系，补齐临时安置、应急物资保障短板，推动大城市更高质量、更可持续、更为安全的发展。

（资料来源：中国政府网、人民网）

三、中共中央、国务院表彰2023年度国家科学技术奖

为深入贯彻习近平新时代中国特色社会主义思想和党的二十大精神，深入实施科教兴国战略、人才强国战略、创新驱动发展战略，中共中央、国务院决定，对为我国科学技术进步、经济社会发展、国防现代化建设作出突出贡献的科学技术人员和组织给予奖励。2023年度国家科学技术奖共评选出250个项目。其中，国家自然科学奖49项，一等奖1项，二等奖48项；国家技术发明奖62项，一等奖8项，二等奖54项；国家科学技术进步奖139项，特等奖3项，一等奖16项，二等奖120项。

城市建设领域多项科研成果获得奖励。其中，饮用水安全保障技术体系创建与应用获得国家科学技术进步奖一等奖；极端气候区超低能耗建筑关键技术与应用、上海中心大厦工程关键技术、严酷服役条件下结构混凝土长寿命设计与多维性能提升关键技术、高层建筑风振分析理论与降载减振技术及其应用等4个项目获得国家科学技术进步奖二等奖；固废填埋场气液致灾原位测控技术与装备、复杂应力环境下软弱土基坑工程安全控制绿色高效技术等2个项目获得国家技术发明奖二等奖；此外，智能交通、信息通信等领域也有多项成果获奖。上述获奖成果，体现了科技创新对城市建设的引领和驱动作用，将进一步推动城市高质量发展，助力建设宜居、韧性、智慧城市。

由中国科学院生态环境研究中心、中国城市规划设计研究院等单位完成的"饮用水安全保障技术体系创建与应用"项目，发明了"加密活区"净水及调光抑藻等生态型水源水质改善技术，攻克了嗅味、毒害副产物、耐氯生物、砷、氟等系列水质净化难题，创制了标准化装配式水厂及农村供水远程运维模式，实现了全场景水质监测系列装备首台套突破和自主可控，创建了从源头到龙头、分散到集中、监测到管控、城乡全覆盖的饮用水安全保障技术体系。成果应用于1 431项工程、覆盖4 500个公共供水厂，直接受益人口2.58亿，服务人口

7.2亿，支撑城乡居民喝上"放心水"。此次获得国家科学技术进步奖一等奖为我国供水行业获得的最高科技奖项，获奖代表参加了在人民大会堂的表彰大会，并受到习近平总书记等中央领导的接见。

（资料来源：新华社、中国政府网）

四、首届全球可持续发展城市奖在上海颁奖

10月28日，全球可持续发展城市奖（上海奖）颁奖活动暨2023年世界城市日中国主场活动开幕式在上海举行。国家主席习近平高度重视城市可持续发展，多次对全球可持续发展城市奖（上海奖）设立给予关心指导，专门向2022年世界城市日全球主场活动暨第二届城市可持续发展全球大会致贺信，深入推进以人为核心的新型城镇化，愿与世界各国分享中国方案、中国经验，共同推动全球城市可持续发展。中共中央政治局委员、国务院副总理何立峰出席开幕式并为首届获奖城市颁奖。时任联合国副秘书长、联合国人居署执行主任迈穆娜·穆赫德·谢里夫出席相关活动。

自联合国2030年可持续发展议程实施以来，世界仍然面临着前所未有的挑战。联合国秘书长安东尼奥·古特雷斯在2023年7月可持续发展高级别政治论坛上强调，世界"严重偏离"了在2030年的最后期限前实现可持续发展目标的轨道。城市是实现可持续发展目标的变革力量。联合国人居署与其合作伙伴共同努力，强调城市在实现可持续发展目标方面的关键重要地位，并鼓励世界各地的城市加快实施2030年可持续发展议程和新城市议程。为此，联合国人居署会同上海市共同设立全球可持续发展城市奖（上海奖）。本奖项以共建可持续的城市未来为总主题，结合2023年世界城市论坛主题等，特别鼓励和欢迎在经济活力与城市繁荣、生态建设与绿色发展、城市安全与韧性发展、可持续发展的能力建设四个方向取得显著进展的城市参与申报。本奖项旨在推动落实联合国2030年可持续发展议程特别是可持续发展目标11，促进新城市议程在全球的本地化，积极响应全球发展倡议，表彰在可持续发展方面提供综合解决方案的城市，为实施联合国人居署重点领域工作和旗舰项目以及全球城市监测框架搭建平台。

此次世界城市日首次颁发全球可持续发展城市奖（上海奖），旨在推动落实联合国2030年可持续发展议程，促进新城市议程在全球的本地化，积极响应全球发展倡议，表彰世界范围内在可持续发展方面取得突出进展的优秀城市，澳大利亚布里斯班、中国福州、乌干达坎帕拉、马来西亚槟城乔治市、巴西萨尔瓦多等5座城市获此奖项。

（资料来源：联合国人居署网站、中国政府网）

五、国务院印发《全国城镇燃气安全专项整治工作方案》

2023年6月21日，宁夏银川市兴庆区富洋烧烤店发生燃气爆炸事故。次日，习近平总书记对"6·21"宁夏燃气爆炸事故作出重要指示，要求全力做好伤员救治，加强重点行业

重点领域安全监管，切实保障人民群众生命财产安全。为深入学习领会习近平总书记重要批示精神，抓好城镇燃气安全防范工作，2023年8月9日，国务院安全生产委员会印发《全国城镇燃气安全专项整治工作方案》，组织开展全国城镇燃气安全专项整治，深刻汲取近年来城镇燃气安全重特大事故教训，全面加强城镇燃气安全风险隐患排查治理，切实保障人民群众生命财产安全。

该方案设定了工作目标，用3个月左右时间开展集中攻坚，全面排查整治城镇燃气全链条风险隐患，建立整治台账，切实消除餐饮企业等人员密集场所燃气安全突出风险隐患；再用半年左右时间巩固提升集中攻坚成效，组织开展"回头看"，全面完成对排查出风险隐患的整治，构建燃气风险管控和隐患排查治理双重预防机制；到2025年底前，建立严进、严管、重罚的燃气安全管理机制，完善相关法规标准体系，提升本质安全水平，夯实燃气安全管理基础，基本建立燃气安全管理长效机制。

在"加快老化管道和设施改造更新"一节中要求，统筹推进城市燃气管道等老化更新改造、城镇老旧小区改造等工作，加快更新老化和有隐患的市政管道、庭院管道、立管及厂站设施。该工作方案还要求，明确用地支持政策，城市存量用地、既有建筑调整转化用途时优先满足涉及安全的城市基础设施需要，保障燃气厂站和液化石油气供应站用地需要，确保安全。

在"推进燃气安全监管智能化建设"一节中要求，加大投入力度，加快推进城市生命线安全工程建设，完善燃气监管平台建设，要与城市安全风险监测预警平台充分衔接，加强与各部门资源共享，实现对管网漏损、运行安全及周边重要密闭空间等的在线监测、及时预警和应急处置。结合城市燃气管道等老化更新改造工作，加大政策和资金落实力度，地方财政分级做好资金保障工作。

在"完善有关法规标准"一节中要求，修订城镇燃气管理相关法规标准，进一步明确和细化燃气安全监管规定，压实各方责任，切实解决第三方施工破坏、违规占压等突出问题，规范城镇燃气行业秩序。加快修订城镇燃气相关标准规范，提高燃气设施运行、维护和抢修安全技术标准，确保燃气管道和设施运行安全。

全国城镇燃气安全专项整治工作专班（办公室设置在住房城乡建设部）落细各项措施和工作责任，全面加强组织领导，加快推进排查整治，切实提高排查整治质量，努力破解燃气安全管理突出问题，强化严格监管执法，加大宣传教育力度，取得了阶段性成效。住房城乡建设部于2023年8月24日印发《全国城镇燃气安全专项整治燃气管理部门专项方案》，9月21日印发《城镇燃气经营安全重大隐患判定标准》。

（资料来源：中国政府网、中国建设新闻网）

六、国家大力推动城市文化旅游高质量发展

2023年4月28日，中共中央政治局会议强调，要改善消费环境促进文化旅游等服务消费。7月24日，中共中央政治局会议提出，要推动体育休闲、文化旅游等服务消费。7月25日，国务院召开推动旅游业高质量发展专家座谈会，进一步对促进旅游业加快恢复发展工作

作出明确部署。9 月 27 日，国务院办公厅印发《关于释放旅游消费潜力 推动旅游业高质量发展的若干措施》的通知，为推动旅游业高质量发展，发挥旅游业对推动经济社会发展的重要作用，提供了政策保障。

在"加大优质旅游产品和服务供给"一节中规定，开展文旅产业赋能城市更新行动，打造一批文化特色鲜明的国家级旅游休闲城市和街区，推动旅游度假区高质量发展。加强绿道、骑行道、郊野公园、停车设施等微循环休闲设施建设，合理布局自驾车旅居车停车场等服务设施。

在"激发旅游消费需求"一节中规定，利用城市公园、草坪广场等开放空间打造创意市集、露营休闲区。创新开展"旅游中国·美好生活"国内旅游宣传推广。紧密围绕区域重大战略以及重点城市群、文化旅游带建设等，实施区域一体化文化和旅游消费惠民措施和便利服务，举办区域性消费促进活动。推进东中西部跨区域旅游协作，探索互为旅游客源地和目的地的合作路径。

2023 年 11 月 21 日，文化和旅游部印发《国内旅游提升计划（2023—2025 年）》，围绕加强国内旅游宣传推广、丰富优质旅游供给、改善旅游消费体验、提升公共服务效能、支持经营主体转型升级等 9 个方面，提出了 30 项主要任务。该计划还提出了支持各地加大旅游基础设施投入，进一步完善旅游服务中心（咨询中心）、旅游集散中心、旅游公共服务信息平台、旅游厕所等旅游公共服务设施。同时，强调加强旅游惠民便民服务，推动博物馆等文博场馆的数字化发展，加快线上线下服务融合。

12 月 18 日，文化和旅游部、自然资源部、住房城乡建设部三部门联合印发《关于公布国家文化产业和旅游产业融合发展示范区建设单位名单的通知》，通过开展申报评选工作，确定了 50 个国家文化产业和旅游产业融合发展示范区建设单位，以推进文化和旅游深度融合发展。具体工作包括：鼓励融合发展示范区及建设单位结合实施城市更新行动盘活存量建设用地，推进城镇低效用地再开发，并合理利用老旧厂房等，在保障建筑安全的前提下，依法依规发展文化产业、拓展文化和旅游消费空间。

此外，中央宣传部、国家文物局、国家发展改革委、工业和信息化部、国家体育总局、农业农村部等相关部门结合自身职责与工作重点，从红色旅游、文旅融合、文旅标准化、文旅科技创新等方面，协同发布了一系列政策和措施文件。

（资料来源：中国政府网、新华社）

七、全面开展城市体检有序推进城市更新工作

2023 年 7 月 10 日，住房城乡建设部在印发的《关于扎实有序推进城市更新工作的通知》中指出，要坚持城市体检先行，将城市体检作为城市更新的前提，建立由城市政府主导、住房城乡建设部门牵头组织、各相关部门共同参与的工作机制，坚持问题导向，把城市体检发现的问题短板作为城市更新的重点，一体化推进城市体检和城市更新工作。

2023 年 11 月 29 日，住房城乡建设部印发《关于全面开展城市体检工作的指导意见》

（以下简称《指导意见》）。《指导意见》明确把城市体检作为统筹城市规划、建设、管理工作的重要抓手，推动系统治理"城市病"。《指导意见》要求从2024年开始，在地级及以上城市全面开展城市体检工作，每年3—8月进行体检，9月底前城市体检报告报送住房城乡建设部。城市体检延伸到了群众身边，划细体检单元，从住房到小区（社区）、街区、城区（城市），找出群众反映强烈的难点、堵点、痛点问题作为城市更新的重点，补齐设施和服务短板，打通服务群众"最后一公里"。

2023年住房城乡建设部在10个县市继续开展城市体检试点工作，这些试点包括天津、唐山、沈阳、济南、宁波、安吉、景德镇、重庆、成都和哈密等城市。这些试点城市的选取旨在完善城市体检指标体系，创新城市体检方式方法，并探索城市体检成果的应用。通过这些试点工作，住房城乡建设部希望能够更深入地查找并解决城市建设和发展中的问题，推动城市高质量发展。

截至2024年3月，297个地级及以上城市已经全部启动今年的城市体检工作。236个地级及以上城市成立了城市体检工作领导小组，115个城市已部署完成相关工作，204个城市制定了城市体检工作方案。

（资料来源：住房城乡建设部官网、新华网）

八、中国宣布支持高质量共建"一带一路"的八项行动

2023年迎来了"一带一路"倡议十周年，中国与"一带一路"参与国家之间的合作进一步深化。

2023年10月18日，国家主席习近平在人民大会堂出席第三届"一带一路"国际合作高峰论坛开幕式并发表题为《建设开放包容、互联互通、共同发展的世界》的主旨演讲，宣布中国支持高质量共建"一带一路"的八项行动，旨在通过促进基础设施建设和经济合作，推动共建国家共同发展。

行动1：构建"一带一路"立体互联互通网络。中方将加快推进中欧班列高质量发展，参与跨里海国际运输走廊建设，办好中欧班列国际合作论坛，会同各方搭建以铁路、公路直达运输为支撑的亚欧大陆物流新通道。积极推进"丝路海运"港航贸一体化发展，加快陆海新通道、空中丝绸之路建设。

行动2：支持建设开放型世界经济。中方将创建"丝路电商"合作先行区，同更多国家商签自由贸易协定、投资保护协定。全面取消制造业领域外资准入限制措施。主动对照国际高标准经贸规则，深入推进跨境服务贸易和投资高水平开放，扩大数字产品等市场准入，深化国有企业、数字经济、知识产权、政府采购等领域改革。中方将每年举办"全球数字贸易博览会"。未来5年（2024—2028年），中国货物贸易、服务贸易进出口额有望累计超过32万亿美元、5万亿美元。

行动3：开展务实合作。中方将统筹推进标志性工程和"小而美"民生项目。中国国家开发银行、中国进出口银行将各设立3 500亿元人民币融资窗口，丝路基金新增资金800亿

元人民币，以市场化、商业化方式支持共建"一带一路"项目。本届高峰论坛期间举行的企业家大会达成了 972 亿美元的项目合作协议。中方还将实施 1000 个小型民生援助项目，通过鲁班工坊等推进中外职业教育合作，并同各方加强对共建"一带一路"项目和人员安全保障。

行动 4：促进绿色发展。中方将持续深化绿色基建、绿色能源、绿色交通等领域合作，加大对"一带一路"绿色发展国际联盟的支持，继续举办"一带一路"绿色创新大会，建设光伏产业对话交流机制和绿色低碳专家网络。落实"一带一路"绿色投资原则，到 2030 年为伙伴国开展 10 万人次培训。

行动 5：推动科技创新。中方将继续实施"一带一路"科技创新行动计划，举办首届"一带一路"科技交流大会，未来 5 年把同各方共建的联合实验室扩大到 100 家，支持各国青年科学家来华短期工作。中方将在本届论坛上提出全球人工智能治理倡议，愿同各国加强交流和对话，共同促进全球人工智能健康有序安全发展。

行动 6：支持民间交往。中方将举办"良渚论坛"，深化同共建"一带一路"国家的文明对话。在已经成立丝绸之路国际剧院、艺术节、博物馆、美术馆、图书馆联盟的基础上，成立丝绸之路旅游城市联盟。继续实施"丝绸之路"中国政府奖学金项目。

行动 7：建设廉洁之路。中方将会同合作伙伴发布《"一带一路"廉洁建设成效与展望》，推出《"一带一路"廉洁建设高级原则》，建立"一带一路"企业廉洁合规评价体系，同国际组织合作开展"一带一路"廉洁研究和培训。

行动 8：完善"一带一路"国际合作机制。中方将同共建"一带一路"各国加强能源、税收、金融、绿色发展、减灾、反腐败、智库、媒体、文化等领域的多边合作平台建设。继续举办"一带一路"国际合作高峰论坛，并成立高峰论坛秘书处。

（资料来源：新华网、北京日报）

九、第 19 届亚运会在杭州市隆重举行

2023 年 9 月 23 日晚，杭州第 19 届亚运会开幕式在浙江省杭州市隆重举行。国家主席习近平出席开幕式并宣布本届亚运会开幕。这是继 1990 年北京亚运会、2010 年广州亚运会之后，中国第三次举办亚洲最高规格的国际综合性体育赛事。杭州亚运会以"中国新时代·杭州新亚运"为定位、"中国特色、亚洲风采、精彩纷呈"为目标，秉持"绿色、智能、节俭、文明"的办会理念，坚持"杭州为主、全省共享"的办赛原则。

杭州亚运会的成功举办对城市发展产生了深远的影响。为了迎接亚运会，杭州市进行了大规模的城市基础设施建设。例如，杭州市形成了 480 公里的城市快速路网和 800 公里的高速公路网。此外，交通网络也得到了显著完善，包括机场、高铁等重要交通枢纽的升级。亚运会期间的投资对杭州市 GDP、财政收入和就业人数产生了显著影响。同时，亚运会还带动了旅游业的发展，国庆期间浙江省的旅游订单量与去年同期相比劲增超 2 倍。通过举办亚运会，杭州的国际知名度和影响力得到了大幅提升。这不仅提升了城市的美誉度，还为杭州未来的发展奠定了良好的基础。亚运会不仅促进了体育产业的发展，还带动了酒店、餐饮、

购物、文旅等多个消费领域的发展。此外，亚运会还推动了全民健身运动的普及和体育设施设备水平的提升。亚运会作为一项国际大型体育赛事，极大地提升了杭州的城市品牌形象。通过这次盛会，杭州展示了其现代化、国际化的一面，并进一步推动了城市高质量发展。大型体育赛事的举办过程长达数年，其带来的"亚运效应"仍在持续发酵。这种长期的影响力将对城市的发展产生更深远的价值。

（资料来源：中国政府网、杭州日报）

十、国家发布关于促进民营经济发展壮大的意见

2023年7月14日，《中共中央 国务院关于促进民营经济发展壮大的意见》发布。该意见指出，民营经济是推进中国式现代化的生力军，是高质量发展的重要基础，是推动我国全面建成社会主义现代化强国、实现第二个百年奋斗目标的重要力量。以习近平新时代中国特色社会主义思想为指导，深入贯彻党的二十大精神，坚持稳中求进工作总基调，完整、准确、全面贯彻新发展理念，加快构建新发展格局，着力推动高质量发展，坚持社会主义市场经济改革方向，坚持"两个毫不动摇"，加快营造市场化、法治化、国际化一流营商环境，优化民营经济发展环境，依法保护民营企业产权和企业家权益，全面构建亲清政商关系，使各种所有制经济依法平等使用生产要素、公平参与市场竞争、同等受到法律保护，引导民营企业通过自身改革发展、合规经营、转型升级不断提升发展质量，促进民营经济做大做优做强，在全面建设社会主义现代化国家新征程中作出积极贡献，在中华民族伟大复兴历史进程中肩负起更大使命、承担起更重责任、发挥出更大作用。

在"支持参与国家重大战略"一节中指出，支持民营企业到中西部和东北地区投资发展劳动密集型制造业、装备制造业和生态产业，促进革命老区、民族地区加快发展，投入边疆地区建设推进兴边富民。支持民营企业参与推进碳达峰碳中和，提供减碳技术和服务，加大可再生能源发电和储能等领域投资力度，参与碳排放权、用能权交易。支持民营企业参与全面加强基础设施建设，引导民营资本参与新型城镇化、交通水利等重大工程和补短板领域建设。

（资料来源：新华网、中国政府网）

（作者：邵益生，中国城市规划设计研究院研究员，国际欧亚科学院院士；胡文娜，中国城市规划设计研究院信息中心教授级高级城市规划师；高淑敏，中国城市规划设计研究院信息中心《国际城市规划》编辑部编辑、高级工程师）

2023年中国城市住房和房地产发展概述

2023年是全面贯彻党的二十大精神的开局之年，是三年新冠疫情防控转段后经济恢复发展的一年。2023年7月，面对异常复杂的国际环境和艰巨繁重的改革发展稳定任务，中央作出"房地产市场供求关系发生重大变化"的判断，各级政府部门持续优化房地产政策，力促房地产市场平稳运行，一系列优化政策快速落地。国家不断加大住房保障力度，进一步加快保障性住房建设，着力解决新市民、青年人等群体住房困难问题。住房公积金制度改革稳步推进，一体化、数字化进程进一步加快，服务效能显著提升。老旧小区改造工作扎实推进，加装电梯支持力度加大，车辆停放和充电、适老化等问题得到缓解，一体推进"四好"建设。

一、房地产市场稳定恢复，供需两端优化政策陆续落地

党中央、国务院高度重视房地产市场平稳健康发展。2023年，房地产政策以"增信心、防风险、促转型"为主线。7月24日，中央政治局会议明确提出"我国房地产市场供求关系发生重大变化"。在此背景下，房地产政策不断调整优化。多部门陆续出台具体措施，各地也因地制宜优化房地产政策，从供需两端形成合力，提振市场信心，助力构建房地产发展新模式。

（一）"保交楼"工作成效显著，房地产市场稳定修复

2023年以来，保交楼工作扎实推进，地方政府因城施策、一城一策、精准施策稳定市场，增信心、防风险、促转型，起到了积极的效果。在"保交楼"政策带动下，各地加强对房地产重点项目调度。相关数据显示，截至2023年末，350万套保交楼项目已实现交付超300万套，交付率超过86%[①]。保交楼工作带动房地产开发项目竣工进度加快，单月竣工面积累计同比持续保持增长。2023年，全国房屋竣工面积约10亿平方米，同比增长17%，竣

[①] 新华社：精准发力保交楼——2024年开年经济一线观察之六，http://www.news.cn/fortune/20240124/84f98794455e4a6088afeed6e4d97647/c.html.

工面积累计同比均为正值（图1）；其中，住宅竣工面积7.2亿平方米，增长17.2%①。

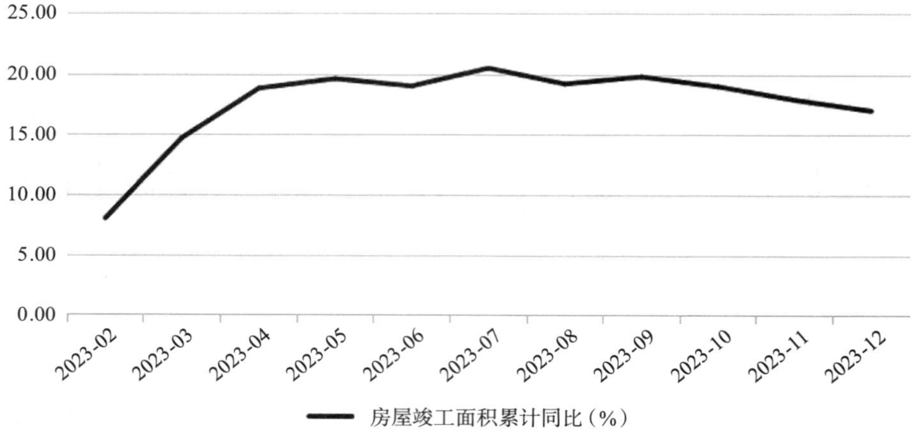

图1　2023年全国房屋竣工面积累计同比变化

总的来看，2023年根据形势需要适时调整优化房地产政策，有效促进了房地产市场的平稳健康发展。从年内月度走势来看，在前期积压购房需求集中释放的带动下，3月单月销售额达年内高峰，进入二季度后销售逐季下滑，直至11月单月销售趋稳。随着各地政策优化调整，12月全国商品房销售规模较11月有较大涨幅，2023年全年商品房销售面积为111 735万平方米，商品房销售额为116 622亿元。

从交易结构来看，2023年全国一手房交易量下降，但二手房交易量上升，一、二手房合起来同比实现了正增长，说明住房需求保持稳定，没有出现明显的收缩，而是交易结构发生变化，二手房代替了部分新房交易，满足了购房人住房需求。

（二）降首付、降利率、认房不认贷等稳需求措施支持居民购房

2023年7月，中央政治局会议明确政策方向后，需求端支持政策持续加码。8月之后，降低购买首套住房首付比例和贷款利率、改善性住房换购税费减免、个人住房贷款"认房不认贷"等政策措施相继落地，释放了强烈的积极信号。

中央在居民需求端的支持政策主要包括四方面：一是落地"认房不认贷"。8月，住房城乡建设部、中国人民银行、金融监管总局印发通知②，明确首套住房认房不认贷。二是降低购房首付。同月，中国人民银行、金融监管总局明确，首套住房商业性个人住房贷款最低首付款比例统一为不低于20%，二套住房商业性个人住房贷款最低首付款比例统一为不低于30%③。三是降低购房贷款利率。2022年12月30日，中国人民银行、银保监会建立首套房贷利率动态调节机制，明确新建商品住宅销售价格环比和同比连续3个月均下降的城

---

① 国家统计局：2023年全国房地产市场基本情况，https://www.stats.gov.cn/sj/zxfb/202401/t20240116_1946623.html.

② 2023年8月18日，《关于优化个人住房贷款中住房套数认定标准的通知》（建房〔2023〕52号）。

③ 2023年8月31日，《关于调整优化差别化住房信贷政策的通知》。

市，可阶段性维持、下调或取消当地首套住房贷款利率政策下限，此后近百城下调了首套房贷利率下限，超20城取消了下限[①]。2023年6月，1年期LPR和5年期以上LPR均下调了10个基点[②]。8月，1年期LPR再次下调10个基点[③]。同月，中国人民银行、金融监管总局明确将二套房商贷利率下限由LPR+60BP调整为LPR+20BP[④]。据中国人民银行发布的报告，截至2023年9月末，超过22万亿元存量房贷利率完成下调，平均降幅73个基点，每年减少借款人利息支出1 600亿元至1 700亿元。四是降低换购税费，提振市场信心。8月，财政部、国家税务总局、住房城乡建设部出台关于延续改善性住房换购税费减免的文件，延长换房个税退税优惠期限至2025年末[⑤]。

紧跟中央政策的步伐，地方政策因城施策、因地制宜调整房地产政策，支持居民刚性和改善性住房需求，一、二线城市成为提振市场的关键力量。根据克而瑞数据显示，截至2023年12月18日，全国至少273个城市出台了622次宽松性政策，频次已超2022年度[⑥]，具体如下。

各地需求端房地产调控政策措施

在限购限售方面，广州、南京等29城放松限购，其中，南京、大连、武汉、厦门等19城全面取消限购，上海、广州、杭州、长沙等在限购区域范围、社保要求、套数限制等方面有所放宽；厦门、福州等23城放松限售，其中包括福州、郑州、合肥在内的16个城市解除限售。

在限贷限价方面，深圳、成都等102城放松限贷，北上广深等落地"认房不认贷"，泉州、宝鸡等"认贷不认房"，成都、武汉等放宽多孩套数认定，深圳、上海、北京等下调首付比例；合肥、珠海等7城放松限价，比如合肥鼓励优质优价，取消商品住房楼层差价率限制。

在减税降费方面，上海、杭州等221城放松公积金贷款，比如上海调整存量住房公积金贷款期限、提升多子女家庭公积金贷款额度等；广州、重庆等29城减免交易税费，比如广州将越秀、海珠、荔湾等区域住房转让增值税征免年限由5年调整为2年；南京、武汉等145城发布购房补贴，例如武汉，毕业6年内并连续缴纳6个月以上社保的毕业生在青山区可享5万元购房补贴。

---

① 2022年12月30日，《关于建立新发放首套住房个人住房贷款利率政策动态调整长效机制的通知》。

② 2023年6月20日，1年期LPR降至3.55%，5年期以上LPR降至4.2%。

③ 2023年8月20日，1年期LPR降至3.45%。

④ 2023年8月31日，《关于降低存量首套住房贷款利率有关事项的通知》与《关于调整优化差别化住房信贷政策的通知》。

⑤ 2023年8月18日，《关于延续实施支持居民换购住房有关个人所得税政策的公告》（财政部、税务总局、住房城乡建设部公告2023年第28号）。

⑥ 2022年，超295城市出台了595次政策放松。

（三）金融政策纾困供给端，缓解房企资金压力

2023年，防范化解房企风险仍是供应端政策优化主线，各类金融支持房地产政策陆续出台，持续推进保交楼融资，"三支箭"支持房企融资不断加力，纾解房企资金压力，化解房地产企业债务风险，促进金融与房地产良性循环。

一是持续推进保交楼融资。1月，有关部门起草了《改善优质房企资产负债表计划行动方案》，针对保交楼工作，提出加快新增1 500亿元保交楼专项借款投放、设立2 000亿元保交楼贷款支持计划、加大保交楼专项借款配套融资力度等[①]。同年7月，中国人民银行配合推出两批共3 500亿元保交楼专项借款，设立2 000亿元保交楼贷款支持计划，并明确将2 000亿元保交楼贷款支持计划期限延长至2024年5月底[②]。截至2023年底，3 500亿元保交楼专项借款绝大部分都已经投放到项目，商业银行还提供了相应的商业配套融资，确保保交楼任务完成[③]。

二是加大房企信贷融资支持。7月，中国人民银行、金融监管总局将房企存量融资展期、保交楼配套融资支持两条政策的适用期限统一延长至2024年12月31日[④]。11月，中国人民银行、金融监管总局等八部门联合印发通知，提出要保持信贷等重点融资渠道稳定，合理满足民营房地产企业金融需求[⑤]。同月，中国人民银行、金融监管总局、中国证监会联合召开金融机构座谈会，提出了"三个不低于"，即：各家银行自身房地产贷款增速不低于银行业平均房地产贷款增速，对非国有房企对公贷款增速不低于本行房地产增速，对非国有房企个人按揭增速不低于本行按揭增速。此后，工、农、中、建、交等银行相继召开房企座谈会，了解房企融资需求，并表态将加大房企融资支持力度。中国人民银行数据显示，2023年11月间，工、农、中、建、交五大银行向非国有房企投放房地产开发贷款300多亿元。

三是拓宽房企债券融资渠道。1月，中国人民银行、银保监会联合召开主要银行信贷工作座谈会，明确要用好民营企业债券融资支持工具，同时强调要有效防范化解优质头部房企风险，实施改善优质房企资产负债表计划，开展"资产激活""负债接续""权益补充""预期提升"四项行动。8月，金融支持民营企业发展座谈会提出，将继续加大民营企业债券融资支持工具服务民营企业力度，加快债券市场创新，满足民营企业多元化融资需求。据中指研究院统计，2023年中债增及其他金融机构已为12家民营房企发行的超190亿元债券提供多种形式的担保。

---

① 新华社：精准发力保交楼——2024年开年经济一线观察之六，http://www.news.cn/fortune/20240124/84f98794455e4a6088afeed6e4d97647/c.html.

② 中国政府网：国务院新闻办就今年上半年金融统计数据情况举行发布会，https://www.gov.cn/lianbo/fabu/202307/content_6891974.htm.

③ 中国政府网：国务院新闻办就金融服务经济社会高质量发展举行发布会，https://www.gov.cn/zhengce/202401/content_6928406.htm.

④ 2023年7月10日，《关于延长金融支持房地产市场平稳健康发展有关政策期限的通知》。

⑤ 2023年11月27日，《关于强化金融支持举措 助力民营经济发展壮大的通知》（银发〔2023〕233号）。

四是支持房企合理股权融资。2月，中国证监会放宽境外募资等限制，启动不动产私募基金试点工作[①]；6月16日，招商蛇口的定增方案获得中国证监会批文，A股上市房企股权融资首个"第三支箭"项目正式落地；8月，中国证监会明确上市房企再融资不受破发、破净、亏损限制[②]。2023年，A股中共有8家房企增发方案获得监管部门批准通过[③]。

（四）加快构建房地产发展新模式，进一步完善租购并举制度

加快构建房地产发展新模式。目前，房地产市场已经从主要解决"有没有"转向主要解决"好不好"的阶段，过去追求速度和数量的发展模式，已不适应高质量发展的新要求，亟须构建新的发展模式，破解房地产发展难题、促进房地产市场平稳健康发展。2021年，中央经济工作会议首次提出房地产行业"探索新的发展模式"。2023年，"房地产发展新模式"这一提法也被多次提及。4月，中央政治局会议指出，要促进房地产市场平稳健康发展，推动建立房地产业发展新模式。11月，基于对当前房地产市场供求关系发生重大变化的重大判断，中央金融工作会议明确了要构建房地产发展新模式。12月，中央经济工作会议再次提及房地产新发展模式，要求"完善相关基础性制度，加快构建房地产发展新模式"。同月的全国住房城乡建设工作会议，对于构建房地产发展新模式作了更为明确的阐述。一是"建立'人、房、地、钱'要素联动的新机制"；二是"完善房屋从开发建设到维护使用的全生命周期基础性制度"；三是"实施好'三大工程'建设，加快解决新市民、青年人、农民工住房问题"；四是"下力气建设好房子，在住房领域创造一个新赛道"。

进一步完善租购并举制度。2017年，党的十九大报告中首次从国家层面确立"加快建立多主体供给、多渠道保障、租购并举的住房制度"。2023年2月，中国人民银行、国家金融监督管理总局起草《关于金融支持住房租赁市场发展的意见（征求意见稿）》（以下简称《意见》），并于2024年2月5日起正式实施。《意见》创新了住房租赁信贷品种，包括最长3年的各类主体新建、改建长期租赁住房开发建设贷款，最长30年的租赁住房团体购房贷款等。同时，拓宽了住房租赁市场多元化投融资渠道，为利用各类建设用地依法依规建设和持有运营长期租赁住房提供了信贷支持，有利于进一步吸引相关市场主体加大投资力度，进而促进住房租赁市场稳步发展。3月，中国证监会发布通知，鼓励更多保障性租赁住房REITs发行，保租房公募REITs发行门槛降低[④]；4月，国家发展改革委明确，要支持符合条件的民

[①] 证监会启动不动产私募投资基金试点 支持不动产市场平稳健康发展，http://www.csrc.gov.cn/csrc/c100028/c7139483/content.shtml.

[②] 证监会统筹一二级市场平衡 优化IPO、再融资监管安排，http://www.csrc.gov.cn/csrc/c100028/c7428481/content.shtml.

[③] 批准通过的8家房企为：福星股份、中交地产、大名城、保利发展、陆家嘴、外高桥、招商蛇口、华发股份。

[④] 2023年3月7日，《关于进一步推进基础设施领域不动产投资信托基金（REITs）常态化发行相关工作的通知》。

间投资项目发行基础设施REITs，提升投资积极性[①]。受益于政策支持，保租房公募REITs申报发行节奏加快。截至2023年11月底，除已上市的四支保租房REITs外，另有多支保租房REITs正在筹备发行，如上海城投保租房REITs。此外，住房租赁市场大宗交易活跃。2023年全国长租公寓大宗交易投资额110亿元，超过了前两年的总和。上海作为领先全国的长租公寓投资市场，在2023年前三个季度大宗交易成交49.8亿元，占到全国成交金额45%[②]。

二、住房保障力度加大，保障房建设进一步加快

2023年，国家正式启动了"三大工程"，即：保障性住房建设、城中村改造和"平急两用"公共基础设施建设。地方积极落实党中央重大部署，着力解决新市民、青年人等群体住房困难问题，让他们放开手脚为幸福生活去奋斗。

（一）保障性住房战略高度提升

一是强调加快保障性住房建设。2023年，4月、7月召开的中央政治局会议明确，要规划建设保障性住房、加大保障性住房建设和供给，盘活改造各类闲置房产；10月中央金融工作会议、12月中央经济工作会议再次强调，要抓紧推进保障性住房建设。

二是提出建设配售型保障性住房。2023年8月25日，国务院总理李强主持召开国务院常务会议，审议通过的《关于规划建设保障性住房的指导意见》，提出了建设配售型保障性住房。配售型保障性住房作为保障性住房中的一类，按照保本微利原则进行配售，实施封闭管理，重点针对住房有困难且收入不高的工薪收入群体以及城市需要的引进人才等群体。配售型保障性住房的建设数量，将由城市政府"以需定建"，科学合理确定供给规模。可充分利用依法收回的已批未建土地、房地产企业破产处置商品住房和土地、闲置住房等建设筹集配售型保障性住房。拓展配售型保障性住房的新路子，最终是实现政府保障基本需求、市场满足多层次住房需求，建立租购并举的住房制度[③]。

三是创新住房保障供应方式。2023年7月，国务院常务会议审议通过《关于在超大特大城市积极稳步推进城中村改造的指导意见》，10月，住房城乡建设部指出，城中村改造将与保障性住房建设相结合，各地城中村改造土地除安置房外的住宅用地及其建筑规模，原则上应当按一定比例建设保障性住房[④]。

（二）保障性住房的金融支持力度不断增强

加快推进保障性住房建设等"三大工程"，金融支持是必要保障。2023年，金融机构通

[①] 国家发展改革委4月新闻发布会，https://www.ndrc.gov.cn/xwdt/wszb/gjfzggw4yxwfbh1/.

[②] 搜狐网：2023年度住房租赁行业盘点，https://www.sohu.com/a/751898344_99986045.

[③] 中国政府网：加快推进保障性住房建设 新一轮建设分为配租型和配售型两种，https://www.gov.cn/zhengce/202312/content_6922013.htm.

[④] 新华社：超大特大城市城中村改造将分三类实施，http://www.news.cn/2023-10/12/c_1129911899.htm.

过多种方式积极推动"三大工程"落地，保障性住房建设的资金"保障网"正加快织密。

8月1日中国人民银行和国家外汇管理局召开的2023年下半年工作会议、9月25日中国人民银行货币政策委员会召开的2023年第三季度例会，以及11月17日中国人民银行、金融监管总局和中国证监会联合召开的金融机构座谈会，都提出要积极服务保障性住房等"三大工程"建设，加大对保障性住房建设金融支持力度。12月，中国人民银行宣布将新增5000亿元抵押补充贷款（PSL），为政策性开发性银行发放"三大工程"建设项目贷款提供中长期低成本资金支持[①]。同月，国家开发银行向福州首个配售型保障房项目授信2.02亿元[②]，专项用于支持福州新区滨海新城700套配售型保障性住房建设，全国首笔配售型保障房开发贷成功落地。

（三）部分城市率先探索配售型保障性住房发展模式

各地积极建设配售型保障性住房，积极探索制定实施意见及系列配套办法，如申购配售管理办法、资格预审实施细则、设计导则、建设资金监管办法、回购办法等。

2023年5月，深圳市住房和建设局印发《深圳市住房发展2023年实施计划》，明确在保障性住房的规划建设上，配售型保租房占比为12%，计划供应16 331套（间）。12月，深圳共13个配售型保障性住房项目集中开工，总用地面积17.7万平方米，建设面积75.7万平方米，总投资约125亿元，房源合计1万余套。

三、住房公积金制度持续优化，更加注重提质增效

2023年，住房城乡建设部等部门改革完善住房公积金制度，持续释放政策红利，推动住房公积金数字化、一体化发展，指导建立住房公积金服务标准，推动住房公积金高效运行管理。

（一）公积金缴取业务稳中有增，灵活就业人员增幅明显

缴存规模进一步扩大。2023年全国住房公积金实缴单位净增42.04万个，达到494.76万个；实缴职工净增475.12万人，达到17 454.68万人；新开户单位77.15万个，新开户职工2 017.11万人。在缴存职工中，城镇私营企业及其他城镇企业、外商投资企业、民办非企业单位和其他类型单位占53.47%，比上年提高0.54个百分点。新开户职工中，上述单位职工占比达75.55%。

推动居民安居宜居。各地持续优化住房公积金政策，加大租房提取和贷款支持力度，提高租房提取额度和频次，优化租房提取要件，完善个人住房贷款中住房套数认定标准。全

---

① 中国人民银行：《盘点央行的2023 | ①稳健的货币政策精准有力》，https://finance.china.com.cn/money/bank/special/pboc2023review/index.shtml.

② 该项目计划建设保障房710套，主要配售户型为45～75平方米的中小户型。

年住房公积金提取人数7 620.10万人，占实缴职工人数的43.66%；提取额26 562.71亿元，同比增长24.34%。在房屋租赁方面，鼓励大城市支持新市民、青年人全额提取住房公积金支付房租，全年共1 846.09万人提取2 031.28亿元用于租赁住房，同比增长20.04%、33.52%。在房屋购买方面，重点支持购买首套商品住房、普通商品住房及40岁（含）以下群体购房，减轻贷款职工购房支出压力。全年发放个人住房贷款286.09万笔、14 713.06亿元，同比增长15.48%、24.25%。在住房改造方面，将加装电梯提取住房公积金政策的支持范围扩大到本人及配偶双方父母自住住房。全年4.42万人提取住房公积金8.26亿元，用于加装电梯等自住住房改造，提取人数同比增长313.08%[①]。

拓宽试点城市范围。2023年，住房城乡建设部稳步扩大灵活就业人员参加住房公积金制度试点范围，在2021年6个首批试点城市基础上，新增武汉等7个试点城市。截至2023年末，13个试点城市有49.37万名灵活就业人员缴存住房公积金，比上年末增长124.10%。

（二）公积金数字化有序推进，"亮码可办"初步上线

2023年4月初，住房城乡建设部组织开展《关于加快住房公积金数字化发展的指导意见》（建金〔2022〕82号）文件精神宣讲培训，促进住房公积金全系统干部职工领会、理解住房公积金数字化发展顶层设计、任务目标和工作要求。6月起，住房城乡建设部组织相关专家组成29支服务指导小组，指导地方解决数字化发展中面临的难点问题。

整合住房公积金个人证明事项，推动"亮码可办"。依托全国住房公积金公共服务平台和全国住房公积金监管服务平台，在住房公积金缴存人申请开具个人证明时，提供实时在线开具、后台自动查验等服务。2023年8月，相关功能在全国住房公积金公共服务平台和全国住房公积金监管服务平台上线运行，原有纸质证明及出具方式并行使用、同时有效，过渡期1年。

（三）公积金一体化取得新进展，"跨省通办"事项增加

公积金一体化取得新进展。住房城乡建设部指导推进京津冀、长三角、粤港澳大湾区、成渝双城经济圈住房公积金一体化发展，探索更多事项跨区域办理。上海、江苏、浙江、安徽联合签署《长三角住房公积金一体化新发展阶段倡议书》，首创住房公积金"跨省通办"综合受理服务机制；重庆与成都签署《打造成渝住房公积金双核联动联建高质量发展示范合作协议》，成立川渝首个住房公积金跨省域服务实体专区。此外，黄河流域、武汉都市圈、胶东经济圈、淮海经济区、长株潭城市群等区域也积极探索住房公积金一体化发展，更公平、更大范围助力百姓安居。

优化公积金异地办理服务。各地深化互联互通，持续提升异地信息协查、业务协同等效能。新增"租房提取住房公积金""提前退休提取住房公积金"2项"跨省通办"服务事项，"跨省通办"服务事项增至13项。上线个人住房公积金年度账单查询功能，向缴存人报告上年度个人缴存使用情况。全年共1.05亿人查询个人住房公积金信息，165.43万人线上异地

---

① 数据来源于住房城乡建设部、财政部、中国人民银行联合发布的《全国住房公积金2023年年度报告》。

转移接续个人住房公积金302.99亿元。

（四）公积金服务标准逐步建立，文明建设成效显著

2023年7月，为提升服务对象满意度，住房城乡建设部就行业标准《住房公积金服务标准（征求意见稿）》公开向社会征求意见，内容涵盖住房公积金管理机构提供的服务条件、服务内容、服务保障、服务评价与改进等。

持续推进全国住房公积金系统服务提升三年行动，推广住房公积金星级服务岗先进经验，开展寻找"最美公积金人"宣传活动。2023年，全行业共获得地市级以上文明单位（行业、窗口）193个，青年文明号112个，五一劳动奖章（劳动模范）27个，工人先锋号31个，三八红旗手（巾帼文明岗）41个。

四、打造老旧小区改造"升级版"，一体推进"四好"建设

2023年，住房城乡建设部联合相关部门以老旧小区为抓手，一体推进好房子、好小区、好社区、好城区"四好"建设。全面提升老旧小区居住环境、设施条件和服务功能，推动建设好房子和好社区，不断增强人民群众获得感、幸福感、安全感。

（一）老旧小区改造稳中有进，地方年度目标任务顺利完成

老旧小区改造是重大民生工程和发展工程。2023年7月，住房城乡建设部等7部门联合发布《关于扎实推进2023年城镇老旧小区改造工作的通知》，要求各地扎实推进城镇老旧小区改造计划实施，靠前谋划2024年改造计划。为助力地方开展老旧小区改造，住房城乡建设部在6月和12月分批印发《城镇老旧小区改造可复制政策机制清单》。2023年，全国开工改造城镇老旧小区5.37万个，惠及居民897万户，完成投资近2 400亿元，各省（自治区、直辖市）及新疆生产建设兵团均达到或超额完成年度目标任务。

（二）加装电梯支持力度加大，充电和停车设施供求矛盾有效缓解

加装电梯政策力度持续加大。2023年7月，商务部、住房城乡建设部等13部门联合印发《关于促进家居消费若干措施的通知》，放宽居民提取住房公积金用于加装电梯等自住住房改造政策的支持范围。8月，国务院办公厅转发国家发展改革委《关于恢复和扩大消费的措施》。该措施提出，稳步推进老旧小区改造，进一步发挥住宅专项维修资金在老旧小区改造和老旧住宅电梯更新改造中的作用，继续支持城镇老旧小区居民提取住房公积金用于加装电梯等自住住房改造。2023年，全国共有4.42万人提取住房公积金8.26亿元，用于既有住宅加装电梯等自住住房改造，提取人数比上年增长313.08%。此外，11月，最高人民法院、住房城乡建设部联合发布第一批老旧小区既有住宅加装电梯典型案例，为处理电梯加装和使用中产生的纠纷矛盾提供了丰富的经验做法。

停车位和充电设施供求矛盾有效缓解。2023年7月，住房城乡建设部等7部门联合印发

《关于扎实推进2023年城镇老旧小区改造工作的通知》（建办城〔2023〕26号），提出要深入推进"环境革命"，依据需求增设停车库（场）、电动自行车及汽车充电设施。2023年11月，住房城乡建设部印发的《关于全面推进城市综合交通体系建设的指导意见》提出，要增加停车设施有效供给。2023年，全国增设停车位85万个、电动汽车充电桩3.66万个、电动自行车充电桩28.8万个，有力地缓解了居民停车、充电的焦虑。

（三）加强适老化改造，推进老旧小区无障碍环境建设

2023年3月，全国两会提出，要发展社区和居家养老服务，加强配套设施和无障碍设施建设。7月，住房城乡建设部等部门印发《关于扎实推进2023年城镇老旧小区改造工作的通知》，提出要加强老旧小区无障碍环境建设。9月1日起，《无障碍环境建设法》正式施行，支持城镇老旧小区既有多层住宅加装电梯或者其他无障碍设施。11月，最高人民检察院、住房城乡建设部与中国残疾人联合会联合发布无障碍环境建设检察公益诉讼典型案例。2023年，全年增设养老、托育等各类社区服务设施2.1万个。

各地因地制宜开展老旧小区无障碍建设与适老化改造。2023年12月，杭州市和睦新村老旧小区适老化改造项目和北京市丰台区芳古园一区第二社区适老化改造项目等入选住房城乡建设部老旧小区适老化改造典型案例。济南市成立创建无障碍建设示范城市（县）推进小组，梳理形成无障碍设施建设改造项目库。浙江省建筑装饰行业协会发布《老旧小区适老化改造装修设计导则》团体标准。

（四）一体推进"四好"建设，试点三项制度

建设人民满意"好房子"。2023年1月，住房和城乡建设重点工作推进会中提出，"要牢牢抓住安居这个基点，让老百姓住上更好的房子，再从好房子到好小区、好社区、好城区，进而把城市规划好、建设好、治理好，为人民群众创造高品质的生活空间。"8月，全国"好房子"设计大赛在北京举办，以"新设计 新住宅 新生活"为主题，旨在以高品质设计推动高品质建造，打造"好房子"样板。10月，住房城乡建设部党组书记、部长倪虹在《求是》发表文章，提到"按照'适用、经济、绿色、美观'的建筑方针，设计好、建造好、管理好房子，完善住房功能，提升居住品质"。12月，全国住房城乡建设工作会议指出，要围绕建造好房子，发布住宅项目规范，从建筑层高、电梯、隔声、绿色、智能、无障碍等方面入手，提高住宅建设标准。

打造完整共享"好社区"。2023年7月，住房城乡建设部等部门印发《关于扎实推进2023年城镇老旧小区改造工作的通知》，提出要全面提升城镇老旧小区和社区居住环境、设施条件和服务功能，推动建设安全健康、设施完善、管理有序的完整社区。同月，住房城乡建设部等7部门联合印发《完整社区建设试点名单》，选择106个社区开展完整社区建设试点[①]，提出

---

① 2023年7月20日，《住房城乡建设部办公厅等关于印发完整社区建设试点名单的通知》建办科〔2023〕28号。

试点社区要将完整社区建设试点工作与城镇老旧小区改造、养老托育设施建设、充电设施建设、一体化便民服务圈建设、社区卫生服务机构建设等工作相统筹，及时解决群众反映强烈的难点、堵点、痛点问题。11月，国家发展改革委发布文件，提出要在城市社区（小区）公共空间嵌入功能性设施和适配性服务，逐步实现居民就近就便享有优质普惠公共服务[①]。

试点住房体检、养老金、保险三项制度。2022年4月之后，住房城乡建设部部署开展全国自建房安全专项整治，指出要研究建立房屋养老金制度，更好地解决既有房屋维修资金来源问题。2023年4月7日，全国自建房安全专项整治工作电视电话会议召开，提出"积极推进房屋养老金、房屋定期体检、房屋质量保险三项制度试点"。2023年全国住房和城乡建设工作会议提出，研究建立房屋体检、养老、保险等制度，形成房屋安全长效机制，让房屋全生命周期安全管理有依据、有保障。并选择宁波、烟台等城市开展试点工作，包含综合性试点和专项试点。

（作者：谭昕，博士，住房城乡建设部政策研究中心助理研究员；金生学，博士，住房城乡建设部政策研究中心助理研究员；钟庭军，博士生导师，住房城乡建设部政策研究中心处长、研究员）

---

① 2023年11月26日，国务院办公厅关于转发国家发展改革委《城市社区嵌入式服务设施建设工程实施方案》的通知（国办函〔2023〕121号）。

2023年中国城市交通发展概述

2023年，我国区域和城市交通建设取得新的进展，有力地支撑了新冠肺炎结束后我国社会经济的快速复苏，客流、物流等交通运输量均有大幅上升。新能源汽车快速发展拉动了城市新型交通基础设施建设，产业、城市、交通呈现互动交叉的发展趋势，车城融合、交能融合、交旅融合成为城市交通发展的新热点，智能技术、数字赋能、低碳减碳依然是推动城市交通高质量发展和品质服务的核心要素。

一、区域与城市交通发展态势

2023年，区域交通呈现良好发展态势，城市综合交通体系建设加快推进，城市交通面临更大的车辆增长压力，多样化公交结构逐步完善，电动自行车安全问题不容忽视，开始重视与旅游经济相融合的交通建设。

区域交通设施规模持续增长，铁路、公路、机场建设取得新的进展。在加快建设交通强国和区域协同发展的大背景下，区域交通设施持续保持良好发展势头。2023年，铁路新增里程3 637公里，其中高铁2 776公里；公路新增里程8.20万公里，其中高速公路6 400公里；民用机场新增湖南湘西边城机场、河南安阳红旗渠机场、四川阆中古城机场、山西朔州滋润机场、西藏阿里普兰机场5个机场。年末，全国铁路营业总里程15.9万公里，其中高铁营业里程4.5万公里；全国公路总里程543.68万公里，其中高速公路里程18.36万公里；民用航空运输机场总数259个，定期航班通航城市（或地区）255个[①]。

区域交通运输量增长显著，运输总量恢复到新冠肺炎前水平。随着年初新冠病毒不再纳入检疫传染病管理，全年区域间货物和人员流通有较大幅度提升。与2022年相比，铁路货运总发送量50.35亿吨、增长1.0%，旅客发送量38.55亿人次、增长130.4%；公路营业性货运量403.37亿吨、增长8.7%，营业性客运量110.12亿人次、增长22.4%，非营业性小客车出行量455.45亿人次、增长27.0%；民航运输机场货邮吞吐量1 683.31万吨、增长15.8%，旅客吞吐量12.60亿人次、增长142.2%，其中国际航线的货邮吞吐量恢复到2019

---

① 交通运输部：2023年交通运输行业发展统计公报。

年的 110.8%，旅客吞吐量受国际大环境影响，仅恢复到 2019 年的 34.0%[①]。

城市汽车保有量快速增加，新能源汽车发展加速。我国汽车产业快速发展促进了汽车消费，并带动了城市机动化水平不断攀升。据公安部统计[②]，2023 年全国汽车保有量达 3.36 亿辆，新增汽车 2 456 万辆，比上年增长 5.73%。其中，新能源汽车保有总量高速增长，年内新增 743 万辆，总保有量达到 2 041 万辆，与上年相比，新能源汽车增长 57.2%。城市汽车保有量持续增长，城镇居民平均每百户年末家用汽车拥有量达到 55.9 辆，比上年增长 8.7%。2023 年有 94 个城市的汽车保有量超过百万辆，比上年增加 10 个城市，其中超 200 万辆的城市 43 个，超 300 万辆的城市 25 个，成都、北京、重庆、上海、苏州等 5 个城市超过 500 万辆。

城市公共交通有序发展，多样化公交结构基本形成。2023 年，全国城市公共汽电车运营线路总长度增加 6.94 万公里，与 2022 年增长 7.07 万公里基本持平，运营线路总长度达到 173.39 万公里，年末全国拥有公共汽电车 68.25 万辆，比上年末减少 2.07 万辆。城市轨道交通运营线路增加 16 条，运营里程新增 604.0 公里，运营总里程达到 10158.6 公里，其中地铁线路 256 条、9 042.3 公里，轻轨线路 7 条、267.5 公里。巡游出租汽车新增 0.54 万辆，总量达到 136.74 万辆。城市公共交通客运量呈现较快增长，公共汽电车、城市轨道交通、出租汽车的客运量分别比上年增长 18.0%、52.2% 和 21.7%[③]。

电动自行车快速增长，方便出行和安全隐患并存。截至 2023 年末，全国电动自行车保有量约 3.5 亿辆，年产量约 3 500 万辆，年销量超过 5 000 万辆，近五年城镇每百户电动自行车年均增长 6.4%，呈现出取代传统自行车的趋势。城市中电动自行车的快速增长，方便了公众交通出行，已成为城市多样化交通方式的重要构成。但同时，电动自行车电池安全和骑车人交通安全意识也已成为不容忽视的焦点问题。据国家消防救援局统计，2023 年全国共接报电动自行车火灾 2.1 万起，较 2022 年上升 17.4%。骑车人违反道路交通规则的现象比较突出，交通事故呈上升趋势。近年来，国家和各地不断出台各种措施，强化了对电动自行车行业和骑行行为的综合治理，禁止生产销售违规电动车、禁止拼装改装、禁止乱停乱放违规充电、禁止违规违章。电动自行车交通治理是一项系统工程，不仅要严格规范车辆生产销售，而且应进一步加大对骑车人交通行为的教育与执法管理，同时更新完善电动自行车行驶设施环境和室外充电设施。

重视城市综合交通体系建设，规划引领作用加强。2023 年年内，国务院相继批复了江苏省、广东省等一批省级国土空间总体规划[④]，要求在国土空间规划"一张网"上统筹交通等专项规划，强化对专项规划的指导和约束，统筹传统和新型基础设施空间布局，构建现代

---

① 一图看懂！公安部：全国新能源汽车保有量已超过 2 000 万辆，公安部网站。
② 一图看懂！公安部：全国新能源汽车保有量已超过 2 000 万辆，公安部网站。
③ 交通运输部：2023 年交通运输行业发展统计公报。
④ 国务院批复江苏、广东、宁夏、海南、江西、山西、山东、福建、湖南、安徽、河北、吉林、内蒙古、广西、浙江、贵州、青海等国土空间规划（2021—2035 年），中国政府网。

化基础设施网络。住房城乡建设部发布了全面推进城市综合交通体系建设的指导意见①，要求以城市综合交通体系规划为引领，不断提升城市交通基础设施建设的系统性、完整性、协同性，加快推进快速干线交通、生活性集散交通和绿色慢行交通建设。加强停车及充电等配套设施建设，以城市停车设施为依托，协同推进充电设施与停车设施一体化建设，探索建设集合城市道路、轨道交通、充电桩、停车等设施以及城市通勤和以公共交通为导向开发模式（TOD）等数据的监测平台，实施城市交通基础设施绿色化、智能化改造，推进智慧城市基础设施与智能网联汽车协同发展。2023年，城市道路系统进一步优化完善，36个主要城市的道路网平均密度达到6.5公里/平方公里，较上年略有增长②。

交通与旅游融合发展，打造新的经济增长点。三年新冠肺炎对我国经济发展产生负面影响，为了尽快恢复生产和生活，释放旅游消费潜力，促进社会经济复苏，国家制定了进一步完善旅游交通的具体措施③，通过构建"快进"交通网络、结合节假日等优化配置重点旅游城市班车班列、推动将旅游城市纳入"干支通、全网联"航空运输服务网络、积极拓展定制客运服务、优化旅游客运服务等，提高旅游目的地通达性。5月，文旅部、交通部等部门部署了交通与旅游融合发展典型案例的遴选活动④，目的是遴选出一批对旅游业发展基础性支撑作用明显、交通设施旅游服务功能突出的标志性交旅融合成果，发挥示范引导作用。案例指向包括具有地方文化或主题特色、拓展旅游服务功能的客运枢纽，以及实现旅游和交通大数据共享的交旅融合信息服务平台等。

二、城市交通设施建设趋势

2023年，支持新能源汽车、智能网联汽车发展成为城市交通设施建设的热点，在充电设施、车城网、面向场景的智能交通系统等建设方面，目标更加清晰，政策环境更加健全，着力推进了社会资本参与交通设施的建设与运营。

城市充电设施成为建设热点，政策环境持续完善。城市是汽车特别是新能源汽车消费的重要领域。多年来，城市中汽车数量持续增长，停车设施不足一直是社会各界关注的焦点，随着新能源汽车的日益增多，充电设施不足成为新的难题。为加快充电与停车设施的同步协同建设，应对未来新能源汽车特别是电动汽车快速增长的趋势，国家发展改革委等部门在加强新能源汽车配套设施建设、缓解停车难等方面提出了具体的要求⑤，如：加快居住区等场

---

① 住房城乡建设部关于全面推进城市综合交通体系建设的指导意见（建城〔2023〕74号）。
② 2024年度《中国主要城市道路网密度与运行状态监测报告》。
③ 国务院办公厅印发《关于释放旅游消费潜力推动旅游业高质量发展的若干措施》的通知（国办发〔2023〕36号）。
④ 文化和旅游部办公厅 交通运输部办公厅 国家铁路局综合司 中国民用航空局综合司 国家邮政局办公室 国铁集团办公厅关于开展交通运输与旅游融合发展典型案例推荐遴选工作的通知（办资源发〔2023〕82号）。
⑤ 国家发展改革委等部门印发《关于促进汽车消费的若干措施》的通知（发改就业〔2023〕1017号）。

景充电基础设施建设，推动居民小区内的公共充、换电设施用电实行居民电价，鼓励开展新能源汽车与电网互动应用试点示范工作，鼓励各地有效扩大停车位供给，提高老旧小区、老旧街区、老旧厂区、城中村改造中的车位配建比例，在人员密集场所和景区加快立体停车场、智慧车场建设等。国务院办公厅出台指导意见，进一步加快促进结构完善的城市充电网络建设①，重点围绕"两区"（居住区、办公区）、"三中心"（商业中心、工业中心、休闲中心），大力推进城市充电基础设施与停车设施一体规划、建设和管理。在既有居住区确保固定车位按规定100%建设充电基础设施或预留安装条件，鼓励将充电基础设施建设纳入老旧小区基础类设施改造范围，固定车位充电基础设施应装尽装，结合完整社区建设试点工作整合推进停车、充电等设施建设。针对公共区域充电基础设施建设，提出以"三中心"等建筑物配建停车场及交通枢纽、驻车换乘（P+R）等设立公共停车场为重点，加快建设公共充电基础设施，积极推进建设加油（气）、充换电等业务一体的综合供能服务站。到2030年建设形成城市面状布局的充电网络，大中型以上城市经营性停车场具备规范充电条件的车位比例力争超过城市注册电动汽车比例，有效满足人民群众出行充电需求。

智能网联汽车与城市智慧基础设施协同，促进"车路云一体化"建设。近年来，我国大力发展智能网联汽车，不少城市在道路测试和管理规则等方面开展了创新实践，共开放智能网联汽车测试道路2.9万多公里，发放测试示范牌照6 800多张，道路测试总里程超过8 800万公里。自2023年11月起，我国开始部署智能网联汽车准入和上路通行试点②③，在限定区域内允许取得准入的智能网联汽车产品上路通行，并要求车辆运行所在城市政府部门结合本地实际，从政策、规划、基础设施、安全管理、运营资质等方面提供支持保障，鼓励城市智能网联汽车安全监测平台与其他政务信息化管理系统一体化集约化协同化建设，北京、上海、重庆、深圳等城市成为首批试点城市。为保障智能网联汽车安全运行，国家多个部门启动了智能网联汽车"车路云一体化"应用试点工作④，以城市为主体进行为期三年（2024—2026年）的试点建设。试点内容包括建设智能化路侧基础设施、提升车载终端装配率、建立城市级服务管理平台，开展规模化示范应用等，其中：智能化路侧基础设施建设聚焦部署C—V2X基础设施、开展交通信号机和交通标志标识等联网改造、重点路口和路段同步部署路侧感知设备和边缘计算系统（MEC）、实现与城市级平台互联互通、探索建立多杆合一和多感合一等发展模式等。城市级服务管理平台要求具备向车辆提供融合感知、协同决策规划与控制的能力，并能够与车端设备、路侧设备、边缘计算系统、交通安全综合服务管理平台、交通信息管理公共服务平台、城市信息模型（CIM）平台等实现安全接入和数据联通。同时提出了智慧公交、智慧乘用车、自动泊车、城市物流、自动配送等多场景的规模化

---

① 国务院办公厅关于进一步构建高质量充电基础设施体系的指导意见（国办发〔2023〕19号）。
② 工业和信息化部 公安部 住房城乡建设部 交通运输部关于开展智能网联汽车准入和上路通行试点工作的通知（工信部联通装〔2023〕217号）。
③ 智能网联汽车准入和上路通行试点实施指南（试行）。
④ 工业和信息化部 公安部 自然资源部 住房城乡建设部 交通运输部关于开展智能网联汽车"车路云一体化"应用试点工作的通知（工信部联通装〔2023〕268号）。

示范应用指标。16个省市的20个城市入选应用试点城市[1]。

推动面向场景的智能交通系统落地应用，探索推进交通能源融合发展。为充分发挥试点引领作用，加快推进智能交通系统落地应用，交通部启动了第二批智能交通先导应用试点项目[2][3]，支持在特定区域路网开展自动驾驶公交通勤、出租车出行、场站接驳等试点，支持开展规模化无人配送和停车场自主泊车试点。鄂尔多斯、上海临港、嘉兴、德清、合肥、平潭、武汉、广州南沙等城市（区域）的城市出行与物流服务等自动驾驶项目入选先导应用试点，试点项目将通过真实应用促进技术提升、依托真实场景凝练解决方案，形成一批可复制、可推广的典型案例。随着电动汽车的快速发展，新能源汽车与供电网络双向互动（车网互动）成为交通与能源融合发展的重要方向，国家发展改革委等部门部署了协同推进车网互动核心技术攻关、加快建立车网互动标准体系、探索开展双向充放电综合示范等重点任务[4]，提出研制高可靠、高灵活、低能耗的车网互动系统架构及双向充放电设备，积极探索新能源汽车与园区、楼宇建筑、家庭住宅等场景高效融合的双向充放电应用模式，优先打造一批面向公务、租赁、班车、校车、环卫、公交等公共领域车辆的双向充放电示范项目，开展居住社区双向充放电试点，力争参与试点示范的城市2025年全年充电电量60%以上集中在低谷时段、私人充电桩充电电量80%以上集中在低谷时段，新能源汽车作为移动式电化学储能资源的潜力通过试点示范得到初步验证。

积极吸纳社会资本参与交通建设，实行特许经营制度。国家支持民营企业积极参与交通等重点领域建设[5][6]，推动数字技术和实体经济深度融合，加快数字技术创新应用，普及数字生活智能化，打造智慧便民生活圈、新型数字消费业态、面向未来的智能化沉浸式服务体验。建立政府和社会资本合作新机制，进一步深化基础设施投融资体制改革，支持民营企业采取特许经营模式参与交通枢纽、物流枢纽、停车场、智慧交通等项目的新建和改扩建，切实激发民间投资活力。特许经营期限原则上不超过40年，投资规模大、回报周期长的特许经营项目可以根据实际情况适当延长。民营企业参与特许经营新建和改扩建项目清单明确了三种不同支持模式：民营企业独资或控股的项目包括公共停车场、物流枢纽、物流园区，民营企业股权占比原则上不低于35%的项目包括低运量轨道交通、智慧交通，积极创造条件、支持民营企业参与的项目包括城市地铁、轻轨和市域（郊）铁路。

---

[1] 工业和信息化部 公安部 自然资源部 住房城乡建设部 交通运输部关于公布智能网联汽车"车路云一体化"应用试点城市名单的通知（工信部联通装函〔2024〕181号）。

[2] 交通运输部办公厅关于征集第二批智能交通先导应用试点项目（自动驾驶和智能建造方向）的通知（交办科技函〔2023〕1378号）。

[3] 交通运输部办公厅关于公布第二批智能交通先导应用试点项目（自动驾驶和智能建造方向）的通知（交办科技函〔2024〕756号）。

[4] 国家发展改革委等部门关于加强新能源汽车与电网融合互动的实施意见（发改能源〔2023〕1721号）。

[5]《中共中央 国务院关于促进民营经济发展壮大的意见》。

[6] 国务院办公厅转发国家发展改革委、财政部《关于规范实施政府和社会资本合作新机制的指导意见》的通知（国办函〔2023〕115号）。

三、城市交通服务与低碳发展

2023 年，安全出行、绿色出行依然是城市交通服务的发展主线，更加重视城市轨道交通应对多种运行风险的安全评估，大力推进低碳交通技术应用，持续推进支撑绿色出行的公共交通系统优化和环境建设。

更加关注出行安全，进一步加强城市轨道交通安全评估和网约车运行管理。城市轨道交通是大城市交通出行的重要载体，也是城市重大交通基础设施，近年来发生的多起地铁水淹、结构损坏、行车事故等，对城市轨道交通安全运营造成了重大影响。为了保障运营安全，交通部强化了城市轨道交通运营前和正式运营不同阶段的安全评估[①][②][③]，初期运营前评估包括系统功能核验、系统联动测试、运营准备等，明确了车辆基地、车站等重点区域防淹排水设施的评估要求，并将信号、自动售检票、车辆等满足相关技术要求纳入评估内容；正式运营前安全评估则包括风险分级管控与隐患排查治理、行车组织、客运组织、设施设备运行维护、人员管理、应急管理等，对车辆基地排水泵、围蔽设施、挡板等防洪防涝设施设备的维护保养做出具体要求，并提出将汛期重要时段防汛要求细化到工作岗位和防汛巡查规程和管理制度中；运营期间安全评估包括网络化运营、运营安全隐患排查治理、运营险性事件等，明确了应急物资布局、应急演练等评估要求。近年来网约车数量增长十分迅猛，2023 年全国共有网约车 279 万辆，接入了 337 家服务平台。网约车为公众出行提供了新的选择和便捷服务，但也暴露出服务不到位、安全隐患多等问题，为切实保障乘客和驾驶员合法权益，促进网约车行业规范健康持续发展，国家多个部门要求各地监管部门加大力度，规范网约车聚合平台及合作网约车平台公司管理，按照《网络预约出租汽车经营服务管理暂行办法》等有关要求开展经营[④]。平台公司应如实向乘客提供车辆牌照和驾驶员基本信息，向网约车监管信息交互系统实时传输有关网约车运营信息数据，并采取有效措施防止驾驶员、约车人和乘客等个人信息泄露、损毁、丢失。建立健全咨询服务和投诉处理的首问负责制度，承担乘客因安全责任事故受到损害的先行赔偿责任。

进一步推动城市交通低碳减碳转型，强化示范带动作用。绿色低碳是城市交通模式变革、交通技术更新、出行服务创新所遵循的基本方向，2023 年国家制定了系列绿色低碳发展的政策措施，为城市交通绿色化、低碳化发展提供了更加明确的指向。国务院要求扎实推进产业、能源、交通绿色低碳转型[⑤]，鼓励中心城市铁路站场及煤炭、钢铁、冶金等行业推广新能源铁路装备，提出了重点区域公共领域新增或更新公交、出租、城市物流配送、轻型

---

① 交通运输部办公厅关于印发《城市轨道交通初期运营前安全评估规范》的通知（交办运〔2023〕56 号）。
② 交通运输部办公厅关于印发《城市轨道交通正式运营前安全评估规范》的通知（交办运〔2023〕57 号）。
③ 交通运输部办公厅关于印发《城市轨道交通运营期间安全评估规范》的通知（交办运〔2023〕58 号）。
④ 交通运输部办公厅 工业和信息化部办公厅 公安部办公厅 国家市场监督管理总局办公厅 国家互联网信息办公室秘书局关于切实做好网约车聚合平台规范管理有关工作的通知（交办运〔2023〕23 号）。
⑤ 国务院关于印发《空气质量持续改善行动计划》的通知（国发〔2023〕24 号）。

环卫等车辆中新能源汽车比例不低于80%的具体目标，在物流园区推广新能源中重型货车，发展零排放货运车队。为了引导绿色低碳消费，助力实现碳达峰、碳中和目标，国家开始部署建立产品碳足迹管理体系[①]，围绕完善重点产品碳足迹核算方法规则和标准体系、建立产品碳足迹背景数据库、推进产品碳标识认证制度建设等，做出了具体安排部署，这将对城市各类交通工具更新和出行全过程管理产生重大影响，推动和促进城市交通低碳治理的精细化和全覆盖。同时，国家启动了绿色低碳先进技术示范工程[②]，将综合交通枢纽场站绿色化改造、智能交通系统建设、物流园区集疏运方式绿色化改造、高性能电动载运装备应用推广等列入过程降碳类示范项目。在国家碳达峰试点建设方案中[③]，进一步提出在全国范围内选择100个具有典型代表性的城市和园区，围绕产业优化升级、节能降碳增效以及工业、建筑、交通等领域清洁低碳转型开展试点建设，创新探索绿色出行等方面的体制机制，加强交通绿色基础设施建设，大力推广新能源汽车，推动公共领域车辆全面电气化替代，淘汰老旧交通工具，发展智能交通，推动各类运输方式系统对接、数据共享，提升运输效率，并将新能源汽车市场渗透率、新能源汽车保有量、城市绿色出行比例等列为碳达峰试点城市建设的参考指标。广州、杭州、沈阳、长沙、张家口、新乡、盐城等25个城市成为首批碳达峰试点城市[④]。

大力推进公交都市建设，倡导绿色出行。为了鼓励公众绿色出行，交通部自2012年启动了国家公交都市创建活动，大力推动城市公共交通系统发展，2023年，张家口市等28个城市达到了国家公交都市创建预期目标，被命名为国家公交都市建设示范城市[⑤]，国家公交都市建设示范城市总数达到了104个。1月，交通部批复了河北省唐山市等30个城市作为"十四五"期国家公交都市建设示范工程创建城市[⑥]，要求用三年时间完成创建工作。5月，又启动了"十四五"第二批国家公交都市建设示范工程创建的申报工作[⑦]，鼓励城市公共交通发展基础较好的小城市参与国家公交都市创建，构建绿色出行体系。为了推广鼓励绿色出行的实践经验，交通部推出了13个城市公共交通优先发展和绿色出行的典型案例[⑧]，供各地参考借鉴。主要经验包括：南昌加强公交用地保障，成都推进公交专用道成网运行，石家庄持续推进公交线网优化，杭州探索城市公共交通"片区治理"新模式，重庆完善微循环公交网络，苏州推进公共交通多层次融合发展，西安探索公交多元化服务，上海改善老年群体交

---

① 国家发展改革委等部门关于加快建立产品碳足迹管理体系的意见（发改环资〔2023〕1529号）。

② 国家发展改革委等部门关于印发《绿色低碳先进技术示范工程实施方案》的通知（发改环资〔2023〕1093号）。

③ 国家发展改革委关于印发《国家碳达峰试点建设方案》的通知（发改环资〔2023〕1409号）。

④ 国家发展改革委办公厅关于印发首批碳达峰试点名单的通知（发改办环资〔2023〕942号）。

⑤ 交通运输部关于命名张家口市等28个城市国家公交都市建设示范城市的通报（交运发〔2023〕117号）。

⑥ 交通运输部关于公布"十四五"期国家公交都市建设示范工程创建城市名单的通知（交运函〔2023〕16号）。

⑦ 交通运输部办公厅关于组织开展"十四五"期第二批国家公交都市建设示范工程创建申报工作的通知（交办运函〔2023〕710号）。

⑧ 交通运输部办公厅关于印发城市公共交通优先发展和绿色出行典型案例的函（交办运函〔2023〕1373号）。

通出行环境，盘锦加强公交优先发展政策支持，北京规范互联网租赁自行车发展，玉溪大力推进慢行系统建设，泉州积极探索"公交＋慢行"模式，拉萨坚持公交优先发展并加快城市公共交通领域新能源汽车的推广运用。

四、结语

2023 年，随着社会经济形势变化、汽车消费旺盛、产业结构优化等，城市交通发展机遇与挑战并存，城市交通汽车化趋势依然不减，统筹推进城市、智能网联汽车、新型交通基础设施、绿色出行的协同发展，成为城市交通关注的焦点和难点。推进智慧交通基础设施建设和品质交通服务，仍需充分运用信息、智能、低碳等技术，加大持续创新探索和应用实践的力度，不断寻求适应城市交通发展环境变化和应对新问题、新需求的发展路径，支撑城市可持续发展。

（作者：马林，中国城市规划设计研究院教授级高级工程师）

2023年中国城市市政基础设施发展概述

2023年是改革开放四十五周年，是全面贯彻党的二十大精神的开局之年，也是三年新冠疫情防控转段后经济恢复发展的一年。这一年，好房子、好小区、好社区、好城区"四好"建设工作深入推进，城市市政基础设施建设聚焦补短板、防风险、惠民生、提品质，为经济运行整体好转、人民群众生活品质提升提供了坚实的支撑。

一、推进城市体检与老旧基础设施改造

全面开展城市体检。2023年11月29日，住房城乡建设部印发《关于全面开展城市体检工作的指导意见》（建科〔2023〕75号），指出要把城市体检作为统筹城市规划、建设、管理工作的重要抓手，整体推动城市结构优化、功能完善、品质提升，打造宜居、韧性、智慧城市；坚持问题导向，划细城市体检单元，从住房到小区（社区）、街区、城区（城市），找出群众反映强烈的难点、堵点、痛点问题；坚持目标导向，把城市作为"有机生命体"，以产城融合、职住平衡、生态宜居等为目标，查找影响城市竞争力、承载力和可持续发展的短板弱项；强化结果运用，把城市体检发现的问题作为城市更新的重点，聚焦解决群众急难愁盼问题和补齐城市建设发展短板弱项，有针对性地开展城市更新，整治体检发现的问题，建立健全"发现问题—解决问题—巩固提升"的城市体检工作机制。

扎实推进城镇老旧小区更新改造。2023年7月，住房城乡建设部、国家发展改革委、工业和信息化部、财政部、市场监管总局、体育总局、国家能源局联合印发《关于扎实推进2023年城镇老旧小区改造工作的通知》（建办城〔2023〕26号），要求各地要持续推进城镇老旧小区改造，精准补短板、强弱项，加快消除住房和小区安全隐患，全面提升城镇老旧小区和社区居住环境、设施条件和服务功能，推动建设安全健康、设施完善、管理有序的完整社区，不断增强人民群众获得感、幸福感、安全感。同时提出要查明老旧小区供水、排水、供电、弱电、供气、供热各类管道管线，并结合老旧小区改造工作，因地制宜推进小区活动场地、绿地、道路等公共空间和配套设施的适老化、适儿化改造，加强老旧小区无障碍环境建设。

推进燃气管道等老化更新改造。2022年5月，国务院办公厅印发《城市燃气管道等老化更新改造实施方案（2022—2025年）》（国办发〔2022〕22号）以来，各地在全面摸清城市

燃气、供水、排水、供热等管道老化更新改造底数基础上，积极规划部署、健全工作机制、完善政策措施、加快组织实施，启动了一批更新改造项目，取得阶段性成效。2023 年 5 月 6 日，住房城乡建设部办公厅发布《关于印发城市燃气管道等老化更新改造可复制政策机制清单（第一批）的通知》（建办城函〔2023〕122 号），督促各地对照可复制政策机制清单，在燃气管道更新改造对象与范围、更新改造标准、燃气等管道与设施普查、燃气管道等老化更新改造方案编制、统筹协调、项目推进实施、智能化建设、管道与设施运维养护、政策支持等方面，结合实际，深入学习借鉴。

二、坚守基础设施安全底线

持续开展城市燃气安全隐患排查。2023 年 5 月 18 日，住房城乡建设部办公厅印发《关于加快排查整改燃气橡胶软管安全隐患的通知》（建办城函〔2023〕132 号），要求各地坚持人民至上、预防为先，清醒认识城市燃气安全面临的严峻形势，深刻吸取事故教训，举一反三，全面落实《城市燃气管道等老化更新改造实施方案（2022—2025 年）》《全国重大事故隐患专项排查整治 2023 行动总体方案》等部署要求，加快排查整改燃气橡胶软管安全隐患，切实维护人民群众生命财产安全。各地要抓紧摸清燃气用户使用橡胶软管的底数并制订更换工作计划，加快组织实施燃气橡胶软管更换工作，督促燃气经营企业切实落实入户安检责任，积极加强常态化燃气安全用气宣传教育。

加强城镇燃气设施建设及安全隐患判定标准体系建设。2023 年 5 月 23 日，住房城乡建设部关于发布国家标准《城镇燃气输配工程施工及验收标准》的公告（中华人民共和国住房城乡建设部公告 2023 年第 72 号），以国家标准的形式，规范城镇燃气输配工程施工及质量验收，保证施工安全和工程质量；2023 年 9 月 21 日，住房城乡建设部发布《关于印发城镇燃气经营安全重大隐患判定标准的通知》（建城规〔2023〕4 号），对燃气经营者在安全生产、燃气厂站安全、燃气管道和调压设施安全、气瓶安全、燃气用户安全检查等方面的重大隐患的判断条件作了明确要求，以有效指导各地加强城镇燃气安全风险管控和隐患排查治理，防范重特大事故发生，切实保护人民群众生命财产安全。

持续推进城市燃气安全整治工作。2023 年 4 月 13 日，住房城乡建设部办公厅印发《关于做好 2023 年全国防灾减灾日有关工作的通知》（建办质函〔2023〕98 号），要求各地防范灾害风险，组织做好防灾减灾宣传工作；抓好专项治理，推进风险隐患排查整治；采取积极措施，推动有效应对灾害风险；完善应急机制，提高防灾减灾救灾应急能力。2023 年 8 月 24 日，住房城乡建设部印发《关于印发全国城镇燃气安全专项整治燃气管理部门专项方案的通知》（建城函〔2023〕70 号），督促各地按照"大起底"排查、全链条整治的要求和有关职责分工，有力有序有效推进城镇燃气安全专项整治；2023 年 8 月 31 日，住房城乡建设部办公厅、国家发展改革委办公厅联合印发《关于扎实推进城市燃气管道等老化更新改造工作的通知》（建办城函〔2023〕245 号），要求各地加快推进城市燃气管道等老化更新改造，精准补短板、强弱项，加快消除风险隐患、保障安全运行，全面提升燃气等市政基础设施本质安全水平，推进韧性城市建设，增强人民群众获得感、幸福感、安全感。

宁夏银川富洋烧烤店"6·21"特别重大燃气爆炸事故调查报告公布

2023年6月21日20时37分许，宁夏回族自治区银川市兴庆区富洋烧烤民族街店发生一起特别重大燃气爆炸事故，造成31人死亡、7人受伤，直接经济损失5114.5万元。2024年1月，国务院常务会议审议通过了宁夏银川富洋烧烤店"6·21"特别重大燃气爆炸事故调查报告。经国务院事故调查组调查认定，这是一起因相关企业违法违规检验、经营，并配送不符合标准的液化石油气瓶，烧烤店在使用中违规操作发生泄漏爆炸，地方党委政府及其有关部门履职不到位、燃气安全失管失控，造成的生产安全责任事故。

事故调查组查明，事故直接原因是液化石油气配送企业违规向烧烤店配送有气相阀和液相阀的"双嘴瓶"，店员误将气相阀调压器接到液相阀上，使用发现异常后擅自拆卸安装调压器造成液化石油气泄漏，处置时又误将阀门反向开大，导致大量泄漏喷出，与空气混合达到爆炸极限，遇厨房内明火发生爆炸进而起火。由于没有组织疏散、唯一楼梯通道被炸毁的隔墙严重堵塞、二楼临街窗户被封堵并被锚固焊接的钢制广告牌完全阻挡，严重影响人员逃生，导致伤亡扩大。

调查查清事故暴露的主要问题是地方党委政府及其有关部门专项整治敷衍了事、源头管理失职失责、气瓶检验充装弄虚作假、燃气经营配送使用管理混乱、餐饮场所安全失管漏管、执法检查宽松软虚。涉事有关企业存在相关违法违规行为。

事故调查组按规定将在事故调查过程中发现的地方党委政府及有关部门的公职人员履职方面的问题等线索及相关材料，移交中央纪委国家监委追责问责审查调查组。

针对事故中暴露的问题，事故调查组总结了五个方面的主要教训：该坚守的安全红线没有守住，该有的强烈责任感却放松懈怠，该全链条监管的却掉链断档，该用打非治违的硬措施没有硬起来，该抓实的安全基础没有抓到位。同时，提出六项整改和防范措施建议：统筹发展和安全，狠抓燃气安全大起底；严格市场准入，全面规范行业发展秩序；强化齐抓共管，提高安全监管效能；迅速开展行动，彻底整治餐饮用户隐患；完善法规标准，提高适用性和强制性；狠抓社会末梢，提升基层能力水平。

（来源：新华社）

加强城市排水防涝应急管理。2023年6月16日，住房城乡建设部办公厅、应急管理部办公厅印发《关于加强城市排水防涝应急管理工作的通知》（建办城函〔2023〕152号），要求各地要以高度的政治责任感，进一步做好城市排水防涝应急管理工作，牢固树立底线思维、极限思维，周密安排部署，确保城市安全度汛，并提出加强省级统筹，建立跨区域应急协调联动机制；强化部门协同，及时应急响应；完善应急预案，有效应对风险；加强应急队伍建设，强化关键部位防范措施；立足实战需要，加强应急演练等有关要求。

开展京津冀暴雨应急救援。2023年7月底8月初，京津冀地区发生暴雨洪涝灾害，住房城乡建设部高度重视，及时调度区域供排水应急中心，协调排水防涝和市政保供等工作，做好市政设施维护修复，全力保障人民群众生命财产安全。调派国家供水应急救援中心华北基地、西北基地、东北基地的应急供水救援队伍紧急支援北京市房山区、河北省涿州市，现场开展应急制水和水质检测，协助做好应急供水工作，缓解城市供水系统压力，确保人民群众尽快喝上"安全水、安心水"。

三、持续提升人民群众切身福祉

积极推进城市公园绿地开放共享。2023年1月31日，住房城乡建设部办公厅印发《关于开展城市公园绿地开放共享试点工作的通知》（建办城函〔2023〕31号），鼓励各地充分认识推动公园绿地开放共享、提升公园多元服务功能的重要意义，按照试点先行、积累经验、逐步推开的原则，积极推动开放共享试点工作。在公园草坪、林下空间以及空闲地等区域划定开放共享区域，完善配套服务设施，更好地满足人民群众搭建帐篷、运动健身、休闲游憩等亲近自然的户外活动需求。试点时间为1年。其中，南方地区（华南、华东、华中以及除西藏以外的西南地区）要按照应试尽试原则，积极开展试点工作，逐步扩大开放共享区域。其他地区可根据实际情况选择试点城市，合理确定开放共享区域，以点带面，逐步探索建立轮换制养护等管理机制，不断推动城市公园绿地开放共享。

深化城市黑臭水体治理。近年来，各地认真贯彻落实党中央、国务院有关决策部署，积极推进城市黑臭水体治理及生活污水处理提质增效工作，地级及以上城市黑臭水体基本消除，城市生活污水收集效能明显提升。2023年5月6日，住房城乡建设部办公厅印发《城市黑臭水体治理及生活污水处理提质增效长效机制建设工作经验》，从创新运行维护工作机制、强化管网运行维护保障、完善排水管理相关法规政策、建立城市黑臭水体治理长效机制、完善管网建设和质量保障机制、强化监督考核、加强科技支撑七个方面总结了16条典型做法，供各地相互交流学习借鉴。2023年8月22日，住房城乡建设部、生态环境部发布《关于城市黑臭水体治理责任人名单的通告》（建城函〔2023〕69号），督促各地做好城市黑臭水体治理工作，对在城市黑臭水体治理工作中责任不落实、未完成工作任务的，按照相关规定严格问责。

新版生活饮用水卫生标准正式实施。2022年3月5日，国家市场监督管理总局、国家标准化管理委员会联合发布《生活饮用水卫生标准》GB 5749—2022，该标准自2023年4月1日起正式实施。该标准将原标准中的"非常规指标"调整为"扩展指标"，以反映地区生活饮用水水质特征及在一定时间内或特殊情况的水质特征。指标数量由原标准的106项调整为97项，包括常规指标43项和扩展指标54项。与原标准相比，新标准更加关注感官指标，增加了2-甲基异莰醇、土臭素两项感官指标作为扩展指标；更加关注消毒副产物，将检出率较高的一氯二溴甲烷、二氯一溴甲烷等7项指标从非常规指标调整到常规指标；更加关注风险变化，增减优化调整了乙草胺、高氯酸、三氯乙醛、硫化物等指标；进一步提高了硝酸盐、浑浊度等8项指标的限值。

全面推进城市综合交通体系建设。2023年11月27日，住房城乡建设部印发《关于全面推进城市综合交通体系建设的指导意见》（建城〔2023〕74号），要求按照适度超前进行基础设施建设的思路，整体谋划、协同实施，精准补短板、强弱项，加快构建系统健全、功能完备、运行高效、智能绿色、安全韧性的城市综合交通体系，为打造宜居、韧性、智慧城市提供坚实支撑。科学编制并实施城市综合交通体系规划，有序推进城市快速干线交通系统建设，积极实施城市生活性集散交通系统建设，优化道路网的级配结构，提高道路网连通性和可达性，实现城市建成区平均道路网密度达到8公里/平方公里以上，加快开展城市绿色慢行交通系统建设；推动城市交通基础设施系统化协同化发展，强化城市交通基础设施全生命周期管理，加强充换电站等配套能源设施统筹建设，加快补齐城市重点区域停车设施短板，建设城市交通基础设施监测平台；促进城市交通基础设施安全绿色智能发展，增强城市交通基础设施安全韧性，推动城市交通基础设施绿色发展，实施城市交通基础设施智能化改造。

城市道路网密度稳定增长。根据2024年度《中国主要城市道路网密度与运行状态监测报告》：截至2023年第四季度，全国36个主要城市的道路网总体平均密度为6.5公里/平方公里，相较于上年度平均密度6.4公里/平方公里，总体平均值增长约1.5%。其中，深圳、厦门和成都3座城市道路网密度达到8.0公里/平方公里以上，达到了国家提出的"8公里/平方公里"的目标要求。共有13座城市达到7.0公里/平方公里以上，与上年持平，占比达36%。城市总体道路网密度在7.5～8.0公里/平方公里区间数量相较上年度显著上升，由上年度3个城市提升至7个城市，向8公里/平方公里的目标要求不断靠近。

四、推动城市绿色低碳发展

系统化全域推进海绵城市建设。2023年4月26日，财政部、住房城乡建设部、水利部联合印发《关于开展"十四五"第三批系统化全域推进海绵城市建设示范工作的通知》（财办建〔2023〕28号），拟确定部分基础条件好、积极性高、特色突出的城市分批开展典型示范，系统化全域推进海绵城市建设，力争具备建设条件的省份实现全覆盖，中央财政对示范城市给予定额补助。通过竞争性选拔，衡水市、葫芦岛市、扬州市、衢州市、六安市、三明市、九江市、临沂市、安阳市、襄阳市、佛山市、绵阳市、拉萨市、延安市、吴忠市等15个城市被确定为第三批示范城市，力争通过3年集中建设，示范城市防洪排涝能力明显提升，海绵城市理念得到全面、有效落实，为建设宜居、韧性、智慧城市创造条件，推动全国海绵城市建设迈上新台阶。

推进污水处理减污降碳协同增效。2023年12月12日，国家发展改革委、住房城乡建设部、生态环境部联合发布《关于推进污水处理减污降碳协同增效的实施意见》（发改环资〔2023〕1714号），要求各地坚持系统观念，协同推进污水处理全过程污染物削减与温室气体减排，开展源头节水增效、处理过程节能降碳、污水污泥资源化利用，全面提高污水处理综合效能，提升环境基础设施建设水平，推进城乡人居环境整治。提出到2025年，污水处理行业减污降碳协同增效取得积极进展，能效水平和降碳能力持续提升。地级及以上缺水城市再生水利用率达到 25% 以上，建成 100 座能源资源高效循环利用的污水处理绿色低碳标杆厂。

开展节水型城市建设。2023 年 5 月 27 日，住房城乡建设部、国家发展改革委发布《关于命名第十一批（2022 年度）国家节水型城市的公告》，按照《国家节水型城市申报与评选管理办法》（建城〔2022〕15 号）要求，决定命名浙江省温州市等 16 个城市为第十一批（2022 年度）国家节水型城市。截至 2023 年底，共有 11 批 145 个城市获评国家节水型城市。据统计，145 个国家节水型城市的用水总量占全国城市用水总量的 60%，这些城市以创建国家节水型城市为契机，系统加强城市节水工作，对全国城市节水起到了很好的示范带动作用。同时，持续加强城市节水宣传。2023 年全国城市节约用水宣传周活动时间为 5 月 14 日至 20 日，主题为"推进城市节水，建设宜居城市"。截至 2023 年，全国城市节约用水宣传周已连续举办 32 届。各地以此为契机，广泛开展节水宣传教育进社区、进学校、进机关单位、进企业等活动，宣传节水理念，普及节水知识，营造浓厚的节水氛围，并着力建立城市节水长效宣传机制，让城市节水的理念入脑、入心、入行。

垃圾分类工作深入推进。近年来，我国垃圾分类工作持续深入推进。截至 2023 年 5 月，全国 297 个地级以上城市已全面实施生活垃圾分类，居民小区平均覆盖率达到 82.5%，人人参与垃圾分类的良好氛围正在逐步形成。福建、河北、山东等 20 个省、自治区，上海、广州等 173 个城市，出台了地方性法规、政府规章。全国 297 个地级及以上城市垃圾日处理能力达到 53 万吨，焚烧处理能力占比 77.6%，城市垃圾资源化利用水平实现较大提升。2023 年以来，我国将在每年 5 月的第四周开展"全国城市生活垃圾分类宣传周"活动。首届全国城市生活垃圾分类宣传周时间为 2023 年 5 月 22 日至 28 日，宣传主题为"让垃圾分类成为新时尚"，宣传重点包括传达中央有关部署要求、宣贯有关制度政策标准、宣介阶段性工作成果、推广典型实践经验、普及生活垃圾分类知识等内容。

五、基础设施投资结构持续优化

改革开放以来，我国城市市政基础设施投资逐年增加。1978 年，我国城市市政基础设施投资仅为 12 亿元；1997 年首次超过 1 000 亿元，达到 1 142.7 亿元；2009 年首次超过 1 万亿元，达到 10 641.5 亿元；2018 年首次超过 2 万亿元，达到 20 123.2 亿元。参照 2022 年的统计数据，从投资结构看，道路桥梁、轨道交通等设施占比约占 66%，城市供排水约占 12%，园林绿化约占 6%，供热燃气约占 3%，市容环卫约占 2%，综合管廊及其他基础设施约占 11%。从资金来源看，中央和地方财政资金约占 31%，自筹资金约占 26%，贷款约占 14%，债券约占 9%，其他资金约占 20%，已形成财政拨款、自筹、贷款、债券等多元化投融资格局。

（作者：张志果，中国城市规划设计研究院水务院副院长，研究员；安玉敏，中国城市规划设计研究院工程师；黄悦，中国城市规划设计研究院高级工程师）

2023年中国城市信息化发展概述

2023年是全面贯彻党的二十大精神的开局之年，以科技创新推动产业创新和治理创新，特别是颠覆性技术和前沿技术的出现成为带动城市数字化转型、助推城市高质量发展的新质生产力。具体而言，在城市信息基础设施建设层面，网络通信设施、算力基础设施、新型基础测绘等数字新基建进一步发展，形成全国一体化布局的趋势；同时为应对国际复杂局势引发的网络安全、信息安全的挑战，2023年数字基建中的安全可靠工程也在加速推进；在新型智慧城市建设层面，围绕现代化治理的应用场景不断走深向实，体现在智慧出行便捷、智能制造加速、智慧文旅激活、医疗服务能力提升、城市体检评估提质增效等方面。2023年以来，人工智能发展趋向实体推进，围绕新型智慧城市建设这一目标，积极推动一批具有创新性和实用性的应用场景落地。

一、数字新基建推动城市信息化高质量发展

2023年，以网络通信设施、算力基础设施、新型基础测绘为代表的数字新型基础设施建设进入完善提升的阶段，围绕既有设施横向打通、纵向贯通的工作深入推进，从中央、部委到地方均颁布了一系列政策与规划，着力打造整体性、系统性、协同性的数字中国蓝图。同时，在复杂严峻的国际环境下，数字基建领域的安全可靠工程国产化替代工作加速推进。

（一）数字新基建的整体布局与建设成绩斐然

2023年，从中央、部委到地方发布多项政策（表1），推进数字新型基础设施（数字新基建）的整体建设，作为中国式现代化发展的重要引擎，数字新基建是构筑国家竞争新优势的有力支撑，通过统筹整合数字基础设施建设的既有成果，实现一体化布局，聚焦城市数字化转型，深化完善统一规划、统一架构、统一标准、统一运维的城市智能中枢体系，建立城市数字化共性基础，促进数字经济和实体经济的深度融合，推动经济社会的高质量发展。

至2023年底，数字新基建已经取得丰硕成果，据《2023年通信业统计公报》显示，全国新建光缆线路长度473.8万公里，总长度达到6 432万公里；互联网宽带接入端口新增6 486万个，总数达到11.36亿个；光纤接入（FTTH/0）端口新增6 915万个，总数达到10.94亿个；5G基站新增106.5万个，总数达到337.7万个，占移动基站的29.1%，5G移动电话用户达

表1 关于数字新基建的相关政策及内容要点

时间	来源	相关内容要点
2023年2月	中共中央、国务院	《数字中国建设整体布局规划》提出"2522"的整体布局框架
2023年3月	国务院	国务院政府工作报告提出，加快数字政府建设，加强网络、数据安全和个人信息的保护
2023年4月	工信部、网信办等8部门	《关于推进IPv6技术演进和应用创新发展的实施意见》提出，增强IPv6规模部署和应用内生动力，支撑经济社会高质量发展
2023年5月	武汉市	《武汉市城市数字公共基础设施建设工作方案》提出，大力实施信息基础设施建设，助推数字经济、数字社会、数字产业生态发展
2023年6月	国务院办公厅	《关于进一步构建高质量充电基础设施体系的指导意见》提出，有力支撑新能源汽车产业发展、有效满足人民群众出行充电需求
2023年8月	北京市	《北京市"光网之都，万兆之城"行动计划（2023—2025年）》提出，"全光万兆"赋能千行百业发展，引领居民数字生活新体验
2023年10月	工信部、网信办等6部门	《算力基础设施高质量发展行动计划》提出，加强计算、网络、存储和应用协同创新，充分发挥算力对数字经济的驱动作用
2023年10月	上海市	《上海市进一步推进新型基础设施建设行动方案（2023—2026年）》提出，上海特色的新型基础设施提升城市能级和核心竞争力
2023年11月	中共中央	中央经济工作会议提出，以科技创新推动产业创新，发展新质生产力。发展数字经济，加快推动人工智能发展
2023年12月	国家发展改革委、数据局等5部门	《关于深入实施"东数西算"工程 加快构建全国一体化算力网的实施意见》提出，统筹通用算力，打造中国式现代化的数字基座
2024年1月	福州市	《福州市新型基础设施建设三年行动方案（2023—2025年）》提出，畅通数据资源循环利用通路，打造数字福州高质量发展基座
2024年5月	国家发展改革委、数据局等4部门	《关于深化智慧城市发展 推进城市全域数字化转型的指导意见》提出，发挥数据的基础资源和创新引擎作用

到8.05亿户。在区域发展层面，各地区千兆用户占比均实现较快提升，东、中、西部和东北地区移动互联网接入流量均保持两位数增长。

（二）新型基础测绘体系全面推进城市信息化

我国已初步确立以现代测绘基准、实景三维中国、时空大数据平台为主要内容的新型基础测绘业务格局。2023年3月，自然资源部发布了《实景三维中国建设总体实施方案（2023—2025）》，明确了实景三维中国建设的目标、建设任务、技术路线与方法、主要成果与汇集、组织实施等。2023年8月，自然资源部印发《关于加快测绘地理信息事业转型升级、更好支撑高质量发展的意见》，提出到2025年，新型基础测绘的业务格局要初步形成，具体包括实景三维中国建设取得阶段性成果（5米格网地形级实景三维基本建成，5厘米分辨率城市级实景三维实现对地级以上城市覆盖），新一代地理信息公共服务平台（天地图）建设基本完成，95%的用户使用公众版测绘结果；到2030年，新型基础测绘体系全面建成。截至2023年底，累计已有26个省（自治区、直辖市）的264个城市开展了约5.52万平方千米的实景三维建模工作，武汉、西安、株洲、贵阳等60多个城市已经初步完成城市级实景三维建设。

在新型基础测绘设施建设上，2023年我国相继发射了多颗资源遥感及导航卫星，包括"女娲星座"首发4颗SAR卫星、全球首颗Ka频段高分辨率SAR卫星"珞珈二号01星"、第56-58颗北斗导航卫星、"绵阳星座""涪城一号"SAR卫星、"矿大南湖号"SAR卫星、国家民用空间基础设施中的科研卫星、世界首颗地球同步轨道SAR卫星陆地探测四号01卫星（应急减灾高轨SAR卫星）等。2023年，我国自主研发的北斗系统也正式加入国际民航组织（ICAO），成为全球民航通用的卫星导航系统。这不仅为新型智慧城市规划建设提供源源不断的高分数据源，而且为城市智慧大脑、智慧交通、智慧物流等构建予以支撑。

（三）安全可靠工程国产化替代为智慧城市护航

2023年，我国安全可靠工程建设得到前所未有的重视，以应对复杂严峻的国际环境。2023年1月，工信部等16部门印发《关于促进数据安全产业发展的指导意见》，提出要加强核心技术攻关，到2025年，数据安全产业基础能力明显增强，到2035年，数据安全产业进入繁荣成熟期，产业政策体系进一步健全，数据安全关键核心技术、重点产品发展水平和专业服务能力跻身世界先进行列；3月，国务院政府工作报告提出，"深入推进国家安全体系和能力建设。加强网络、数据安全和个人信息保护"；7月，全国信息安全标准化技术委员会发布《网络安全标准实践指南——网络数据安全风险评估实施指引》，用于指导开展网络数据安全风险评估工作；9月，国家互联网信息办公室发布了《规范和促进数据跨境流动规定（征求意见稿）》，旨在保障国家数据安全，保护个人信息权益，进一步规范和促进数据依法有序自由流动；12月，工信部等14部门联合印发《关于开展网络安全技术应用试点示范工作的通知》，提出为适应数据安全产业的发展新形势，以新型信息基础设施安全、数字化应用场景安全、安全基础能力提升为主线，面向重要行业领域网络和数据安全保障需求，从13个重点方向遴选一批技术先进、应用成效显著的试点示范项目。

目前，我国已经初步拥有了具备安全可靠的关键系统、关键应用和关键软硬件产品的研发和集成能力，初步实现了对国产技术产品的全方位替代，强化了信息和网络安全领域的能力。2023年，国内主要的软硬件生产厂商研发出了一批国产化信息技术产品，为基础设施、基础软件、应用软件和信息安全领域的国产化替代提供保障。

二、新技术集成应用深化新型智慧城市建设

新技术的集成应用为新型智慧城市建设带来新的机遇。2023年，新型智慧城市建设成果主要体现在以下几个方面：智联网联汽车促进便捷出行、5G+工业互联网加速智能制造、虚实融合激活智慧文旅发展、互联互通加速普惠医疗服务、信息化手段为城市动态体检评估提质增效。

（一）智联网联汽车促进便捷出行

2023年是智能网联汽车（Intelligent Connected Vehicle，ICV）落地实施的关键一年。

11月，工信部、公安部、住房城乡建设部、交通部联合印发《关于开展智能网联车准入和上路通行试点工作的通知》和《智能网联汽车准入和上路通行试点实施指南（试行）》，引导ICV生产企业和使用主体加强能力建设，促进ICV产品的功能、性能提升和产业生态的迭代优化，推动ICV产业高质量发展。

2023年，多部委也陆续开展智能网联汽车标准体系建设的先导工作：3月，自然资源部先后发布了《智能汽车基础地图标准体系建设指南（2023版）》，修订了高级辅助驾驶地图审查技术规程，组织京、沪等城市开展高精度地图应用试点，促进自动驾驶等新业态发展；7月，工信部、标准委联合发布《国家车联网产业标准体系建设指南（智能网联汽车）（2023版）》，指导智能网联汽车基础、技术、产品、试验标准等在内的智能网联汽车标准体系建立；9月，交通部发布《公路工程设施支持自动驾驶技术指南》JTG/T 2430—2023，指导公路工程中自动驾驶云控平台、交通感知设施、通信设施、定位设施、路侧计算设施、网络安全设施等的建设；11月，交通部发布《自动驾驶汽车运输安全服务指南（试行）》，为从事城市公共汽电车客运、出租汽车客运、道路旅客运输经营、道路货物运输经营活动提供安全服务指引。

2023年3月，上海市相继实施《上海市浦东新区促进无人驾驶智能网联汽车创新应用规定》《上海市浦东新区促进无人驾驶智能网联汽车创新应用规定实施细则》《上海市无驾驶（安全）员智能网联汽车测试技术方案》等政策法规，开启ICV从道路测试到准入试点的新征程。据北京市自驾办发布的《2023年北京市高级别自动驾驶示范区建设发展报告》显示，截至2023年3月，示范区内测试企业达19家，入网车辆数量达578辆，累计自动驾驶里程达到1 449万公里。此外，湖北襄阳、浙江德清、广西柳州国家级车联网先导区建设启动，自动驾驶技术由测试示范稳步迈向商业化应用。

（二）互联互通加速普惠医疗服务

5G与千兆光网等网络通信设施构建了高速低延时的互联互通网络，将优质的医疗资源带入千家万户，线上问诊、外科手术远程指导的医疗服务形式大大缓解了医疗资源分布不均衡的状况，通过互联网＋医疗服务的方式，医疗资源持续向基层下沉。目前，远程医疗协作网已覆盖所有地级市2.4万余家医疗机构，远程医疗服务区县覆盖率达100%。根据《第53次中国互联网发展状况统计报告》显示，截至2023年12月，我国互联网医疗用户规模达到4.14亿人，互联网医院已超3 000家。京东健康覆盖全国400余个城市、10万余家门店，阿里健康平台服务的商家数量超过3.2万个，大型互联网医疗平台发展也呈现良好势头。同时，以人工智能、云计算为代表的数字技术与医疗行业深度融合，人工智能医疗大模型、智能化医疗信息平台等智能产品初步形成。商汤科技发布"SenseCare智慧医院"综合解决方案，为医院等机构提供一站式服务，优化患者就医体验，提升诊疗效果，助力医院智慧化转型。

2023年3月，中共中央办公厅、国务院办公厅印发《关于进一步完善医疗卫生服务体系的意见》，强调发展"互联网＋医疗健康"，加快推进互联网、区块链、物联网等在医疗卫生领域中的应用，建设面向医疗领域的智能平台，助力增强医疗卫生优质服务的供给能力。8

月，安徽省卫健委印发《关于公布2023年安徽省智慧医疗典型应用场景名单的通知》，确定将"智医助理""智联网医院平台"等10个场景能力和"基于5G+4K的医联体远程医疗协作云平台""医院—社区"联动的智慧医院协同服务平台等10个场景机会，作为2023年安徽省智慧医疗典型应用场景，大力推进新兴信息技术在医疗卫生领域创造性应用。

（三）虚实融合激活智慧文旅发展

随着高速泛在5G通信网络的普及和虚实相生赛博空间的建立，新型的文旅业态模式层出不穷，传统文旅的智慧化升级进入快车道。2023年4月，工信部和文旅部联合印发《关于加强5G+智慧旅游协同创新发展的通知》，提出推动5G在旅游业的创新应用，在重点旅游区域5G网络覆盖的基础上，创新i5G+智慧旅游服务新体验，打造复合型公共服务平台，提供个性化、品质化、交互化、沉浸化服务；探索5G+智慧旅游营销新模式，提升5G+智慧旅游管理能力，基于5G网络建立景区安防体系，以信息化手段推动行业治理现代化，推进智慧文旅。8月，工信部办公厅、教育部办公厅、文旅部办公厅等联合发布《元宇宙产业创新发展三年行动计划（2023—2025年）》，提出在构建先进元宇宙技术和产业体系基础之上，打造沉浸式数字生活应用，推广沉浸交互的生活消费场景。重点聚焦文旅元宇宙，围绕文化场馆、旅游景区和街区、节事活动等应用场景，提供数字藏品、数字人讲解、XR导览等产品和服务；打造数字演艺、"云旅游"等新业态，打造数智文旅沉浸式体验空间；推动建立元宇宙形态的节目制播体系，建立虚拟制作、虚实融合工具池及公共服务平台，提升媒体服务能力，丰富人民精神世界。

2023年10月，工信部办公厅、教育部办公厅、文旅部办公厅等联合发布《2023年度虚拟现实先锋应用案例名单》，重点推介了文化旅游领域的15个案例，包括宁波市"宁波天一阁虚拟现实文旅体验平台"、重庆市"三星堆博物馆古蜀幻地AR导览"、四川省"沉浸式文旅内容应用构建五维模型"、深圳市"数游溪村"AR文旅+数字营销应用、北京市"5G XR文化娱乐体验中心繁星计划"等，囊括智慧文旅融合发展中的智慧景区、数字展陈、数字营销、沉浸体验等多个方面，对智慧文旅融合发展具有引领和带动作用。截至2023年12月，我国在线旅行预订用户规模达5.09亿人，5G+智慧旅游服务提升了游客的出游效率及出游体验。

（四）5G+工业互联网加速智能制造

5G+工业互联网作为新一代信息通信技术与工业经济深度融合的全新工业生态、关键基础设施和新型应用模式，是抢抓新一轮工业革命的重要路径，是新型工业化的战略支撑。2023年3月，国务院政府工作报告指出，支持工业互联网发展，有力促进了制造业数字化智能化。随后，工业互联网专项工作组办公室印发《工业互联网专项工作组2023年工作计划》，提出11项重点行动、54项具体举措。同时，工业和信息化部引导各地区加大力度，聚焦规模化应用和高质量发展，推动工业互联网实现阶段跃升，为推进新型工业化奠定坚实基础。3月，山西省工业和信息化厅印发《山西省信息化和工业化融合发展2023年行动计划》，推进十大重点产业链、十大专业镇等相关领域龙头企业加快建设企业级工业互联网平台。4月，浙江省经济和信息化厅印发《长三角区域一体化发展信息化专题组2023年工作要点》，提出进一步深化5G、人工智能、大数据和制造业的融合程度，打造一批国际先进、模式创新、具有示范带动效应的标杆性"未来工厂"。5月，山东省工业和信息化厅印发《山东省工业互联网平台培优工作方案》，提出围绕标志性产业链发展、数字化转型等重点工作构建指标体系，形成重点要素清单。可见，工业互联网行业持续提升端、网、边、云、用的产业供给水平，促进共性技术与个性技术整合创新，呈现出较快发展态势。

根据第53次《中国互联网络发展状况统计报告》显示，我国网民规模达10.92亿人，互联网普及率达77.5%；累计建成5G基站337.7万个，覆盖所有地级市城区、县城城区；工业互联网标识解析体系覆盖31个省（自治区、直辖市）；在平台体系建设上，我国基本形成综合型、特色型、专业型的多层次工业互联网平台体系，具有一定影响力的工业互联网平台超过了240家；此外，国家工业互联网大数据中心体系基本建成，区域分中心和行业分中心建设规模不断壮大。随着工业互联网体系的建成，平台化设计、智能化制造、网络化协同、个性化定制、服务化延伸、数字化管理等融合应用不断涌现。由5G和千兆光网组成的"双千兆"网络，全面带动智能制造。

（五）城市动态体检工作提质增效

城市规划与建设正走向存量更新、内涵式发展的新阶段，借助数字化、网络化、智能化手段，实现对城市空间精准的认知是更新工作的重要基础和前提。2023年12月，住房城乡建设部印发《关于全面开展城市体检工作的指导意见》，提出各地应把城市体检作为统筹城市规划、建设、管理工作的重要抓手，在全国地级及以上城市全面部署开展城市体检工作；发挥信息平台在数据分析、监测评估等方面的作用，为城市体检建设专项数据库，加快建设城市体检信息平台，实现对问题整治情况动态监测、对城市更新成效定期评估、对城市体检工作指挥调度。

在数据库建设方面，不仅依托空间规划中的国土调查、地籍调查、人口调查、不动产调查等成果梳理现状问题，而且借助ICT技术和数据众包等方式，激发技术人员、公众在体检评估数据库建设上的能动性。2023年，中国城市规划设计研究院依托"智绘查"城市体检助手，在宁波、济南、哈密、衢州、海口、开封等城市体检中开展了体征采集、体征分析、问题诊断、场景应用工作，完成874个社区、5 390个小区、31 274栋楼，共计50万余条信息的收集，平均减少数据采集时间在50%以上。城市象限（UrbanXYZ）推出社区体检工具集——研城象限（现场调研采集小程序）、智方象限（智能巡检车、巡检背包）、问见象限（市民问卷采集小程序）、云雀象限（市民提案采集小程序），实现社区体检工具的轻量化、体检对象的下沉化和体检内容的精细化，做到精准把脉和高效施策，满足城市体检多层次、多客观、多专项需求。

在信息平台建设上，城市体检评估的运算平台正在走向纵向贯通、共建共享的格局。2023年，湖北省规划设计研究总院通过研发驱动、数字赋能、工程实施等全专业团队的协同作业，研发了满足住建城市体检"四好"要求的省级体检平台，在湖北省完成了大量城市群级、市县级的城市体检工作，并可实现与城市数字公共基础设施、CIM 数据平台、市县体检平台的纵向对接，具有成本友好、路径依赖的优势；清华同衡等城市规划设计企业也针对城市体检与城市更新需求，研发"数据采集、诊断分析、更新管理、评估跟踪"全流程的城市体检与更新辅助平台，建设城市体检与城市更新的数据中心，为城市体检与城市更新工作提供智库工具。

三、人工智能发展推动智慧城市新趋势

2023 年，人工智能技术的快速发展与相关政策支持，使得新型智慧城市呈现出新的发展趋势，不仅有望成为城市数字经济的新增长点，同时也将为城市规划、建设、管理、运营的智能化发挥积极作用。

（一）人工智能发展趋向通用化和实体化

2022 年末，美国人工智能研究实验室 OpenAI 推出人工智能对话聊天机器人 ChatGPT，并于 2023 年 3 月更新至 GPT-4 版本，支持图像、文本输入以及文本输出；2024 年 2 月，OpenAI 又推出文生视频大模型平台 Sora，进一步向多模态的通用人工智能（Artificial General Intelligence，AGI）演进。所谓 AGI 是一种可以执行复杂任务的人工智能，不同于传统的 AI 局限于图片识别、围棋对弈、兴趣推荐等专门领域，而是朝着能模仿人类智能，感受多模态的信息输入、执行复杂任务的人工智能状态。围绕信息技术发展的下一个窗口，在 2023 年，政府和市场主体都在 AGI 方向投入大量资源：5 月，北京市政府办印发《北京市促进通用人工智能创新发展的若干措施（2023—2025 年）》，提出提升算力资源统筹供给能力、提升高质量数据要素供给能力、系统构建大模型等通用人工智能技术体系、推动通用人工智能技术创新场景应用等措施；9 月，北京市海淀区发布《中关村科学城通用人工智能创新引领发展实施方案（2023—2025 年）》，提出加强人工智能原始创新和前沿研究、推动人工智能大模型创新体系发展、构建通用人工智能活跃创新生态，将中关村建成具有全球影响力的人工智能创新引领区、产业集聚区；10 月，安徽省发布《安徽省通用人工智能创新发展三年行动计划（2023—2025 年）》，提出着力实施智算平台加速、数据资源全面开放、关键核心技术攻关、全时全域场景应用、市场主体培育壮大、一流生态构建等六大专项行动，将安徽打造成为具有全球影响力的人工智能科技创新策源地和新兴产业聚集地。根据《2023 中国新一代人工智能科技产业发展报告》显示，目前国内人工智能企业数量已超过 3 000 家，大模型总数超过 200 个，位列世界第二。

在 AGI 发展的基础上，人工智能还将与机器人深度结合，成为具备移动属性的智能实体，革新制造业、服务业的模式和水平。2023 年 1 月，工信部等 17 部门联合印发《机器人＋应用行动实施方案》，提出深化重点领域"机器人＋"应用、增强"机器人＋"应用基础支撑能力，到 2025 年，服务机器人、特种机器人行业应用深度和广度显著提升，机器人促进经济社会高质量发展的能力明显增强；聚焦 10 大应用重点领域，突破 100 种以上机器人创新

应用技术及解决方案，推广200个以上具有较高技术水平、创新应用模式和显著应用成效的机器人典型应用场景，打造一批"机器人+"应用标杆企业。10月，工信部印发《人形机器人创新发展指导意见》，提出到2025年，人形机器人创新体系初步建立，"大脑、小脑、肢体"等一批关键技术取得突破，确保核心部组件安全有效供给；整机产品达到国际先进水平，并实现批量生产，在特种、制造、民生服务等场景得到示范应用；到2027年，人形机器人技术创新能力显著提升，形成安全可靠的产业链供应链体系，构建具有国际竞争力的产业生态，综合实力达到世界先进水平，相关产品深度融入实体经济，成为重要的经济增长新引擎。

（二）人工智能赋能新型智慧城市建设

人工智能的发展将对智慧城市建设产生深远的影响，具体表现在如下层面：

（1）推动公共服务的智能化、全时化、便民化。根据麦肯锡在2023年分析的8949家全球初创公司和规模化样本中，人工智能在城市政务服务中心、公共设施场所利用自然语言处理实现了与来访者的互动，未来有望替代接线员岗位，大大提升城市12345的服务效率；自主移动机器人AMR将在城市物流配送，特别是应急配送中发挥积极作用，这将大大提高城市在日常生活和应急防灾场景下的物流配送效率；在家政、幼托、助老等领域助力全龄友好城市的建设，人工智能也将发挥关键作用。

（2）赋能数字孪生城市，提升城市治理的效能，利用智能化的采集设备实现城市数据流全域全要素、高频细颗粒的采集，构建一个更加完整的城市孪生体，并在分析端推进主动治理、源头治理，提升城市精细化治理水平，甚至成为决策者参与城市发展规划、空间规划政策的制定；在反馈于物理城市时，通过远程传感器、智能执法队伍将城市孪生体中的优化方案反馈到实体城市中，实现动态决策、快速响应和智能操控。

当然，在广泛应用于智慧城市建设之前，人工智能所引发的关于网络安全、数据隐私、算法偏见、军事风险等方面的担忧应得到有效的防治。2023年，相关部门也出台了相应政策，包括全国信息安全标准技术委员会大数据安全标准特别工作组发布的《人工智能安全标准化发展白皮书（2023版）》，从人工智能安全属性、安全风险分析、国内外安全政策述评、安全标准需求分析等角度提出我国人工智能安全标准化工作的建议；网络安全等级保护与安全保卫技术国家工程研究中心发布的《通用人工智能AGI等级保护白皮书（2023版）》，着重分析了通用人工智能的安全风险、网络安全等级保护合规落地需求，应对通用人工智能在广泛应用场景中的潜在挑战；国家网信办、教育部、科技部、工信部、公安部、广电总局联合发布的《生成式人工智能服务管理暂行办法》，制定了通用人工智能在维护国家安全和社会公共利益，保护公民、法人和其他组织合法权益上的相关规定，促进其健康发展和规范应用。

（作者：党安荣，清华大学建筑学院教授、博士研究生导师；王丹，建设综合勘察设计研究院有限公司副院长、研究员；翁阳，清华大学建筑学院博士研究生；孔宪娟，奥格科技股份有限公司副总经理）

2023年中国城市服务业发展概述

2023年是疫情防控常态化、全面复工复产的第一年，各城市全力拼经济、促发展，加速服务业固本培元。全国服务业增加值实现688 238亿元，比上年增长5.8%，占GDP比重达54.6%，超过疫情前水平，服务业的国民经济发展支柱地位得到稳固。同时，2023年也是全面贯彻党的二十大精神的开局之年。各城市贯彻新发展理念，围绕建设服务业新体系、提升服务业与制造业融合强度、增进服务业高水平开放力度、激发服务业集聚效应、推动家政服务提质扩容等方面，多措并举，推动服务业质量提升、格局优化。

一、服务业成为城市经济复苏的"主引擎"

服务业是城市经济发展的重要支撑。2023年，北京市服务业占GDP比重保持全国最高，为84.8%，杭州服务业占比首次突破70%，上海、广州等11个城市的服务业增加值达到万亿，其中天津为万亿元城市的新成员。全国35个直辖市、省会城市①和计划单列市的服务业增加值占全国比重的48%，并且除银川市外，其余城市服务业增加值占全市GDP比重均高于50%。根据服务业增加值（1万亿）和全国平均增长速度（5.8%）划分，上述35个城市可分为四种类型。其中，高产值—高增速型有北京、上海、重庆、成都、杭州、武汉6市，高产值—低增速型有广州、深圳、南京、天津4市，低产值—高增速型和低产值—低增速型的城市数量分别为12个和13个，具体如图1所示。服务业对城市经济增长的贡献率高，即使是省会城市中增加值占比最低的银川市（47.8%），其贡献率也达到了33.6%。在空间格局上，东部地区城市贡献率普遍高于西部地区城市。例如广州、海口均高于80%，而拉萨、呼和浩特则为50%左右。在服务业中，金融业及信息传输、软件和信息技术服务业对城市经济发展的带动作用尤为突出，北京市两个行业分别占服务业增加值比重的19.8%和19.5%，天津市两个行业的增长率分别为6.0%和5.5%，深圳市则为5.8%和10.3%，在自身发展的同时，赋能产业、赋能生活、赋能城市。

城市服务业固定资产投资水平向好，高技术服务业吸纳能力强。全国服务业固定资产投资比上年增长0.4%，"北上广深"四大城市均高于全国水平，其中上海增速是全国的39倍，

---

① 南昌市服务业数据尚未公布，不包含在内。

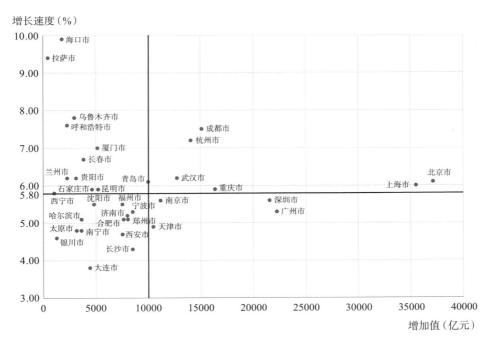

图1 2023年全国35个直辖市、省会城市及计划单列市服务业产值与增速特征

比上年增长了15.7%，拉萨、乌鲁木齐等西部城市的服务业固定资产投资快速提升，分别增长了29.9%和1.7%。高技术服务业受到各城市青睐，固定资产投资保持高位增速，例如大连、天津、重庆分别增长了77.6%、19.3%、16.1%。具体部门中，信息传输、软件和信息技术服务业引资拉动作用显著，"北上广"三地该部门的固定资产投资和实际使用外资同比增长均高于20%，其中北京市固定资产投资增长最高，为47.1%；上海市实际使用外资增长最高，为53.6%；西部欠发达地区的城市也积极推进该部门发展，贵阳、乌鲁木齐、兰州三市的固定资产投资分别增长80.6%、35.4%和22.8%。

恢复和扩大消费成为各城市的努力方向，接触型、聚集型服务业快速回暖。2023年共有6个城市社会消费品零售总额达到万亿元以上，分别为上海、重庆、北京、广州、深圳、成都。但就增长速度而言，在直辖市和计划单列市中，只有上海、重庆、深圳、大连高于全国增长水平，其他城市增速普遍放缓。在省会城市中，西北地区的乌鲁木齐、西宁、呼和浩特、兰州增速均高于10%；东北地区的长春、沈阳、哈尔滨增速在8.6%～10.6%之间。就服务性消费来看，北京增速为14.6%，天津的人均水平高于全国3.4个百分点，大城市消费指数中服务价格多数实现有益提升，服务市场活力总体增强、需求释放。接触型服务业回升明显，经济带动作用突出。例如，旅游业在各城市多呈快速增长。其中，哈尔滨冰雪旅游火爆全国，旅游收入比上年增长了3.4倍；西北环线旅游带动兰州、乌鲁木齐、银川、西宁等城市旅游，其收入分别增长了3.4倍、2倍、1.8倍、1.2倍；北京、上海、厦门、青岛、长沙等传统旅游热点城市旅游收入增长均高于50%。交通运输、仓储和邮政业以及住宿和餐饮业的增长幅度虽普遍高于批发和零售业，但后者的增加值更高、经济贡献率更强。以深圳市为例，前两者分别增长9.1%和9.4%，后者仅增长3.8%，但前两者增加值之和仅为后者的 49.5%，杭州、西安、海口、拉萨等城市亦是如此。可见，线下场景的恢复、市场活力的提升促进了服务经济的快速增长。

城市服务业发展的区域不平衡、不协调显著。东、中、西和东北地区四大板块之间，城市服务业发展差距明显。例如，东部的连云港、舟山分别为江苏、浙江服务业增加值最低城市，产值为 1 916 亿元和 912.7 亿元，接近甚至高于西部省会城市银川、西宁服务业增加值。就增长极来看，东部城市服务业增加值万亿元以上包括北京、上海等 8 个，呈多极联动增长；中、西部城市极化效应显著，万亿元以上城市仅有武汉、成都、重庆；东北地区暂无服务业增加值达到万亿元的城市，缺乏发展"领头羊"。区域内部，城市服务业发展水平差距同样明显。例如，西部的西安是兰州服务业增加值的 3.3 倍；中部的武汉增加值比长沙、郑州、合肥均高出 50% 及以上；东北地区中，沈阳与长春、哈尔滨的差距在 25%～35% 之间；东部地区，京津冀城市群中北京服务业增加值分别是天津、石家庄的 3.5 和 8.0 倍；长三角城市群中，上海、杭州、苏州、南京的服务业增加值，均高于安徽省芜湖、滁州、安庆、马鞍山、宣城、铜陵、池州 7 市之和。因此，缩小地区之间服务业发展水平差距，构建区域协调发展、互进互促的城市服务业发展格局至关重要。

二、构建城市服务业新体系

党的二十大报告明确提出，构建优质高效的服务业新体系，品质更优、效率更高、创新动能更强、开放水平更高、市场环境更佳是服务业新体系的内涵特征。2023 年各类城市通过全面提升服务业品质、效率、发展动能构建新体系，促进服务业高质量发展，带动城市能级跃升。

高技术服务业、现代服务业等高创新、高带动、高附加的服务业领域，是构建城市服务业新体系的核心业态支点，与现代化产业体系建设相适应。其中，高技术服务业与科技创新关联紧密。根据《全球科技创新中心 100 强（2023）》，北京、上海处于全球科技创新第一方阵，排名依次为第 3 位和第 10 位，作为全国科技创新高地，发明专利授权分别为 10.8 万件和 4.4 万件，高创新资本投入是京沪两地的共性特征，其中北京"三城一区"[①]内大中型重点企业研发费用合计 2 429.8 亿元，上海研发经费支出占 GDP 的 4.4%。在创新平台支撑、创新企业培育方面，"北上广深杭"拥有的国家级科技企业孵化器数量分别 71、49、63、47、65 家，独角兽企业占全国比重为 67.5%，"北上广"新认定的技术先进型服务企业分别为 95、42、23 家，处于全国领跑地位。重庆市在《重庆市提升科技服务能力推动科技服务业高质量发展三年行动计划（2023—2025 年）》中，围绕科技创新提出了能级提升、集聚区建设、生态优化三大行动和 14 项措施，促进创新要素集聚、创新环节疏通、创新成果的及时转化。深圳市在"服务业高质量发展"大会上强调，全力构建具有深圳特点、优势的现代化服务业新体系，其中前海深港现代服务业合作区着力培育金融、现代物流、科技服务等现代

---

① 指中关村科学城、怀柔科学城、未来科学城及北京经济技术开发区。

服务业，发挥区位优势、实行专项政策，提升服务业的专业化、高端化、国际化水平。尤其在金融服务业领域，2023年发布的《关于金融支持前海深港现代服务业合作区全面深化改革开放的意见》，促进了深港两地金融业的互联互通，为内地与国际金融规则接轨提供窗口和契机，夯实了区域服务业新体系的金融支柱。

生产性服务业凭借其对社会再生产各环节的渗透与控制能力，成为城市服务业新体系建设的重点，促进产业链的专业化、价值链的高端化、供应链的稳定性、数据链的安全性是其发展的核心导向。青岛市出台的《青岛市加快构建优质高效服务业新体系三年行动方案（2023—2025年）》，确立了以金融、现代物流等生产性服务业为主的十大重点产业，锚定发展方向，开展涵盖生产、分配、流通、消费各领域的七大行动，加速服务业新体系的落地。长沙、东莞、黄石均发布了生产性服务业高质量发展行动计划（2023—2025年），分别布局了7个、10个、6个重点领域以及6项、10项、5项重大行动或工程，明确产值、地位和目标，完善服务业新体系的生产性服务业板块。其中，东莞市的特有方向为商务会展服务、低碳环保服务、设计服务；黄石市倾力打造"通道＋枢纽＋网络＋平台"的现代物流体系；科技服务、信息服务、金融服务、物流服务、商务服务则是上述3市的共同领域。此外，完善保障措施也是3市推进生产性服务业高质量发展的要点。一方面协同服务业监管体系，通过方式创新实现精准、靶向监管，同时优化服务业市场体系，保障各类主体发展机会平等、要素获取通畅、竞争机制公平，破除服务业细分行业间、地区间壁垒，实现配套体系、关联体系的协调适配，保障服务业新体系的高效运行。

生活性服务业关乎发展成果共享的实现程度，与民生福祉息息相关，也是服务业新体系的重要组成部分。消费领域的需求释放、结构升级，要求生活服务供给向精细化、品质化转变。太原市发布的《太原市生活性服务业发展行动方案（2023—2025年）》，通过多维子系统建设完善现代生活性服务业体系，支撑服务业新体系的生活服务板块，具体包括交通枢纽、快递配送等公共服务体系、养老、托育等社区服务体系、赛事、休闲等文化服务体系，进而推进城市服务业链条结构完整、品质效能提升。昆明市鼓励社会资本进入大健康、养老等重点领域，开发覆盖生命周期全阶段、各环节的多样化、精细化生活服务供给，大力发展便民服务、扩大普惠性生活服务，培育服务消费的新增长点。构建多层级消费体系，是江苏省服务业新格局建设的重要方向，南京、苏州、徐州、无锡被定位为国际消费中心，并鼓励有条件的设区市打造全国性或区域性消费中心，推动生活性服务业的高品质发展。

三、提升城市现代服务业与先进制造业融合强度

"促进现代服务业与先进制造业融合"是中央经济工作会议对2023年的重要部署。当前，我国经济发展处于速度换挡、动能转换的关键时期，两业融合、数实融合是夯实实体经济、打造新增长引擎的重要途径。制造业被视为强国之基，高端化、智能化、绿色化转型势在必行，但行业内"卡脖子"技术的破解，受生产性服务业技术突破、专利输送的影响。生产性服务业作为现代服务业的重点领域，其延链补链、增值提效，受制造业需求制约，两者

深度融合正成为高质量发展的助推器。得益于我国制造业门类齐全、服务业业态丰富以及数字技术、信息技术的快速进步，两业融合、数实融合拥有优渥的发育土壤，各城市两业融合工作呈多层级开展、多维度推进态势，其共同特征可归结为以下四点：

第一，政策引导、统筹推进。北京、南京等城市发布了两业融合的行动方案、实施意见，遴选出重点融合领域，构建融合生态，促进两业耦合共生。其中，北京市围绕医药制造与健康服务、智能汽车制造业与全链条服务等8个重点领域集中发力，配套金融、用地支持，联合京津冀编制产业链图谱、共建产业协同基地；南京市聚焦智能电网、集成电路等六大制造行业与软件信息、人工智能等六大服务行业，通过加强技术渗透、深化业务关联，推动个性定制、柔性生产，促进多向度融合。

第二，培育龙头企业，打造行业样板。龙头企业对产业链上、下游具有较强的辐射能力和带动作用，有助于以点带面，带动量大面广的中小企业主动探索融合发展路径，进而推动全行业向"微笑曲线"①两端延伸。成都市以空客、顺丰、中国商飞等龙头企业为引领，围绕机载设备制造、航空物流、飞机全生命周期服务等领域，聚合上下游企业，集成产业链，推动航空先进制造与航空现代服务融合，构建区域发展新动能。广州市聚焦新能源汽车制造、家居定制等特色优势产业，分别以广汽集团、欧派家居为龙头，抢抓"两业"融合机遇，推动广州向"智车之城"转变，家居供给向高端定制升级。

第三，推进数智赋能，培育壮大衍生业态，提升融合造血能力。功能性平台是两业融合的载体，数字技术、信息技术是融合催化剂，两者协同发力有利于在单向嵌入、双向融合基础上，衍生出融合新业态，形成新增长点。其中，工业互联网平台、技术研发认证平台、检验检测专业化服务平台是各城市的共性主导培育方向。广州市依托"四化"平台（数字化、网络化、智能化、绿色化），塑造新引擎、开辟新盈利空间。例如，金域医学将数字经济与医检产业深度融合，创新"六维协同"智慧医检模式，提升全周期生命健康管理水平，推动全产业链优化、整合。嘉兴海宁市集成云设计、云制造、云管理、云运维，建设海宁"时尚大脑"，形成"产业大脑＋未来工厂"数字经济系统，推动销售端电商平台、供应端园区平台、研发创新平台、转化端认证平台的有序衔接，打破环节、信息壁垒，提升融合效益。

第四，创新融合路径，构建融合模式。两业融合、数实融合是实现产业转转型升级、培育经济发展新动能的大势，各城市争相创建适用性强、推广度高的融合模式，开展打造融合高地、引领融合潮流的角逐。事实上，不同城市中两业融合的路径选取、模式建构，呈现顶层设计共通、执行落地因地制宜的特征。前者表现为，各城市两业融合普遍以"智能＋"或"＋服务"为主，形成"生产—产品—服务"的"一站式"疏通。后者以城市实践为例，其中张家港市作为当前唯一国家级全域开展两业融合的试点城市，以江苏沙钢集团、江苏永钢集团为引领，探索出"智能制造＋高端服务"模式；常州天宁经济技术开发区作为第二批

---

① "微笑曲线"是经济学中用于描述产业分工与附加值分配的概念模型。"微笑曲线"呈半圆弧形，它的左端代表高附加值的研发和设计，右端代表高附加值的品牌和市场营销，而中间则是较低附加值的制造和组装。

国家级入选试点，奋力打造"传统制造＋服务投入＋服务产品"的常州模式。此外，不同行业也形成了特色融合模式。例如，郑州市旅游行业出现的"先进制造＋文博旅游＋客户深度服务"工业旅游模式，开辟旅游新赛道；嘉兴海宁市消费电子行业兴起的"硬件＋数据＋服务"模式，促进硬件制造商向智慧服务供应商转化。

四、增强城市服务业扩大开放力度

立足国内国际双循环格局建设，对标国际规则、深化国际合作、开拓国际市场，推进城市服务业高水平开放，变两个市场两种资源优势为服务业发展胜势。2023年，北京由服务业扩大开放试点升级为示范区，扩大开放方案升级为2.0版本，在数字经济、绿色金融、知识产权等重点领域、新兴业态先行先试，推进海关监管、数据跨境流动、商务人员出入境等方面与国际高标准经贸规则对接，培育全球数字经济标杆城市、国际消费中心城市，结合自由贸易区建设，将北京打造成为高水平开放窗口，辐射带动京津冀地区要素高效集聚，共建共享高水平对外开放平台，构建协同共进的区域经济格局，成为引领全国服务业开放创新的发展高地。天津、上海、海南、重庆4个首批扩围试点的城市，其服务业扩大开放实践常变常新。其中，重庆市"1＋2＋N"涉外法律服务模式、中老中越班列"铁路快通"模式等11项创新举措入选2023年国家最佳实践案例，天津市的中欧班列"保税＋"发运模式、租赁企业可持续发展挂钩债券等经验做法同步入选。

2023年，商务部发布了沈阳、南京、杭州、武汉、广州、成都服务业扩大开放综合试点总体方案和任务清单，通过试点二次扩围打造服务业开放新高地，扩容服务业开放发展经验池、案例库，塑造不同服务行业对标国际经贸规则的样板，深化优势服务领域规则制定的参与程度，扩大服务业国际竞争、合作优势。

上述新增6城市的服务业扩大开放试点方案，总体上呈现出战略衔接顺畅、区域带动性强、方向差异显著的特征。重点发展领域覆盖广，兼有新业态与传统业态、生活型与生产型。六个城市的共同领域包括科技服务、专业服务、金融服务、教育服务、健康医疗服务、电信服务、法律服务以及两业融合。居民服务、文化服务、批发和零售服务、商务服务、物流运输服务、电力等能源服务在六城市中存在不同的缺位情况，其中武汉、沈阳、南京各有两项未被纳入重点领域，分别为批发和零售服务与商务服务、物流运输服务与文化服务、批发和零售服务与电力等能源服务；成都仅有物流运输服务未被纳入；广州则包含上述各个领域，居民服务是其特有的重点方向。

6城市间细分行业培育措施的顶层设计方向类似，即依据充分竞争、有限竞争、自然垄断领域竞争以及特定领域服务业等不同市场竞争状态，分类施策，但同一领域的细化培育策略因城市基础及优势而异。例如，专业服务领域中，武汉市以"设计之都"建设、中部检验检测认证服务业中心建设为主，南京市聚焦高端芯片设计、封装测试业务，广州市致力于建立境外职业资格便利执业认可清单、港澳涉税专业资格互认试点。依托优势园区和平台，6城市内部也形成服务业分行业、分领域的开放发展示范区。例如，南京市在江北新区建设科技创新和成果转化示范区；杭州市在高新区、自贸港创建贸易示范区；广州市内部，黄埔区致力于打造知识创新高地、天河中央商务区建设金融合作示范区、珠海区打造电子商务示范基地。

五、激发城市服务业集聚效应

服务业集聚发展，有利于汇聚发展要素，形成增长极，实现点带面。现代服务业集聚区的培育是各城市服务业集聚发展的共性方向，对应全球、全国、区域等不同辐射目标定位，呈分级推进、分类创建特征。引领型集聚高地的创建，多与区域发展战略相衔接。其中，上海市聚焦电子商务领域，以创建"丝路电商"合作先行区为载体，促进头部企业、投资机构、平台、人才、智库的多维集聚，提升贸易中心集聚能级，打造数字经济国际合作新高地，推进"一带一路"高质量发展。深圳市以前海国际税务师大厦为重点，引入中税网、容诚等多家全国百强所，通过创建前海涉税服务业集聚区，深化深港澳涉税服务业合作，打造粤港澳大湾区涉税服务业发展高地。各省服务业集聚区的创建，分省、市两级推进，形成不同细分行业的区域集聚中心。例如，2023年湖北省增加了55处省级集聚区，文化创意服务、科技服务和商务服务数量位列前三，武汉独占22处，包含7类细分行业，为湖北省服务业综合集聚城市。郑州市占河南省2023年服务业重大项目A类的36%，涉及专业生产服务、创新生活服务等不同领域，其中检验检测高技术服务业具有跨省域比较优势，获证检验检测机构数位居中部6省省会城市第一，因此，打造国家检验检测高技术服务业集聚区是其在全国分工中的重点方向。可见，省会城市既是区域的服务业综合集聚中心，也是全国性服务业专业领域集聚高地。

知识产权服务业是技术创新与转化的衔接点，该类集聚区建设是服务业高质量发展的载体。为落实《国家知识产权局等17部门关于加快推动知识产权服务业高质量发展的意见》，2023年国家知识产权局发布了3项有关知识产权服务业高质量集聚发展政策，打出了政策组合拳，推进原有集聚区优化升级，遴选培育高质量集聚发展示范区、试验区，打造知识产权强国建设的重要抓手。知识产权服务业高质量发展示范区、试验区呈集中建设、多点布局、梯次推进特征。国家级示范区共有10处，其中东部地区集中了8处，分为位于"北上广深""苏锡杭"和天津；中部、西部地区各有1处，分别位于武汉、成都。国家级试验区共15处，分布更为均衡，两湖、两广、川渝、东北等地均有布局。城市间试验区建设实践，呈现出方式、目标、产业依托的差异化。其中，大连高新区采取行动提升、工程促进策略，提出运营深化、金融赋能等6大提质行动，以及服务拓展、综合化集聚建设、发展环境优化3项专项工程，构建门类全、内容全、链条全的生态体系；昆明市依托区位优势，构建跨部门、跨区域知识产权保护机制，着力打造立足昆明、服务云南、辐射南亚及东南亚的知识产权服务枢纽；长春新区将试验区建设与国家专利质押融资试点城市建设相结合，搭建现代农业、生物医药、新一代信息技术、高端装备制造四个优势产业的专利服务快速通道，大幅缩短专利授权周期；海口以药谷生物医药创新综合体为载体搭建知识产权服务业集聚区，兼顾空间集聚与功能集聚，激发集聚动能，扩大辐射范围。

六、推动城市家政服务提质扩容

家政服务业与民生福祉紧密相关，推动家政服务业全方位提质扩容，有利于补齐民生领域短板、增强服务业发展的民生底色。我国的家政服务业规模已经进入万亿级市场行列，老龄化、三孩政策的叠加，使养老育幼需求大幅上涨，2023年家政相关新注册企业达56.2万家，市场活跃。截至2023年8月底，家政服务领域已发布7项国家标准、8项行业标准、200多项地方标准，形成政策组合拳。其中，2023年新发布的《促进家政服务业提质扩容2023年工作要点》《国家发展改革委等部门关于支持和引导家政服务业员工制转型发展的指导意见》《2023年家政兴农行动工作方案》等，从行业、企业、员工多个维度，推进家政服务全面提质扩容。

各城市加速建立标准、规范，增强员工技能培训，推动家政企业由"中介制"向"员工制"转型，形成服务规范、风险可控、就业稳定的家政服务。第一，推行家政服务信用档案建设。大连召开了《大连市家政服务企业信用等级评价指标》意见征询会，筹备建设家政企业信用评级标准，与平台准入标准挂钩，培育信用好、服务好的优质企业；杭州市《家政服务机构信用评价规范》于2023年3月开始实施，其中企业信用评价涉及制度、服务、人员、管理和品牌5个维度，员工信用评价包含职业素质、服务能力、信用记录等6个维度，助力家政服务业质量提升和职业化发展。第二，盘活线上线下培训资源，开展家政服务员技能升级行动。2023年，青岛市举办家政服务相关专项培训262班次，涉及育婴、收纳保洁、健康管理、养老护理等多个领域，发放"职业培训券"8 526张，共培训7 828人次；兰州市根据市场需求动向，重点开展育婴员、月嫂、养老护理员等紧缺工种的培训，全年累计达到1.11万余人次；广州市布局了"南粤家政"羊城行动，以家政服务培训基地为载体，开发具有国际水平培训教材及课程，促进政、校、企、协多方共育家政人才，推动家政服务业技术、模式更新，该市也是港澳地区家政人员的主要培训、输出基地。相关赛事成为各城市促进服务技能提升的重要方式，推进家政服务以赛促优、以优促建。其中，"家政服务业职业技能竞赛"在多个省、市开展，例如在乌鲁木齐举办的"石榴花"巾帼家政服务技能大赛，在廊坊市开展的"农行杯"京津冀家政服务职业技能大赛，31个省（自治区、直辖市）的265名选手参加了2023年在绵阳市举办的首届全国家政服务业职业技能竞赛决赛。

推进家政服务供需高效衔接。城市之间增强劳务协作，增进优势互补、互利共赢。在跨省域城市合作中，北京市构建了与多个省市的"点对点"引进机制，借助"家政劳务品牌协作交流宣传大会"契机，北京市与河北、山西、甘肃分别签订了《省际家政服务劳务协作协议（2023—2025年）》。省内城市合作促进了家政资源内部共享。例如，郴州市与怀化市签订了《郴州市家协、怀化市家协家政服务劳务对接合作协议》，务实两地家政培训、岗位信息共享、平台对接等方面合作；河源市在"南粤家政"名企"融湾"行系列活动中，与惠州市家庭服务业发展协会对接，推动两地家政相关企业签订了32份框架合作协议；西安市与商洛市就落实《西商融合发展劳务协作协议》中家政劳务合作举行了座谈会,通过共建家政用工信息平台、劳务协作基地、开展定向技能培训,推进两市家政生态圈融合发展。在城市内部,着力推进家政服务进社区,实现家政服务与社区的深度绑定。其中,广州市建立了176个"羊城家政"基层服务站,实现了全市覆盖;长沙市形成了"物业+家政"融合服务供给模式,促进了家政服务的社区嵌入;兰州市创新"社区+家政服务+居家养老"服务,兼顾家庭日常需求与特殊群体的服务需要,提升专业领域的服务水平;成都、大连、贵阳等多个城市将"家政服务进社区"作为推进"一刻钟便民生活圈/15分钟社区生活圈"的重要组成部分,搭建家政服务与社区的融合平台,建立综合服务网点,促进家政服务供需精准匹配。

注:文中涉及的经济数据,源自各市《国民经济和社会发展统计公报》或"2023年经济运行情况新闻发布稿"。

(作者:申玉铭,首都师范大学资源环境与旅游学院教授,博士生导师;蔡蓓蕾,首都师范大学资源环境与旅游学院博士生)

参考文献

[1] 刘奕,夏杰长.中国式现代化视域下的服务业新体系[N].光明日报,2023-08-16(11).

[2] 程大中.加快推进生产性服务业高质量发展——基于经济循环优化与价值链地位提升视角[J].人民论坛·学术前沿,2021(5):28-40.

[3] 罗韦,杨智嘉,吕婉莹.进一步规范我国家政服务[N].人民政协,2024-02-27(4).

[4] 田立加,高英彤."双循环"新发展格局中企业品牌建设的价值内涵与实践路径探析[J].重庆社会科学,2022(6):79-90.

2023年中国城市治理发展概述

2023年是全面贯彻落实党的二十大精神的开局之年，是实施"十四五"规划承上启下的重要一年。围绕安全韧性、城市更新、数字赋能等方面，国家出台了系列规划和政策，全面落实"人民城市人民建，人民城市为人民"的理念，着力推进韧性安全城市建设，扎实有序推进城市更新行动，更加关注数字技术赋能城市治理，为完善城市治理体系，推动城市治理高质量发展奠定坚实基础。

一、统筹发展和安全，全面提升城市安全韧性

（一）筑牢城市安全运行底线

推进城市基础设施生命线安全工程建设。2023年5月11日，住房城乡建设部在安徽省合肥市召开推进城市基础设施生命线安全工程现场会。会议强调，今年的工作目标，是在深入推进试点和总结推广可复制经验基础上，全面启动这项工作。2023年10月9日，住房城乡建设部印发《关于推进城市基础设施生命线安全工程的指导意见》（建督〔2023〕63号），提出推进城市生命线安全工程的重要意义、目标任务和保障措施。推进城市生命线安全工程的建设目标是，2023年全面启动城市生命线工程，重点在地级及以上城市开展燃气、桥梁、隧道、供水、排水、综合管廊等业务领域的城市生命线工程建设，逐步拓展到其他业务领域，并向县（县级市）延伸；到2025年，地级及以上城市生命线工程基本覆盖重点业务领域。县（县级市）的城市生命线工程建设目标任务，由省级住房城乡建设部门明确和细化。任务包括建设数据库、编制风险清单、搭建监测系统、构建平台体系、健全处置机制等。

开展全国城镇燃气安全专项整治。为深刻汲取近年来城镇燃气安全重特大事故教训，全面加强城镇燃气安全风险隐患排查治理，切实保障人民群众生命财产安全，2023年8月11日，国务院安全生产委员会印发《全国城镇燃气安全专项整治工作方案》，明确要求用3个月左右时间开展集中攻坚，全面排查整治城镇燃气全链条风险隐患，建立整治台账，切实消除餐饮企业等人员密集场所燃气安全突出风险隐患；再用半年左右时间巩固提升集中攻坚成效，组织开展"回头看"，全面完成对排查出风险隐患的整治，构建燃气风险管控和隐患排查治理双重预防机制；到2025年底前，建立严进、严管、重罚的燃气安全管理机制，完善相关法规标准体系，提升本质安全水平，夯实燃气安全管理基础，基本建立燃气安全管理

长效机制。2023年8月24日，为着力加强城镇燃气安全风险管控和隐患排查治理，遏制城镇燃气领域安全事故多发态势，住房城乡建设部印发《全国城镇燃气安全专项整治燃气管理部门专项方案》，推动燃气管理部门扎实开展城镇燃气安全专项整治工作。

提升市政基础设施本质安全水平。为加强地下管线建设，解决反复开挖路面、架空线网密集、管线事故频发等问题，保障城市"生命线"安全，提高城市综合承载能力和城镇化发展质量，指导各地进一步提高城市地下综合管廊建设规划编制水平，因地制宜推进综合管廊建设，2023年5月26日，住房城乡建设部办公厅印发《城市地下综合管廊建设规划技术导则》，主要内容包括：总则、术语、基本要求、规划技术路线、编制内容及技术要点、编制成果。2023年8月31日，住房城乡建设部办公厅、国家发展改革委办公厅印发《关于扎实推进城市燃气管道等老化更新改造工作的通知》（建办城函〔2023〕245号），以扎实推进2023年城市燃气管道等老化更新改造工作，包括切实提高城市燃气管道等老化更新改造质效，同步推进城市生命线安全工程建设，严格落实工程质量和施工安全责任，及时优化调整更新改造台账和方案，加快清除突出安全隐患等，并合理安排2024年城市燃气管道等老化更新改造计划任务。

推进"平急两用"公共基础设施建设。2023年7月14日，国务院召开常务会议并审议通过了《关于积极稳步推进超大特大城市"平急两用"公共基础设施建设的指导意见》。会议指出，在超大特大城市积极稳步推进"平急两用"公共基础设施建设，是统筹发展和安全、推动城市高质量发展的重要举措。实施中要注重统筹新建增量与盘活存量，积极盘活城市低效和闲置资源，依法依规、因地制宜、按需新建相关设施。要充分发挥市场机制作用，加强标准引导和政策支持，充分调动民间投资积极性，鼓励和吸引更多民间资本参与"平急两用"设施的建设改造和运营维护。

（二）加强城市安全风险防范

提高气候风险防范和抵御能力。2023年8月18日，生态环境部、住房城乡建设部等8部门联合印发《关于深化气候适应型城市建设试点的通知》（环办气候〔2013〕13号）。该通知要求，统筹考虑气候风险类型、自然地理特征、城市功能与规模等因素，在全国范围内开展深化气候适应型城市建设试点，积极探索和总结气候适应型城市建设路径和模式，提高城市适应气候变化水平。到2025年，优先遴选一批工作基础好、组织保障有力、预期示范带动作用强的试点城市先行先试，气候适应型城市建设纳入试点城市重点工作任务和经济社会发展规划，适应气候变化工作机制基本完善，重点领域适应行动有效开展，气候适应型城市建设经验得到有益探索。到2030年，试点城市扩展到100个左右，气候适应型城市建设试点经验得到有效推广并进一步巩固深化，城市适应气候变化理念广泛普及，城市气候变化风险评估和适应气候变化能力明显提升。到2035年，气候适应型城市建设试点经验得到全面推广，地级及以上城市全面开展气候适应型城市建设。

加强城市排水防涝应急管理。2023年6月16日，住房城乡建设部、应急管理部印发《关于加强城市排水防涝应急管理工作的通知》。该通知要求，各地进一步完善排水防涝应急机制，做好城市排水防涝应急管理，加强应急处置协同联动，切实保障城市安全度汛。一是要加强省级统筹，建立跨区域应急协调联动机制。二是要强化部门协同，及时应急响应。三是要完善应急预案，有效应对风险。四是要加强应急队伍建设，强化关键部位防范措施。五是要立足实战需要，加强应急演练。

推进房屋市政工程安全生产治理。2023年3月23日，住房城乡建设部印发《关于做好房屋市政工程安全生产治理行动巩固提升工作的通知》。该通知要求，一是要精准消除事故隐患，推动治理模式向事前预防转型。研判事故预防工作重点，落实"隐患就是事故"理念。二是要健全安全责任体系，夯实安全生产工作基础。健全工程质量安全手册体系，压实企业主要负责人安全生产责任，狠抓关键岗位人员到岗履职。三是要全面提升监管效能，推动施工安全监管数字化转型。构建新型数字化监管机制，全域推广应用电子证照。四是要严厉打击违法违规行为，服务建筑业高质量发展。严肃查处违法违规行为，完善事故报送调查处罚闭环机制，坚持分类施策与惩教结合。

二、坚持人民理念，扎实有序推进城市更新

（一）加强城市更新顶层设计

强化城市更新工作顶层设计。为扎实有序推进实施城市更新行动，提高城市规划、建设、治理水平，推动城市高质量发展，2023年7月5日，住房城乡建设部印发《关于扎实有序推进城市更新工作的通知》，对城市更新工作提出五个方面的要求，即：坚持城市体检先行，发挥城市更新规划统筹作用，强化精细化城市设计引导，创新城市更新可持续实施模式，明确城市更新底线。2023年11月10日，自然资源部印发的《支持城市更新的规划与土地政策指引（2023版）》提出，要将城市更新要求融入国土空间规划体系，针对城市更新特点，改进国土空间规划方法，完善城市更新支撑保障的政策工具，加强城市更新的规划服务和监管，为地方因地制宜地探索和创新支持城市更新的规划方法和土地政策，依法依规推进城市更新提供指引。

（二）提升环境基础设施水平

补齐环境基础设施短板弱项。2023年7月25日，国家发展改革委、生态环境部、住房城乡建设部联合印发《环境基础设施建设水平提升行动（2023—2025年）》，部署推动补齐环境基础设施短板弱项，全面提升环境基础设施建设水平。该文件要求，要加快构建集污水、垃圾、固体废弃物、危险废物、医疗废物处理处置设施和监测监管能力于一体的环境基础设施体系，推动提升环境基础设施建设水平，逐步形成由城市向建制镇和乡村延伸覆盖的环境基础设施网络，提升城乡人居环境，促进生态环境质量持续改善，推进美丽中国建设。

开展城乡环境卫生清理整治。2023年6月30日，国家发展改革委等部门印发的《关于补齐公共卫生环境设施短板 开展城乡环境卫生清理整治的通知》提出，要推广浙江"千万工程"经验做法，推进城市环境卫生清理整治行动，实施农村人居环境整治提升行动，开展医疗卫生

机构环境整治，完善医疗卫生服务体系，补齐城乡垃圾污水治理短板，提升医疗污水综合处置能力，创新城乡社会健康治理模式，加强城乡环境整治组织保障等，补齐公共卫生环境和城乡环境卫生设施短板，提升社会健康综合治理能力，营造干净、整洁、舒适的宜居环境。

（三）推动城市更新融入社区治理

加强社区治理顶层设计。社区是城市公共服务和城市治理的基本单元。2023年11月19日，国务院办公厅印发通知，转发国家发展改革委《城市社区嵌入式服务设施建设工程实施方案》，该方案指出，城市社区嵌入式服务设施建设工程实施范围覆盖各类城市，优先在城区常住人口超过100万人的大城市推进建设，通过在城市社区、小区公共空间嵌入功能性设施和适配性服务，推动优质普惠公共服务下基层、进社区，更好满足人民群众对美好生活的向往。2023年7月11日，商务部、住房城乡建设部等13部门联合发布《全面推进城市一刻钟便民生活圈建设三年行动计划（2023—2025）》，要求到2025年，在全国有条件的地级以上城市全面推开，推动多种类型的一刻钟便民生活圈建设，形成一批布局合理、业态齐全，功能完善、服务优质，智慧高效、快捷便利，规范有序、商居和谐的便民生活圈，服务便利化、标准化、智慧化、品质化水平进一步提升，对恢复和扩大消费的支撑作用更加明显，居民综合满意度达到90%以上。

让老年人"老有乐居"。2023年5月31日，为落实党的二十大关于"实施积极应对人口老龄化国家战略""打造宜居、韧性、智慧城市"的重要部署，住房城乡建设部编制了《城市居家适老化改造指导手册》，从推动居家适老化改造开始，让老年人住得更放心、更舒心。《城市居家适老化改造指导手册》针对城市老年人居家适老化改造需求，在通用性改造、入户空间、起居（室）厅、卧室、卫生间、厨房、阳台7个方面形成了47项改造要点。基于老年人差异化需求将改造内容分为基础型、提升型两类，基础型改造内容以满足老年人基本生活需求、安全和生活便利需要为主；提升型改造内容主要满足老年人改善型生活需求，以丰富居家服务供给、提升生活品质为主。2023年12月29日，住房城乡建设部组织征集并遴选了10个涉及城市基础设施和公共服务设施适老化改造、社区适老化改造、住房适老化改造典型案例，从技术路线、特色做法等方面总结经验做法，指导各地学习借鉴，积极建设老年宜居环境。

让儿童"友好成长"。2023年8月16日，住房城乡建设部办公厅、国家发展改革委办公厅、国务院妇儿工委办公室联合印发《〈城市儿童友好空间建设导则（试行）〉实施手册》。该手册共分为6章，主要内容包括：总则、建设要点、适儿化改造指引、校外活动场所和游憩设施建设指引、典型案例和附录。该手册要求，结合城市更新行动，构建城市/区（县）、街区（街镇）、社区不同层级儿童友好空间体系。城市/区（县）层面应加强顶层设计，全面构建儿童友好空间体系。统筹配置、系统布局、整体推进，定期开展城市儿童友好空间建设评估，优化公共服务设施、开敞空间、道路交通、安全防护等体系。街区（街镇）层面与10～15分钟步行出行范围相衔接，对接城市街道管理服务范围，重点完善儿童公共服务设施、活动场地、慢行系统和学径网络等，构建儿童友好街区空间。社区层面与5～10分钟步行出行范围相衔接，对接城市社区管理服务范围，优先配置满足婴幼儿和学龄前儿童日常需求的公共服务设施、活动场地和步行路径，满足儿童日常基本生活和成长发展需要。

三、强化数字赋能，探索城市智能治理模式

（一）智慧治理顶层设计不断完善

加强数字中国建设整体布局。2023年2月27日，中共中央、国务院印发《数字中国建设整体布局规划》。该规划提出，到2025年，基本形成横向打通、纵向贯通、协调有力的一体化推进格局，数字中国建设取得重要进展。数字基础设施高效联通，数据资源规模和质量加快提升，数据要素价值有效释放，数字经济发展质量效益大幅增强，政务数字化智能化水平明显提升，数字文化建设跃上新台阶，数字社会精准化普惠化便捷化取得显著成效，数字生态文明建设取得积极进展，数字技术创新实现重大突破，应用创新全球领先，数字安全保障能力全面提升，数字治理体系更加完善，数字领域国际合作打开新局面。到2035年，数字化发展水平进入世界前列，数字中国建设取得重大成就。数字中国建设体系化布局更加科学完备，经济、政治、文化、社会、生态文明建设各领域数字化发展更加协调充分，有力支撑全面建设社会主义现代化国家。

（二）智慧治理应用场景持续拓展

加快生活服务数字化赋能。2023年12月15日，商务部等12部门联合印发的《加快生活服务数字化赋能的指导意见》提出，到2025年，初步建成"数字＋生活服务"生态体系，形成一批成熟的数字化应用成果，新业态新模式蓬勃发展，生活服务数字化、网络化、智能化水平进一步提升。到2030年，生活服务数字化基础设施深度融入居民生活，数字化应用场景更加丰富，基本实现生活服务数字化，形成智能精准、公平普惠、成熟完备的生活服务体系。具体内容包括：丰富生活服务数字化应用场景，补齐生活服务数字化发展短板，激发生活服务数字化发展动能，夯实生活服务数字化发展基础，强化支持保障措施。

推进工程建设项目全生命周期数字化管理。2023年10月24日，住房城乡建设部印发《关于开展工程建设项目全生命周期数字化管理改革试点工作的通知》。试点工作的目标要求是，加快建立工程建设项目全生命周期数据汇聚融合、业务协同的工作机制，打通工程建设项目设计、施工、验收、运维全生命周期审批监管数据链条，推动管理流程再造、制度重塑，形成可复制推广的管理模式、实施路径和政策标准体系，为全面推进工程建设项目全生命周期数字化管理、促进工程建设领域高质量发展发挥示范引领作用。

四、加强多元协同，健全共建共治共享治理制度

（一）深化基层治理协同机制

深入推进党建引领基层治理。2023年是毛泽东同志批示学习推广"枫桥经验"60周年，

也是习近平总书记指示坚持和发展"枫桥经验"20周年。9月20日，习近平总书记参观枫桥经验陈列馆时进一步指出，要坚持好、发展好新时代"枫桥经验"，坚持党的群众路线，正确处理人民内部矛盾，紧紧依靠人民群众，把问题解决在基层、化解在萌芽状态。从地方实践来看，如，2023年4月，福建省印发《关于加强基层治理体系和治理能力现代化建设的实施方案》，在重点任务中提出要完善党的全面领导基层治理制度，加强党的基层组织建设，健全基层治理党的领导体制，构建党委领导、党政统筹、简约高效的乡镇（街道）管理体制，完善党建引领的社会参与制度。如，河南省南阳市建立由县（市、区）党委统一领导的"县（市、区）—街道—社区—小区—楼院"五级网格体系，推进党建引领全科网格化治理。各地持续夯实基层基础，不断完善城市基层治理体系，充分发挥党建引领制度优势，持续推进基层治理体系和治理能力现代化。

建立多元主体联席会议协商机制。各地通过搭建平台打破信息、资源壁垒，以"联席会议"制度，推动共建共治共享。如，包头市九原区白音席勒街道鸿翔社区建立"居委会＋居民代表＋物业公司"三方联席会议协商机制，积极推动形成党组织领导社区事务的民主协商、民主决策、民主管理和民主监督制度，有效破解社区事务管理难题。苏州工业园区金鸡湖街道钟悦社区党总支通过"联席会议"的形式，将社区党总支、业委会和物业服务企业等多方代表组织到一起，通过定期面对面交流，对社区治理中的突出问题及时交换意见，有效提升基层治理工作水平。内蒙古新巴尔虎右旗强化城镇社区"大党委"建设，在"大党委"的主导作用下，形成了社区党组织与结对共建单位、居民委员会、物业办、物业服务企业、业主委员会相互融合、协商共治的工作法，构建党委共谋、单位共建、物业共商、业主共评、居民共管、全民共享的"六方共议"公共服务协商机制，把城镇社区的"千头万绪"整合到"六方共议"一张网内解决，为强化基层治理提供坚强组织保障。

（二）引导多元主体有序参与

积极引导社会组织参与城市治理。各地致力于积极探索社会组织参与基层社会治理的发力点、路径、参与途径和实现机制。如，2023年以来，四川省以社区（村）为主体，以居民需求为导向，以居民组织化、组织公益化、公益项目化、项目专业化为发展路径，创新实施社区社会组织"找、建、用、统"专项行动，推动社区社会组织高质量发展。目前，全省社区社会组织登记备案达7万余家，成为城乡社区治理的生力军。如，云南省安宁市社会组织孵化培育基地，是安宁市推进社会治理现代化、培育发展社会公益服务类社会组织而建设的社会组织公共服务平台。基地通过强化社工人才培养、加强政校合作、加强慈社联动、加强行业交流等方式有序引导社会组织助力社会治理现代化建设。截至2023年11月，基地坚持项目引领，强化市、街道社会组织孵化培育基地两级联动赋能社区社会组织748个，打造品牌社区社会组织特色服务品牌项目12个。

不断提升城市治理的公众参与度。各地聚焦城市管理热点难点和市民关心关注的问题，积极探索公众参与城市管理的新途径，有效提升城市治理效能。如，重庆市渝中区朝天门街道白象居小区创新建立志愿服务站及"白象好街坊"志愿服务队，形成议事协商、矛盾调处、邻里互助等居民自治机制。江西省宜丰县以"头雁"队伍为引领，统筹抓好社区工作者、网格员、志愿者、党员中心户（楼栋长）、"三官一律"（警官、法官、检察官、律师）、法律明白人六支队伍力量，共计3 000余人，汇聚社区治理的强大人力。南京市雨花台区城管局通过擦亮"雨城蓝"城市治理志愿服务、"公众委员进社区"品牌，全方位拓展了公众参与城市治理的新渠道。

持续完善市场参与城市治理机制。各地陆续引入市场机制，发挥市场作用，吸引社会力量和社会资本参与城市治理。如，2023年11月，国家发展改革委、财政部印发的《关于规范实施政府和社会资本合作新机制的指导意见》指出，政府和社会资本合作应限定于有经营性收益的项目，主要包括公路、铁路、民航基础设施和交通枢纽等交通项目，物流枢纽、物流园区项目，城镇供水、供气、供热、停车场等市政项目，城镇污水垃圾收集处理及资源化利用等生态保护和环境治理项目，具有发电功能的水利项目，体育、旅游公共服务等社会项目，智慧城市、智慧交通、智慧农业等新型基础设施项目，城市更新、综合交通枢纽改造等盘活存量和改扩建有机结合的项目。在具体实践中，如北京市平谷区南小区老旧小区综合整治项目是首个采取"投资＋设计＋建设＋运营"一体化运作的城市更新项目，平谷区创新合作方式，推动社会力量积极参与，探索形成了"整体授权、分步实施、多点盈利"的市场化运作体系。

（作者：周婧楠，中国城市规划设计研究院城乡治理研究所高级城市规划师；金丹，中国城市规划设计研究院城乡治理研究所城市规划师）

2023年中国城乡历史文化保护传承发展概述

自1982年国务院公布第一批国家历史文化名城以来，经过四十多年的努力，我国逐步建立了历史文化名城名镇名村保护制度，在快速城镇化进程中保护和抢救了一批珍贵的历史文化遗产，城乡历史文化保护工作取得了显著成效。党的十八大以来，党中央对历史文化保护传承工作给予了前所未有的重视，2021年8月，中共中央办公厅、国务院办公厅印发《关于在城乡建设中加强历史文化保护传承的意见》，要求"加强制度顶层设计，建立分类科学、保护有力、管理有效的城乡历史文化保护传承体系"，并提出"空间全覆盖、要素全囊括"的要求。截至目前，全国共有国家历史文化名城142座、历史文化名镇312个、历史文化名村487个、传统村落8 155个，历史文化街区1 200余片，形成了世界上规模最大的农耕文明遗产保护群。

2023年，我国城乡历史文化保护传承工作持续推进，在资源普查、理念方法、保护修缮与活化利用、管理监督、宣传推广等方面取得了显著成效。

一、持续摸清家底，开展历史文化资源普查认定工作

新公布了两座国家历史文化名城和7座省级历史文化名城。2023年国务院新公布了两座国家历史文化名城，分别是云南省剑川县和福建省莆田市。目前，我国共有191座省级历史文化名城，其中2023年共新增了7座省级历史文化名城，分别是重庆市万州区、合川区、荣昌区、酉阳土家族苗族自治县，陕西省延安市子长市、榆林市绥德县、安康市旬阳市。

持续推进历史文化街区划定和历史建筑确定工作。2023年，全国新增历史文化街区21片，新增历史建筑5 276处。2023年，10个市308个县实现了历史建筑从无到有的突破，取得了突出的成效，目前全国仅有64个市县未确定历史建筑，力争在2024年年底实现全国所有市县都确定历史建筑。

开展了第八批历史文化名镇名村的申报和评选。2023年7月，住房城乡建设部、国家文物局发布《关于组织申报第八批中国历史文化名镇名村的通知》，新一批的中国历史文化名镇名村申报评选，将为弘扬传统民族文化，保护镇（村）的传统格局和历史风貌，促进优秀传统建筑艺术的传承和延续，完善我国城乡历史文化保护传承体系奠定重要基础。

公布了35个传统村落集中连片示范区。2023年5月，住房城乡建设部、财政部公布了

新一批的传统村落集中连片保护利用示范区名单，包括北京市密云区、湖南省张家界市永定区、四川省南充市阆中市在内的35个县（市、区、旗）位列其中。住房城乡建设部、财政部联合发布《关于做好传统村落集中连片保护利用示范工作的通知》，要求各示范县完善并印发传统村落集中连片保护利用示范工作方案。新一轮的国家传统村落集中连片保护利用示范，要坚持"保护为先、利用为基、传承为本"原则，以传统村落为节点，连点串线成片确定保护利用实施区域，明确区域内村落的发展定位和发展时序，充分发挥历史文化、自然环境、绿色生态、田园风光等特色资源优势，统筹基础设施、公共服务设施建设和特色产业布局，实现生活设施便利化、现代化，建设宜居宜业和美乡村，留住乡亲、护住乡土、记住乡愁。

推动"普洱景迈山古茶林文化景观"列入《世界遗产名录》。2023年9月17日，在沙特阿拉伯王国利雅得召开的联合国教科文组织第45届世界遗产大会通过决议，将中国"普洱景迈山古茶林文化景观"列入《世界遗产名录》，这是全球首个茶主题世界文化遗产。截至2023年底，中国共拥有世界文化遗产39项、世界文化与自然双重遗产4项、世界自然遗产14项，在世界遗产名录国家排名第二位。

二、创新理念思路，保护传承手段方法不断提升

历史文化名城保护规划有序编制。2023年，142座国家历史文化名城已全部启动历史文化名城保护规划编制工作，各地进一步探索完善了历史文化名城保护规划的编制方法，比如烟台名城保护规划与"十四五"规划相衔接，明确了近期实施项目的一图一表，对规划实施任务进行分解，细化了责任分工、进度安排，确保规划从"纸面上"进一步落实到"行动中"；青岛提出开展近现代工业遗产普查，公布了保护名录，建立了工业遗产资源保护档案，保留了当地工业生产活动的历史记忆，扩充了保护类型。

"国家—省—市县"三级城乡历史文化保护传承体系规划初步构建。全国城乡历史文化保护传承体系规划纲要已经形成成果，多轮征求各部门意见。陕西、安徽、云南、北京、山西、广西等28个省（自治区、直辖市）和新疆生产建设兵团均已开展省级城乡历史文化保护传承体系规划的编制工作，有力地统筹了全省（自治区、直辖市）保护传承工作，自上而下提出系统保护、分类保护等相关要求。浙江、江苏、安徽等省也陆续推动市县级保护传承体系的编制工作。同时，绍兴、黟县等地探索编制了古城复兴规划，为古城的复兴、文化的传承指明了方向。

保护传承科研创新持续深化。科技部"十四五"国家重点研发计划项目《历史文化街区保护更新方法与技术体系》课题研究，聚焦了动态化、安全化、绿色化、集约化、智慧化等方面的关键技术，研究创新历史文化街区防灾减灾、历史建筑修缮延寿等各类技术标准，推动新技术的验证性实践落地示范，从而让历史文化街区在新时代更好地融入人民群众的生活需要，焕发出新的生机与魅力。国家自然科学基金项目《全国历史文化名城名镇名村保护体系构建方法研究》，基于本土化的价值认知与保护理论，试图构建中华文明语境下的全国历史文化名城名镇名村历史文化价值体系，以全国历史文化名城名镇名村整体性保护和体系

建构的相关理论为基础，运用空间分析方法和工具，研究全国历史文化名城名镇名村的空间分布结构和空间演变规律，构建节点、廊道、片区、基底构成的全国历史文化网络结构空间构型，从保护传承指引、平台建设等方面，探索整体性保护利用方法、实证研究并提出政策建议。

保护传承信息化不断增强。中国历史文化名城名镇名村综合管理平台逐步完善。针对国家历史文化名城，完成名城保护规划审查备案模块、名城体检评估模块研发与试运行，正式上线后将成为名城保护主管部门的重要管理工具；针对中国历史文化名镇名村，2023年8月上线名镇名村申报模块，为第八批中国历史文化名镇名村申报工作提供平台支撑；针对历史文化街区和历史建筑，历史文化街区和历史建筑数据信息平台持续动态更新全国街区和历史建筑基本信息，同时基于《历史建筑数字化技术标准》JGJ/T 489—2021研发了历史建筑测绘建档系统，两者现已开展系统融合工作并纳入名城名镇名村综合管理平台。此外，中国历史文化名镇名村数字博物馆的研发持续推进，拟利用数字化技术，采用倾斜摄影、全景影像等手段实现名镇名村历史文化遗产数字信息的全方位记录与展示，形成面向公众的宣传与推广的平台。

三、以人民为中心，推动科学保护修缮与活化利用

老城区、老街区保护更新稳步推进。2023年7月，住房城乡建设部印发《关于扎实有序推进城市更新工作的通知》（建科〔2023〕30号），明确提出要坚持"留改拆"并举、以保留利用提升为主，鼓励小规模、渐进式有机更新和微改造，防止大拆大建。2023年，景德镇编制完成了城市更新规划，推动历史城区陶阳里片完成保护更新。在老城区保护更新中，坚持以留为主的小微更新，通过80%以上的留、改，最大化地保护不同时代的遗存建筑，完成了64条老里弄、700余间老房子的修缮。保护修缮后，引进多家坯房（工作室）、瓷文化研学体验基地，植入了酒店民宿、传统医药馆、咖啡馆、音乐酒吧、书屋等广受年轻人喜爱的新业态、新功能，荣获文化和旅游部"国家级夜间文旅消费集聚区"称号。2023年10月，习近平总书记到景德镇考察调研，在考察陶阳里历史文化街区时指出，陶阳里历史文化街区严格遵循保护第一、修旧如旧的要求，实现了陶瓷文化保护与文旅产业发展的良性互动。要集聚各方面人才，加强创意设计和研发创新，进一步把陶瓷产业做大做强，把"千年瓷都"这张靓丽的名片擦得更亮。上海衡东十二坊围绕历史风貌延续、居住空间优化、公共服务提升、商业活力激发等方面开展地段更新。柳州柳空老厂区从核心价值识别与保护体系建立、存量用地转换与城市功能转型、棕地污染治理与地段景观重塑三大方面开展地段的保护修复与提升，为城市的发展转型提供了新动力。

历史建筑保护修缮与利用取得新进展。2023年10月25日，住房城乡建设部在江苏省苏州市召开历史文化街区和历史建筑保护利用现场会，提出要开展历史建筑保护利用试点工作，让历史文化遗产在有效利用中融入经济社会发展。各地历史建筑保护利用工作取得多方面积极进展，上海组织公布实施了《优秀历史建筑外墙修缮技术标准》，进一步规范了历史建筑外墙修缮检测与评估、设计、施工和效果验收的技术工作，也为相关管理工作提供了技

术依据。无锡推动裕昌丝厂老公房历史建筑的保护告知书和承诺制签订，也是当地首次施行历史建筑承诺告知制度。2024年初，住房城乡建设部启动全国历史建筑保护利用试点工作，预期从历史建筑保护修缮、安全维护、活化利用等方面开展城市试点，为新一轮制度完善和实践创新探索构建平台。

历史文化名镇名村（传统村落）的政策制定与保护利用实践等方面取得重要进展。《历史文化名城名镇名村保护条例》开展了修订工作，对名镇名村的保护与管理措施进行了优化和调整。浙江省持续深化"千万工程"，建设名村保护活化利用全国样板；重庆、山东、湖南持续推动乡村建设工匠专业技能培训，为名村、传统村落的可持续保护传承注入"人才"活水。

四、完善制度机制，不断强化保护管理和监督检查

法律法规体系更趋完备。2023年8月，按照中央宣传部印发的工作方案，由中央宣传部统筹指导，住房城乡建设部具体牵头，会同文化和旅游部、国家文物局组成立法"一法三条例"工作专班，开展《历史文化遗产保护法》《历史街区与古老建筑保护条例》《传统村落保护条例》的制定和《历史文化名城名镇名村保护条例》的修订工作。专班形成了充实的资料汇编、专题研究和条文初稿等系列材料。2024年5月，"一法三条例"列入了《国务院2024年度立法工作计划》，预备提请全国人大常委会审议法律案和预备制定修订行政法规。

地方性政策法规日趋完善。2023年重庆市、保定市、兰州市、铜仁市、思南县等十余座国家名城、省级名城、一般城市出台了地方性保护法规。截至2024年2月，已经有14个省份颁布历史文化名城保护省级法规，7个省份颁布传统村落保护传承省级法规，110个国家历史文化名城制定出台保护类法规规章，还有70余个省级名城已经出台或正在制定保护类法规规章。在地方性立法过程中，各地结合本地情况积极探索，也形成了一批可复制可推广的经验。如浙江、福建等省级条例对评估与监督检查内容的专章规定；广州对于历史建筑认定、保护责任人制度等的探索；上海在法律责任方面的从严规定；济南对于部门职责权限的厘清等。

保护传承标准规范体系逐渐完善。2023年5月23日，国家标准《城乡历史文化保护利用项目规范》GB 55035—2023正式发布，并于2023年12月1日起实施。该规范为新时代做好城乡历史文化保护传承工作划定了底线要求、提供了标准指引。2023年，各省市共出台14项各类标准、规划，重点聚焦于历史建筑评定、测绘、保护修缮等。

国家层面不断加大保护资金投入力度。2024年3月22日，国家发展改革委、中央宣传部、住房城乡建设部等7部门联合印发修订后的《文化保护传承利用工程实施方案》（发改社会〔2024〕374号），明确在国家级文化遗产保护传承方面，支持历史文化名城和街区等的保护提升。单个历史文化名城街区类项目可申请中央预算内投资支持的最高限额为2亿元人民币。为了进一步指导地方做好相关项目的具体谋划和建设实施，2024年2月20日，住房城乡建设部联合国家发展改革委研究编制印发了《历史文化名城和街区等保护提升项目建设指南（试行）》（建办科〔2024〕11号），对项目建设总体要求、主要建设内容以及项目组织

与实施管理提出了指引。

各地在历史文化名城和街区等保护资金的投入更加多元。福建省持续开展历史文化保护传承集中连片示范建设，2023年底完成2024年城乡历史文化保护项目遴选，确定10条历史文化街区（传统街巷）30个历史文化名镇名村传统村落、7个历史文化保护利用示范县、226栋历史建筑修缮列入省级财政支持项目，共投入3.3亿元。上海市、区两级政府依据各自事权将保护资金列入本级财政预算，重点支持国家级、市级重大项目以及历史文化名镇、名村、历史风貌区等建设。广东省江门市长堤历史文化街区保护和发展基金于2024年5月1日举行发布仪式，活动现场举行了捐赠仪式，多家企业、商会及个人捐款总额达990万元。江苏省扬州市设立三类历史文化名城名镇名村保护相关的专项资金，分别是扬州古城保护与发展基金、扬州古城保护专项资金、扬州市文博场所建设管理利用扶持基金，推动一系列古城保护更新类项目落地实施。

保护传承领域的公益诉讼制度逐步建立。2023年9月13日，最高人民检察院、住房城乡建设部联合印发了《关于在检察公益诉讼中加强协作配合依法做好城乡历史文化保护传承工作的意见》，重点关注历史城区、历史文化街区和历史地段、历史文化名镇名村、历史建筑等活态型复合型遗产保护。该意见发布以来，江西、安徽、新疆、甘肃、云南、浙江等省份积极响应，制定印发了城乡历史文化保护传承领域中检察公益诉讼的实施细则或相关意见，形成了具有地方特色、符合当地实际需求的协作机制和工作方法。例如，浙江省绍兴市出台了《关于建立绍兴古城保护协作配合机制的意见（试行）》，设立绍兴古城保护公益诉讼检察创新实践基地，进一步建立古城保护日常联络机制；安徽省池州市全面启动"公益诉讼检察助力城乡历史文化保护传承"工作，聚焦重点问题开展检察协商会，督导老田省级历史文化名村启动整改，投入资金抢救修缮传统民居；福建省泰宁县检察院与当地住房城乡建设部门建立有关行政执法与检察公益诉讼协作配合工作机制，成立了泰宁县城乡历史文化保护传承公益诉讼工作站。

2023年度，各级党委对城乡历史文化保护传承工作愈发重视。各地探索建立了向党委作专题年度报告制度，地方住房和城乡建设局主动将本地区学习贯彻落实习近平总书记、党中央关于城乡历史文化保护传承决策部署的工作情况、存在问题及意见建议写成专题报告，报党委书记阅批，提请党委进行专门研究，作出指示批示，推动贯彻落实。江西省将城乡历史文化保护传承工作专题年度报告制度列入2024年度政治监督重点任务，并及时向省纪委对口监督检查室报告。福建省、西藏自治区、黑龙江省均印发了城乡历史文化保护传承工作专题年度报告制度相关文件。同时，黑龙江省在全省住建工作会议、全省视频会议、全省历史文化名城名镇街区和历史建筑保护利用工作会议等会议上，多次对专题报告工作进行再部署、再推动。

保护传承评估检查力度不断加大。2023年，142座国家历史文化名城均开展了年度自评估工作，形成了自评估报告。全国大部分省（自治区）组织开展了省级评估工作，其中，浙江、广东等省份出台了名城保护专项评估指标或管理办法。国家层面，住房城乡建设部牵头组织了50座名城的部级评估工作，其中基于国家重大区域战略、地方舆情线索等因素抽检了22座名城开展重点评估，并且委托第三方技术团队开展了长江经济带、黄河流域、大运河、长征四大重点主题的28座名城第三方评估工作，并预期形成三年滚动覆盖国家历史文化名城的评估机制，实现以评估促保护，加强监督反馈的制度建设。

五、扩大宣传力度，加强学术创新与优秀经验总结推广

聚焦国家历史文化名城，推出《文脉春秋》文化纪录片。2023年，中央广播电视总台与住房城乡建设部联合推出《文脉春秋》文化纪录片，一期一城，于中央广播电视总台央视综合频道（CCTV-1）每周一至周五傍晚时段首播，央视频、央视网等总台新媒体同步播出。节目首次以中华五千年的历史地理变化为背景，以历史文化名城为载体，在一期一城、一城一脉的深度挖掘和系统梳理中，全面展现国家历史文化名城的文化脉络、特色格局、名人古迹、市井生活，挖掘出镌刻其中的中华民族独特精神标识，将"何以中国"的新回答融入在多元一体的中华文明整体图景之中。系列纪录片是对中央关于历史文化保护传承系列要求落实的一个重要举措，是广泛宣传名城保护工作的一次生动实践。《文脉春秋》播出后取得良好传播效果，其中，2023年首播十集触达观众近3亿人次，全网长短视频播放量累计达912.9万次，媒体报道2.3万多条，2024年第二季播出后多次登上热搜榜，众多行业公众号对节目给予高度评价。

文化遗产保护传承座谈会召开。2023年12月19日，文化遗产保护传承座谈会在京召开。中共中央政治局常委、中央书记处书记蔡奇出席会议并讲话。他强调，要坚持以习近平新时代中国特色社会主义思想为指导，着力构建保护体系，推动文化遗产系统性保护，构建大保护格局；着力健全保护机构，推进文化遗产保护体制改革，形成工作合力；着力完善保护机制，保留历史原貌，加强历史文化名城、街区、村镇等的整体保护和活态传承；着力筑牢法治保障，加大督察力度，用最严格制度最严密法治保护文化遗产；着力推动文明互鉴，践行全球文明倡议，加强文化遗产领域国际交流合作。

历史文化街区和历史建筑保护利用现场会召开。2023年10月25日，住房城乡建设部在江苏省苏州市召开历史文化街区和历史建筑保护利用现场会。住房城乡建设部党组书记、部长倪虹出席会议并讲话。会议强调，新时代新征程，要切实把习近平总书记重要论述和指示批示精神转化为保护传承历史文化的生动实践和具体成效。会议指出，要坚持一个"全"字，建立系统完整的城乡历史文化保护传承体系，做到"空间全覆盖、要素全囊括"；要坚持一个"真"字，保护真实、完整的历史信息和历史环境；要坚持一个"活"字，以用促保，让历史文化遗产在有效利用中焕发新活力；要坚持一个"深"字，多层次、全方位深入挖掘各类历史文化遗产的文化价值、精神内涵，讲好城乡建设中的中国故事。

中国城市规划学会历史文化名城规划分会召开系列学术研讨会。作为我国历史文化保护领域影响力大、权威性强、参与度高的重要学术平台，中国城市规划学会历史文化名城规划分会（以下简称"名城分会"）围绕中央要求，深入学习贯彻党的二十大精神，2023年开展了主题多元、精彩纷呈的系列学术研讨会。2023年9月9—10日，为总结历史文化名城、名镇、名村保护工作的先进经验，拓展保护工作深度与广度，以"历史文化保护与城乡融合

发展"为主题，在沈阳建筑大学召开2023年年会，300余人现场参会，共同交流了区域文化遗产、工业遗产保护利用、遗产的数字化等内容。9月23日，名城分会承办了在武汉召开的2022/2023中国城市规划年会的4个专题会议，主题分别是"历史文化名城的保护""历史文化街区（历史地段、遗产片区）的保护""历史村镇的保护"和"多类型遗产保护与传承利用探索"，为广大保护领域从业者和青年规划师提供了与委员专家进行学术交流的学习平台。

继续开展分会委员作品征集活动。2023年，名城分会继去年成功举办了"我和××名城的故事"作品征集活动并取得热烈反响之后，决定继续开展委员作品征集活动。这次活动旨在激发委员们对历史文化名城保护历程的深刻回忆，并鼓励中青年规划师继承和发扬老一辈规划师的学术思想和精神，增强他们的责任感和使命感。为了扩大活动的影响力，名城分会通过中国城市规划公众号"规话名城"和"学习强国"平台，对征集到的作品进行连载发布，共发布了40余篇优秀作品。此外，住房城乡建设部内部期刊《历史文化名城名镇名村保护工作通讯》也积极刊载了这些故事文章，进一步强化了地方对历史文化名城保护的关注，并有效扩大了活动的宣传范围。通过这次作品征集活动，名城分会不仅激发了委员们对历史文化名城保护的热情，也促进了规划师们对学术思想和精神的传承，为历史文化名城的保护工作注入了新的活力。同时，通过多渠道的宣传推广，进一步提高了公众对历史文化名城保护的认识和重视。

推动国际交流，召开中国路径国际论坛。2023年10月29日，在同济大学举行了阮仪三教授城市保护学术思想研讨会暨新时代文化遗产保护与发展的中国路径国际论坛。论坛期间，举行"新时代文化遗产保护与发展的中国路径——文化遗产当代管理"国际研讨会，联合国教科文组织代表、国内外高校代表围绕国际视野的中国特色、中国路径的理论探讨等展开交流研讨。

总结优秀经验，切实指导保护工作开展。出版了《历史文化名城保护制度创立四十周年论文集》《历史文化保护与传承示范案例集》（第二辑）等专业著作和《建筑遗产》《中国名城》《历史文化名城名镇名村保护工作通讯》等期刊和行业通讯，进一步加强理论研究，总结各地名城、名镇、名村、街区优秀实践的宝贵经验，为新时期历史文化保护传承工作提供指引。

媒体宣传力度加强，为保护工作积蓄社会力量。中央广播电视总台、《求是》、"学习强国"平台、光明日报、中国建设报等媒体通过拍摄纪录片、开设"文化遗产"专栏等方式，多渠道、多层次、全方位加强历史文化名城保护理念的宣传科普工作，向全社会加大历史文脉赓续的呼声，有效支持了城乡文化保护传承工作的顺利开展，助力讲好中国故事。

（作者：鞠德东，中国城市规划设计研究院历史文化名城保护与发展研究分院院长、正高级工程师；王军，中国城市规划设计研究院历史文化名城保护与发展研究分院副总规划师、正高级工程师；丁俊翔，中国城市规划设计研究院历史文化名城保护与发展研究分院城市规划师；汤芳菲，中国城市规划设计研究院历史文化名城保护与发展研究分院副总规划师、正高级工程师）

论坛篇

扎实做好新时代城乡历史文化保护传承工作①

中华优秀传统文化是中华文明的智慧结晶和精华所在，是中华民族的根和魂。城乡历史文化遗产承载着中华民族的基因和血脉，蕴藏着中国人民的伟大创造、卓越智慧和共同记忆，是中华文明连续性、创新性、统一性、包容性、和平性的有力见证。习近平总书记在党的二十大报告中明确提出，"加大文物和文化遗产保护力度，加强城乡建设中历史文化保护传承"。新征程上，我们要深入学习贯彻习近平新时代中国特色社会主义思想特别是习近平文化思想，切实担负起新的文化使命，扎实推进城乡历史文化保护传承工作。

一、深入学习领会习近平总书记关于加强城乡历史文化保护传承的重要论述精神

习近平总书记始终心系城乡历史文化保护传承。党的十八大以来，总书记就加强城乡历史文化保护传承作出一系列重要论述，系统回答了"为什么保护传承""保护传承什么""怎样保护传承"等重大理论和实践问题，是习近平文化思想的重要组成部分，为做好新时代城乡历史文化保护传承工作指明了前进方向、提供了根本遵循。

坚持守护根脉，准确把握城乡历史文化保护传承的根本目标。"要重视历史文化保护传承，保护好中华民族精神生生不息的根脉"，习近平总书记这样强调历史文化保护传承的重要性。水有源，故其流不穷；木有根，故其生不穷。城乡历史文化遗产忠实记录了中华文化的历史渊源、发展脉络、基本走向，全面展现了中华文化的独特创造、价值理念、鲜明特色。保护好传承好城乡历史文化遗产，是铸牢中华民族共同体意识的文化基础，是加强社会主义精神文明建设的有力支撑，是建设中华民族现代文明的必然要求。必须增强历史自觉，用心用情用力保护传承珍贵的城乡历史文化遗产，多层次、多方位、持续性挖掘历史故事、文化价值、精神内涵，守护好中华民族的根脉。

坚持保护第一，准确把握城乡历史文化保护传承的基本原则。"历史文化遗产是不可再生、不可替代的宝贵资源，要始终把保护放在第一位。"习近平总书记对我国历史文化遗产有着深厚情怀，强调"要保护好前人留下的文化遗产，包括文物古迹，历史文化名城、名

---

① 原文发表于《求是》杂志2024年第8期。

镇、名村，历史街区、历史建筑、工业遗产，以及非物质文化遗产"。城乡历史文化遗产不仅生动述说着过去，也深刻影响着当下和未来，不仅属于我们这一代人，也属于子孙万代。只有当下保下来，后面才能传承发展好。对待这些遗产，必须坚持保护第一，坚决纠治大拆大建、拆真建假、失管失修、利用不当等突出问题，坚决刹住城乡历史文化遗产屡遭破坏、拆除之风，坚决杜绝建假古董、篡改历史等起哄刮风现象，把各时期重要的城乡历史文化遗产真实、完整地保护好。

坚持人民至上，准确把握城乡历史文化保护传承的价值取向。城乡历史文化遗产既是历史文化的物质载体，也是人民群众生产生活的重要空间载体。习近平总书记强调，"要把老城区改造提升同保护历史遗迹、保存历史文脉统一起来，既要改善人居环境，又要保护历史文化底蕴，让历史文化和现代生活融为一体"。城乡历史文化保护传承工作与民生福祉紧密相连，必须坚持人民至上，在加强保护的前提下，使历史文化遗产在提供公共文化服务、满足人民精神文化需求等方面充分发挥作用，切实把保护价值体现在人民群众获得感、幸福感、安全感的提升上，让城市留下记忆，让人们记住乡愁。

坚持守正创新，准确把握城乡历史文化保护传承的思想方法。"守正才能不迷失自我、不迷失方向，创新才能把握时代、引领时代"，"必须以守正创新的正气和锐气，赓续历史文脉、谱写当代华章"，"要本着对历史负责、对人民负责的精神，传承历史文脉，处理好城市改造开发和历史文化遗产保护利用的关系，切实做到在保护中发展、在发展中保护"，习近平总书记对如何保护传承历史文化提出一系列要求。城乡历史文化遗产是祖先留给我们的财富，也是经济社会发展的宝贵资源，既要薪火相传、代代守护，也要与时俱进、推陈出新。在城乡建设中必须坚持守正创新，正确处理保护与发展、保护与利用之间的关系，坚持以用促保，加强活化利用，以改革创新推动城乡历史文化遗产不断焕发新活力、绽放新魅力、赋予新动力。

坚持交流互鉴，准确把握城乡历史文化保护传承的时代要求。"中华文明自古就以开放包容闻名于世，在同其他文明的交流互鉴中不断焕发新的生命力。"习近平总书记高度重视文明交流互鉴，强调"文明因多样而交流，因交流而互鉴，因互鉴而发展"。城乡历史文化遗产是中华民族代表性符号和中华文明标志性象征，既是民族的，也是世界的。保护好传承好这些宝贵遗产，既是维护国家文化安全，增进人民群众认同感、归属感、安全感的现实需要，也是我国参与全球文化治理、维护世界文明多样性的重要工作。必须坚持交流互鉴，加强交流合作，推动文明对话，讲好中华文明故事，向世界展现可信、可爱、可敬的中国形象，共同守护好全人类的文化瑰宝。

二、新时代我国城乡历史文化保护传承工作取得显著成效

新时代以来，在以习近平同志为核心的党中央坚强领导下，我国基本形成以承载不同历史时期文化价值的城市、村镇等复合型活态遗产为主体和依托的立体保护格局，城乡历史文化保护传承工作展现新面貌、跨上新台阶。

构建了系统推进城乡历史文化保护传承的工作格局。坚持全面统筹、上下联动，深入贯彻落实中共中央办公厅、国务院办公厅印发的《关于在城乡建设中加强历史文化保护传承的意见》，强化责任落实，完善制度机制，城乡历史文化保护传承工作格局基本形成。一是管理体制持续完善。编制全国城乡历史文化保护传承体系规划纲要，所有省份均已启动省级规划编制，各市县严格落实保护传承工作属地责任，城乡历史文化保护传承三级管理体制逐步健全。许多历史文化名城设置保护委员会、专家委员会等机构，加强组织领导和综合协调。二是工作机制逐步优化。建立城乡历史文化资源调查评估长效机制，常态化开展历史文化名城保护专项评估，研究建立全生命周期的建筑管理制度，保护传承工作的整体性、系统性不断增强。三是法规标准不断健全。启动并加快推进历史文化遗产保护法立法工作，制修订名城名镇名村、历史街区与古老建筑、传统村落等保护条例。出台加强城市与建筑风貌管理、历史文化街区和历史建筑保护、在实施城市更新行动中防止大拆大建等政策文件，制定发布城乡历史文化保护利用项目规范、历史建筑数字化技术标准等标准规范。14个省份颁布历史文化名城保护省级法规，7个省份颁布传统村落保护发展省级法规，110个国家历史文化名城制定出台保护类法规规章，城乡历史文化保护传承的法治基础不断夯实。

建立了多层级多要素的城乡历史文化保护传承体系。坚持空间全覆盖、要素全囊括，将具有重要保护价值的历史文化名城、名镇、名村、传统村落、历史文化街区、历史建筑、历史地段、工业遗产等纳入保护名录，形成了传承中华优秀传统文化最综合、最完整、最系统的载体。一是保护对象年代纵深延展。既着眼中华文明5000多年、近现代历史180多年，又聚焦中国共产党建党100多年、新中国成立70多年、改革开放40多年，古今并重，强化各时期城乡历史文化遗产的系统保护。二是保护对象类型持续丰富。92片红色文化型历史文化街区、85片工业遗产型街区、81片民族特色型街区、68片区域文化型街区等一大批承载重要记忆的古建筑、老街区纳入保护体系。实施传统村落保护工程，分六批将具有重要保护价值的村庄列入国家保护名录，保护福建土楼、徽派民居、湘西吊脚楼、客家围屋等传统建筑和传统民居55.6万栋，传承发展省级以上非物质文化遗产5 965项，形成了迄今为止世界上规模最大的农耕文明遗产群。三是保护对象数量大幅增长。目前，全国共有国家历史文化名城142座、名镇312个、名村487个、传统村落8 155个，历史文化街区1 200余片，历史建筑6.35万处。与2012年相比，国家历史文化名城新增23座、名镇新增131个、名村新增318个，历史文化街区数量实现翻番，历史建筑数量增长了近5倍。大运河、鼓浪屿历史国际社区等9处历史文化遗产成功列入世界遗产名录。

营造了全社会共同保护传承城乡历史文化的良好氛围。坚持多方参与、凝聚合力，全社会对中华优秀传统文化的认知显著提升，保护城乡历史文化遗产的意识明显提高，保护好、传承好、发展好城乡历史文化的理念深入人心。一是保护传承成为共识。从党委政府到部门，从企业到群众，对城乡历史文化遗产蕴含的历史、文化、科学、艺术、经济、情感等重要价值认识日益深化，保护传承城乡历史文化遗产人人有责成为全社会各方面的强烈共识。许多基层党委政府、干部群众对当地城乡历史文化由衷自豪和无比热爱，人民群众关心参与城乡历史文化保护传承的热情充分激发。《文脉春秋》《记住乡愁》《中国传统建筑的智慧》等一批大型纪录片制作播出，首播累计收看超百亿人次。二是保护自觉不断增强。从"要我做"变为"我要做"，各地不断加大保护力度、创新保护机制、丰富保护类型，社会力量积极参与，保护城乡历史文化成为人民所需、人民所享、人民所愿、人民所爱。此外，城乡历史文化保护传承的相关专业研究、传统营造技艺传承日益得到重视。10余所高校开设古建筑修缮、历史建筑保护工程、建筑遗产保护等学科，深入开展城乡历史文化遗产研究，一些建筑企业开设了古建工匠培训班、传习所，为城乡历史文化保护传承工作提供了技术和人才支撑。

开创了城乡历史文化和现代生活融为一体的生动局面。坚持在保护中发展、在发展中保护，推进活化利用、以用促保，更加注重改善民生、提升风貌，人民群众的获得感、幸福感、安全感持续提升。一是以人为本更有温度。实施历史文化街区综合环境提升工程，补齐水、暖、电、气、热等基础设施和公共服务设施短板，消除建筑结构和消防安全隐患，留住原居民、"烟火气"，让居民在老城区、老街区也能享受现代生活的美好。将传统村落保护利用与农村危房改造、基础设施和公共服务完善相结合，改善村民居住条件和生活环境。二是活化利用更具生机。在70余个城市开展历史建筑保护利用试点，活化利用历史建筑、工业遗产，更新改造一大批老厂区、老商业区等老旧街区。支持历史文化街区的文旅融合发展，引入创新创意产业，22片历史文化街区、10条老街成为国家级旅游休闲街区，让古城、老街、老建筑等"老地标"变成"新名片"。三是风貌特色更加彰显。稳妥推进城市更新，变"拆改留"为"留改拆"，许多城市建立严格的历史文化风貌和优秀历史建筑保护制度，原风貌、原味道地保留了一批老街区、老胡同、老里弄，使城市更具特色、更有魅力。

三、切实在城乡建设中加强历史文化保护传承工作

新时代新征程，城乡历史文化保护传承事业迎来历史上最好的发展时期，进入与城乡建设、文化建设、经济社会发展统筹协调的新阶段。我们要统筹好保护与发展、保护与民生、保护与利用、单体保护与整体保护，持续在真重视、真懂行、真保护、真利用、真监督上下功夫，推动城乡历史文化保护传承工作不断取得新成效。

坚持党中央集中统一领导。做好城乡历史文化保护传承工作，必须坚决维护党中央权威和集中统一领导，确保党中央决策部署落到实处。要把党的领导贯穿城乡历史文化保护传承工作的各方面各环节，落实党委政府主体责任，不断完善党委领导、政府协调、相关部门履职尽责和社会各方共同参与的大保护格局。建立实施各级住房城乡建设部门向党委年度专题报告制度。加强干部教育培训，增加专题培训课程，开展专项警示教育，提高领导干部在城乡建设中保护传承历史文化的意识和能力。

健全全过程保护工作机制。保护是做好工作的首要前提。要建立健全城乡历史文化遗产资源管理制度，持续开展普查认定，把保护对象找出来、挂上牌。切实抓好规划，编制实施好全国城乡历史文化保护传承体系规划纲要，加快推进省级体系规划和新一轮历史文化名城保护规划编制审批。稳妥开展修复修缮，坚持问题导向，与城市体检评估工作充分衔接，根据体检评估结果合理制定年度计划，切实推进工作。建立以居民为主体的保护实施机制，强化历史文

遗产保护提前介入城乡建设的工作机制，加强对既有建筑改建、拆除管理。综合运用人防、物防、技防等手段，提高历史文化名城、名镇、名村、传统村落、历史文化街区和历史建筑等的防灾减灾救灾能力。

推动城乡历史文化遗产活化利用。利用是最好的保护。要活化利用历史建筑、工业遗产，继续开展历史建筑保护利用试点，创新技术标准、实施路径，积极探索适用于历史建筑的保护方式。依托历史文化街区和历史地段建设文化展示、传统居住、特色商业、休闲体验等特定功能区，培育新业态，创造新就业，让城乡历史文化遗产在有效利用中焕发新生。稳妥推进城市更新行动，采用"绣花""织补"等微改造方式，补足民生基础设施和公共服务设施短板。推进传统村落集中连片保护利用示范，改善传统村落居住条件和生活设施。鼓励各方主体在城乡历史文化保护传承的规划、建设、管理各环节发挥积极作用，引导经营主体持续投入。

强化监督检查和考核问责。监管必须"长牙带刺"。要持续做好历史文化名城保护专项评估工作，及时总结经验清单和问题清单，对保护不力的地方进行通报，对问题严重的地方报请国务院列入濒危名单。建立城乡历史文化保护传承日常巡查管理制度，健全监督检查机制，严格依法行政，加强执法检查，及时发现并制止各类违法破坏行为。配合纪检监察机关监督执纪问责，严肃处理因不作为、乱作为导致严重破坏的相关责任人。联合检察机关开展公益诉讼，形成行政执法与检察监督保护合力，严厉打击历史文化保护传承领域侵害公共利益的违法行为。

夯实保护传承的基础保障。人才是基础，法治是保障。要全力推进制修订历史文化遗产保护法、历史文化名城名镇名村保护条例、历史街区与古老建筑保护条例、传统村落保护条例，推动各地结合实际开展地方立法，用法治思维、法治方式开展城乡历史文化保护传承工作。加快标准研究与制定，鼓励各地出台地方标准，上下联动，建立健全城乡历史文化保护传承的标准体系。持续加强高等学校、职业学校相关学科建设，强化专业人才队伍建设，开展技术人员和基层管理人员的专业培训，建立健全修缮技艺传承人和工匠的培训、评价机制，为城乡历史文化保护传承提供坚实的人才保障。加强常态化、多元化宣传推广，利用全媒体平台，深化数字技术应用，通过专题纪录片、报纸专栏、数字博物馆等多种形式，讲好中国历史文化故事，传承好弘扬好中华优秀传统文化，充分展现中华文明的影响力、凝聚力和感召力。

（作者：倪虹，住房城乡建设部党组书记、部长）

新质生产力发展与新型城镇化建设的相互影响机理及趋势研判

随着科技的迅猛发展和产业的不断升级，新时代对生产力的发展提出了更高的要求。提出并发展新质生产力，将成为推动我国高质量发展和新型城镇化建设的重要支撑点。本文将基于新质生产力与新型城镇化内涵和特征的探讨，深入分析和研判新质生产力发展与新型城镇化建设的相互影响机理及趋势。

一、新质生产力与新型城镇化的内涵和特征

当前，社会各界高度关注新质生产力的研究，很多理论和实践仍处于探索阶段。从传统生产力到新质生产力，这是一个不断探索演变的过程。新质生产力的提出紧密依托于当前的时代背景，高质量发展需要新的生产力理论来指导，而新的生产力正在实践中逐渐形成，并展示出对高质量发展的强劲推动力和支撑力。这迫切要求我们从理论上进行系统总结和概括，以进一步指导新的发展实践。

（一）新质生产力的内涵与特征

1. 新质生产力的提出及内涵

新质生产力的提出。新质生产力最早由习近平总书记在2023年9月视察黑龙江期间时提出。习近平总书记强调要整合科技创新资源，引领发展战略性新兴产业和未来产业，加快形成新质生产力。随后，12月的中央经济工作会议，进一步明确了要以科技创新推动产业创新，特别是通过颠覆性技术和前沿技术催生新产业、新模式、新动能。在2024年1月的中央政治局第十一次集体学习上，习近平总书记再次强调，发展新质生产力是推动高质量发展的内在要求和重要着力点。

在2024年的全国两会上，新质生产力成为热议话题。习近平总书记在多个场合对其发展提出了明确要求，指出"要牢牢把握高质量发展这个首要任务，因地制宜发展新质生产力""发展新质生产力不是忽视、放弃传统产业，要防止一哄而上、泡沫化，也不要搞一种模式"。同年7月，党的二十届三中全会发布的《中共中央关于进一步全面深化改革、推进中国式现代化的决定》，明确提出"健全因地制宜发展新质生产力体制机制""推动技术革命性突破、生产要素创新性配置、产业深度转型升级，推动劳动者、劳动资料、劳动对象优化

组合和更新跃升，催生新产业、新模式、新动能，发展以高技术、高效能、高质量为特征的生产力""健全相关规则和政策，加快形成同新质生产力更相适应的生产关系，促进各类先进生产要素向发展新质生产力集聚，大幅提升全要素生产率"。由此，新质生产力的内涵体系基本形成。

新质生产力的基本内涵。劳动者、劳动资料和劳动对象及其优化组合、转型升级、更新跃升是新质生产力的基本内涵。高素质的劳动者。包括顶尖科技人才、一流领军人才和卓越工程师、大国工匠等应用型人才，他们共同推动创新和提升生产力。高技术含量的劳动资料。新一代信息技术、先进制造技术和新材料技术的融合，产生智能、高效、低碳、安全的生产工具。工业互联网和工业软件等非实体生产工具，促进制造流程智能化和定制化，进一步提升生产力。更广泛的劳动对象。通过科技创新，劳动对象不仅拓展到深空、深海、深地等更广领域，而且通过数据等新型生产要素，创造新物质资料，并转化为更高生产率的劳动对象。劳动者、劳动资料、劳动对象以及科技等要素，通过优化组合、转型升级、更新跃升，迸发出更加高效和更强大的生产力，显著提升整体经济效益和竞争力。

关于新质生产力动力方面，一是技术革命性突破。新时代以来，习近平总书记强调"科技是第一生产力""创新是第一动力"。随着新一轮科技革命和产业变革深入发展，新兴技术加速涌现，不同技术之间日益呈现交叉融合趋势，既有技术路线随时可能因其他技术路线的"突变式"进步而被颠覆。这给我国发展新质生产力带来了全新机遇。二是生产要素创新性配置。要素性质发生变化，要素组合不断提升。新型劳动者适应现代技术，具备快速迭代知识能力，主要从事知识型和复杂劳动；新型劳动资料以软件和数字技术为主，与传统硬件结合，形成新的产业生态，催生新产业和新模式。数据等新型生产要素的引入是关键，推动了生产力要素及其组合的跃升。三是产业深度转型升级。加快产业智能化、绿色化、融合化发展成为必然趋势和要求，信息技术推动的数字化、智能化浪潮正深刻变革产业生产方式。绿色低碳发展是实现可持续发展的必经之路，需优先走生态路线，减少能源消耗，提高资源利用效率。随着新业态新模式不断涌现，行业边界越来越模糊，融合化既是产业发展的重要趋势，也是提升产业体系效能的必然要求。

2. 新质生产力的"三高四新"特征

新质生产力的"三高"特征是指高科技、高效能、高质量。其中，高科技是指新质生产力依赖于前沿信息技术、生命科学技术和绿色低碳技术等重大科技创新。这些高科技含量的技术推动了生产方式的变革，提升了产品和服务的技术水平，增强了竞争力，成为新质生产力的重要支柱。高效能是指新质生产力通过优化生产要素配置和推动产业深度转型升级，实现高效能的运作。高效能不仅体现在生产过程的自动化、智能化和精益化管理，还包括资源的高效利用和生产效率的显著提升，从而降低成本，提升产出。高质量是指新质生产力追求高质量的经济增长和社会发展。这一特征体现在产品和服务的高品质、产业结构的优化升级以及生态环境的可持续发展上。通过高质量的发展路径，新质生产力不仅满足市场和社会需求，还推动经济从量的扩展转向质的提升，助力高质量发展和新型城镇化建设。

新质生产力的"四新"特征是指技术新、产品（服务）新、要素新、业态新。一是技术新。强调颠覆性技术、原创技术和技术能力的升级换代，在数字、智能制造、材料和生物等领域展现出显著特点。二是产品（服务）新。新技术的快速发展催生了大量新产品和新服务，不仅满足了用户的现有需求，还创造了新的需求，这在数字产业、智能制造、绿色产业、新材料产业和生物产业等领域得到了显著体现。三是要素新。尽管技术、资金和人才属于传统要素，但对这些要素的要求不断提高，它们已经被赋予了新的特征和发展趋势。同时，引入信息、管理、数据等新要素及其创新性配置，可发挥巨大的牵引拉动作用。四是业态新。随着经济社会的发展和技术组织模式的不断演进，新的业态和行业不断涌现，特别是在数字经济、智能制造、绿色经济和生物经济等领域，形成了新的物质生产、流通、交换和消费模式。而且，这些业态正处于快速发展中，未来将继续演变和壮大。

新质生产力的内涵与特征框架示意图如图1所示。

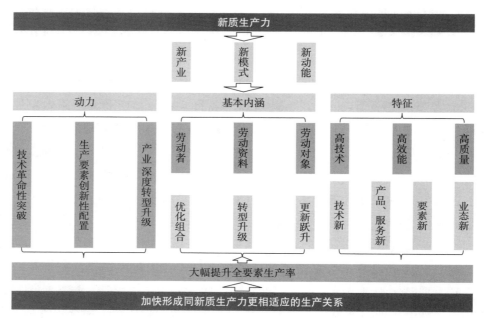

图1　新质生产力的内涵与特征

（二）新型城镇化的内涵与特征

1. 新型城镇化的基本内涵

新型城镇化这一概念最早是在"十二五"规划时期提出来的。2012年，党的十八大明确提出坚持走中国特色新型城镇化道路。2014年，国务院印发《国家新型城镇化规划（2014—2020年）》，明确了新型城镇化的目标、任务和政策措施，标志着新型城镇化进入了全面推进的阶段。《"十四五"新型城镇化实施方案》则体现了政府对"十四五"时期及更长时间内新型城镇化高质量、协调、可持续发展的重视和要求。党的二十届三中全会发布的《中共中央关于进一步全面深化改革、推进中国式现代化的决定》明确提出，"健全推进新型城镇化体制机制""构建产业升级、人口集聚、城镇发展良性互动机制"，为当前及未来一个时期新型城镇化建设提出了明确要求。

新型城镇化的内涵包括以下六个方面：第一，新型城镇化是高质量发展的城镇化。习近平总书记强调，在推进城镇化的过程中，要尊重经济社会发展规律，过快过慢都不行，重要的是质量，要推动城镇化向质量提升转变。第二，新型城镇化是"四化"同步的城镇化。走中国特色新型城镇化道路，"关键是提升质量，与工业化、信息化、农业现代化同步推进"。第三，新型城镇化是"以人为核心"的城镇化。习近平总书记强调，城市的核心是人，关键是12个字：衣食住行、生老病死、安居乐业；强调做好城市工作的出发点和落脚点，就是要坚持以人民为中心的发展思想，让人民群众在城市生活得更方便、更舒心、更美好。第四，新型城镇化是体现生态文明理念的城镇化。要把生态文明理念和原则全面融入城镇化全过程，走集约、智能、绿色、低碳的新型城镇化道路。第五，新型城镇化是大中小城市和小城镇协调发展的城镇化。巩固完善"两横三纵"城镇化战略格局，建立中心城市带动都市圈、都市圈引领城市群、城市群支撑区域协调发展的空间动力机制，优化提升大城市功能，增强中小城市发展活力，有重点地发展小城镇。第六，新型城镇化是注重文化传承和历史文化保护的城镇化。在城镇化进程中，要融入现代元素，更要保护和弘扬传统文化，延续城市历史文脉。

2. 当前我国新型城镇化呈现"五期叠加"特征

截至2023年末，我国常住人口城镇化率已达到66.16%，总体上处于城镇化快速发展中后期，新型城镇化建设将呈现"五期叠加"特征。

一是城镇化速度的持续放缓期。从全球城镇化经验来看，大多数先发国家城镇化率在60%～65%区间开始明显持续放缓，我国城镇化速度放缓幅度将处于合理区间内。

二是城镇化问题的集中爆发期。城镇化加速期难以解决的城市发展问题，在过渡阶段容易集中出现。同时，城镇化人口结构的变化，将引发公众对城镇功能需求的变化。

三是人口流动的多向叠加期。传统的单向城乡流动正在发生改变，不仅人口从乡向城流动的规模下降，还出现了从城向乡、从城到城多向流动的潜在趋势。

四是城镇格局的加速分化期。人口流动特征和城镇化推动力的转变将导致城镇体系格局走向分化。一些城市快速扩张和另一些城市收缩将长期共存，人口和其他生产要素将加速向中心城市及都市圈集聚。

五是城镇化发展的机制转换期。城镇化进入快速发展中后期，人们的进城意愿下降、土地资源短缺、房地产库存上升等问题加重，部分中小城市人口收缩，依赖空间扩张型传统城镇化模式难以为继，迫切需要构建可持续的新型城镇化健康发展机制，为经济增长注入新动能。

二、新质生产力发展与新型城镇化建设的相互影响机理

新型城镇化与新质生产力之间是相互促进、相互适应、相互推动的关系。新质生产力通过资源配置方式、空间组织模式和增长动能的重塑，对城镇空间格局、就业结构、生活方式和城市治理的变化产生影响；新型城镇化通过人口优化、要素优化、空间优化、制度优化等为新质生产力提供驱动力。

（一）重大科技创新对城镇化影响的演变

1. 历次科技革命对城镇化的影响

简要回顾从18世纪60年代至今历次科技革命的演进和特征，可以看到，从18世纪的蒸汽革命到19世纪的电气革命，再到20世纪的信息革命，直至当代的智能革命，每一次重大工业革命都伴随着重要科技创新的发生（图2）。这四次革命历程中，每个阶段都伴随着主导产业的变化、关键投入的演进及核心设施的支撑，对城市建设和城镇化产生巨大影响。例如，18世纪的英国曼彻斯特、19世纪的纽约城市建设、美国后来的郊区化以及当今智能移动设备的普及和全球实时航班的推广，均体现了重大科技创新对城市发展的深远影响。

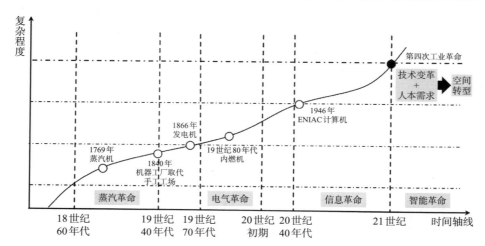

图2　历次科技革命的演进与特征

2. 重大科技创新对城市发展的影响表现

新质生产力中的核心方面——重大科技创新，其对城市发展的深远影响主要体现在以下四方面：

一是产业科技革命对城市规模的巨大影响。从传统能源开发、18—19世纪蒸汽机和内燃机革命对欧洲城镇化的影响，到20—21世纪电力革命和信息技术对美国城镇化的影响，每次革命都创造大量就业岗位，吸引大规模劳动力聚集，推动城市规模快速膨胀。

二是信息网络技术对城市空间的深远影响。信息技术与现代交通基础设施的耦合，改善了宜居生态环境，吸引高端人才聚集，促进创新机制的形成和城市空间结构优化。硅谷、硅巷和硅滩等城市创新空间的优化调整都是由信息网络技术推动的。

三是生命科学技术对城市人口结构的革命性影响。根据联合国预测，到2050年，全球百岁及以上人口将增至约370万人，显著延长人类健康寿命，影响城市人口总量、年龄结构和知识结构，对未来城市人口分布及发展产生深远影响。

四是数字智能技术对城市就业形态的重大影响。根据麦肯锡预测，生成式人工智能取代人类工作的时间将提前10年，2030—2060年间50%的职业可能被人工智能取代，将显著调整城市就业总量和模式，进一步深刻影响城镇化进程。

（二）新质生产力影响新型城镇化的机理

1. 新质生产力影响新型城镇化的动力机制

重大科技创新，包括前沿信息技术、生命科学技术和绿色低碳技术等，引发技术革命性突破。这些创新通过优化生产要素配置和推动产业深度转型升级，促进新产业、新模式和新动能的应用和推广，成为新质生产力的核心支撑。新质生产力必须体现高科技、高效能和高质量要求，确保整体质量和效率，才能成为促进高质量发展和推动新型城镇化的重要动力。新质生产力通过重塑资源配置方式、空间组织模式和增长动能，影响城镇空间格局、就业结构、生活方式和城市治理。因此，重大科技创新作为动力源，需通过完善配套体系，形成新质生产力，进而促进和引领高质量的新型城镇化发展（图3）。

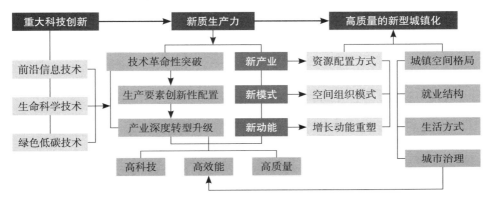

图3 新质生产力影响新型城镇化的动力机制

2. 新质生产力影响新型城镇化的传导机制

主要通过硬件设施（新型基础设施）和软件体系（新产品和新服务）两翼，从重大科技创新、新质生产力到高质量的新型城镇化，呈递进传导作用。此过程涉及四个方面：一是对城镇空间格局的影响。新质生产力将影响城镇重大生产力的布局、城镇体系结构、城市群和都市圈的格局，以及城乡流动和关系，从而改变城镇空间格局。二是对就业结构的影响。新质生产力的进一步培育壮大，将对就业规模、就业结构、就业形态产生直接影响，进而影响人口结构。三是对城镇生活方式的影响。新质生产力不仅改变城镇居民的微观生活行为，还影响居民的健康指数和城市文明。四是对城市治理的影响。通过政府管理效能的改进、城市运营方式的提升和公共服务供给的优化，新质生产力将显著提升城市治理水平（图4）。

（三）新型城镇化为新质生产力提供驱动力的机理

1. 人口优化：培育新质劳动者和人才红利

新质劳动者是科技创新的核心驱动力，应以培育"新市民"为目标，推进农业转移人口市民化，解决其子女教育、住房保障和社会保险等问题，使其平等享有公共服务资源。同时，营造鼓励创新、宽容失败的环境，尊重知识、技术和人才的价值，培养创新型人才，促进人口红利向人才红利转变，形成推动高质量发展的新质生产力和新型城镇化的新动能。特

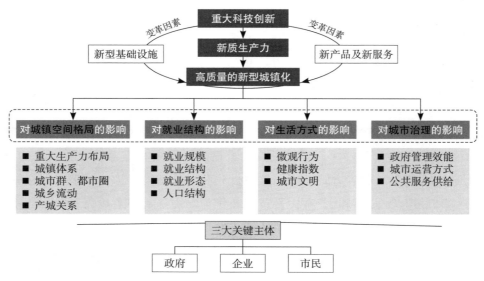

图4　新质生产力影响新型城镇化的传导机制

别要发挥青年人才在新质生产力发展中的重要作用，打造聚焦青年发展型社区、街区、园区和创新实验室等场景，营造丰富的文化、娱乐和消费场景，构建服务于人和产业发展的复合创新空间，促进更多青年人才成为新质生产力的引领者和推动者。

2. 空间优化：因地制宜提供发展载体

贯彻习近平总书记提出的"因地制宜"方法论，根据各地资源禀赋、产业基础和科研条件，依托区域协同、城市发展和城乡融合，完善以城市群和都市圈为依托的大中小城市协调发展格局，提高土地和空间资源配置的精准性和利用效率，优化新质生产力的发展空间。

首先，通过区域协同加强高能级要素和高等级活动的集聚。聚焦重点地区、领域和环节，增强中心城市辐射能级，以技术、数据和人才等新质生产力要素引领区域协同，推动新质生产力在城市群和更大区域范围内的布局。其次，通过城市发展集聚优质发展新质生产力的要素资源。发挥超大特大城市的创新优势，攻关关键技术，推动产业技术创新和科技成果转化；发挥中小城市的制造业优势，加强技术转化应用。特别需要重视挖掘城市存量空间价值，推动资源向优质高效领域和企业集聚。最后，通过城乡融合为新质生产力提供更多应用场景和发展空间。推动城乡功能互补，以县域为单元，推动"智慧+农业""智慧+旅游"等应用，促进城乡要素双向流动，推动新质生产力在城乡间的多层次布局和协同发展。

3. 制度优化：生产关系与生产力相适应

习近平总书记强调，生产关系必须与生产力发展相适应。构建与新质生产力相适应的新型生产关系是马克思主义政治经济学的基本要求，也是加快新质生产力发展的有力举措。这需要系统性改革，建立相应的管理体制和运行机制，包括健全培育战略性新兴产业和未来产业的制度体系，优化创新生态等，加快新质生产力的发展。通过新型城镇化的制度建设，提高城市治理水平，促进新型生产关系的形成，为新质生产力提供创新环境和创新生态的政策保障，激发多主体的创新活力，打通新质生产力发展的堵点，促进生产要素的流动，以更加精准布局创新链、产业链和人才链。

新型城镇化为新质生产力提供驱动力的机理如图5所示。

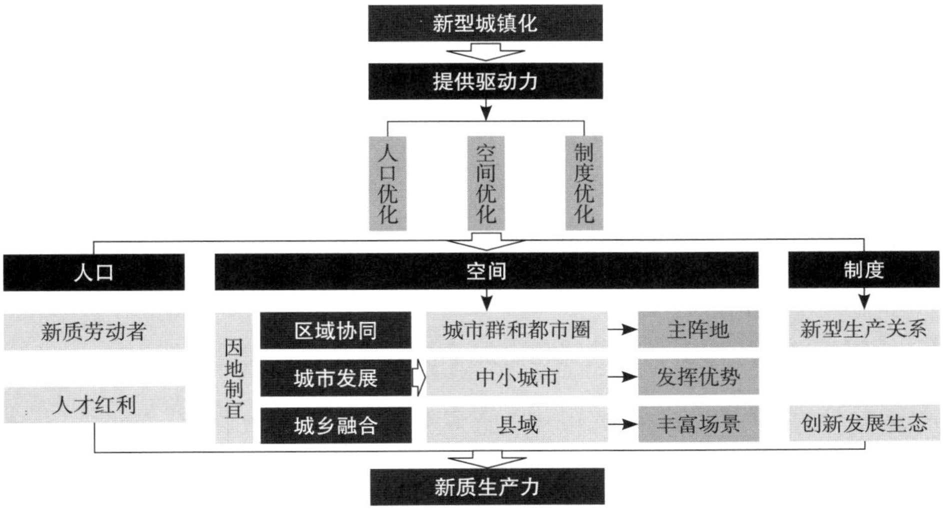

图5　新型城镇化为新质生产力提供驱动力的机理

三、新质生产力发展与新型城镇化建设相互作用的趋势研判

如前所述，新质生产力仍处于不断探索、培育和完善的阶段，而我国的新型城镇化也正进入一个关键时期。在此背景下，新质生产力与新型城镇化的相互影响机理尚需进一步观察和研究。本文旨在探讨新质生产力发展和新型城镇化建设的过程中，前瞻性研判二者相互作用的可能趋势。

（一）完整的科技储备和产业体系为发展新质生产力促进新型城镇化提供坚实支撑

我国目前拥有世界领先的科技储备和产业体系。2023年，全国研发支出达到3.3万亿元，位居全球第二。同时，我国科技人力资源数量位居世界第一，截至2020年底，总量达1.12亿人。此外，我国是全球唯一拥有联合国产业分类中全部工业门类的国家，产业体系完备。近年来，专利数量显著增加，拥有有效发明专利数达到481万件，位居全球第一，国际专利申请量连续四年居世界首位。这些数据表明，我国在培育和发展新质生产力方面具备雄厚基础，为新型城镇化提供了坚实的物质和技术支持。

（二）新型城镇化深入推进为新质生产力发展提供巨大应用场景和需求

我国新型城镇化正处于关键推进阶段，拥有全球20%的人口，创造了全球17%的国民生产总值，并占全球制造业增加值的30%。这一独特的城镇化进程为新质生产力的发展提出了迫切且多元丰富的需求。我国城镇化进程仍在继续，城镇人口规模稳步增长。"十四五"期间，将进一步推进以人为本的新型城镇化，加大在教育、医疗、养老和住房等领域的投入，加速农业转移人口的市民化进程。这背后蕴含着巨大的投资需求和消费潜力，为新质生产力的发展创造了广阔的应用场景。

（三）重大产业科技创新"从1到100"周期缩短助推新型城镇化产业体系升级换代

我国重大产业科技创新正加速推进，研发投入、创新能力和创新队伍持续壮大。我国具备从研发到应用推广的显著优势，未来这一周期可能从几年缩短至几个月，为新型城镇化进程中的产业体系升级提供重要推动力。例如，人工智能、大数据、大模型、元宇宙等新技术的突飞猛进，新能源汽车和智能手机市场的快速崛起，充分展示了我国在这些领域的强大竞争力和创新能力。

（四）科技创新成果应用于新型城镇化更加重视市场化商业模式创新配套

科技创新成果的应用需充分发挥市场在资源配置中的决定性作用，同时加强政府的引导和支持。在推进新型城镇化进程中，应加快科技创新成果的推广与应用，通过市场化和商业化模式的创新，促进无人驾驶、人形机器人等技术的快速发展。科技创新成果的应用不仅要求技术的成熟和进步，还需降低成本，以实现大规模应用和推广。这些技术的成功推广依赖于市场力量和高效商业模式的支撑，最终才能广泛应用于城镇化进程的各方面多领域。

（五）新质生产力发展和新型城镇化建设面临统筹开放、发展和安全的更高要求

新质生产力的发展需置于经济全球化的宏观背景下，才能准确把握世界前沿技术的发展趋势，实现高效能、高质量发展壮大。在人工智能、无人驾驶和生命科学技术等领域，全球合作已成为不可逆转的趋势。进一步扩大开放，充分利用开放创新带来的"两个市场、两种资源"的特殊优势，是促进新质生产力发展、推进新型城镇化建设的关键。然而，近期的中美贸易摩擦和中欧新能源汽车贸易制裁提示我们，在推进开放发展的同时，必须重视制定安全预案和加强风险防范，以确保新质生产力的培育和新型城镇化进程的平稳推进，实现良性互动。

（作者：高国力，中国城市和小城镇改革发展中心主任，研究员）

基于大数据的城市规划与管理

城市是人类文明的结晶。巴比伦文明及其古城遗址、希腊的城邦体系、埃及的金字塔等，无不体现了城市文明和城市建筑与人类文明的联系。中国城市也是如此，从商朝的殷都到汉唐的长安，再到现在的北京、上海、深圳，都是以大都市为核心，汇聚能量流、物质流、信息流与庞大人口流，形成了新型社会体系，承载着中华文明。

一、数字变革的时代

人类已经进入了全数字化的时代，也叫数字革命时代。20世纪90年代，尼葛洛庞蒂在《数字化生存》一书中指出，数字化生存是一种社会生存状态，这种生存状态是对现实生存的模拟，更是对现实生存的延伸与超越。数字时代人们的生产方式、生活方式、交往方式、思维方式、行为方式都呈现出新的面貌，生产力要素的数字化渗透、生产关系的数字化重构、经济活动走向全面数字化，使社会的物质生产方式被打上浓重的数字化烙印。

数字时代，首先对科技革命带来挑战。与前三次科技革命不同，互联网、大数据和人工智能推动形成新的研究范式。传统科学研究的基本范式是观测，在观测的基础上总结经验、形成规律，即唯象理论，进而在唯象理论基础上进行理论总结，即唯理理论。21世纪初提出以数字密集型推动科学发展的新范式。数据并不是新事物，近代科学革命在早期就使用了大量专业数据进行观测分析，当今不同之处在于数据量更大、来源更多、结构更复杂，并通过各种来源的数据对同一个问题进行回答，这对于规划行业特别重要。《规模》一书中指出，城市作为生命体有自身发展规律。如何适应数字时代的发展，将城市作为和人一样有其规律体系的完整生命体，科学规划城市人口总量、城市道路密集度等，将对当前根据理念、观测数据制定城市规划的方法带来挑战。

数字时代，对产业革命也带来巨大挑战。20世纪90年代全球前十名的大企业，第一是通用电器，第二是可口可乐；到2006年，通用电器依然是第一，之后是美孚、花旗集团，微软从20世纪90年代的第十跃居到了第四；到2016年，前十名中科技公司有6个，分别是苹果、谷歌、微软、亚马逊、FACEBOOK、腾讯。产业变革伴随着资源利用模式的深刻转变。从历史维度审视，早期的变革聚焦于农业与土地资源的开发利用，随后工业革命的到来则标志着矿产资源成为核心要素。进入电气化革命时期，能源资源的重要性日益凸显。而今，随着数字革命的浪潮席卷全球，数据资源正逐步崛起为一种至关重要的新型资源。除此之外，支撑海量数据计算的基础设施以及为这些计算提供动力的能源，同样扮演着不可或缺的角色。这一系列变化意味着，为了推动新的科技变革与产业变革，我们必须聚合更多种类的资源要素，形成更为综合、多元的资源体系。

数字时代，整体社会治理也发生了变化。当今社会已经进入了第四次管理变革，此次管理变革的重点是以知识为核心的管理体系超越了传统的资本劳动力。随着数字革命驱动的智能社会的到来，社会各个领域都在发生深刻变革，例如通信领域，从1G到5G，现在6G已推出，将会实现全人类的无缝覆盖，从地到天一体化，与5G时代以地为核心拉动人类联动关系大不相同，6G将以天为核心拉动地面的发展。人类的交互方式也发生了巨大变化，早期有互联网，现在有数联网，未来还有智联网，人将和数据、人工智能混合在一起。

二、数字时代的城市科学

进入数字时代后，人们对城市复杂性的认识也亟待进一步深化。城市是一个复杂系统，其复杂体现在组成要素中带有人和生活特性，各组成要素之间不仅有单一关系，还有复合关系，这些关系相互关联，且城市处在动态变化中，是开放式的复杂系统。

城市研究是一门学科。格迪斯在《进化中的城市》一书中提出，城市是一个有机体，不是机械无机元素体系的组合，需要在时空复杂网络中看待，科学地研究城市需要通过调查—分析—规划的方法，需要把城市科学方法进行独立研究。巴蒂教授在《新城市科学》中也提出，研究城市必须在复杂科学的基础上来研究。所谓新城市科学，是利用过去20～25年内发展出来的新技术和新方法，基于复杂性理论的城市科学，把传统离散性思想和视角组合在一起，用生命科学的体系研究城市，用物理学的规律揭示城市内在基本含义和规律。

第四次工业革命出现一系列以信息技术为代表的通信技术。这些技术最大的特点是改变了人和人、人和自然资源的交流方式，人工智能、大数据、云计算等使人们对于城市的认识从物理世界进入到数字孪生世界，从真实的现实世界到了泛现实的世界。与此同时，人和自动化的交互技术把人从传统的劳动力中解放出来，越来越多的智能化和自动化的技术取代了人日常的脑力、体力工作，如自动驾驶。

新兴技术带来人的生产生活的新行为及新需求，并间接映射在空间的利用方式和运营模式上。不仅如此，未来人或许会进入到数字世界，在数字世界进行人和现实的交互。在这样的背景下，做城市设计规划的时候，城市有没有新空间需要去理解，以前的物理空间怎么理解，今天的新空间怎么做，需要进一步思考。比如共享住宅、灵活办公、共享车辆等城市不同功能空间新现象的出现，城市功能区的变更和功能区的重叠使用将会产生巨大变化。

三、城市大数据分析与数据增强设计

城市大数据可以用于辅助感知城市。城市大数据类型多、数量大、用途广，可以简单分为三类：自然环境数据、社会经济数据以及建成环境数据。基于传统测量、调查、遥感等数据，结合智能终端、摄像头等设备，可以构建城市泛在感知网络体系，进而对城市的实时动态进行认知和感知。如公共交通刷卡数据可以反映信息流，网络签到数据可以分析人流，通过网络文本分析人在网络上的浏览路径，实现现实世界和虚拟世界空间实时交互。

基于城市大数据的分析，可以对城市产生新的认知。在景观设计中，可以借助海量视频和影像大数据分析处理技术，对城市所有的摄像影片以及个人拍的照片进行分析，对城市里的场景进行挖掘，如进行北京市晚上哪个街道更繁荣分析。可以通过手机信令数据，分析城市街道活力，如进行成都市夜间活动场所分析。在确定城市边界中，可以通过出租车轨迹分析城市边界，如研究发现，合肥市随着自然环境的变迁以及新城发展有了新的边界。在城市形态分析中，可以通过街道密度图分析城市形态，借助Openstreet公开数据可以对全球城市街道进行分析，如巴黎是放射形城市、北京是圈层城市、兰州是沿河道分布城市，进而可以对城市形态发展进行预测。在城市内部分析中，中国面临着城市升级改造，旧城市变新城，老城区升级变成新城区，可以借助导航地图的数据，进行城市道路、城市密集度分析以及人口配置。在公共空间对生活品质的影响上，可以分析如果没有奥林匹克公园，奥运园区周围绿化面积是什么样子，回龙观、北苑等北京几十万人的居住区是否有足够多的公共空间，这就能基于公共空间去研究城市品质怎么做。大家更喜欢青岛老城区，也是因为青岛老城区有非常好的公共空间。城市发展有很多生态约束性，城市结构要依地形地貌特征和山水特征而设计，通过大数据的分析也能帮助城市规划从业者重新思考如何做城市规划。北京为疏解首都功能建设了城市副中心，通信数据和开源的网络街道数据分析发现，晚上从中心城区到通州20多公里开车要1小时左右，这是北京市城市副中心设计面临的瓶颈问题。

数据增强设计（DAD）是在新的数据环境下，通过定量城市分析驱动的规划设计方法。通过数据分析、建模、预测等手段为规划设计的全过程提供调研、分析、方案设计、评价、追踪等支持工具，以数据实证提高设计的科学性并激发规划设计人员的创造力。其定位是在现有的规划设计体系（标准、法律、法规和规范等）下的一种新的规划设计方法论，是强调定量分析的启发式作用的一种设计方法，其致力于减轻设计师的负担而专注于对创造本身的思考，同时增加结果效应的可预测性和可评估性。

数据增强设计的最大特点是可应用性，每个人都可以从数据角度出发对城市有一个描述，由于描述的维度多，可以真正将城市空间的设计和社会经济吻合在一起，实行多维度的分析，做不同尺度的分析，从一条街道到整个城市规划，因地制宜地做好人和环境的关系，把虚拟现实和现实世界融合在一起，通过虚拟仿真角度理解规划状况，最终可以通过老百姓和专家共同参与设计，即集智，与传统设计方法不同，数据增强设计中定量关系成为设计原点，可以把任务分解成各种可量化的设计方法和设计任务，最后是可追溯、可评估，做完了以后在实施过程中还可以做动态评估，这是传统设计方法所不具备的功能。

数据增强设计流程方法与传统设计方法也大不相同。首先要收集整理大量数据，在这个基础上做数据挖掘，然后根据规划理念进行设计评估，在此过程中，以往的设计案例可用作参考。城市规划有三种不同的方式，分别是已有数据型存量分析、增量型分析、未来假想型分析。数据增强设计的流程是从城市认知开始，然后做城市的改变，最后做城市的创造。

四、关于规划大模型的一点思考

进入21世纪，科技日新月异，精彩纷呈。2021年还在讨论元宇宙，2022年随着OpenAI等一批平民化AI的出现，大数据人工智能分析成为热点。今天，任何一个人都不是在单一学科基础上进行工作，整个人类进入了科学的大融合时代。《知识大融通》指出，今天人类的知识分头、分块、分层积累已经达到了相当的体量，但显得杂乱无章，需要打破学科之间的壁垒，寻找学科之间的连接点，推动跨学科的知识融合，以科学方式统一各个领域的知识。自然科学的注意力已经从寻找新的规律转移到建立新的综合论，探究更加复杂的系统。在此背景下，规划作为复杂科学，同样进入了大科学的融合时代，必须掌握众多的学科，才可能做好规划。

如果说ChatGPT已成为人类知识的大百科，那么未来的人工智能无疑将引领一场全新的科学研究革命。未来可能会出现如达·芬奇般多才多艺的科学家、哲学家、化学家和语言学家，而支撑他们的将是每个人都有可能配备的人工智能助手。人工智能正逐步展现出其驱动科学模式发生深刻变革的潜力。在此背景下，人工智能是否同样能够驱动城市规划与设计领域出现新的范式？答案或许是肯定的。通过AI驱动的规划方法，可以实现数据与模型双轮驱动的规划途径拓展。这要求我们借鉴大模型的思维，发展出多模态的大模型，以增强设计能力，并变革传统的规划方法。具体而言，这意味着城市规划与设计将不再仅仅依赖于人类的经验和直觉，而是更多地融入人工智能的算法与模型，实现更高效、更精准、更可持续的城市规划与设计。这将是一场深刻的变革，有望为城市的未来发展带来前所未有的机遇与挑战。

从早期根据规则来做设计，到后来根据反馈来做设计，今天有了数据驱动的设计生成产品，设计进入了人工智能时代。早在20世纪就有人提出来生成式设计，受制于没有好的手段，只能在算法基础上做工作，结果就是太技术化、只有工程师才能做设计。把传统的过程式建模改成人工智能式设计，有着巨大的挑战。北大行为与空间智能实验室做了城市规划大模型PlanGPT，包括四个部分，Vector-LLM、Local-LLM、Web-LLM、Integrate-LLM。这是规划四大模型体系，改变了现在的范式，所用资料已经不是传统单一数据来源，而是众源知识体系，规划的起点是已有设计规划方案的图形和文本。

最近的文章《趋向未来城市自动化设计》指出，未来城市规划可实现配置表示，即根据规划者的意向进行表示，规划者通过和AI做对话交流，形成人机系统结合的规划体系。这里有两个核心，以数据为中心的人工智能技术能够帮助规划者适应时空层面的多模态学习，让每个人都从最高层面开始做规划；以模型为中心的人工智能帮助规划者深度挖掘已有的规划知识，通过这个来改进设计方案，形成会话式人工智能的反馈强化学习。如果这两点做到了，未来的城市规划将实现自动化生成式地理空间、社会空间、经济空间、环境自适应引导，实现人机协作的公平意识体系。

规划是灵魂，如果有智能技术帮忙，未来人机系统的规划应该能提高到一个新的水平，让我们一起打造城市智能体，构建全场景的城市智慧，让城市规划在深度学习方面前进。

（作者：周成虎，中国科学院院士，国际欧亚科学院院士，中国科学院地理科学与资源研究所研究员、博士生导师）

城市基础设施社区化与城市高质量发展

2020年3月31日，习近平总书记在杭州考察时指出，要"统筹好生产、生活、生态三大空间布局，在建设人与自然和谐相处、共生共荣的宜居城市方面创造更多经验"。党的二十大再次强调，"高质量发展是全面建设社会主义现代化国家的首要任务……要坚持人民城市人民建、人民城市为人民，提高城市规划、建设、治理水平，加快转变超大特大城市发展方式，实施城市更新行动，加强城市基础设施建设，打造宜居、韧性、智慧城市。"实践证明，城市基础设施是城市立足的基础，是城市经济社会运转的骨架，是城市居民获得安全美好生活的前提，在全面推动城市高质量发展、全面实现共同富裕、全面推进中国式现代化中发挥重要而独特的作用。

一、何谓经济类+社会类+生态类"三位一体"的城市基础设施建设新体系

广义的城市基础设施由三部分构成：一是城市经济类基础设施。我国一般所谓的城市基础设施多指经济类（或称工程性）基础设施，主要包括能源系统、给水排水系统、交通系统、通信系统、环境系统、防灾系统等。二是城市社会类基础设施，主要包括教育系统、医疗系统、文化系统、体育系统、广电系统、互联网系统、科研系统等。三是城市生态类基础设施，主要包括水环境保护系统、大气环境保护系统、固体废弃物（含生活垃圾）处理系统、噪声污染防治系统、绿化系统等。围绕"人民城市"理念，构建经济类+社会类+生态类"三位一体"的城市基础设施新体系，具有重要的理论意义与实践价值。

1.城市基础设施的基本特征

城市基础设施作为城市赖以生存、发展的基础条件与系统工程，一般具有六大特征：

一是公益性。基础设施建设的目的是提供公共服务，具有显著的公益性特征。二是生产性。它的建设过程是一个投入产出的过程，它的建设和运营需要实现资金的良性循环。三是垄断性。由于基础设施具有公益性和规模经济效益，在基础设施的每个领域，城市政府只允许少数几家企业进入，开展必要的竞争。四是系统性。城市基础设施是一个有机的综合系统，也是城市大系统中的一个子系统。五是超前性。时间上的超前和空间上的超前，以适应今后

产业规模和人口规模的发展。六是长期性。它往往需较长时间和巨额投资，新建项目、扩建项目，特别是重大基础设施项目需要提前布局、先行建设，以便项目建成后尽快发挥效益。

2.城市基础设施的理论创新

传统理论认为，政府应在城市基础设施的建设和运营中无条件地发挥主导作用。在这种理念的影响下，政府对基础设施建设营运亲力亲为、大包大揽，结果在实践中无一例外地都遇到或正在面临资金缺口大、财政负担重、运行效率低、市场竞争差等问题。因此，世界各国都在以不同方式持续地进行城市基础设施投资运营体制改革。这种改革的推进速度与预期绩效在很大程度上取决于城市基础设施的理论创新。比如公共产品理论、平衡增长理论、项目区分理论、可销售性区分理论、可持续发展理论等。

二、何谓XOD+PPP+EPC"三位一体"的城市基础设施建设新模式

创新城市基础设施建设模式，重点要体现新发展理念的要求，即：创新发展、协调发展、绿色发展、开放发展、共享发展。

1.何谓"XOD+PPP+EPC"的建设新模式

打造新型城镇化2.0，要坚持从TOD模式拓展到XOD模式，发掘一批能够发挥标杆导向作用的城市基础设施重大工程，是提升城市基础设施体系整体质量的关键。要以城市基础设施大系统的优化完善为基础，统筹考虑综合性城市基础设施发展趋势，坚持"XOD+PPP+EPC"发展模式，推动城市基础设施建设，破解城市发展中面临的"钱、地、人从哪里来和去以及手续怎么办"问题，统筹规划布局建设体现高质量发展要求的城市基础设施重点工程，以大工程项目带动整个城市基础设施体系的高质量发展。

XOD模式作为城市规划建设的方式，可以合理布局城市基础设施辐射区域的土地利用性质和开发强度；PPP+EPC模式吸引社会资本参与城市基础设施建设，从而在相应的XOD规划土地上进行综合开发。简言之，XOD模式是以城市基础设施建设为导向的城市规划、开发、建设PPP+EPC模式的载体，PPP+EPC模式是XOD模式在城市基础设施建设为导向的城市规划、开发、建设中的实现方式。因此，城市基础设施建设，要努力实现XOD+PPP+EPC"三位一体"新模式。探索应用"XOD+PPP+EPC"复合型新模式，就是以城市基础设施和城市土地一体化开发利用为理念，提高城市土地资产的附加值和出让效益，创新融资方式，拓宽融资渠道，鼓励社会资本特别是民间资本积极进入城市基础设施建设领域，是对"创新、协调、绿色、开放、共享"五大理念的贯彻落实，不仅有利于形成多元化、可持续的资金投入机制，激发市场主体活力和发展潜力，整合社会资源，盘活存量、用好增量，调结构、补短板，提升经济增长动力，而且有利于加快转变政府职能，实现政企分开、政事分开，充分发挥市场机制作用，提升公共服务的供给质量和效率，实现公共利益最大化。

2. 如何推进"XOD+PPP+EPC"三位一体的建设新模式

"XOD+PPP+EPC"的理论基础是"地租理论"，特别是"级差地租理论"。在当今中国，千万不能将土地问题污名化，更不能将"地租理论"污名化。马克思在《资本论》中全面论述了"地租理论"，特别是"级差地租理论"。"地租理论"特别是"级差地租理论"是马克思政治经济学的重要组成部分，要实现城市土地"地租"和"级差地租"价值最大化，关键是用足用好有关不计费容积率、集中供绿、混合用地出让、行政划拨土地综合利用等创新型政策，做到重大项目投入产出比、性价比、费效比的最大化与最优化，实现基础设施建设经济效益、社会效益、生态效益的叠加与统一。同时，城市基础设施建设运营必须注重优地优用、土地集约、资源节约和环境保护，逐步减少不可再生资源的消耗和对生态环境的破坏，增加知识、技术、信息、数据、人力资本等可再生要素的利用，实现新型城市基础设施绿色发展；城市基础设施发展规划的制定既要考虑代内公平，也要考虑代际公平，体现城市基础设施建设适度超前的思想，用发展的眼光开展规划和建设；考虑创新、协调、绿色、开放、共享的新发展理念如何在基础设施建设环节予以落实。

推进"XOD+PPP+EPC"三位一体的建设新模式，需要对不同领域、地域的城市基础设施分类施策和系统规划，使城市基础设施作为整体最大限度地呈现其社会、经济、生态环境等综合效益。近几年，上海、浙江等地出台的有关支持"新基建"与城市建设相关政策，其亮点在于充分利用了城市三大类基础设施建设产生的土地溢出效应，即地租和级差地租。比如，2020年4月发布的《上海市扩大有效投资稳定经济发展的若干政策措施》，其中有一批含金量极高的政策："存量工业用地经批准提高容积率和增加地下空间的，不再增收土地价款。坚持公共交通导向发展模式和区域总量平衡，研究优化住宅和商办地块容积率，提升投资强度。支持利用划拨土地上的存量房产发展新业态、新模式，土地用途和权利人、权利类型在5年过渡期内可暂不变更。""创新土地利用机制，按照不同区域、不同产业差异化需求，精准实施混合用地出让、容积率提升、标准厂房分割转让、绿化率区域统筹等政策，高效利用存量土地。"2019年11月，浙江发布的《关于高质量加快推进未来社区试点建设工作的意见》，则提出了集约高效利用空间的相关举措："加大城市存量用地盘活利用力度，打破一刀切模式，科学合理确定地块容积率、建筑限高等规划技术指标。允许试点项目的公共立体绿化合理计入绿地率，鼓励和扶持建立社区农业等立体绿化综合利用机制，推行绿色建筑。支持试点项目合理确定防灾安全通道、架空空间和公共开敞空间不计费容积率。支持试点项目空中花园阳台的绿化部分不计入住宅建筑面积和容积率。对符合条件的土地高效复合利用试点项目，纳入存量盘活挂钩机制管理，按规定配比新增建设用地计划指标。允许依法采用邀请招标方式、评定分离办法选择设计、咨询单位。在建筑设计、建设运营方案确定后，可以'带方案'进行土地公开出让。"

城市基础设施发展必须坚持围绕中心、服务大局、统筹兼顾，必须与经济发展的各项工作有机结合，必须以全局成效推动城市基础设施高质量发展，必须明确责任主体、规划实施、资金投入、科技支撑、智力支持、监督管理等方面的保障措施，做好相关政策的衔接配合，提升城市基础设施的综合保障能力，促进协调可持续发展。上述这些规定理念正确、力度空前，是对21世纪以来杭州实施的"一调两宽两严"方法和政策的肯定。"一调"，就是调整优化规划；"两宽"，就是在不影响城市天际线和周边环境的前提下，放宽建筑容积率、放宽建筑高度；"两严"，就是严保绿化率、严控建筑密度。

三、何谓"十圈十美"的城市基础设施社区化

社区是城市生态价值、美学价值、人文价值、经济价值、生活价值、社会价值等最直接的体现，其核心内容是"以人为本"综合服务功能的提升，强调生态环境、公共空间、居民家庭、城市建筑、历史文化、社会服务、经济发展等要素的有机融合。要从未来城市生产力空间布局、人口空间分布、生态要素空间分布、生产要素资源禀赋分布出发，系统性谋划建设复合型功能的新型社区，加快形成独特的片区功能，吸引先进要素资源、服务区域广阔市场，全力打造现代化进程的增长极和可持续发展的动力源。

所谓"城市基础设施社区化"，就是指在传统城市社区范畴的基础上增加"未来社区""特色小镇""产业园区"等新空间、新载体、新功能的基本单元，引导"政府""居民""物业公司/运营公司"等多元社会主体参与基础设施规划、建设、实施、管理、经营、更新全过程，以全生命周期的资金平衡测算为评价指标，打造"15分钟生活圈+15分钟通勤圈/就业圈/消费圈/社交圈/教育圈/医疗圈/运动圈/休闲圈/生态圈"的新型社区共同体。一方面，"城市基础设施社区化"不是城市社区基础设施的大拼盘，也不是基础设施集中建在某个特定社区，而是基于多规合一、产城融合、职住平衡、三生融合、线上线下相结合的理念，打造政府主导、市场调配、企业主体、商业化运作、规建管营一体化的城市基础设施建设新模式。另一方面，城市基础设施社区化通过"15分钟生活圈+15分钟通勤圈/就业圈/消费圈/社交圈/教育圈/医疗圈/运动圈/休闲圈/生态圈"的功能组合和系统构建，建设有归属感、舒适感、未来感的未来社区、未来园区、未来街区、未来城区、未来城市，探索逐步实现高质量发展与共同富裕的系统解决方案。

早在2001年，杭州市委、市政府提出制度重于技术、环境重于政策、特色重于禀赋的发展理念，并始终把这一理念贯穿于城市基础设施建设的实践之中。为有效应对当前几乎所有中国城市政府面临的两大挑战，即，发展后劲不足与政府负债过高，我们应坚持"两点论"和"重点论"相统一，看问题、办事情既要全面，更要善于抓重点和主要矛盾。在决策时应严防城市规划建设中的"工作碎片化""思路一般化"和"发展同质化"的"旧三化"问题，而应坚持城市基础设施建设的"重点论""特殊论""特色论"，牢固树立"工作一体化""思路差异化""发展特色化"的"新三化"理念。

城市基础设施建设要树立"新三化"理念，适应城镇化高质量发展，实现新起点上新突破，关键要做到城市基础设施规划社区化、建设社区化、管理社区化、经营社区化，以城市基础设施社区化带动破解"一般化、碎片化、同质化"。

1.城市基础设施规划社区化

城市基础设施规划社区化，就是将城市基础设施规划的理念与范畴落到"社区"这一基本单元。即根据城市经济社会发展目标，结合本地区及社区的实际情况，以资金平衡测算为前提，合理确定规划期内各项工程系统的规模、容量与布局。

2.城市基础设施建设社区化

城市基础设施建设社区化，就是采取政府主导、社会参与、辖区单位共驻共建的方式，切实改善社区基础设施条件。坚持基础设施建设与"双招双引"并举，实施重大项目带动战略，推进"XOD+PPP+EPC"模式，通过基础设施的投入改善企业的生产环境与居民的生活质量。

3.城市基础设施管理社区化

城市基础设施管理社区化，就是探索在现有政治经济条件下，城市基础设施自身发展的客观规律，制定相关行业的发展方针、政策、规划、规章、强制性产品标准、服务标准、规范等，并监督其有效实施。

4.城市基础设施经营社区化

城市基础设施经营社区化，就是坚持把土地、基础设施等有形资产作为经营社区的载体，把理念、规划、设计、环境、活动、品牌、形象等无形资产作为经营社区的根本，既注重经营有形资产，更注重经营无形资产，以经营无形资产带动经营有形资产，进而推动社区及整座城市的增值。

格局决定眼界，眼界决定理念，理念决定思路，思路决定出路。城市让生活更加美好，城市基础设施让发展更可持续。在以中国式现代化全面推进中华民族伟大复兴的历史进程中，在不增加甚至降低城市基础设施建设负债和追求人民满意的高品质生活之间找到一个最佳平衡点和"最大公约数"，是当前与今后城市高质量发展必须首先破解的难题。"城市基础设施社区化"就是破解这一难题的不二法门。

（作者：王国平，原中共浙江省委常委、杭州市委书记，杭州城市学研究理事会理事长）

中国城乡能源供给系统的低碳路径

党的二十大对实现"双碳"目标做出最新战略部署，"双碳"目标在能源领域就是实现化石能源系统向零碳能源系统转型的能源革命，是主要依靠风、光、水、核电力和生物质燃料这些零碳能源替代目前的燃煤、燃油和燃气等化石能源的能源转型。中央明确要"先立后破"，要在保证社会发展和经济增长的前提下实现能源转型。因此，必须明确未来的零碳能源系统的结构，给出能源转型的最终目标，并且在此基础上制定转型路径，明确路线图、时间表。

能源革命涉及能源生产、能源转换和输送、能源的终端消费这3个环节的全过程。为最终的能源消费提供可靠的能源供给是能源系统的最终目的。目前，一般把能源终端消费按照其性质分为工业、建筑和交通三大领域。而工业生产又根据其生产过程的用能特点分为流程工业和非流程工业。冶金、有色、建材、化工等属于流程工业，化石燃料在这些生产过程中不仅作为燃料，同时也作为生产原料进入部分生产流程，实现零碳目标意味着要对这些生产过程流程进行彻底的变革。而机电、电子、轻工业等诸多行业属于非流程工业，其生产过程的能源消费仅是电力、热力和燃料，且其燃料也主要用于热量制备。建筑与交通的用能特点与非流程工业很相似，支撑建筑运行的能源是电力、热力和燃料，而交通运行用能则主要是电力和燃料。化石燃料燃烧必然释放二氧化碳，因此未来能源系统中的零碳燃料只能源自生物质燃料或由零碳电力通过电解水制取的氢燃料。中国生物质能源的资源总量有限，而氢及氢的合成燃料成本都很高，因此在非流程工业、建筑运行和交通运行中都需要尽可能减少对燃料的需求，用电力或集中供给的热量替代燃料的需求，在这3个领域尽可能地实行全面电气化。这样，为了实现能源的零碳转型，就需要完成如下任务：（1）电力系统的零碳化，也就是建设新型的零碳电力系统；（2）热力系统零碳化，为非流程工业、建筑运行提供其所需要的热量；（3）零碳燃料的来源、制备和转换；（4）流程工业的流程再造，通过改变流程实现零碳生产；（5）非流程工业、建筑运行、交通运行用能方式的转变，尽可能减少其对燃料的依赖。

此外，中国农村由于具有巨大的空间资源和生物质材料资源，在未来的零碳能源中将从目前的能源消费者转为能源供给者，可为零碳能源系统做出突出的贡献，因此农村新型能源系统的建设也可作为能源转型中的重要任务之一。这样，暂不讨论用能过程的转型任务，作为城乡能源供给系统，主要需要完成如下任务：（1）全面的电气化；（2）新型电力系统的建立；（3）新型热力系统的建立；（4）零碳燃料供给；（5）农村新型能源系统的建设。

一、全面电气化的可能性和全面电气化之后的能源需求预测

（一）建筑及市政系统

建筑和市政系统可以完全依靠电力和零碳热力满足能源要求。其中，建筑炊事用能、生活热水制备和公共建筑的各种用热需求均可以实现电气化，而高密度社区的供热需求则可以通过零碳热力系统提供。因此，应逐步取消建筑的燃气供给。对于新建项目，应不再设置燃气系统，对于既有园区，则应使燃气逐步分片退役；对于农村，应立即停止燃气下乡，在有条件的地方陆续使燃气系统退出。为了满足电气化要求，则应提高建筑的配电容量标准，并分期分批对城乡建筑配电系统进行扩容改造。未来城乡建筑的建筑面积达到800亿平方米时，建筑运行全年用电总量（不包括热力供给系统用电）将达到3.5万～4万亿千瓦时。

市政系统完全可以实现市政车辆电气化，取消燃油。包括路灯系统、垃圾处理系统、生活用水和污水处理系统以及上下水系统等也可以完全实现电气化，市政系统全年需要电力0.5万亿千瓦时。

目前，一种观点认为应保持城市建筑的燃气供给，今后可以用氢来逐渐替换，最终实现全面用氢。分析表明，只要氢来自于绿电，其设施初投资和运行成本都远高于电力，没有任何道理在建筑和市政系统中采用氢或氢合成的其他燃料。全面电气化会提高建筑设施的智能化水平，提高建筑设施的服务质量，且根据技术发展，目前的综合成本也已经低于燃气、更低于氢。电与燃气、电与氢目前在经济上的优势随着技术进步只能进一步加大，不会减小。

（二）交通

客运交通随着社会发展和经济增长，其规模还将持续增长。市内无论轨道交通还是其他方式的公共交通，都可完全实现电气化；电动轿车全面替代燃油轿车也已成为定局。城际交通通过高铁也实现了电气化。电气化轨道交通也是城际和城乡之间交通的很好补充。目前只有长途大巴还难以实现全面电气化，但由于其服务质量和安全性原因，长途大巴将逐渐减少。未来长途大巴将通过超充方式实现电气化还是转为氢燃料，尚需进一步研究和实践。

货运交通随着燃煤的退出和钢铁、建材运量的减少，未来其运输总量增长有限。目前的问题是公路运输占比太大，应发展铁路货运和内河航运，减少公路的货运比例。铁路、内河航运都可以实现电气化，长途重载货车的电气化还存在一定困难。未来是通过发展超级快充实现电气化，还是采用氢燃料，也需要进一步研究和实践。

海上航运和航空可能还需要燃料。这可能需要生物质制备的零碳燃料或氢及氢合成的零碳燃料。未来的海上及空中运输量可能还会随着全球化的发展而进一步增加。

综合分析，未来交通领域需要用电量2万亿千瓦时，零碳燃料折合1.5亿吨标油。按照目前车辆电气化的结果，最多20千瓦时电力可以替代6升油，则2万亿千瓦时电力相当于6亿吨燃油，加上1.5亿吨标油的零碳燃料，未来交通用能相当于7.5亿吨标油，比目前交通

用能高 50%。

（三）工业生产用能

工业生产可分为基础材料生产和其他制造业。基础材料生产主要包括冶金、有色、化工、建材等，这些生产过程中化石能源不仅作为燃料，还作为主要的生产原料。因此，其化石能源的替代需要改变生产原料，如化工生产由煤、油、气的化工转为氢、二氧化碳和氮的合成化工；改变生产工艺流程，如冶金由焦炭还原改为由氢还原，或者由长流程的铁矿石开始转为短流程的废钢铁开始；改变产品种类，如建材产业，未来由碳纤维产品替代部分建筑用钢，用新型黏合剂与填充剂替代水泥，从而使建材产业发生巨大变化。在这方面，中国工程院已有多个相关项目取得成果。

其他制造业则是指机电产业、电子与信息产业以及各类轻工、食品、医药产业等。这些产业目前使用电力、热力和部分燃料。其中，燃料也主要是通过锅炉产生不同压力的蒸汽和循环热水满足生产过程热量的需求。因此，只要提供足够的电力和不同温度和压力的热量和蒸汽，就能满足这些产业的用能需求。

由于很难预测各行业未来的发展规模，只能根据我国制造业发展态势并参考发达国家的工业用能现状，预估未来的工业用能。得到的初步结论是：未来工业需要约 7.5 万亿千瓦时电力、136 亿吉焦热量，以及折合 8 亿吨标准煤的燃料。我国目前工业用能为 6 万亿千瓦时电力和 18 亿吨标准煤的燃料（由集中供热系统能够供给的蒸汽也已经包括在内），而预测的未来工业用能中，如果把热量折合为 4 亿吨标准煤，则热量和燃料用量与目前相同，电力增加 25%，考虑技术进步用能效率的提高以及产品附加值的增长，以及制造业产品结构的调整，这样的工业用能可以支撑制造业增加值达到目前的 2～3 倍。

综上所述，到 2050 年，未来中国需要的电力为 14 万亿千瓦时，再加上制备热力所需要的电力，需要 240 亿吉焦的热力，以及相当于 10 亿吨标准煤的燃料。按照热值折算，总量为 34 亿吨标准煤，按照发电煤耗折合电力，总量为 58 亿吨标准煤。

二、零碳电力系统

未来电力需求为 14 万亿千瓦时，外加制备热力所需电力约 2 万亿千瓦时，共 16 亿千瓦时，可由下列零碳电源满足。

当前核电装机 0.5 亿千瓦，年发电量 0.4 万亿千瓦时，根据核电发展规划，如果仍限制在沿海地区发展核电，则总装机容量为 2 亿千瓦，年发电量 1.5 万亿；如果可以发展内陆核电，则总装机容量可提升至 5 亿千瓦，每年核能发电量约 4 万亿千瓦时。

目前，我国水电装机容量约 4 亿千瓦，年发电量约 1.5 万亿千瓦时，未来开发雅鲁藏布江流域，增加 1 亿千瓦装机容量，年水力发电量 2 万亿千瓦时。

剩下的电力缺口主要依靠风光发电。如果没有内陆核电，风光电装机容量需要达到 85 亿千瓦，年发电量 12.5 万亿千瓦时以上；如果发展内陆核电，则风光电装机总容量也要达到70亿千瓦，从而使年发电量在10万亿千瓦以上。

上述零碳电源满足了未来电力供给总量需求，但仍面临三个问题：

一是供需季节上不匹配。图1是按照上述的电源结构得到的零碳电源全年日平均功率的逐日变化，以及按照前面预测得到的负荷侧日平均用电功率的逐日变化。从图中可以看出，上述零碳电源与用电负荷之间存在季节不匹配现象：冬季夏季零碳电力不足，而春季近四个月中发电量大于用电量。进一步增加风电光电装机容量可以满足冬夏用电，但会进一步加大春秋季的弃风弃光电量，增加的风光电力投资收益太低；而各种储电方式、储氢方式也都由于一年只储存一次而使得投资无法得到回报。可行的方法是保留6亿～7亿千瓦火电作为季节性调峰，全年运行2000小时，发电1.3万亿千瓦时，消耗生物质燃料、燃煤、燃气折合4亿吨标准煤，排放10亿吨二氧化碳，可捕集并用于合成燃料和合成化工。

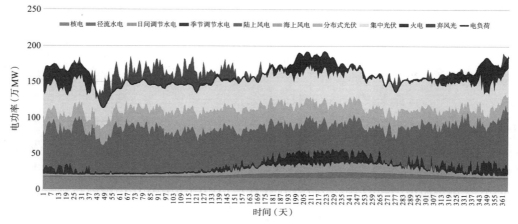

图1　2050我国电力逐日供需关系平衡状况

二是风光电安装空间问题。西部地区具有充足的空间资源和风光资源，但由于输送、储能的成本高于风电光电发电装置本身，因此，大比例将西部地区发电再通过"西电东输"向中东部地区输送经济上并不合适，且存在大容量输电线路聚集在河西走廊导致的输电空间不足和输电安全问题。根据全国分区优化的结果，得到各区域建议的风光电装机容量占比（图2）。这样，西北地区风光电装机约为全国总量的30%，除满足自身发展用能外，再利用其丰富的水力资源通过水风、水光互补，打捆东送。而70%的风光电（包括海上风电）要在中东部地区（包括蒙东地区）发展，并就地消纳。根据各地区具体情况的不同，风电光电的装机容量比在1:1～1:2。光电比例大有利于减少长时间储能或火电调峰的需求，而风电比例加大则有利于降低对日内储能容量的需求。如果风光比例为1:2，则光伏安装容量为56亿千瓦，城乡建筑屋顶和周边可安装屋顶光伏约28亿千瓦，其中农村建筑和周边可安装20亿千瓦，城市建筑屋顶及周边可安装8亿千瓦。

三是中东部地区的风光电有效消纳问题，解决一天和几天内风光电逐时发电量与用电量在时间上的不匹配。中东部地区需要消纳风光电50亿～60亿千瓦，考虑这些电源的不同步性和其与用电负荷的同步变化部分，需要的储能调节功率约为25亿～30亿千瓦，储电容量为200亿～250亿千瓦时。可利用的调蓄资源包括抽水蓄能、空气压缩储能和集中化学储能

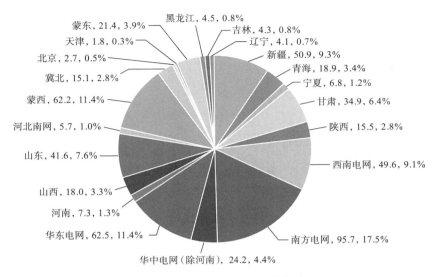

图2　各区域风光电装机容量优化结果

（注：因小数进位原因总和不为100%）

等，集中调控的储能设施可调节消纳的功率小于15亿千瓦，日储能能力不到120亿千瓦时；为此，用电终端需要承担 10亿～15亿千瓦、日储能能力80～140千瓦时的风电光电调节和有效储存任务，每天需消纳100亿～200亿千瓦时，年消纳电量约4万亿～5万亿千瓦时。通过发展"光储直柔"建筑配电方式和运行模式，调动电动私家车和建筑直接与间接的储能资源，可提供日储电能力约120亿千瓦时，瞬时电力接收能力约30亿千瓦。完全可以与集中储能设施一起，共同解决风光电有效消纳问题。

三、零碳热力供给系统

当前，我国热量供给的主要来源是燃煤燃气锅炉和热电联产，以及各类电动热泵和电锅炉，总用热量约150亿吉焦，消耗约6亿吨标准煤的燃料。如表1所示，我国未来的热量需求约240亿吉焦。

表1　我国未来的热量需求

领域	项目	热量需求（亿吉焦）
建筑领域	北方城镇建筑供暖	54
	长江流域及以南供暖	20
	农村建筑供暖	20
	生活热水及蒸汽制备	10
工业领域	150℃以上热量	60
	150℃及以下热量	76
总计		240

上述用热需求中，工业领域150℃以上热量可用电直热、燃烧燃料或高温气冷堆来供给，其余热量需求可以通过热泵提取低温热源的热量来制取。

热泵的低温热源可分为两类：一是自然环境；二是人类活动排放的余热。自然界低温热源指空气源、地表水水源、土壤源以及中深层（2 000～3 000米）地热。人类活动排放的余热包括发电和工业生产过程排放的余热、垃圾焚烧余热、数据中心余热等，表2为我国未来可用的人类活动排放的余热资源。

表2　未来我国可利用的余热资源量

余热源	全年余热总量
核电	70亿GJ
调峰火电	50亿GJ
流程工业	50亿GJ
数据中心	10亿GJ
变电站	4亿GJ
弃风光电转化热量	16亿GJ
余热资源总量	200亿GJ

研究结果表明，利用各种自然界低温热源可提取的热量强度约为1兆瓦/万平方米，超过这一强度会对周边的生态环境造成不利影响，以及会过度占用地下空间的。因此，只有当生活热水、农村和南方地区供暖等低强度用热时，自然界低温热源适用。在高密度用热领域，如工业用热和北方城镇建筑采暖需要主要回收利用人类活动排放的余热作为低温热源资源，而以自然界低温热源为辅。表2列出本研究的统计结果，未来各类人类活动排放的余热高达200亿吉焦，只要回收其70%，就足以满足需要高强度提供热量的工业用热和北方城镇建筑采暖这两项共计130亿吉焦的热量（见表2）。

由于人类活动所排放的余热与工业和建筑的热需求非同时发生，且不在同一处，还不处在同一参数，因此需要通过图3所示的余热共享系统来实现。其中包括四项关键技术：

（1）有效回收各类余热的低品位余热回收技术。

（2）低成本高效率长距离输送热量的系统；近四十年来我国已经建成了高覆盖率的城市供热管网，其规模和覆盖率等都远超北欧等处在世界第二的国家，在其基础上完全有可能建设成输送余热、互济有无的管网系统。

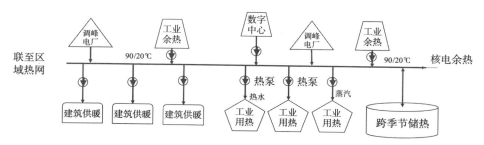

图3　多热源、多用户的跨区域余热共享系统

（3）类似于电力输送所要求的变压器设施；对热量进行各类参数变换，已实现各源、汇和输送所要求的热参数的匹配；通过近十年的努力，我国在此方向已有重大突破，研制开发出系列产品，目前处于国际领先位置。

（4）大规模长周期储热设施；以解决供给侧和需求侧在时间上的不匹配，以充分回收利用各类余热资源。在此方向北欧（主要是丹麦）国家走在前面，我国还需要加速开发研究和实践。

为制取上述热量，热泵耗电约1.4万亿千瓦时，占未来电力用量的约10%，输送及转换等设施耗电约0.5万亿千瓦时，冬季增加的用于供热的电力负荷为4亿千瓦，比其他季节高1.5亿～2亿千瓦。为了满足供热用电需求，需在前述14万亿千瓦时的非供热用电的基础上，再增加1亿千瓦调峰火电和10亿～15亿千瓦风光电，全年总发电用电量16万亿千瓦时。

四、零碳燃料供给系统

未来零碳场景下，除工业、交通需要10亿吨标准煤的燃料外，7亿～8亿千瓦的调峰火电还需要约5.5亿吨标准煤的燃料，总计15.5亿吨标煤。生物质燃料将成为主要的零碳燃料来源，包括农业秸秆、林业枝条、牧业粪便，除饲料和少量加工业需要外，全部剩余可加工成固体、液体或气体的零碳商品燃料或化工原料，约折合6.5亿吨标准煤。此外，城市绿化垃圾、厨余垃圾和林业与农业产品加工后的生物质材料也可加工成零碳商品燃料或化工原料，约2亿吨标煤；如果进一步在不能种植粮食的荒地发展速生型生物质种植燃料1亿亩，年产生物质燃料约1.5亿吨标准煤，每年就可以获得10亿吨标准煤的零碳燃料。此外，利用弃风弃光电力制氢并合成燃料可供给约1.5亿吨标准煤，消耗春秋季弃风光电2.5万亿千瓦时。还需要利用燃煤和燃气燃料约4亿吨标准煤。集中在调峰电厂消纳这些化石燃料，并混烧1.5亿吨标准煤的生物质燃料，从烟气中可回收约10亿吨二氧化碳作为原料，用于化工和建材生产。

五、农村的新型能源系统建设

根据以上分析规划，农林牧区就成为最主要的零碳燃料的产出地。而这些地区的能源则依靠分布式光伏、分散的风电和周边的小水电提供，对生产、生活和交通用能实现全面电气化。

根据高分辨卫星图片分析和现场考察，我国农林牧区建筑及周边区域可安装太阳能光伏19.7亿千瓦，全年发电量接近3万亿千瓦时。而这些地区未来3亿人口，生产、生活和交通用能不会超过1.5万亿千瓦时（人均5000千瓦时，接近目前英国人均用电量），尚可输出1.5万亿千瓦时支持大能源系统。目前，一些北方农村发展屋顶光伏，每户最少安装容量为20千瓦，年发电量接近3万千瓦时，远超未来一户家庭的生产、生活、交通所要求的用电量。约不足20%的农村处在峡谷地区或常年阴雨缺少日照的地区，难以发展光伏，但大多可找到丰富的水电资源。

由此就要在农村通过大规模发展光伏和小水电，实现全面电气化，彻底改变目前的能源方式，替换掉燃煤、柴油、燃气和薪柴、牛羊粪。农村恢复蓝天白云，绿水青山。置换出的生物质材料，通过加工成各类零碳商品燃料和化工原料，进入市场，即可成为农民新的收入，加工过程又可有效消纳一部分光伏电力。

实现上述目标需要：

（1）足够的资金投入。由于光伏器件成本已降低到0.7元/瓦，农村屋顶光伏系统的成本可在3元/瓦以内，就使得利用低息光伏贷款在十年内有效回收投资，目前缺少的是针对小农户小款项的金融工具。

（2）储能能力。通过光伏满足自身用电并在电网负荷高峰期（目前已成为晚高峰）有序上网送电，关键是每户拥有60千瓦时的储电能力。这需要户均额外的5万元投资，或一辆电动车，或几辆电动农机。通过"家电下乡"等方式，通过国家部分补贴使农民拥有储电资源，是破解目前农村光伏发展瓶颈的关键。

（3）农网改造。农村电力配网薄弱，难以大规模支撑分布式光伏，使目前多地成为发展光伏的"红区"，是上述发展目标受阻的关键。利用智能化手段改造农网，使其可充分利用配电容量，提高满负荷向上输电的能力，从而激活农村约5亿千瓦、年供电1.5万亿千瓦时的分布式发电能力，其所需要的电网改造投资远低于5亿千瓦燃煤电厂及其输电线路建设所需要的投资。更低于同时要建设的煤矿和燃煤运输体系的投资。而其收益就不仅是获得了每年1.5万亿千瓦时的可调节电量，而且使3亿农民增加了售电和出售生物质燃料的收入，在经济上翻身。

六、政策机制建议

零碳能源系统代表先进的生产力，与目前的能源系统方式有根本的革命性的变化。由此便导致其在很多方面与目前电力、热力领域的相关政策机制相矛盾，在一定程度上，很多现行的能源相关政策机制成为建设零碳能源系统的制约和障碍。因此，很多适应于现有的碳基能源系统的政策机制不一定适应新的零碳能源系统。在现行相关政策机制的框架下，很难找到新能源系统的发展方式。因此，生产关系必须适应生产力的变化，必须按照习近平总书记的指示，进行能源领域政策机制的"革命"。

针对新型电力系统的建设，必须从机制上彻底解决"隔墙售电"问题，由于风光电力将有一半来自分布式终端，互通有无、就地消纳将是最好的消纳方式。因此，需要从制度上改变现行规则，对隔墙售电由禁止转为积极引导、支持。终端分布式的储能和灵活用能将在未来电力系统调节中起到重大作用，因此就必须建立新的电网与电力用户之间的协调关系，使终端用户知道怎样调节，并积极参与到调节中。只有这样才能唤醒沉睡在终端的巨大储能容量，解决风光电消纳问题。目前分布式光伏的发展受到严重制约，为了保证电网安全，避免超载，很多地区都成为光伏安装的红区，尽管其光伏安装量远没达到规划容量，但却被严格禁止容量增量。在技术、政策机制上全面解决这一问题，从而推动分布式光伏的大发展，已经成为目前零碳能源系统建设的关键。在这一点的破局，不仅可实现我国零碳电力系统的建设，也对维持我国光伏产业目前的全球领先地位，避免由于国外贸易战和国内禁装而导致光伏产业崩盘的危险。

针对零碳热力系统的建设，目前最重要的是做出全国范围内的零碳热力系统规划，并且通过某种立法形式，保证其在实施中不得走样。这并非是计划经济，而是在统一指导下的市场经济。余热资源是宝贵资源，必须应收尽收，合理和充分地利用。如果将其完全交付到市场，大量局部经济最优，而全局并不适应的工程就会纷纷上马，从而既导致工程重复、浪费投资，又使宝贵的余热资源不能充分合理利用，形成浪费。统一规划蓝图，由市场分片分段融资和建设，才是合理的方式。开发余热资源解决工业和建筑用热问题，与开发土地资源进行房屋建设完全是一回事。如果没有统一的国土规划和城市规划，任由开发商按照市场规律选地块建设，不可能建成现代化的城市。余热利用还有很多诸如热价问题、水的利用问题、储热设施的土地利用权问题等，都需要新的政策机制支持。尤其是大规模跨季节储热，需要巨大的国土空间。按照建设用地处理不可能建成，就需要仿照垃圾填埋场、污水处理厂等将其作为重要的基础设施项目，协同解决土地空间资源问题。

针对低碳能源基础设施，包括城乡的充电桩网络建设、生物质燃料加工设施的建设等，也需要按照能源的基础设施来规划和管理，而不是单纯依靠市场。靠这些设施本身盈利和回收建设费只能是"自生自灭"。只有从能源系统建设的更大尺度来考察、规划，统一解决融资问题、产权和运行管理问题，才能实现其可持续发展。这些将是未来零碳能源系统中极重要的基础设施，必须设计出新的机制，解决其建设融资、维护和运行管理问题。

本文是江亿院士作为负责人的中国工程院重大项目"城乡能源供给系统与路径发展战略研究"（2023-XBZD-07）的研究成果，对本项目的支持表示感谢。

（作者：江亿，中国工程院院士，清华大学教授）

新阶段中国城市发展的特征、挑战与建议

新中国成立以来特别是改革开放40多年以来，中国的城市规划建设取得了举世瞩目的发展成就，但伴随高速发展带来的交通拥堵、基础设施老化、安全韧性、城市活力不足等问题也日益凸显。随着当前国内外发展局势的快速变化和全球经济社会的深度转型，城市发展的动力、模式、方向也随之不断发生转变，呈现出新的特征与挑战。如何更加科学客观地认识城市发展阶段的时代特征与内在规律，对于理解转型期的城市发展并提供与该阶段相应的精准指引，具有重要的现实意义。

一、中国城市发展的新阶段特征

（一）发展导向：从"增长主义"转向"结构主义"

20世纪90年代中后期以来，全球经济地域分工及中国城市发展制度环境的重塑催生了增长主义的城市发展战略，以经济增长为第一要务、以工业化大推进为主要增长引擎、以出口导向为主要经济增长方式等成为该阶段的典型特征[1]。增长主义主导下的快速发展不仅帮助中国创造了经济高速增长与城市发展建设的"奇迹"，但也导致了经济、社会、生态、治理等方面的隐忧。2020年之后，随着国内外环境的变化，城市化、工业化也进入到新的结构调整期。经济发展减速、城市建设用地年均增量下降、国有建设用地供应年均增速降低，城市发展从增量扩张转向存量为主导的特征日益凸显。

不同于强调总量提升的"增长主义"，"结构主义"将包含空间结构、产业结构、投资结构等在内的结构优化作为新的动力源[2]。既包括寻找工业化的新动力源，从投资驱动向创新驱动转型，也包括通过城市更新、市民化等手段，寻找城市发展的新动力源（表1）。针对上述种种转变要求，探索城市更新新模式、培育启动新的创新驱动力，成为发展视角下当前阶段规划的核心需求。

（二）城市扩张：从快速增长转向存量为主

截至2019年末，我国常住人口城镇化率已跨越60%的重要门槛，至2023年末，这一比例进一步提高至66.16%。按照规律，城镇化率超过60%后将进入增速相对稳定的新时期[3,4]。从城镇化率的增速看，改革开放40多年来，我国前30多年城镇化率经历了年均1.5%的高

表1 "增长主义"与"结构主义"的内涵对比表

	增长主义	结构主义
周期表现	长、中周期力量方向一致	长、中周期彼此冲突与嵌套
逻辑主线	周期同步，总量增长	周期波动、结构演进
发展动力	既有发展动力强劲，应势而行 工业化、城镇化高速增长	传统发展动力式微，寻找新动力增长点 工业化转型、城镇化"下半场"
发展机会	在总量的变化中寻找发展机会	从结构的变化中寻找发展机会
规划需求	工业化、城镇化高速增长驱动下的空间拓展 需求：投资驱动、城市扩张	寻找工业化的新动力源：创新驱动 寻找城镇化的新动力源：市民化、城市更新等

速增长，但2020—2023年间，城镇化率的年均增速下降到0.75%。从用地供给上看，一是新增建设用地供给呈现持续下降。城市建设用地年增量从2010—2015年期间的2 365平方公里降到2015—2020年期间的1 064平方公里。二是存量用地供给呈现快速上升。2018—2022年，全国消化批而未供土地1 372万亩、处置闲置土地436万亩。目前，全国建设用地供应总量中，盘活利用存量部分已经占1/5，部分地方甚至达到一半。

根据以上趋势，我国城市发展正在经历由增量发展转向增存并举发展，最终进入城镇化率趋于稳定，以存量土地为主的城市更新时期。截至2023年12月，我国颁布实施的市区级城市更新专项规划已超过20部，颁布地包括广州、深圳、北京、成都、重庆、宁波等。加快以城市更新推动空间品质提升、民生短板改善、产业经济转型、活力与魅力彰显，推动城市高质量发展成为未来重要方向。

（三）城市经营：从土地财政转向更加多元的财政来源

中国城市发展建设取得的巨大成就离不开土地财政的重要支撑，但伴随经济发展与房地产市场供求关系的新变化，城市政府面临着日益增长的财政压力。一是土地财政断崖下降，土地开发高利润时代结束。近十年来，全国卖地收入最高的是2020年下半年，半年时间卖地收入超过3万亿元；2023年上半年大幅减少，预计回到2015年左右的水平。二是城市建设财政支出持续增加、负担加重。过去存量城镇化人口的公共服务欠账较多，相应财政支出持续增长，城镇公共产品供给数量和标准亟需大幅提升。三是城市将进入城市更新微利润时代。开发周期长，从确定实施主体、制定实施方案、调整控规、方案深化、建设施工、验收运营，周期通常在5年以上；回报周期长，因为初期投资成本大，通常需要实力、能力和资金等综合实力较强的团队参与，并且营利点依赖出租、自持业态等。在此背景下，城市如何摆脱对土地财政的依赖，实现更加可持续的经营模式的重要性不言而喻。这要求城市政府在财政收入多元化、公共服务效率提升以及创新城市运营模式等方面进行深入探索和实践，以拓宽财政来源，增强城市发展的内生动力。

（四）设施供给：从"有没有"转向"好不好"

随着我国社会主要矛盾的转化，人民对美好生活的向往变得更加强烈，不同人群的需求日趋多元。一是多元人群差异化的需求更加显著。这要求城市服务配套、设施供给不仅要解决"有没有"的问题，更要聚焦"好不好"和"优不优"，即从数量的扩张转向质量的提升，亟须探索应对人群需求的差异化设施供给及品质升级。二是四亿中产阶级的品质需求升级强烈。中产阶级这一群体越来越倾向于理性和可持续的消费模式，追求更高质量的生活方式。当前，"15分钟生活圈"、浙江省的"美丽系列"、未来社区、城市更新行动以及儿童友好城市、青年发展型城市等，均是通过改善居住环境、补足公共服务设施短板、供给精细化的服务配套，提高居民生活质量的有益实践。

（五）区域发展：从单一城市发展转向区域一体化协同

党的十八大以来，国家提出共建"一带一路"倡议，颁布了"京津冀协同发展""长江经济带发展""粤港澳大湾区建设""长三角一体化发展"等多项区域发展战略，这些战略不仅为各区域的协调发展注入了新动力，也为实现"国内国际双循环"、建设"全国统一大市场"等提供了坚实的支撑。

伴随福州、南京、长株潭、重庆、成都、武汉、西安、杭州、沈阳和郑州10个都市圈发展规划的相继批复，中国的区域发展战略正逐步深化，展现出更加精细化和系统化的规划布局。预计到2035年，城市群、都市圈内将承载约70%的城镇人口[5]，超大特大城市周边形成的城市群、都市圈将成为中国城镇化的主体形态。依托城市群创新一体化发展体制机制，推进区域内产业链、供应链的优化重组，统筹推进基础设施协调布局、产业分工协作、公共服务共享、生态共建环境共治等，正在成为新时期推动区域经济高质量发展的关键。

（六）城市规模：从普遍增长转向结构分化

在当前中国城镇化发展的新阶段，城市人口规模的普遍增长正逐步让位于结构性的分化，有待形成城市体系的顶层设计和分类应对。一是城市人口向超特大城市和县城两端集聚。一方面，21个超特大城市城镇人口2.43亿人，占全国城镇人口比重26.9%；2010—2020年，21个超特大城市的城镇人口增量7 387万人，占全国城镇人口增量2.36亿人的31.2%，其中市辖区人口增长2 989万，占增量1.28亿人的23.38%。另一方面，县域成为城镇化的主要载体，1 866个县域单元城镇人口总量3.64亿人，占全国城镇人口比重40.4%；2010—2020年，县域的城镇人口增量5 770万人，占全国城镇人口增量的24.4%。二是东北城市、边境口岸城市出现人口收缩。过去十年间，全国337个地级及以上城市中，150个城市的市域人口减少3 637万。从"六普"到"七普"期间，东北地区人口负增长城市增加了42个，占全国新增人口负增长城市总数的2/3，辽宁、吉林、黑龙江常住人口分别下降2.64%、12.31%、16.87%[6]，37座市辖区人口和城市人口同步减少的城市中，东北三省占据其中24座[①]；全国

[①] 根据《中国市辖区高质量发展报告2023》，城区人口和城市人口同时减少的城市总共有37座，东北三省占据其中24座（黑龙江10座、辽宁7座、吉林7座），内蒙古3座，安徽、湖南、宁夏各2座，四川、湖北、陕西、广东各1座。

陆路边境口岸城市中，21个存在人口负增长问题，流出人口总规模达到586万，占边境城市总人口比重为14.4%。

二、新阶段下中国城市发展面临的挑战

（一）经济增长转向高质量，亟需探索动力转型、活力提升与财政可持续的发展路径

根据康波周期理论，当前我国正处于经济调整和城市更新相叠加的时期，面临来自城市核心动能、创新活力与多元税源等多方面的转型挑战。一是城市核心功能聚焦不足，竞争压力加剧。尽管近年来国内经济恢复向好态势明显，消费、旅游等多项观测指标全面超过2019年同期，但在产业、创新、文化软实力等核心功能领域，我国城市仍普遍存在一定短板，同质化竞争压力加剧。二是创新发展动能不足，高质量发展亟待助力。我国城市基础科研投入占比普遍偏低，上海、深圳、成都等国内主要城市的基础研究投入占研发经费比重分别为10.2%、7.3%、7.2%，远低于东京、波士顿、纽约等全球城市（15%左右）。三是城市财政收支压力增大，探索财政可持续模式迫在眉睫。2023年，我国土地财政收入相比2021年下降33.4%，老龄化问题等进一步增加了财政支出压力；在传统土地财政和"大拆大建"模式难以为继后，亟需探索建立地方政府的主体税种，以增强长期的现金流保障。

（二）城市人口低增长、老龄化压力不断增大，面向多元人群需求的精准化供给有待提升

当前，我国人口迎来"负增长"拐点并进入深度老龄化社会，城市人口持续向两端集聚，公共服务与公共空间面临配置不足等挑战。一是面向多元人群的精准化供给不足。2亿新市民、青年人，约70%的人只能在城市租房居住，面临居住品质较差、住房困难突出等问题；2亿城镇老旧小区居民，普遍面临住区设施老化、功能不健全、安全隐患多等问题；2亿老年人群体，普遍面临住房适老化设施不足、居家养老支撑不足等问题；2亿儿童，普遍面临安全、健康的生活环境匹配不足等问题。二是精神文化需求升级下的"非标化"场景供给缺失，目前我国主力消费群体逐渐转变为约2.6亿的"Z世代"群体，城市原有的标准化空间已不能满足需求，需要搭建更多非标空间场景，焕发人的在场性。

（三）气候变化与公共安全不确定性增加，面临应急防灾和安全保障能力不足的挑战

面对趋多增强的极端天气和公共安全事件，城市的应急管理机制、应急设施基础、各类生命线工程建设仍然相对滞后，亟需强化风险防控与韧性应对。一是基础设施安全运行风险增加。截至2023年底，我国城市供水管道总长约112.2万公里，排水管道总长约93.36万公里。城市生命线设施总量大、密度高、运行年限长，易导致灾害耦合、风险叠加和损失放大。二是消防安全隐患突出。截至2023年末，我国电动自行车市场保有量已达4亿辆，2023年全国共接报电动自行车火灾2.1万起，已成为主要的火灾风险，且呈现不断上升趋势。三是排水防涝等水安全隐患较大。近年来，郑州"7·20"特大暴雨灾害、海河"23·7"流域性特大洪水、洞庭湖洪水高涨决堤等灾害事件频发，极端降雨频次和强度逐年上升而水

空间调蓄能力不足，易引发内涝、山洪、崩塌等次生灾害，进一步威胁城市安全。四是应急避难空间储备不足。城市应急避难空间存在总量不足、分布不均等问题，人均避难场所面积普遍低于1.5平方米，平急功能转换考虑不足。

（四）历史地区人居环境品质有待提升，面临活化利用不足和历史风貌不连续的挑战

当前，我国对历史文化保护传承的要求逐步明确，但仍然面临人居环境提升的挑战，深厚文化底蕴尚未转化为城市竞争力。一是历史保护形式趋同、活力流失，注重物质环境的"博物馆式"保护而忽视历史文脉和社区结构的活态延续，导致部分历史街区空心化严重，原真性与活力保留不足。同时，面向活化利用的产权政策、建设标准要求相对滞后，难以激发多元主体积极性。二是历史保护规划传导性不足，建控地带与周边环境尚缺乏有效统筹管控，易出现大量高层或风貌不协调建筑，导致遗产保护传承"盆景化"。三是保护范围划定过于碎片化，部分城市历史文化街区仅按照最小面积要求划定，致使平均保护面积仅十余公顷，历史风貌连续性与整体格局保护力度不足。

（五）城市建设步入增存并举阶段，面临空间资产盘活和更新资金来源的挑战

当前，我国城市新增建设用地持续下降而存量建设用地快速上升，大量存量空间资源亟待盘活，更新主体与资金渠道尚需拓展。一是大量低效老旧空间和闲置资产亟待改造。例如，杭州市区、宁波市区、广州六区更新资源分别为422平方公里、538平方公里、261平方公里，占"三调"城镇建设用地比例分别为37%、55%、34%。二是多元更新资金渠道有待建立。城市更新项目的开发周期通常在5年以上，初期投资成本大且回报周期较长，多处于"微利润"运营状态；需要挖掘多元资金来源，补贴找一点、政府出一点、市场募资、百姓筹资，创新政府和市场"成本共担、利益共享"的综合成本收益平衡模式。三是城市更新政策有待创新、参与门槛较高。城市更新面向各类物业权利人的统筹难度较大、协调周期较长，对居民主导、政企合作等合作化更新改造模式的政策力度不足；综合整治类改造项目常见的土地确权、产权注销、用途改变、不合规用地处理等问题尚缺乏制度安排，一定程度上导致项目启动困难。

（六）城市转型要求转变治理方式，精细化、智慧化、协同化机制有待完善

城市治理方式逐渐由过去的单线条转向制度化、精细化，但基层治理的精细化、智慧化、协同化机制仍有待建立。一是对数据资源的整合利用关注不足。数据资源跨层级和跨部门共享流通不畅，统筹城市"人地房财"、设施、空置率等的数据底座尚未完全建立。二是人工智能、物联网、云计算等新兴技术与基层街道社区的融合不足。城市基础设施和交通的智能化水平偏低。三是基层治理行政资源不足、财政资源有限。全国城市物业管理覆盖率平均仅为68%，疫情防控时期出现1名专职社工对应700位社区居住人员的"高负荷"运转情况，面向电动车治理等新兴问题，城市基层管理空白和管理交叠并存。

三、中国城市高质量发展的方向与行动建议

围绕新阶段特征及核心挑战，结合党的二十大报告等相关要求，中国城市高质量发展的路径方向应围绕实现中国式现代化的目标，用好城市的规模集聚优势和核心功能引领优势，发挥空间治理改革的突破和先导作用，重点从韧性、宜居、创新、绿色、人文、智慧六大维度，加快建设中国式现代化城市。

（一）提升城市韧性，加快建设高质量的韧性安全城市

围绕韧性城市建设，全面提升城市各类基础设施的防灾、减灾、抗灾、应急救灾能力和极端条件下快速恢复能力。一是改善城市空间韧性，加强不确定性灾害的空间应对。推进分布式水、电、气、热等城市基础设施建设，增强基础设施对灾害的韧性应对能力。推动城市设施平时功能和应急功能的有机结合，加强隔离设施、医疗应急设施、交通市政设施等平急两用设施建设。二是加强城市设施韧性，实现风险防控从被动应对转向主动预防。统筹推进燃气、供水排水等老旧市政设施的有机更新，及时排查和消除安全隐患。在地级及以上城市全面实施城市生命线工程，推动地下管网、桥梁隧道、窨井盖等完善配套物联智能感知设备加装和更新。统筹城市防洪和内涝治理，建设源头减排、管网排放、蓄排并举、超标应急的城市排水防涝工程体系，补齐城市防洪排涝设施欠账。三是加强城市应急韧性，完善城市应急管理机制。充分发挥应急管理部门的综合优势和各相关部门的专业优势，构建政府引导、社会协同、公众参与的城市安全风险治理模式，增强城市基层和社区韧性。

（二）提升城市宜居性，持续推动好房子、好小区、好社区和好城区迭代建设

坚持人民城市人民建、人民城市为人民，把握人民更加多元化、个性化、品质化的需求，促进社会和谐发展、化解社会矛盾、激发社会活力。一是下力气建设好房子、满足多样居住需求。引导建筑师精心设计好户型，鼓励企业研发好产品、好材料、好设备，推动多行业跨界协同，合力建造绿色、低碳、智能、安全的好房子。建立房地产发展新模式，让商品住房回归商品属性，满足改善性住房需求；加大保障性住房建设和供给，让工薪收入群体逐步实现居者有其屋。二是"小切口"改善"大民生"，扎实推进老旧小区改造，全面提升居住幸福感。推动解决老旧小区加装电梯、停车等难题，推进"楼道革命""环境革命""管理革命"，推动打造城镇老旧小区改造"升级版"。三是以"安全健康、设施完善、管理有序"为核心目标，营造群众满意的"好社区"。完善社区配套设施和公服设施，创造宜居的社区公共环境，营造地方特色的社区文化；探索和构建多部门协同的治理机制，突破以往社区"重建设、轻管理、难更新"的局限，从顶层设计为完整社区建设提供更加完善的制度保障。四是推进老年友好、儿童友好、青年发展型城市建设，因地制宜打造特色城区。推进老年友好型城市建设，优化老服务设施体系与布局，精准配置就近养老服务设施。以"三改两增"为重点，推进儿童友好型城市建设，推进服务设施、出行环境、公园绿地等空间适儿

化改造，增补校外活动场所和儿童游憩设施。聚焦"宜居、宜业、好玩"，推进青年发展型城市建设，加强阶梯化住房供给，着力为青年提供创新创业空间，丰富设计感、有体验感的文体休闲设施和运动场所。

（三）提升城市创新活力，探索城市高质量、可持续的发展路径

立足新一轮科技革命与产业变革趋势，统筹空间、规模、产业三大结构，加快构建更具可持续性、稳定性的城市经济高质量发展路径。一是大力发展城市新质生产力。围绕技术革命性突破、生产要素创新性配置、产业深度转型升级等方向，通过教育、科技以及人才的循环发展，实现劳动力、劳动资料以及劳动对象的三大跃升。二是扎实推动科技创新，强化产业创新自主可控。加强科技创新特别是原创性、颠覆性科技创新，加快实现高水平科技自立自强，打好关键核心技术攻坚战，使原创性、颠覆性科技创新成果竞相涌现。三是提供低成本、高品质的创新空间。鼓励深度挖掘城市可利用的闲置用地、老旧楼宇，探索对传统商办功能转为创新功能予以用地比例混合、容积率奖励等方面的激励措施；鼓励工业用地和研发用地集约节约利用，为更多创新人群提供高品质的创新创业空间。四是推进可持续的城市建设财政模式，实现高质量的经济增长路径。遏制地方债务增量，控制城市建设规模，保障重点项目建设。探索多元并举的融资模式，坚持政府引领，创新市场融资模式，鼓励和支持民间资本参与机制。推进税制体制改革，扩展税源税基，稳妥推进保有环节税分地区、分类型征收，实施房产税向个人住宅破围，对高端和多套房产征收房产税，作为保障房与商品房双轨制的支撑。

（四）筑牢城市绿色生态基底，建设绿色低碳城市

把生态文明建设放在突出位置，加强生态环境保护修复，推动人居环境改善。一是完善城市结构性绿地布局，形成连续完整的网络系统和安全屏障。完善以郊野公园、综合公园、专类公园、社区公园、街头游园为主，大中小级配合理、特色鲜明、分布均衡的城市公园体系。提高城市公园绿化活动场地服务半径覆盖率，推动实现"300米见绿、500米见园"。二是科学复绿、补绿、增绿，增强城市绿化碳汇能力。加强城市生物多样性保护，实施城市生物栖息地生境修复。提高建筑物立体绿化水平，建设生态屋顶、立体花园、绿化墙体等，减少建筑能耗，提高城市绿化覆盖率，改善城市小气候。三是优化以人民为中心的绿色共享空间。结合"15分钟生活圈"建设，以"微更新"方式，因地制宜建设各类小微公园。贯通城市绿道网络，串联公园绿地、山体、江海河湖、文化遗产和其他城市公共空间。

（五）强化文化赋能，以文化保护传承激活创意消费

加强历史文化的系统性保护，以文化引领城市发展，让文化渗透城市肌理、浸润生活。一方面，保护好历史文化系统。建立系统完整的城乡历史文化保护传承体系，做到"空间全覆盖、要素全囊括"；保护真实、完整的历史信息和历史环境，加强历史城区整体保护，加强历史文化资源保护的整体性，延续城市历史文化脉络；建立历史地段认定标准，采取

措施推动合理利用历史地段；以用促保，开展历史建筑保护利用试点，加大历史建筑开放力度。另一方面，引领好城市发展，让文化渗透城市肌理、浸润生活。挖掘历史文化遗产价值，通过举行文旅活动、引入文创业态、制定青年创客文化IP孵化计划等，加大对老业态的扶持力度，古新并立，业态多元融合展现独街巷特气质；将文化融入城市街区、社区，引导"文化＋科技"融合，建设一批拥有强识别性、强吸引核、强活力度的特色文化体验场景，激活新消费和创新创意。

（六）提升治理智慧化水平和具体问题针对性解决方案

一是构筑面向未来的数字城市底座，全力推进城市运管服平台建设。构建面向未来的数字城市基础设施体系，统筹集成事关城市运行的人、地、房、财、交通等数据资源。推动数字底座与基层治理平台打通，打造形成部、省、市三级互联互通、数据同步、业务协同的平台体系，推动城市运行"一网统管"。二是加强数据多元应用、建设智慧化生产生活场景。加强数字技术在城市医疗、能源、交通、环保监测等领域应用，拓展"防汛应急处置""客流监测分析"等民生应用场景，推动无人驾驶街区等建设试点。引导数字方案与社区、园区建设等融合，建设智慧社区、智慧园区、智慧校园等新型生活场景。三是加强基层治理补短板。结合生活圈科学划分社区治理的基层单元，推动城管、社会治理和服务重心下移、资源下沉，推进审批权限和公共服务事项向基层延伸，完善社区基本公共服务供给，有效满足社区居民的差异化需要。构建社会治理共同体，推进共同缔造，推动群团组织和社会组织以及市场主体、新社会阶层、社会工作者和志愿者等共同治理社区。

（作者：郑德高，中国城市规划设计研究院副院长、教授级高级城市规划师，中国城市规划学会常务理事）

参考文献

［1］张京祥，赵丹，陈浩.增长主义的终结与中国城市规划的转型[J].城市规划，2013，37（1）：45-50，55.

［2］郑德高，马璇，张亢.当前阶段的规划需求与实践创新[J].城市规划，2023，47（11）：10-19.

［3］李晓江，郑德高.人口城镇化特征与国家城镇体系构建[J].城市规划学刊，2017（1）：19-29.

［4］李欣，吴志强.城镇化诺瑟姆曲线的新发现：局限、修正与精化[J].城市规划学刊，2023（3）：19-26.

［5］王凯，董珂，等."中国式城乡现代化：内涵、特征与发展路径"学术笔谈[J].城市规划学刊，2023（1）：5-6.

［6］邓仲良，张车伟.国内大循环背景下人口流动与区域协调发展[J].经济纵横，2022（10）：54-64.

专题篇

中国人口负增长对城市发展的影响及应对

2022年，我国总人口出现了负增长现象，这是新中国成立以来除去个别特殊时期人口首次出现负增长。据国家统计局数据，2023年我国全年出生人口902万，总人口为140 967万，比上年年末减少了208万人，下降幅度比2022年度净减少的85万人有所扩大。中国人口与发展研究中心人口与发展决策大数据实验室依据第七次全国人口普查等数据，采用人口队列要素、人口概率预测、教育多状态等模型的多情景模拟测算，发现人口负增长将是我国人口变迁过程中的重大趋势性变化，"十四五"时期年度出生人口会有所波动，预计在"十五五"时期总人口进入稳定的负增长阶段。人口负增长是我国人口发展的大变局，是人口转变和经济社会发展的重要趋势，城市人口及其空间分布将对经济产业转型发展、公共服务配置等带来重要影响，人口高质量发展也成为支撑中国式现代化的基础性因素。本文在准确认识我国人口负增长态势基础上，剖析其对城市发展的影响，并提出促进人口负增长背景下城市可持续发展的应对建议。

一、当前及未来一个时期中国人口负增长态势

（一）人口负增长趋势持续存在，短期渐进温和，长期加速剧烈

人口负增长是人口漫长发展的历史性趋势，是一个国家或地区人口转变的必然结果。1950—2018年，由"自然负增长"主导的人口负增长国家达到20个，包括欧洲19个国家和亚洲的日本。从第一个步入人口自然负增长的国家算起，人口负增长出现近半个世纪，多数国家仍处于积累负增长惯性的阶段。伴随第二次人口转变，人们的婚姻、生育观念发生变化，婚育推迟和低生育持续，许多国家的生育率明显下降。根据联合国人口司发布的"世界人口展望2024"（World Population Prospects 2024），目前全球2/3的人口居住在总和生育率低于更替水平2.1的国家或地区，人口将长期处于零增长的水平。

1962年以来，我国经历了60年的人口正增长，2017年人口突破14亿，2020年为141 212万，2023年为140 967万。中国人口与发展研究中心人口与发展决策大数据实验室依据"七普"数据，使用概率人口预测方法，经过多情景模拟测算，预计未来我国人口总量

将相继经历零增长①、负增长，总人口在2035年降至13.63亿，2050年进一步降至12.52亿（图1），总体来看表现出短期下降缓慢、长期下降幅度不断扩大的特点。在2022—2025年人口年均减少185万，"十五五"时期人口年均减少350万，2031—2040年年均减少540万，2041—2050年年均减少820万。

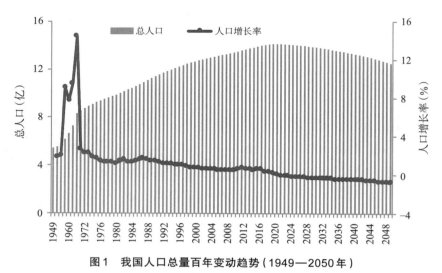

图1　我国人口总量百年变动趋势（1949—2050年）

数据来源：历年中国统计年鉴；2024—2050年数据为中国人口与发展研究中心人口与发展决策大数据实验室预测得到（下同）。

（二）生育水平低于更替水平30余年，积蓄巨大的人口负增长惯性

我国人口死亡规律、国际迁移趋势相对稳定，生育水平是影响当前及今后一个时期人口负增长的主导因素。早在20世纪70年代后，我国生育水平就实现了快速下降，到20世纪90年代初总和生育率降至更替水平。1949—1992年，我国人口快速增长是高生育水平带动的，1992年总和生育率为2.05，降至更替水平以下，人口内在增长驱动力由正转负，人口总量增长主要是惯性推动的。随后，伴随着城镇化快速推进、高等教育大众化、生育成本不断攀升，我国群众生育意愿明显减弱，生育水平长期低于更替水平。2017年全国生育状况调查数据显示，2006—2017年，我国生育水平长期处于更替水平以下。"七普"数据显示，2020年我国生育水平降至历史低水平1.3，2023年出生人口规模仅902万，生育水平降至1.02。这些数据充分说明，近年来我国低生育率风险持续凸显，人口负增长惯性持续增强。

受人口年龄结构影响，人口变动具有惯性特征，且生育水平越低，人口负增长惯性积累越大。30余年来低生育水平不断累积人口负增长惯性，人口负增长将是未来我国必然发生事件，且短期难以改变。即使现在总和生育率立即提升至2.1并长期保持，受累积人口负增长惯性的影响，我国仍将于2044年左右开始人口负增长，并持续至2090年左右。出生人口

---

① 零增长区间，是指总人口达到截至当前的最高峰规模之后，前后五年内出生人口与死亡人口的差值在100万以内波动的时期。

大幅度下降与其说是人口现象，不如说是经济社会快速发展所带来的婚姻、人口、家庭等各方面的社会变革。生育率的下降也是年轻一代理性选择的结果，优化生育政策、相关社会支持体系更需要关注、适应年轻人的诉求和行为。

（三）受到人口迁移流动的影响，地区人口增长和负增长现象并存发展

我国幅员辽阔，不同区域人口发展阶段存在很大差异，受到自然、社会、经济和政治等多种因素综合作用。改革开放以来，我国城乡区域人口空间分布发生显著变化，主要是市场经济制度的建立完善，我国开始经历人类历史上最大规模的人口迁移流动。20世纪90年代，出现了"百万民工下广东"，打工妹、打工仔随处可见，大规模流动人口涌向东部沿海经济发展水平较高的城市就业。1990年，我国流动人口规模仅为2 135万，占全国总人口的1.89%（段成荣等，2008），2000年超过1亿。尽管国家明确提出"控制大城市规模，重点发展小城镇"的城市发展总体方针，但人口迁移流动仍以势不可挡的态势发展。2010年流动人口规模超过2.2亿，2020年为3.76亿，约4个人中就有1人在流动。过去一段时间，东部和西部地区人口明显增长，而中部和东北地区人口减少，人口向经济发达区域、城市群进一步集聚。根据第六次、第七次全国人口普查资料，2010—2020年，东部地区常住人口所占比重上升2.15个百分点，主要是经济比较发达、高铁交通体系比较完善，吸引大量人口流入所致；东北地区下降1.20个百分点，主要是长期低生育和人口持续流出所致。

从省级层面看，2010—2020年，广东、浙江、福建、北京的人口增长均超过10%，其中广东达到21%。与此同时，6个省份出现了人口负增长，分别为甘肃、内蒙古、山西、辽宁、吉林、黑龙江，其中吉林和黑龙江降幅分别达到12%、17%，其他四省均在3%左右。根据各省份经济社会发展统计公报，2023年，已经有20个省份人口出现负增长，另外11个省份仍为增长态势（图2）。随着总人口进入负增长，未来不同地区人口聚集和收缩现象会更加突出，东部沿海、城市群等人口可能继续增长，而欠发达地区、农村地区的人口可能会加速收缩。

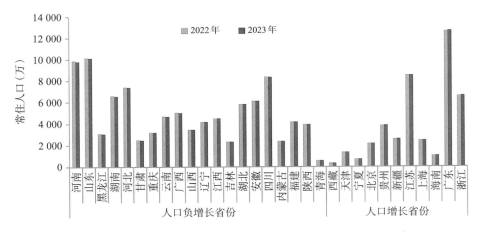

图2　2022年、2023年31个省（自治区、直辖市）常住人口规模

数据来源：中国统计年鉴2023；2023年数据来源于各省份国民经济和社会发展统计公报。

二、中国超大城市人口发展态势和国际主要做法

根据《关于调整城市规模划分标准的通知》，城区常住人口1 000万以上的城市为超大城市，目前，我国超大城市数量增加到10个，分别是上海、北京、深圳、重庆、广州、成都、天津、东莞、武汉和杭州（见表1）。从超大城市人口变动来看，超大城市数量不断增加，且近期人口更多向成都、广州、杭州、武汉等集聚，而北京、天津、上海等超大城市在人口调控等多因素影响下，人口集聚态势逐渐放缓，甚至出现了缓慢下降态势。比如，自2017年以来北京常住人口规模连续六年下降，始终控制在2 300万人口总量上限"天花板"以内，2023年常住人口规模为2 186万。

表1　2010年、2023年部分城市常住人口规模（万人）

城市	2010年	2023年	2010—2023年变动
北京	1 962	2 186	224
上海	2 303	2 487	184
深圳	1 037	1 779	742
重庆	2 885	3 191	306
广州	1 271	1 882	611
成都	1 405	2 140	735
天津	1 299	1 364	65
东莞	823	1 048	225
武汉	979	1 377	398
杭州	870	1 252	382

数据来源：各个城市国民经济和社会发展统计公报。

党的十八大以来国家审时度势，作出了经济发展进入新常态的重大判断。各个城市积极布局创新资源，出台人才发展政策，营造优质创新创业环境，推动创新型城市建设、人口人才集聚和空间分布优化。纵观国内外，超大城市均开展了丰富的人口发展实践，试图以人口人才高质量发展促进城市可持续发展。一是以城市规划为引领，打造高质量发展格局。促进人口发展战略规划与城市发展战略、产业发展战略相融合，推动人口发展与城市功能提升、产业转型升级、科技创新、公共管理等相互适应、相互促进。二是优化创新和产业资源布局，优化人口再分布。把握城市和城市群格局下的创新、产业发展规律，充分发挥市场基础性配置作用，以创新、产业发展资源优化布局，引导城市人口合理分布。三是推动公共服务均衡发展，促进社会融合。重点加强城市副中心、新城新区教育、医疗等优质基本公共服务配置，发挥基本公共服务优化人口分布的引导和稳定作用，促进人口分布与基本公共服务供给协调发展。四是创新城市服务管理方式，提升人口服务管理水平。聚焦城市管理面临的突出矛盾和问题，理顺城市管理治理体制，尤其是人口空间分布带来的交通拥挤、教育医疗资源紧缺、公共事件的应急能力，持续提高城市管理和公共服务水平。

三、中国人口负增长对城市发展的影响

城市是人口和经济社会发展的重要载体。我国已经全面步入人口负增长和城镇化中后期进程，预计未来城市人口增减态势将进一步分化。城市人口规模变动将与低生育水平、更明显的人口流出和老龄化相互交织，深刻改变城市经济发展的人口基础条件，将对城市规划、经济社会发展等产生重要影响。

（一）加剧城市人口集聚与收缩态势

党的十八大以来，面对世界经济复苏乏力和我国"三期叠加"的新形势，城市人口增减分布趋势更加明显。近年来，我国人口更多向沿江沿海、省会城市集聚，同时人口负增长城市数量不断增长，局部性人口负增长已由东北地区大面积蔓延至中西部地区。根据第六次、第七次全国人口普查资料，2010—2020年，全国337个地级以上城市中146个出现人口负增长，广泛分布在23个省份，东北地区几乎全域性人口负增长，湖北、安徽、山西、河南均为人口负增长普遍的省份，仅有浙江、海南、贵州和西藏四个省份所有城市均实现人口增长（表2）。若从更细的县区市行政单元观察，人口集聚和收缩态势更加明显，1 507个人口收缩区县，占全国2 896个区县的52%，全国2 700余个县区中常住人口减少的有近1 500个（成德宁，2024）。目前，我国已经全面步入人口减量发展和城镇化中后期进程，未来我国城市间人口竞争更加激烈。根据人口普查数据模拟测算，未来"乡—城"人口流动将持

表2 2010—2020年我国地级市常住人口变动状况

省份	地级市数量（个）	人口减少地级市数量（个）	省份	地级市数量（个）	人口减少地级市数量（个）
河北省	11	3	湖南省	14	8
山西省	11	9	广东省	21	6
内蒙古	12	6	广西壮族自治区	14	2
辽宁省	14	12	海南省	4	0
吉林省	9	8	四川省	21	13
黑龙江省	13	13	贵州省	9	0
江苏省	13	3	云南省	16	11
浙江省	11	0	西藏自治区	7	0
安徽省	16	7	陕西省	10	7
福建省	9	1	甘肃省	14	10
江西省	11	6	青海省	8	3
山东省	16	1	宁夏回族自治区	5	2
河南省	17	6	新疆维吾尔自治区	14	1
湖北省	13	8			

数据来源：2010、2020年中国人口普查分县资料。

续，预计到2035年约1.2亿人从乡村流动至城镇。受到优质的经济产业、科技创新、公共服务等资源吸引，预计未来一段时时间长三角、珠三角、京津冀等经济发达的城市人口仍持续增长，而欠发达的中小城市很可能继续收缩。差异化的城市人口变动态势，将对城市规划、基础设施布局产生重要影响，必须转变增量思维，因地制宜规划城市发展。

（二）对城市经济社会发展带来深远影响

无论未来城市是人口增长，还是人口负增长，都必然是与人口老龄化、少子化、家庭结构变化、人口空间分布变化、人口素质提升等构成多维复合的发展态势，对经济社会的影响不是线性的，传导机制复杂多变。对人口增长城市而言，劳动力供给可能继续增加，但也必然面临日益激烈的人口人才和创新资源竞争。比如，国家已经设立了北京、天津、上海、广州、重庆、成都、武汉、郑州、西安等一批国家中心城市，北京、上海、合肥等综合性国家科学中心，这些城市均布局丰富的大学、科研机构、国家创新平台等优质创新资源，营造了良好的创新创业环境，拥有较强的创新能力。这些城市拥有明显的人口人才竞争优势，但也面临如何充分发挥人才积极价值的重大课题。对人口负增长城市而言，劳动力供给将逐渐减少，可能导致企业用工成本上升，影响企业投资经营活动，这类城市的住房需求更早地趋于饱和并不断降低，房地产业发展顶上"天花板"，目前面临普遍的去库存、化债务和保平稳压力，主要表现在资源枯竭型城市、偏远地区的城市、城市群的边缘城市等。无论是哪一类城市，城市高质量发展均试图促使转向更加依赖创新和技术的经济增长模式，从而采取各类措施吸引和留住高素质人才，进而引发人才更明显的流动。在消费方面，人口负增长可能导致消费结构发生变化，老年人口的消费需求增加，对医疗、保健、养老等服务的需求也将上升，促进城市相关社会事业和产业的发展。

（三）加大城市治理的复杂度和难度

我国各地区人口规模、地域面积差异较大，城市人口的聚集和收缩，意味着社会治理亟须促进公共服务结构性调整、基层治理体系和能力现代化。不同城市的人口转变和人口流动带来的地区间人口结构差异，势必引发差异化的教育、健康、就业、社会保障、住房和精神文化生活等社会需求。即便北京、上海、深圳等超大城市，人口规模、密度也存在明显差别。2023年，深圳人口密度达到8 906人/平方公里，显著高于上海的3 923人/平方公里和北京的1 332人/平方公里。深圳市内部的人口密度差异也非常显著，福田区人口密度最高，接近20 000人/平方公里，而边缘城区如坪山区人口密度为7 178人/平方公里，大鹏新区仅为540人/平方公里。与此同时，我国也有许多人口规模不足百万、密度较小的城市。人口集聚区域面临显著的公共服务供给压力，而人口持续收缩的区域也面临公共服务资源供给的挑战。比如，农村地区老龄化加剧、家庭成员分离的状况，对健康护理、日常照料提出了更多需求，对于超大特大城市社区居民而言，子女教育、就医便捷性、养老服务普惠性、可及性以及权益保护成为他们美好生活新期待的重要内容。在全国人口负增长进程中，城市人口增减分化更加普遍，这将对精细化、精准化公共服务供给和基层治理提出新要求。

四、新时代促进城市可持续发展的建议

面对城市日益分化的人口增长态势，必须客观看待人口变动蕴含的机遇和挑战，在思想观念、战略选择、具体政策等层面予以高度重视。未来要继续贯彻落实新发展理念，制定与人口相适应的城市规划和政策措施，促进城市可持续发展。

（一）加强与人口变动相适应的城市规划

遵循城市人口发展规律，不断优化人口空间分布，加强分布式空间发展规划。加强城市人口规划与发展战略、产业发展战略相融合，推动城市人口布局与城市功能提升、产业转型升级、科技创新、公共管理等良性互动，促进大城市人口密集城区公共服务功能（教育、医疗机构）向人口稀疏城区分布。根据城市人口达峰和增减趋势，结合城市区划调整，量化测算各区城乡建设用地指标与人口配比，科学确定空间承载能力。针对人口负增长城市，需要根据出生人口下降、人口负增长、人口分布变化，主动将"人口负增长"或者"人口减量发展"纳入经济社会发展规划。要树立区域人口发展观、城市群人口发展观，继续完善以城市群为主体形态的人口空间布局。深化东北等人口负增长区域人口发展战略和规划研究。健全功能完备、布局合理的城镇体系，加强土地集约利用和城市微更新，避免城市空间衰败。

（二）因地制宜增强经济社会发展活力

把握地区人口发展差异的机遇以及人口规模优势，加强城市间的科技、产业等合作，促使不同的城市因地制宜、相互借鉴，从而为适应和应对人口增减分化的城市创造空间和机遇。顺应科技和产业发展趋势，各个大城市应加快形成人才和创新驱动的城市经济发展模式，主动实施新产业、新动能培育计划，推动产业链延伸，促进产业发展向绿色化、智能化、数字化方向转型，减少对大规模劳动力的依赖。依托城市自然山水和人文资源禀赋，主动挖掘和宣传引导，发展休闲娱乐、旅游、度假、康养等特色服务业，培育产业发展新增长点。支持城市各类劳动力市场建设，破除人力资源在城乡、区域和不同所有制单位间的流动障碍。继续推进人口市民化，提升城市公共服务精细化程度和精准服务能力，加强对年轻人口的公共服务供给。利用城市各类教育资源培育本土应用型人才，创造符合新生代高素质劳动力需求的就业机会和环境。积极推进城市品质提升行动，加强养老育幼、文化卫生等优质公共服务供给。

（三）改革创新城市治理体系

着力转变城市发展方式，完善城市治理体系，提高城市治理能力，建设和谐宜居、富有活力、各具特色的现代化城市。从人口公共政策的角度调整相关机构职能，建立城市现代人口治理体系。推动人口负增长城市合并行政区、撤乡并镇，强化行政体系和资源整合，提升城市治理效能。加快推进人口负增长城市的小县体制机制改革，提高行政权限与区域经济

能力、人口承载力的匹配程度，引导人口有序流动和合理分布。以城市为单位，以社会治理基本空间单元为节点，加快整合人口、住房、教育、医疗、交通和土地空间等数据资源，形成动态更新、高效协同的社会治理数据资源体系和云服务平台，覆盖公共基础数据库和社会治理专题数据库。依托大数据和信息化手段，把政府、社会、市民整合在一起，打造精准治理、多方协作的社会治理新模式，为科学布局社会服务设施、提高社会治理效能提供便利和依据。

（作者：刘厚莲，中国人口与发展研究中心研究员；张许颖，中国人口与发展研究中心副主任，二级研究员）

参考文献

［1］张许颖，张翠玲，刘厚莲，等.人口负增长的内在逻辑、趋势特征及对策［J］.社会发展研究，2023（1）：18-37.

［2］陶涛，金光照，张现苓.世界人口负增长：特征、趋势和应对［J］.人口研究，2020（4）：46-61.

［3］盛亦男，顾大男.概率人口预测方法及其应用——《世界人口展望》概率人口预测方法简介［J］.人口学刊，2020（5）：31-46.

［4］贺丹，张许颖，庄亚儿，等.2006—2016年中国生育状况报告——基于2017年全国生育状况抽样调查数据分析［J］.人口研究，2018（6）：35-45.

［5］段成荣，杨舸，张斐，等.改革开放以来我国流动人口变动的九大趋势［J］.人口研究，2008（6）：30-43.

［6］刘厚莲，张刚.我国人口负增长态势：机遇、挑战与应对［J］.行政管理改革，2023（2）：55-62.

［7］Meng, X., Long, Y. Shrinking Cities in China：Evidence from the Latest Two Population Censuses 2010-20. Environment and Planning A：Economy and Space, 2022, 54（3）：449-453.

［8］成德宁.人口负增长阶段实现我国人口高质量发展的对策［J］.国家治理，2024（1）：22-28.

［9］易成栋，樊正德，毕添宇.人口负增长下的房地产市场：日本经验与启示［J］.重庆工商大学学报（社会科学版），2022（4）：104-114.

健康城市与后疫情时代的机遇与挑战

疫情危及人类健康和生命，也导致经济活动减少和社会发展停滞。各个学科和行业都在思考如何防控传染性疾病，应对突发公共卫生事件。城市规划起源于人类对健康诉求的回应，传染性疾病曾经是现代城市规划关注的焦点问题；给水排水等市政基础设施、日照间距等都是对城市卫生和居民健康的基本保障。面对本次新冠肺炎和慢性非传染性疾病的盛行，城市规划有必要再次回归本源，思考规划对于公共健康的效应和作用。虽然公共卫生和应急管理是传染性疾病防治的关键领域，但病原体的产生和传播均与空间密切相关[1]。规划师需要重新思考空间的健康性，理解城市发展对传染性疾病传播的影响路径，通过有针对性的空间规划和设计，发挥城市规划的健康促进作用。

一、市域层面建成环境的机遇与挑战

（一）挑战：多途径影响疫情传播

根据流行病学的研究，城乡空间通过生态过程（ecologic process）和社会过程（social process）影响着传染源的出现和传播，作用于传播环境，并决定着易感人群的数量和比例（图1）。在生态环境变化过程中，人类活动带来的土地利用变化使得生物栖息地破碎化，增加了病原体、载体和宿主之间相互作用的频率和强度。在社会发展过程中，人口特征（人口分布和密度、年龄结构、城乡差异、受教育水平等）、物质建成环境（给水和排水系统、垃圾处理厂等）和交通方式都可能加速传染病传播；人口迁移可能带来新的传染病、改变城市传染病的流行病学特征等，例如从农村到城市的人口城镇化过程，或国际性的旅游和移民；而人口老龄化、城镇化带来的生活方式转变、工作压力带来的亚健康状态等造成了大量的易感人群。

（二）机遇：基于3个关键环节的规划应对策略

城市规划可从隔离传染源、切断传播途径、保护易感人群3个关键传染性疾病防治环节出发，制定空间干预策略。

在隔离传染源方面，国土空间规划将规划范围从建成区拓展到整个行政区，规划师需充分考虑全域范围内的林地、水体和农田的布局，避免生物栖息地的破碎化，提高生态环境的整体性和连续性，从而减少人与病原体不必要的接触。同时，有学者在2003年SARS

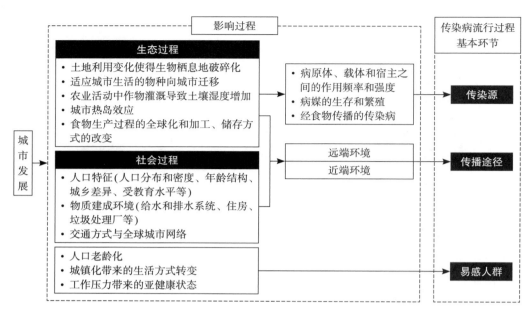

图1　城市发展对传染性疾病的影响路径

疫情之后提出在城市功能区之间、居住区之间设置卫生隔离带；增设"卫生隔离用地"，纳入《城市用地分类与规划建设用地标准》中的绿地大类，与"公共绿地、生产防护绿地"平行[2]。也有学者建议划分防疫分区，分区间的隔离间距和隔离设施可降低病毒传播扩散风险[3]。城市整体应按照人口规模规划设置地区综合支援中心、物资储备仓库以及冷冻库等设施。城市交通规划需要与公共卫生和应急管理部门衔接，充分考虑传染性疾病暴发后的生命线、避难通道等与紧急避难场所、医疗设施等要素之间的布局关系，并拟定不同突发公共卫生事件响应级别下的交通管理预案[4]。

在切断传播途径方面，规划可通过交通组织、居民时空行为分析等方面支持应急防治。需在全市层面设置应急救助和生命线通道，确保相关物资和救治服务的传送[5]。关闭部分公共交通线路和限制交通，降低出行总量，抑制非必要活动的发生，在一定程度上减少交通工具、聚会、工作、消费等多个方面的聚集性传播。出行限制政策已被证实可以有效降低疾病传播风险[6]。此外，城市规划研究可考虑基于大数据开展居民时空行为分析和预测研究。基于病患和易感人群的时空行为属性，完善防控数据，促进自发隔离，降低潜在感染者的传播风险[7]；并明确必需的交通组织和物资支持。

在保护易感人群方面，在城市层面需对卫生条件较差、居住拥挤的地区推进更新改造。改善城乡在饮用水、垃圾管理等方面的卫生状况是预防传染病、保护相应地区人群的根本措施[8-13]。需在健康公平的宗旨下，充分考虑中低收入人群和老年人在医疗设施与服务上的可达性和可获得性[11, 12, 14]。更重要的是，健康城市规划与设计能够通过调控土地使用、空间形态、道路交通和绿地开放空间等4个重要的建成环境要素，达到减少污染源和人体暴露、鼓励体力活动和社会交往、提供健康设施等目的，进而降低慢性非传染性疾病的发病率[15]，减少易感人数的基数。居民整体健康水平高和免疫力强将会减少因基础性疾病带来的重症患者和死亡患者数，从而降低传染性疾病暴发带来的损失。

二、城区层面建成环境的机遇与挑战

（一）挑战：集约高效与疫情应急需兼顾

新冠肺炎疫情的爆发和蔓延对日常状态下城市稳定的服务体系造成了重大冲击。疫情作为一种突发公共卫生事件，具有不确定性高、随机性强、破坏性大等特点[16]。在城市空间集约高效利用的背景下，如何通过平疫结合的规划设计，使城市设施能具备快速重组的能力，实现常态期间和疫情期间的角色转换，是城市系统能否可持续发展的关键点。规划学界开始思考如何开展兼顾城市日常健康和疫情防控的规划设计。以特定空间单元为核心的治理方式具有资源整合和精细化响应的优势，在社区服务、防灾减灾、综合照护、节能减碳等领域已开展了较多的研究和应用[17-21]。设立公共健康单元，配置健康设施和机构，从而促进日常健康和应急响应，在加拿大、澳大利亚、西班牙、新西兰等国家均有推进。我国自然资源部发布的《市级国土空间总体规划编制指南（试行）》提出，"以社区生活圈为基础构建城市健康安全单元，完善应急空间网络"。

（二）机遇：平疫结合的规划设计策略

公共健康单元需配置日常健康和疫情应急两类设施，并由健康服务与应急支援中枢对这两类设施进行统筹协调（图2）。其中，健康服务与应急支援中枢、日常健康类设施主要为常设设施，疫情应急类则大部分为平疫转换的设施，即可通过改造利用既有设施和场所实现快速转换与设置，从而保障功能的完整性和服务设施的高利用率。

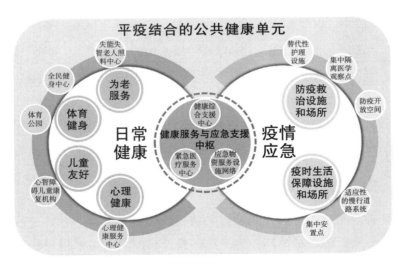

图2　公共健康单元的设施配置

基于国外实践和国内研究、相关设计规范和现实挑战与需求，总结了公共健康单元的设施配置要求（表1）。其中，在弹性物资空间、替代性护理设施、集中隔离医学观察点、防疫开放空间和临时安置点5类平疫转换的设施之外，其他设施为常设设施。应急物资储备中心、应急食物保障中心、失智失能老人照料中心、心智障碍或特殊儿童康复照料中心和心理健康服务中心在现实中缺失比较严重，需要在未来规划中重点关注和优先配置。

表1 公共健康单元的设施配置表

大类	小类	设施名称	服务内容	设置类型	适宜平疫转换的备选空间
健康服务与应急支援中枢	健康管理	紧急医疗服务中心	指挥调度医疗急救资源	常设	—
		健康综合支援中心	协调医疗服务之外的应急支撑服务	常设	—
	应急物资服务	应急物资储备中心	储备应急物资	常设	—
		应急食物保障中心	储备应急食物	常设	—
		弹性物资空间	临时存储物资	平疫转换	体育馆、学校
		无接触式末端配送设施	"最后一公里"的物流配送	常设	—
日常健康	为老服务	失智失能老人照料中心	失智和失能老年人的医疗护理、生活照料等服务	常设	—
	体育健身	全民健身中心	室内健身活动	常设	—
		体育公园	室外健身活动	常设	—
	儿童友好	心智障碍或特殊儿童康复照料中心	心智障碍或特殊儿童的医疗康复、生活自理训练等服务	常设	—
	心理健康	心理健康服务中心	心理健康相关预防、咨询、康复和教育等服务	常设	—
疫情应急	防疫救治设施和场所	替代性护理设施	轻症患者的就近隔离和治疗	平疫转换	体育馆
		集中隔离医学观察点	传染病患者的密切接触者的集中隔离医学观察	平疫转换	酒店、寄宿制中小学宿舍、高等教育院校宿舍、企业员工宿舍
疫情应急	防疫救治设施和场所	防疫开放空间	支持开展隔离观察和护理等防疫工作	平疫转换	体育公园、大中型体育场、广场
	疫时生活保障设施和场所	适应性的慢行道路系统	平时和疫时的慢行出行	常设	—
		临时安置点	医护和应急工作人员的居住，外来滞留人员的临时安置	平疫转换	学校、体育馆、社区活动中心

平疫转换的设施规划可依据这些设施在选址、场地、平面布局和设施设备等方面的要求，对公共健康单元内既有设施和场所进行评价和识别。对适宜平疫转换的设施进行适当设计改造和资源配置，并与相关主体达成协议，纳入到公共健康单元的应急设施资源体系中，进行统一管理，从而完善应急空间网络。此外，对于既有可用设施资源不足的公共健康单元，可通过规划具有空间通用性的公共设施和预留弹性建设空间的方式进行补充。在规划设计全民健身中心等公共设施时考虑其作为平疫转换设施的要求，采用模块化设计、出入口预留等方法提高其空间通用性，在日常情况下承担公共服务职能，疫情发生时可以及时转化作为疫情应急设施[16]。公共健康单元内可预留弹性建设空间，如规划白地在日常作为绿色空间，促进居民开展体力活动和社会交往，在疫情时期可采用搭建板房、帐篷等方式转换为疫情应急空间。

新增设施的选址考虑设施功能关联度、交通组织便利性、最小化负面影响等进行统筹布局。其中，日常健康类设施需结合不同年龄人群的需求特征和出行活动链，把功能关联度高的设施相对集中布局，倡导医养结合、文体结合，从而提供一体化、连续性的综合健康服务。疫情应急类设施的选址布局主要考虑与相关设施的协作、便利的交通组织、减少周边影响和场地安全。在设施协作方面，集中医学隔离观察点、替代性护理设施、防疫开放空间等防疫救治设施和场所之间应紧密联系，并规划设施之间的患者转运路线，从而形成快速有序的治疗、护理、隔离和急救等转运机制[22]。在减少周边影响方面，防疫救治设施和场所需避开城市人群密集活动区，避免位于这些区域的上风向，且设施与周边建筑物之间应有一定距离或设有隔离带；同时需避免集散通道经过人群密集区域，以便于危险固废等的运输[23]。在场地安全方面，需选择自然环境和人工环境安全的地点，以避免发生二次灾害[24]。

三、社区层面建成环境的机遇与挑战

（一）挑战：应急空间的配置需优化提升

突发公共卫生事件对日常状态下城市的稳定系统产生了冲击，城市基层组织单元——社区的治理水平，影响着城市的应急能力。在社区层面，美国、日本、澳大利亚、英国等国家均配备了相应机构及设施，其中包含日常健康和预防应急两方面。日常健康设施在传染病暴发等突发公共事件中可纳入应急设施使用；同时设置有专门预防的应急设施，在社区可以快速响应，缓解紧急情况。那么，社区层面应具体设置什么设施应对疫情？

（二）机遇：健康融入15分钟社区生活圈

将健康融入15分钟社区生活圈，从日常健康和疫情应急两大类设施和服务加以考虑（图3）。一方面针对日益增长的慢性疾病（如糖尿病、心血管疾病和抑郁症等）建构健康生活圈：以促进体力活动和社会交往为主要目的，优化居民生活方式。增加设置可达性高的绿地和开放空间、健身设施、慢行系统等，让人们可以在城市中更便捷舒适地步行、骑行、跑步锻炼；同时，强化社区层面的基本健康监测，以及慢性病防控的设施和服务，强化照护系统，支持

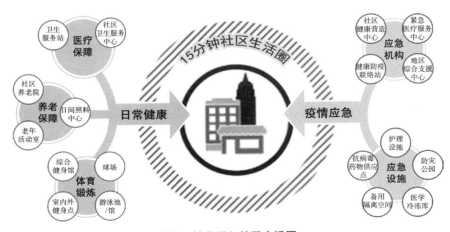

图3　健康融入社区生活圈

"分级诊疗"的实现。另一方面针对疫情应急，以提供疫情期间的预防、隔离、治疗和援助为主要目的。基于居委会及其设施，规划设立覆盖面广、步行可达的应急生活圈。在圈内设置针对传染性疾病的防控和应急配套设施，包括基本监测病房、隔离区和超市等，并配备相应工作人员。一旦突发事件发生，这个应急圈就能及时启动响应、报送和封闭等，同时基于大数据监测和分析，对疫情等突发事件的每一个环节进行行动指导。

在上海发布的《15分钟社区生活圈规划导则》中，对于日常健康有所考虑，主要体现在"覆盖不同人群需求的社区服务"内容中，共有3条：①全面关怀的健康服务，具体设施为医疗基础保障类，包括社区卫生服务中心、卫生服务站点。②老有所养的乐龄生活，具体设施为养老基础保障类，包括社区养老院、日间照料中心和老年活动室。③无处不在的健身空间，具体设施为体育基础保障类，包括综合健身馆、游泳池/馆、球场；体育品质提升类，包括室内外健身点。可见，该导则对于医疗保健、体育锻炼等方面已经有所考虑，但针对突发公共卫生事件，还需要增加相应的设施和服务。

建议在此基础上增加的机构包括紧急医疗服务中心或地区综合支援中心（集照护、住所、医疗、预防和施救于一体）、社区健康营造中心、健康防疫联络站等。需要增加的设施包括护理设施（紧急、长期和备用护理）、抗病毒药物供应点、含独立浴室的备用隔离空间、医学冷冻库，以及具有水资源设施、紧急厕所、储备仓库和避难广场设计考虑的防灾公园等。根据人口和就业密度、人口年龄结构等特点，这些机构和设施服务范围为一个或多个15分钟社区生活圈。

在15分钟社区生活圈中纳入针对慢性非传染性疾病增长和传染性疾病暴发的两大类机构设施，以在社区层面有效实现健康促进，提高对于疫情等突发公共卫生事件的及时、有序应对。

四、结语

健康城市是城市的理想模型和重要发展范式之一。面对后疫情时代的全球性健康挑战，城乡规划是多学科、多部门协同应对机制中的重要组成部分。规划界已再次重视城市规划对于公共健康的重要作用，但需要进一步推动健康城市规划。不同空间层级和类型的规划对健康的影响需要深化，并明确程度和阈值，有待在机理、方法和技术等方面创新研发。系统分析影响人类和环境健康的城市空间要素及其作用路径，将丰富健康城市的理念和内涵，完善空间规划干预公共健康的理论体系，为健康城市规划循证实践提供更坚实严密的基础。

本章节主要依据以下已发表的期刊论文整理而成：
①王兰，贾颖慧，李潇天，等.针对传染性疾病防控的城市空间干预策略[J].城市规划，2020，44（08）：13-20，32.
②王兰，胡沱沱，戴明.公共健康单元的设定及其平疫结合规划策略[J].规划师，2022，38（12）：49-56.

③王兰，李潇天，杨晓明.健康融入15分钟社区生活圈：突发公共卫生事件下的社区应对[J].规划师，2020，36（06）：102-106+120.

④王兰.健康城市科学与规划循证实践[J].城市规划学刊，2023，（06）：27-31.DOI：10.16361/j.upf.202306005.

（作者：王兰，同济大学建筑与城市规划学院院长、教授；张苏榕，同济大学建筑与城市规划学院博士研究生；贾颖慧，同济大学建筑与城市规划学院博士研究生；李潇天，深圳市建筑工务署教育工程管理中心土建工程师；胡沾沾，同济大学建筑与城市规划学院硕士）

参考文献

［1］孙斌栋.从新冠肺炎事件反思规划理论体系变革[EB/OL].[2020-04-13].https：//mp.weixin.qq.com/s/-MkMt5OXIyQM0gRbhYhlmQ.

［2］李秉毅，张琳.SARS爆发对我国城市规划的启示[J].城市规划，2003，27（7）：71-72.

［3］董晓莉，秦佑国.住区中的防疫分区与隔离[J].新建筑，2007（4）：65-66.

［4］MATTHEW R A，MCDONALD B. Cities Under Siege：Urban Planning and the Threat of Infectious Disease[J]. Journal of the American Planning Association，2006，72（1）：109-117.

［5］周文竹.突发公共卫生安全事件下分阶段城市交通应急对策——应对2020新型冠状病毒肺炎突发事件笔谈会[J].城市规划，2020（2）：128-129.

［6］WONG V，COONEY D，BAR-YAM Y. Beyond Contact Tracing：Community-Based Early Detection for Ebola Response[J]. PLOS Currents，2016（8）：1-41.

［7］柴彦威，张文佳.时空间行为视角下的疫情防控——应对2020新型冠状病毒肺炎突发事件笔谈会[J].城市规划，2020（2）：120.

［8］PINTER-WOLLMAN N，JELIĆA，WELLS N M. The Impact of the Built Environment on Health Behaviours and Disease Transmission in Social Systems[J]. Philosophical Transactions of the Royal Society B：Biological Sciences，2018，373（1753）：20170245.

［9］NEIDERUD C-J. How Urbanization Affects the Epidemiology of Emerging Infectious Diseases[J]. Infection Ecology & Epidemiology，Taylor & Francis，2015，5（1）：27060.

［10］沈洪兵，齐秀英，刘民，等.流行病学[M].第8版.北京：人民卫生出版社，2013.

［11］ALIROL E，GETAZ L，STOLL B，et al. Urbanisation and Infectious Diseases in a Globalised World[J]. The Lancet Infectious Diseases，2011，11（2）：131-141.

［12］RYDIN Y，BLEAHU A，DAVIES M，et al. Shaping Cities for Health：Complexity and the Planning of Urban Environments in the 21st Century[J]. The Lancet，2012，379（9831）：2079-2108.

［13］SPENCER J H，FINUCANE M L，FOX J M，et al. Emerging Infectious Disease，the Household Built Environment Characteristics，and Urban Planning：Evidence on Avian Influenza in Vietnam[J]. Landscape and Urban Planning，2020，193：103681.

［14］The Lancet. Redefining Vulnerability in the Era of COVID-19[J]. The Lancet，2020，395（10230）：1089.

［15］王兰，廖舒文，赵晓菁.健康城市规划路径与要素辨析[J].国际城市规划，2016，31（4）：4-9.

［16］王世福，张晓阳，邓昭华. 突发公共卫生事件下城市公共空间的韧性应对[J]. 科技导报，2021（5）：36-46.

［17］李萌. 基于居民行为需求特征的"15分钟社区生活圈"规划对策研究[J]. 城市规划学刊，2017（1）：111-118.

［18］张田. 基于防灾生活圈理论的社区防灾规划方法 [D]. 济南：山东建筑大学，2019.

［19］李彦熙，柴彦威，塔娜. 从防灾生活圈到安全生活圈——日本经验与中国思考[J]. 国际城市规划，https://kns.cnki.net/kcms/detail/11.5583.TU.20210312.1448.005.html.

［20］厚生劳动省. 地域综合照护体系[EB/OL]. https://www.mhlw.go.jp/stf/seisakunitsuite/bunya/hukushi_kaigo/kaigo_koureisha/chiiki-houkatsu/.

［21］郑德高，吴浩，林辰辉，等. 基于碳核算的城市减碳单元构建与规划技术集成研究[J]. 城市规划学刊，2021（4）：43-50.

［22］邓琳爽，王兰. 突发公共卫生事件中的替代性护理场所规划及改造策略[J]. 时代建筑，2020（4）：94-98.

［23］王欣宜，汤宇卿. 面对突发公共卫生事件的平疫空间转换适宜性评价指标体系研究[J]. 城乡规划，2020（4）：21-27+36.

［24］中华人民共和国民政部. 应急期受灾人员集中安置点基本要求（MZ/T 040-2013）[S]，2013.

城市建成环境适老化改造的现状问题、发展趋势和对策建议

建成环境的适老化改造是为适应人口老龄化带来的对城市基础设施、社区生活环境和住房等的适老需要，而在城市规划建设管理各环节进行调整与适应，从而保证满足全体老年人对美好生活环境需求的建设方式。在城市建设和更新过程中推进城市建设适老化工作，需要凝聚共识、积极创新，将积极老龄观、健康老龄化理念融入城市规划建设管理全过程，主动应对人口老龄化的客观要求，以满足全体老年人全生命周期对美好生活向往的需要为目标。兼顾民生和发展，建设适老化城市、适老化社区、适老化住房，营造安全便捷、健康舒适、多元包容的老年宜居环境。

一、推进适老化改造工作的必要性

1. 推进适老化改造是积极应对人口老龄化战略的重要实践

根据第七次全国人口普查结果显示，2020年我国60岁及以上人口达2.64亿，占全国人口总数的18.7%，其中65岁及以上人口为1.91亿，占总人口的13.5%，与上个10年相比，上升幅度分别提高了5.4和4.6个百分点，呈现出快速老龄化和高龄化发展特点，养老服务和建成环境适老化改造需求快速增长。

就城市建成环境而言，目前居住环境、公共服务设施、城市基础设施等多以能力健全者为服务对象，处于衰弱过程中的老年人的诉求难以得到满足。学术界从不同角度观察和分析了建成环境的适老化改造问题，包括从老年人需求入手，指出不同类型居住环境中的老年人对适老化改造的不同侧重（于一凡，2015）[1]，根据老年人自理能力对老年住宅套内空间和户外环境提出适老化改造技术要求（周燕珉，2011）[2]，通过对日常出行的观察提出优化公共设施布局（周洁、柴彦威，2013）[3]，以及立足老年人行动特点提出环境无障碍建设（薛峰、刘秋君，2019）[4] 等。

---

[1] 于一凡，贾淑颖，田菲，等.上海市既有住区适老化水平调查研究 [J]. 城市规划，2017，41（5）：20-26.

[2] 周燕珉.老年住宅 [M].北京：中国建筑工业出版社，2011.

[3] 周洁，柴彦威.中国老年人空间行为研究进展 [J].地理科学进展，2013，32（5）：722-732.

[4] 薛峰、刘秋君.无障碍与宜居环境建设 [M].沈阳：辽宁人民出版社，2019.

我国近年来结合城镇老旧小区改造、完整社区建设等工作，一定程度改善了老年人生活环境和居住品质，但适老化建设的系统性、整体性问题亟待解决。

"十四五"期间，我国60岁及以上老年人口每年将增加约1 000万人，总量将突破3亿人。老龄化呈现规模大、速度快、跨度长的特点，带来适老住房、设施和服务需求的快速增长。同时，"十四五"时期我国正处于60～69岁的低龄老年人居多数的老龄化阶段，为城市建设适老化转型提供了战略机遇期。城市建设须抓住这一窗口期，立足当前、着眼长远，加快城市基础设施、社区和住房等方面的适老化建设与改造。

2. 推进适老化改造是回应人民群众对美好生活期盼的现实需要

"十四五"时期是我国人口重大转折期，也是应对人口老龄化机遇期和进入新发展阶段开启新局面的关键时期。在城市建设和更新工作中推进适老化改造，既是贯彻落实习近平总书记重要指示精神的基本要求，也是高质量发展的客观需要，更是对人民期盼的积极回应。

我国养老服务业在近10年取得了显著成就，但工作的重点仍是以解决需要专业照护的重点老年人群（不能自理、半自理的高龄老年人）为主，缺少对全体老年人适老需求的统筹考虑。未来宜从满足全体老年人对适老宜居环境的需求出发来统筹谋划，满足全体老年人的需求，建设功能完善的适老服务生活圈、发展道路交通适老化设备和环境无障碍设施，拓展养老服务的政策触达面、拓展城市环境对老年人支持的惠及群体。

根据最新调查结果显示，老年人对人居环境的需求已经从满足基本养老转向居住、休闲、文化、健康等更加多元化的需求，这就要求城市建设必须从整体性、系统性出发，转变理念认识、改进工作方法、提高建设水平，积极回应人民期盼，建设老年友好人居环境。

统筹考虑老年人居住、出行、就医、养老、工作等全生活场景适老化需求，发展适老化环境和设施技术和运维体系。针对人口老龄化全局性、复杂性和长期性特点提前谋划，持续开展适老化发展现状、需求及效果评估，及时掌握老年人口数量、老年人需求、适老设施需求，为系统解决老龄化过程中各种适老化需求提供硬件和软件支持。

二、开展适老化改造的重要意义

1. 城市建设适老化转型是践行以人民为中心的发展思想，实施积极应对人口老龄化国家战略，推动健康老龄化发展的主要载体

无论老年人居住、出行，还是就医、休闲娱乐、社会交往等，都离不开相应的住房、适老的社区生活环境、各种养老服务设施，以及无障碍出行环境和设施等物质空间载体。高品质的适老化环境与设施可以为老年人功能发挥创造条件，减缓老年人机能老化带来的影响，让老年人预防跌倒、强健体魄，更长时间、更高水平地维持自理能力。

当前，适老化环境与设施已成为老年人最为迫切的需求之一。据调查，有住房适老化改

造需要的占比超过90%[①]，如需要增加电梯、地面防滑、应急呼叫等设施[②]；大多数调查对象认为需要对医疗、健康、康复等公共卫生服务设施以及道路、公交站台等交通设施进行适老化改造。

据测算，仅"十四五"期间，我国就需要改造约20万个公交站台，新建约3 000万平方米养老服务设施，提供900万张养老床位[③]，既有住房加装电梯约50万部，居家适老化改造5 000万户以上，这都需要通过城市适老化建设与改造来实现。

2.城市建设适老化转型是推动积极老龄观、健康老龄化融入经济社会发展全过程，促进城市经济发展活力，构建新发展格局的新增长点

伴随人口老龄化，适老设施和服务需求将持续快速增长，城市建设适老化转型既可以有效满足老年人在住房、服务设施等方面的多元化需求，也有助于调结构、扩内需，有效拉动投资和消费。据有关研究[④]分析，仅考虑2010—2020年老年人口规模的扩大，60岁及以上老年人口的适老服务需求就要增加48.6%，如果进一步考虑高龄化带来的结构效应和需求升级带来的乘数效应，适老服务需求增长更是爆发性的，将成为拉动经济发展、构建新发展格局的新增长点。

经测算，"十四五"期间，通过开展城市基础设施、社区、住房适老化建设与改造工程。在带动投资方面，每年平均可拉动直接投资约3万亿元（占GDP的2.8%），带动间接投资约4.5万亿元。在促进消费方面，通过开发和升级适老化设施和技术产品，提升服务能力和品质，不断满足老年人对产品和服务的多元化需求，预计每年平均能带来超过4万亿的消费市场。同时，通过适老化城市建设改造，可以让城市更好地为老年人衣、食、住、行、康、养、乐、工作提供优质服务，培育智慧养老等新业态，进一步促进居住、康养、娱乐、文化、教育等相关产业发展，预计每年平均能有效带动规模达20万亿的老龄相关产业。

3.城市建设适老化转型是推动城市建设方式转型，促进城市治理能力和治理体系现代化的有效途径

推进适老化改造工作有利于促进城市建设各行业提高认识，主动应对老龄化带来的新问题和新挑战，充分研究老龄化社会变化规律和对城市建设的影响机制，加快行业适老化专业人才队伍建设；有利于增强城市工作的系统性和协调性，统筹规划建设管理，推动适老化建设与改造跨部门、跨领域、跨区域的协同，共同推进应对人口老龄化的各项工作，避免"头疼医头，脚疼医脚"的短期政策和短视行为；有利于因地制宜，精准施策，通过全面准确掌握全生命周期老年人口的变化特点和差异化需求，不断提升城市治理精细化水平，推动城市建设集约型内涵式发展；有利于促进社会和市场力量积极参与适老化建设与改造，创

---

① 2022年3月《老年人空间环境需求及满意度调研》、2021年10月《老同志居家适老化改造需求调研分析报告》。

② 2022年《关于加快推进社会适老化改造的民主监督报告》。

③ 2020年821万张，"十四五"规划2025年养老床位数900万张，差距79万张床位，人均40平方米计算得出3 160万平方米。

④ 林宝.积极应对人口老龄化：内涵、目标和任务[J].中国人口科学，2021（3）：42-55.

新可持续的实施模式，畅通老年人参与渠道，实现美好环境共建共治共享。

三、城市建成环境适老化改造的对策建议

以重点解决城市在适老化方面存在的突出问题和短板为导向，整体性、系统性推进城市基础设施、社区和住房适老化建设与改造，建设适老化城市、适老化社区、适老化住房。

（一）推进适老化城市基础设施建设与改造

1. 科学编制与实施城市适老化建设专项规划，构建系统完备的城市适老化基础设施体系

科学编制城市适老化建设专项规划。摸清底数和实际需求，对适老基础设施总量不足或规划滞后的，应在总体规划编制中予以完善，以需求和问题为导向，整体谋划适老化建设目标和重点任务。构建系统完备、协同互补、安全便利、类型多样的城市适老化基础设施体系，明确不同层级（城市级、区级、街道级、社区级）基础设施的建设标准和功能。逐级配置健康支撑、养老服务设施，以及适老化的生活服务、休闲娱乐、文化教育等设施，满足老年人的居住出行、就医照护、文化旅游、健身休闲、教育培训等多元化适老需求。

合理布局城市适老化空间和设施。合理布局健康支撑、养老服务、适老产业等适老功能用地，推动发展城市适老产业新业态，加强以老年公寓为主的新型适老化住房的建设供给。结合城市更新，通过闲置资源再利用、功能置换等方式，优化和充实适老化服务设施，形成土地资源配置合理、布局均衡、结构合理、服务便利的适老化功能。通过分级配建居住社区适老化服务设施，构建"一刻钟"居家养老服务圈，完善和配置满足老年人5分钟、10分钟社区居家养老服务体系设施与功能。

2. 推进交通适老化建设与改造，构建安全无障碍的适老出行环境

构建城市适老化公共交通设施体系。以老年人步行距离为导向，合理规划公共交通运营线路、车次、站点。加强公交场站、地铁站等公共交通设施适老化、智能化建设与改造，改善候车环境，推进智能网联公交、出租等城市出行服务一体化协同建设。对交通枢纽功能布局进行优化，提升设施配置适老化水平，推动同站无障碍便捷换乘。

建设安全舒适的适老慢行交通体系。构建多层次的特色慢行交通体系满足老年人以步行、自行车、电动车等方式为主的出行方式，提升老年人出行主动性。加强城市道路步行系统适老化建设与改造，对道路的交叉口、过街天桥、地下通道等节点适老化改造，提升步行空间的舒适度。对医院、高密度居住社区、商业街区的上落客区进行适老化改造。

3. 推动公共空间的适老化建设与改造，提升老年人社会参与的环境品质

建设与改造满足老年人休闲娱乐需要的公共开放空间。对城市公园绿地、滨水空间、广场等公共空间，在无障碍环境建设与改造的基础上，合理配置和优化符合老年人需求的公共卫生间、休憩设施、紧急医疗、应急服务等设施。建设公共空间社会交往、休闲娱乐、体育健身等适老化功能，帮助老年人达到最佳活动和参与水平。开展散步道、广场和公园内硬化地面平整防滑改造。

推进城市标志标识系统适老化改造。公共设施、交通标志、社区铭牌、道路指引、景区引导、服务指示、楼栋号码、安全警示等标识进行系统化、连续化、适老化改造。针对老年人视觉特点对标识图案适当增加对比度、放大字体、具象化标识图案设计等方式进行适老化改造。提倡设置与视觉标识配合使用的听觉标识和触觉标识。

4. 建设适老型智能设施系统，打造满足老年人生活需要的智慧城市

建设适老型智能交通设施系统。推动城市公交站台、地铁站、重要交通枢纽适老化智能化建设与改造，落实公交站台与公交车辆同高度无障碍接驳。在公交站合理配建集成路径规划、无人驾驶车辆呼叫、应急预警等功能的适老化智能化辅助设施，推动辅助设施配置与智能公交站台建设一体化协同。完善城市重要交通路口、过街天桥、地下通道等关键节点智能化硬件设施，配备安全装置、应急预警装置和无障碍辅助装置。

加快社区环境智能升级改造。利用新一代信息技术，与城市健康支撑系统、养老服务系统以及生活服务系统进行平台空间建设，提高社区综合服务设施智能化水平。推动建立智慧养老系统，以社区养老服务设施为载体，线上与线下相结合，为老年人提供家政、助餐、助浴、护理等多元化服务。多点布局监控设施，有序推动社区智能安防、消防设施升级，提高老年人安全应急响应能力。

开展适老化数字家庭工程建设。推动智能化居家安全设施建设，保证老年群体居住安全，推广系统集成的智能家居产品，以及燃气泄漏、一氧化碳浓度报警等自动感知安全设施。推动智能化产品助力推动舒适家居环境。依托IT管理系统、语音控制系统与智能居家设施，提高老年人日常生活质量。推动以家庭为基本单元的数字智能终端与社区网络服务端和智慧医养平台相连，为居家老年人提供一键式智慧救助服务。

（二）推进适老化社区建设与改造

1. 推进城市新建社区适老化服务设施配套建设全覆盖，建立便利、完善的适老化社区

推动社区适老化服务设施网点规划建设。根据社区老年人居家生活需求、人口分布规模及密度，科学合理地确定社区养老服务设施的布点和规模需求，落实各类养老服务设施的选址、用地和建设规模，对社区配套服务设施进行跨社区的资源整合、统筹利用。

构建以社区为基本单元、以设施为依托的社区居家服务设施体系，对社区适老化设施与公共服务设施的摸底调查及评价，各地方制定实施社区适老化设施专项建设规划，重点包括建立工作机制、明确发展目标、加强财力支撑、完善要素保障、创新支持政策、设计运行机制等内容，合理划分社区区域，统一规划、统筹实施。

新建社区按标准要求配套建设适老化服务设施。重点确保社区养老服务设施同步规划设计和建设实施，推动社区医疗卫生设施与社区养老服务机构毗邻规划建设，组织对设施的功能空间与建筑设备专项评价验收交付，确保新建社区养老服务设施达标。推动社区建设与居家健康养老服务协同发展，编制不同类型社区建设导则与规划设计图例，鼓励建设高品质老少同居、代际和谐的社区，加强以老年人为居住群体的普惠性养老社区发展与建设标准化，规范康养地产项目规划建设质量和社区医养结合服务设施功能要求。

2. 推进老旧城区、已建成居住区基本补齐社区适老化服务设施，大力提升社区老年人多元化需求的供给水平

既有社区通过补建、购置、置换、租赁、改造等方式，全面提升社区适老化服务设施的建设供给。通过城市更新和老旧小区改造，因地制宜补建一批社区老年服务站、社区老年人日间照料中心、社区卫生服务站等养老服务设施。老年服务站为老年人提供居家日间生活辅助照料、助餐、保健、文化娱乐等服务；社区老年人日间照料中心为生活不能完全自理的老年人、残疾人提供膳食供应、保健康复、交通接送等日间服务；社区卫生服务站提供预防、医疗、计生、康复、防疫等服务。基层医疗卫生机构与社区养老设施、日间照料中心、居家养老服务中心一体建设，为社区老年人提供健康养老服务。

加强社区食堂、菜市场、超市、社区医院、银行、邮局等生活服务设施和老年人健身、教育、文化、休闲娱乐等文化服务设施的建设与改造，形成功能齐备、区域联动、服务半径合理的社区居家适老化服务设施体系。既有建筑改造类社区适老化服务设施要符合老年人生理心理和行为特点，充分结合运营服务需要，进行建设可行性、消防安全性、结构可靠性和周边环境等前期评估。

3. 推动设施功能集约、资源共享，推广社区适老化综合服务设施建设模式

推广小规模、多功能的社区适老化服务设施建设，完善其设计、施工、验收及评价的技术保障体系。聚焦解决大型化、集中化、郊区化和功能单一化的养老设施建设问题，社区适老化设施建设推动养老服务向社区、家庭延伸。

发展具备助餐、助浴、助急、助医、助洁等综合功能的集约化设施。推进设施服务辐射社区与周边，与居家服务、日间照料和全日托养等功能融合发展。鼓励社区适老化设施中的医疗康复设施和文化娱乐设施向社区开放，完善设施资源与社区共享相关实施细则。

推广社区托老服务中心，为社区的老年人提供全托型或日托型服务，支持基层医疗卫生机构与社区医养康养相结合，为老年人提供全寿命周期社区居家生活辅助、日间照料和持续照护等持续稳定的多元化服务。

4. 推动社区环境适老化建设与改造，营造健康舒适的生活环境

建设安全便捷、健康舒适、多元包容的社区老年宜居环境。整合与盘活存量资源，通过新建、改建、扩建，为老年人提供社区户外教育、文化、健身、体育等活动与交流场所，结合康复景观、室外适老化卫生间、适老化标识等景观与辅助设施进行整体设计、实施。

新建社区严格执行无障碍建设标准，通过科学设计、精细施工、精心维护，全面提升社区无障碍环境质量。既有社区的公共环境改造，须落实好"十四五"规划要求，对改造确有困难的，允许按不低于原建造时的标准要求实施，并提供无障碍服务措施作为补充。

落实社区公园绿地、道路广场、停车场地、标识系统等场所的无障碍和适老化实施细则。活动场地应满足地势平坦、环境良好、排水通畅的要求。改造加装健身器械区时，应更多配置运动量较小的健身器械，更好地满足老年人健身需求。

强化便捷舒适的社区出行环境建设要求，营建步行道路的无障碍化环境，整治停车环境，尽量实现小区道路的人车分流。社区内部步行道路要尽可能连通，以环形形式设计，将

各个组团用车行道进行串联。车行道要尽量延伸到组团住宅区外围，道路平缓且高差不宜过大，以保证有良好的可达性。

推广适老化环境建设与改造的部品标准化清单、产业化集成技术。规划布局适老化建设部品产业园区，推进在技术转型升级、新技术新业态培育方面的探索创新。

（三）推进适老化住房建设与改造

1.满足老年人多样化居住需求，构建适老化住房产品体系

按照新阶段适老发展要求，构建中国特色适老住房产品体系。以安全、公平、适用为原则，按照老年人行为能力及社会特征，建设符合老年人全生命周期、动态需求变化的类型丰富的住房产品体系，为保持老年人健康生活，延长健康能力创造条件。

优化户型设计，丰富住房产品。结合老年人身体机能、行动特点、心理特征、家庭结构、经济水平，优化户型设计，开发一代居、两代居、多代居等户型产品，发展适老化住房、适老化租赁住房。

加快研发新型适老化住房部品，满足多样化、精细化适老居家需求。加快适老化住房的家具、部品、设施、设备及辅具等适老住房产品的设计、研发与应用，充分利用信息化、智能化技术，不断满足老年人在生活照料、健康护理、文化娱乐、健身活动等方面的多样化、差异化、动态化的需求。

2.完善住房适老化技术体系，支撑适老化住房产品体系建设

完善新建住宅建筑适老化设计技术体系。通过改进空间参数、套内空间结构和电梯配置等设计方法，满足自理、介助、介护等不同身体状态老年人的居住需求及急救需要，适应住房人口年龄及需求动态变化。

完善住房适老化部品产品技术体系。明确并规范适老化部品的材料选型、施工要求、细部尺寸等，提供更加体系化、标准化的适老产品。建立不同身体状态老年人居住部品匹配清单，方便老年人依照自身情况精确选品。

3.持续开展既有住房适老化改造，提升老旧住房适老化品质

开展既有住房适老化环境适应性评估。基于老年人行为能力特征和居住环境，开展老年人行为能力动态跟踪，定期开展老年人与居住环境适应性评估，适时进行适老化改造。

因地制宜开展差异化的住房适老化改造。针对不同家庭结构、不同身体状态、不同经济水平的老年人，推动制定既有住房适老化改造技术体系化，形成基础型、完善型、提升型的改造标准、图集、部品清单，按照不同需求开展差异化的住房适老化改造。重点推动套内空间、建筑公共区域适老化改造。发展绿色、经济、高效的改造技术，规模化推广适老化内装改造技术应用。

四、结语

现阶段，城市建成环境的适老化改造已在北京、上海、杭州、重庆、厦门、四川等经济较发达的地区获得实践。上海市民政局在2021年发布《上海市民政局关于全面推进本市居家环境适老化改造工作的通知》，将适老化改造的对象限定为"居住在本市的60周岁及以上老年人"，改造内容包括基础产品服务包、专项产品服务包和个性化产品服务包[①]。北京市民政局在2023年印发《关于进一步推进老年人居家适老化改造工程的实施意见》的通知，提出了建立居家适老化改造项目推荐清单、搭建居家适老化改造服务平台、规范居家适老化改造管理、加大居家适老化改造支持和加强居家适老化改造监管五条重点任务。四川从2020年开始实施公共服务适老化改造提升行动，2021年至今，四川省有13.3万户家庭完成不同类型的适老化改造，建成家庭养老床位1.7万张；2024年，四川省计划完成5100余个城镇老旧小区改造，完成4000部既有住宅电梯增设[②]。先行省市的经验为全面推进适老化改造工作奠定了基础，也提示我们目前城市建成环境的适老化改造工作存在政策支持和适老化覆盖区域不足、公众认知度不高、缺乏专业人才等问题，需要在认识和实践层面系统推进，从被动式应对转向主动积极应对。

在城市建设和更新中推进适老化改造工作不仅是促进城市高质量发展的关键举措，也是经济社会领域的重要变革，需要站在更高的战略高度、从更长的时间维度，系统设计各项政策措施，体现前瞻性、整体性。在认识层面，要深入分析和判断人口老龄化未来发展趋势及其影响，正确认识积极老龄观和健康老龄化对城市建设发展的要求，提前预判新发展阶段老年人在全生命周期各个过程对人居环境的新需求。要求城市建设工作做到立足当前、着眼长远、因势利导、未雨绸缪，走一条有准备、有把握的科学应对之路。在实践层面，要主动作为，采取系统有效的政策措施，积极应对人口老龄化对城市建设的各种挑战和新要求，提前配置相关资源，超前规划、建设和运营适老设施，全面提升人居环境适老化水平。

（作者：于一凡，同济大学建筑与城市规划学院教授、博士生导师，全龄友好城市研究中心主任）

---

① https://www.shanghai.gov.cn/cmsres/c6/c6a5daf69f8146ce815977e1fe8309de/95109b2e07b277dd2c4aecde814d2b7d.pdf.

② 资料来源于2024年7月7日四川日报发布的新闻《今年计划增设4000部既有住宅电梯——老龄人口数量超过1800万，四川实施公共服务适老化改造提升行动》。

疫后城市旅游发展分析与趋势预判

新冠肺炎对全球旅游业造成了前所未有的冲击，产业链上下游企业普遍承压，但随着疫情得到控制及我国实施"乙类乙管"以及各地经济的逐渐复苏，我国居民对旅游的热情迅速重燃，出现了一系列因旅游而火爆的城市。旅游业的复苏不仅带动了相关产业链的发展，也为经济增长和社会复苏注入了新活力。

城市是旅游者进行旅游活动的重要场所，在旅游活动中扮演客源地、集散地与目的地的三重角色，是旅游发展的重要载体。城市旅游是以城市为载体的旅游、休闲与体验活动，全球80%以上的旅游活动需要通过城市载体才能实现[①]，国内外的发展实践表明，城市正在成为越来越重要的旅游目的地。从旅游活动的产生和客源市场的需求而言，城市是旅游的主要源泉；从旅游产品的组织、营销和供给而言，城市是旅游最集中的接待地；从区域或国家层面的旅游发展整体格局而言，城市则是旅游组织中心及区域旅游发展极。城市旅游是现代旅游业的重要支撑，我国许多城市都将旅游业作为新兴产业、支柱产业或主导产业来扶持。

一、城市旅游定义与概况

（一）城市旅游定义

城市旅游是指旅游者在城市中的旅游活动及其对社会、经济和环境的影响[②]。是以城市景观、文化底蕴、特色场景、节事活动及休闲娱乐空间为对象的旅游，也是指以城市为目的地的旅游活动。城市旅游发展，关键要有城市比较优势和旅游比较优势，包括城市特色旅游吸引物，也包括城市旅游设施和服务支撑系统。

（二）国际城市旅游发展

国际城市旅游的产生与发展。西方工业国家大约在20世纪70年代以后逐渐完成工业化，很多城市面临原有传统工业衰败、环境污染、交通拥堵等城市弊病的压力而亟须转型。这些城市开始有规划地开展城市改造，完善城市休闲空间和设施，通过文化复兴和休闲功能

---

① 数据来源：世界旅游城市联合会，《世界旅游城市发展报告（2023）》。
② 保继刚等.城市旅游：原理·案例[M].天津：南开大学出版社，2005.

发展，实现城市转型。这些工作客观上极大地提升了城市的休闲和旅游品质。可以说，城市旅游休闲功能是随着城市转型、更新而不断完善的。

不同城市有差异化的旅游发展路径。例如巴塞罗那得益于自身浓厚的文化艺术底色，在城市更新过程中，顺势而为，持续提升城市的文化艺术气质。1992年的奥运会让世界看到了巴塞罗那的艺术魅力。之后的10年内，巴塞罗那迅速成为与巴黎和罗马等齐名的世界知名旅游城市。而奥兰多主要是通过引入众多主题公园，即通过产业导入发展成为世界知名的旅游休闲城市。"更新"则是悉尼旅游休闲发展关键词，主要体现在悉尼及澳大利亚重要文化地标——悉尼歌剧院的建成，对老城区（岩石区）的保护性开发，以及对环形码头、达令港的翻新等。

城市旅游发展的关键是文化、科技和可持续。从城市旅游休闲发展的关键要素和核心动力来看，"文化""科技"和"可持续"是最核心的关键词。世界旅游休闲城市更多地依托文化特色塑造鲜明个性，以及依靠数字技术赋能城市旅游休闲发展，并更加注重绿色可持续发展。相较于自然美景，绚丽多彩的文化更能打动人，它让城市旅游发展更具活力。无论城市本身文化底蕴如何，仅有自然美景是远远不够的，即使是滨海休闲资源独具优势的坎昆，也会通过挖掘当地的玛雅文化，来丰富文化产品和体验，促进城市旅游的可持续发展。

（三）城市旅游吸引物

城市旅游吸引物是能够吸引游客前来城市旅游、休闲与体验的各类事物和因素。城市旅游吸引物类型是多样的，包括历史遗迹、文化场馆、现代建筑、节庆活动、主题公园、消费场所等。

博物馆和艺术馆是重要的旅游吸引物。英国伦敦99个旅游吸引物中有45个属于博物馆和艺术馆类型，其他类型旅游吸引物主要包括历史遗址、宗教场所，还有农场、公园、野生生物保护区、手工作坊等。法国巴黎的博物馆和历史遗存（museums and monuments）对游客具有强烈吸引力，2007年巴黎最主要的前50个博物馆和历史遗存接待的游客量达到7 040万人次，其中巴黎圣母院游客接待量高达1 365万人次。吸引力最大的景点依次是巴黎圣母院、圣心教堂、卢浮宫、埃菲尔铁塔、蓬皮杜国家文化艺术中心、奥赛博物馆、拉维莱特科学工业城、凯旋门、法国国家自然历史博物馆[①]。

商业购物场所成为城市旅游吸引力的新要素。在国民旅游休闲和全域旅游新时代背景下，旅游被重新定义为异地的生活方式，商业购物成为影响城市旅游发展的新要素。根据2001年威斯敏斯特游客调查，购物对游客来伦敦的吸引力最大[②]。伦敦购物场所往往相对集聚在市中心的一些主要街区，并长期以来享誉全球，如牛津街（Oxford）、摄政王街（Regent）、邦德街（Bond）、皮卡迪利大街（Piccadilly）、萨维尔街（Savile Row）、卡那比街（Carnaby）和考文特花园（Covent Garden）市场等。它们不仅吸引着国际旅游者和国内

---

① 资料来源：LE TOURISME A PARIS Chiffres clés 2008，巴黎旅游局官方网站。

② 参考文献：《威斯敏斯特整体发展规划前期质询》，2002年8月。

市场，同时对伦敦本地人也具有相当吸引力。

体育赛事、节庆活动等同样是重要旅游吸引物。一些重大的庆典和赛事活动也成为重要的城市旅游吸引物。如伦敦为迎接新千年和举办奥运会所建的旅游设施等。一些传统节日如日本的樱花节，现代节庆如西班牙的番茄节、德国的慕尼黑啤酒节；体育赛事如世界杯足球赛、美国的超级碗也吸引大量的游客前往。

特色城市景观、美食娱乐及特殊气候与环境也具有特殊的魅力。例如伊斯坦布尔的特色建筑景观、迪拜的哈利法塔、上海的上海中心大厦等现代建筑，以及西班牙的毕尔巴鄂古根海姆博物馆，都成为吸引众多游客前往的重要景点。特色美食和文化娱乐具有强大的吸引力。如巴黎美食、意大利美食、宁波小海鲜等，还有如美国环球影城和迪士尼乐园等主题游乐。独特的旅游吸引物，丰富了游客的旅游体验，也促进了当地的经济发展和文化交流。

（四）城市旅游支撑体系

城市旅游支撑体系是指为城市旅游活动提供基础和保障的设施与服务。完善的城市旅游支撑体系能够提升游客的满意度和忠诚度，促进旅游业的可持续发展，同时也有助于提升城市的国际形象和竞争力。

完善的旅游接待服务体系。城市旅游发展需要提供不同档次的住宿服务，满足不同游客的需求。城市旅游发展需要提供优质的当地特色美食，并提供丰富的休闲与娱乐服务。城市旅游也需要旅游购物设施和独具特色的旅游商品。

便捷的旅游交通设施。城市应提供进入性强的交通设施。如便捷的机场和国内外航线；火车站应连接城市与周边地区；应有便捷的公共交通，包括地铁、公交、出租车等，方便游客在城市的旅游活动。

丰富的旅游休闲空间。城市应有丰富的剧院、电影院等场馆，提供丰富的文化娱乐活动。城市应开发特色旅游休闲街区和酒吧集聚区等夜间旅游休闲场所。应构建城市旅游信息咨询中心，提供城市旅游信息、地图和预订等服务。应与医院建立合作关系，提供旅游医疗服务和急救保障。应设置旅游大数据中心，提供智慧旅游服务。

二、城市旅游疫情影响与疫后复苏

（一）疫情期间城市旅游产业受到巨大影响

公共卫生类危机事件对旅游者的消费信心、消费行为和消费决策产生巨大影响。新冠肺炎的持续时间、影响强度远超以往的公共卫生事件，自暴发以来，对旅游业造成了持久剧烈的冲击。

从全球来看旅游业受到了明显冲击。2019年全球旅游业达到3.4万亿美元，占全球GDP的4%。2020年疫情在全球暴发，当年旅游业的经济贡献降至1.8万亿美元，仅占全球

GDP 的 2.3%[①]。

从国内来看旅游业受影响巨大。根据全国国民经济和社会发展统计公报数据，2019年全年国内游客 60.1 亿人次，比上年增长 8.4%；国内旅游收入 57 251 亿元，增长 11.7%；入境游客 14 531 万人次，增长 2.9%；国际旅游收入 1 313 亿美元，增长 3.3%。2020年受疫情影响，全年国内游客仅 28.8 亿人次，比上年下降 52.1%；国内旅游收入 22 286 亿元，下降 61.1%。2021年、2022年略有波动，但最高也仅为疫情前 2019年的一半左右。

城市旅游影响尤为突出。因城市人口密度大，与乡村田园、自然生态空间比，受管制影响更加突出，所以疫情对城市旅游影响更大。2020年城镇居民出游花费 1.80 万亿元，比 2019年下降 62.2%；农村居民出游花费 0.43 万亿元，下降 55.7%。2021年、2022年城镇居民、农村居民旅游消费有些波动，但最高也只有疫情前 2019年的一半多一点。

（二）疫后城市旅游产业平稳复苏

随着 2022年12月5日全国防疫的放开，2023年旅游业逐渐复苏。2023年全年国内出游 48.9 亿人次，比上年增长 93.3%，恢复至疫情前 2019年的 81.4%。国内游客出游总花费 49 133 亿元，增长 140.3%，恢复至疫情前 2019年的 85.8%。入境游客 8 203 万人次，恢复至疫情前 2019年的 56.5%。入境游客总花费 530 亿美元，恢复至疫情前 2019年的 40.4%。2023年底以来，72/144小时过境免签政策不断放宽，吸引了大量国际游客。2024年一季度，外籍人员出入境达到 1 307.4 万人次，同比上升 305.2%，已经恢复到 2019年同期数据的 92.46%。与此同时，产业信心也逐步恢复。2023年旅游相关企业注册数量高达 36.29 万家，同比增长超 40%，创历史新高。

城市旅游恢复相对较快。据国家统计局发布的统计公报，2023年城镇居民出游花费 41 781 亿元，增长 147.5%，恢复至疫情前 2019年的 86.8%；农村居民出游花费 7 353 亿元，增长 106.4%，恢复至疫情前 2019年的 75.8%。

（三）疫情前后城市旅游发展的政策支持

疫情暴发以来，国家有关部门迅速行动，结合实际情况，制定并下发了多方面的政策措施，帮助旅游企业渡过难关、促进旅游疫后恢复。

立足纾困解难，加强政策扶持。疫情暴发以来，国家出台系列政策，解决企业存在的实际困难。2020年，文化和旅游部下发《关于暂退部分旅游服务质量保证金 支持旅行社应对经营困难的通知》，实行暂退旅游服务质量保证金政策。2021年，文化和旅游部、国家开发银行联合发布《关于进一步加大开发性金融支持文化产业和旅游产业高质量发展的意见》，对文旅产业加大了金融支持；同年文化和旅游部还发布了《关于加强政策扶持 进一步支持旅行社发展的通知》，对旅行社业加强了政策扶持。

立足扩大内需，促进文旅消费。2022年底，中共中央、国务院印发《扩大内需战略规

---

① 数据来源：《2022年全球可持续发展报告》（SUSTAINABLE DEVELOPMENT REPORT 2022）。

划纲要（2022—2035年）》，要求"扩大文化和旅游消费"，这成为近年文化旅游发展政策的主线；2023年4月28日，中共中央政治局会议强调，要改善消费环境，促进文化旅游等服务消费；7月24日，中共中央政治局会议提出，要推动体育休闲、文化旅游等服务消费；7月25日，国务院召开推动旅游业高质量发展专家座谈会，进一步对促进旅游业加快恢复发展工作作出明确部署。相关政策重点从促进文化旅游消费、推动文化旅游融合、强化科技创新、文旅赋能共同富裕等方面，强化文化旅游发展的顶层设计，促进旅游产业疫后恢复和高质量发展。

三、疫后城市旅游发展趋势预判

（一）城市旅游发展趋势

旅游需求疫后复苏将稳步推进。旅游业不仅是朝阳产业，也是敏感产业，是动力产业，也是依附产业。2019—2022年期间，全球旅游业面临严重的危机，世界各地的企业、就业和生计受到严重影响。然而，长远来看，随着人民生活水平的提高，人们对文化旅游等精神消费需求逐步上涨的需求不会改变，疫后复苏将是必然。

创新成为城市旅游发展的基石。疫情后的城市旅游正在经历一场深刻的变革，出游方式和空间的变化，形成了坚实的城市旅游业；将旅游业的运行和城镇化、数字化紧密地结合在一起，推动了旅游需求和旅游供给的双重改变。城市旅游发展，已经不是简单地疫后恢复到旧有增长曲线和模式上去，传统的游离于城镇化格局之外，依托大投入、大产出，效率提升有限的旅游业模式，很难适应新的发展变化。旅游业在疫后的复苏，创新性、数字化、高端消费和文旅融合等发展态势明显，旅游发展相关主体应做好准备，以适应新的市场需求和挑战。

品质提升速度加快。国家《"十四五"旅游业发展规划》提出，旅游业应从资源驱动向创新驱动转变，利用数字化、网络化、智能化科技创新成果，升级传统旅游业态，创新产品和服务方式。同时，强调高质量发展，以"质"的提升替代"量"的增长，提供优质产品，增强市场活力。

（二）旅游需求结构变化

行为特征生活化，城市休闲游成为热门选择，主客共享趋势显著。疫情加快了旅游消费方式的转型和城市休闲游的崛起。特别是以短时间、近距离、高频次为特点的"轻旅游"成为热门选择。游客对一座城市的到访不再是单点单线的观景，而是对兴趣点网络的体验，城市休闲要素的丰富程度，构成了游客造访一座城市的重要理由，体现出目标的非预设性、游程的非既定性、空间的非传统性、活动的非限制性。本地人的休闲和外地人的旅游呈现出越来越高的相似度。在这种格局转变中，城市间的旅游竞争也由单纯旅游资源的竞争，转向城市业态聚集更新能力、休闲风潮引领能力和城市公共服务综合保障能力的竞争，其背后更是市场能力和市场要素聚集能力的竞争。从地方实践看，近年来不少城市高度重视城市旅游的发展。蓝色港湾、田子坊、岭南五号等城市休闲综合体异彩纷呈。

游客需求呈现多样化、个性化和品质化的多元分层趋势。旅游消费从"看山看水"转向既有"诗与远方"又有"人间烟火"的新旅行理念。旅游新需求和细分市场的不断涌现，推动了旅游场景、产品和服务的创造性提升和创新性发展。

文化旅游融合成为热点。伴随着经济高速增长，教育发展红利逐渐在年轻一代身上显现，文化水平也影响着其消费观念。文化娱乐、文博旅游正成为旅游休闲热点，文化旅游消费潜力巨大；旅游文化功能不断彰显，文旅融合进程加快，特别是出生于网络信息时代的"Z世代"年轻人，更希望享受当地特色，追求深度游，寻求深层次的互动性旅游文化体验。

新兴科技型产品需求崛起。新兴科技体验更受到游客喜爱。城市利用新兴科技，促进传统旅游场景与数字技术深度融合。以数字内容为核心的数字文旅产业呈现逆势上扬、蓬勃发展的趋势，展现出强大的成长潜力，成为文旅产业高质量发展的新动能。

康养旅游需求更加凸显。人们更关注健康，养生、养身、养心需求更加凸显。需求驱动康养旅游向"大健康"及"大养生"进行融合，改变了旅游者的生活观念，医疗型、康养型旅游产品成为旅游者新宠。我国康养旅游的市场规模呈现快速增长态势。

运动休闲旅游更趋重要。疫情唤醒了大众健身意识，体育运动、休闲健身、强身健体将扮演更重要角色，较高学历、较高收入水平的中青年是运动休闲的主要消费群体。响应"全民健身"，城市大力发展了体育运动旅游，包括室内运动、户外运动、时尚运动等，丰富了常态化、休闲化、全民化体育运动产品。

四、我国城市旅游发展潜力分析

（一）我国城市旅游发展情况

我国城市旅游发展呈现积极复苏态势和增长趋势。根据2024年一季度的数据，国内旅游市场迎来了强劲的增长，国内出游人次达到14.19亿，同比增长16.7%，旅游总花费达到1.52万亿元，同比增长17.0%[1]。特别是在元旦和春节期间，国内旅游市场表现尤为突出，元旦假期国内出游人次高达1.35亿，同比增长155.3%，春节假期国内出游人次达到4.74亿，同比增长34.3%[2]。

城市旅游越来越成为旅游市场重要支撑板块。根据《中国国内旅游发展报告（2023—2024）》显示，低线城市、小机场城市、县城和中心城镇等成为国内旅游新的增长点，城镇旅游已经成为人民群众常态化的生活方式。城市群互为客源地和目的地的特征更加明显，城市群之间的旅游客源流动，构成了全国省际旅游流的"支线"。

城市旅游存在较大差距，发展潜力巨大。在节假日出游中，虽然城市旅游游客数量众多，但人均消费水平不高，显示出消费的相对不足。城市旅游设施不够完善，旅游导览、游

---

① 数据来源：文旅部"2024年一季度国内旅游数据情况"。

② 数据来源：新华社关于元旦旅游、春节旅游的报道数据。

客咨询、游程组织、智慧旅游、无障碍旅游等设施与服务不足，需要对旅游服务体系和基础设施进行系统完善。城市旅游冷热不均，一些热门城市吸引了大量客群；同时，大量客流带来的环境压力、基础设施和服务压力也对旅游体验产生了负面影响。我国城市旅游虽然取得了显著成就，且发展潜力巨大，但同时也面临着一些问题和挑战。

（二）城市旅游发展的主要动力

1. 政策支持

城市旅游的繁荣发展，离不开政策支持。以促进文旅高质量发展为重心，国家提出了加强旅游宣传推广、丰富优质旅游供给等系列任务。2023年，国务院以及文化和旅游部出台了多项促进和支持文旅企业投融资的利好政策，如加大信贷投放、拓宽融资渠道、支持探索旅游项目特许经营权入市交易、鼓励在合法合规前提下发行景区REITs等，为文旅企业融资提供了强有力的政策支撑，有利于充分发挥金融资本在旅游产业发展、结构调整、技术创新等方面的"提质增效"作用。从各地发布的"十四五"文化和旅游发展规划、旅游产业发展规划中也可看出，促进文旅消费提质升级、打造新消费增长点和消费中心城市成为关键词，其中尤其值得关注的是国务院办公厅印发的《关于释放旅游消费潜力推动旅游业高质量发展的若干措施》，围绕有效促进旅游消费，从加大优质旅游产品和服务供给、激发旅游消费需求、加强入境旅游工作、提升行业综合能力、保障措施五个方面提出了30条工作措施，构成了一个体系完整、相互配合的政策工具包。作为落实该文件的具体举措，针对国内旅游、入境旅游和出境旅游的专门性政策也陆续出台。文化和旅游部发布的《国内旅游提升计划（2023—2025年）》，从丰富优质旅游供给、培育和发展旅游新业态、引导重点行业转型升级以及促进科技应用和产业融合等方面发力。为改善出入境旅游环境，我国积极推动入境签证便利化、优化入境支付环境、方便境外游客线下购票等，并取得了成效，尤其是在签证方面，我国扩大单方面免签国家范围、全面互免签证国家范围、72/144小时过境免签的国家范围等，为刺激入境旅游市场复苏提供了重要支持。

2. 经济支撑

我国经济疫后逐渐恢复成为城市旅游发展的重要支撑。2023年全年国内生产总值126万亿元，比上年增长4.6%。2023年我国消费呈现良好恢复态势，热点亮点频现，成为带动经济恢复的重要力量。据国家统计局数据，2023年社会消费品零售总额超过47万亿元，消费规模创历史新高；最终消费支出拉动经济增长4.3个百分点，比上年提高3.1个百分点，对经济增长的贡献率为82.5%[①]，消费的基础性作用更加显著，重新成为经济增长的主动力。更加值得关注的是，以旅游等为代表的服务消费较快回暖，成为2023年消费恢复的一大亮点。

3. 跨界融合

旅游业作为一种体验经济，跨界融合提高了游客体验性、传递了文化品牌价值、挖掘了消费增量。做好跨界融合的关键点，即深度体验、多元场景、复合业态、沉浸互动。深度

---

① 数据来源：国家统计局数据，引自经济观察报（2024-03-05）。

体验是要打破行业边界，增加产品、设施、服务等方面的游客体验性。比如交通＋旅游，通过把道路设施、服务驿站面向游客的体验使用，融合成为新增量旅游吸引物。多元场景是要打破传统的产业空间，通过具有人文情怀、品牌价值的创意设计，构造引人入胜的景观、休闲游憩的功能、时空穿越的情感、超越感官的体验。复合业态是在原来的产业链上、消费点上挖掘并叠加旅游中代表快乐生活、美好生活的消费业态，实现原有产业价值的倍增。沉浸互动是设计出能与旅游者、消费者产生共鸣共情、沉浸交互的产品和项目，让其深度参与其中，增强沉浸感和归属感。

4. 科技推动

数据和科技创新发力，推动文旅产业新质生产力形成，文旅产业以数字技术为依托，形成了数字旅游产品、数字服务内容、数字监管系统和平台，在满足新消费需求的同时，增强旅游业的发展动能。从市场端的表现来看，数字文旅掀起消费新热潮，市场规模已经超过10万亿美元[①]，展示了稳中有进、高质量发展的良好势头。从政策端的支持来看，国家高度重视数字文旅发展，密集出台了系列支持政策，同时也公布了一批试点、示范和优秀案例，确保了数字文旅发展有的放矢、高效落地，使市场更加明晰未来发展的重点和方向。

5. 消费提升

从近年旅游消费热点变化看，我国居民旅游消费需求不断提升，热点接踵而至。从著名网红地如丽江、哈尔滨、淄博、天水、西安、杭州、山西、重庆、新疆等看出，消费需求是城市旅游发展的重要动力。城市"微旅行""微度假"需求增长，在城市寻觅新潮玩法和更有深度、更具品质的体验，正成为大众消费的主流方向。以数字内容为核心的数字文旅产业呈现蓬勃发展的趋势，展现出强大的成长潜力，成为文旅产业高质量发展的新动能。美食体验、购物休闲、古装旅拍等一批消费热点带动城市旅游不断升级迭代。

五、结论和建议

（一）基本结论

1. 城市旅游发展需要资源等条件

城市旅游依赖于一定的资源禀赋，应拥有独特的自然景观和文化资源，以吸引大量游客。丰富的历史文化遗产对游客具有很大的吸引力；也有一些城市以其独特的人文景观和城市风貌吸引游客，如现代都市景观、艺术街区等。没有优势的旅游资源难以发展城市旅游。城市旅游发展还需要良好的基础设施，便利的交通条件，如适宜的经济结构。城市的经济结构如果过于单一，也难以支撑旅游产业的发展。因此，不是所有的城市都可以把旅游作为其支柱产业，城市在考虑将旅游作为支柱产业时，需要进行全面的评估和规划。

2. 应遵循城市旅游成长规律

城市旅游发展应遵循其成长的规律和原则，以确保其健康、可持续发展。在发展旅游过

---

① 数据来源：简乐尚博（168 Report），《2023—2029 全球与中国数字文旅市场现状及未来发展趋势》。

程中，首先要保护好自然资源和文化遗产，避免过度开发。在保护的基础上，合理利用旅游资源，开发旅游产品，满足游客需求。应根据城市的特色和优势，明确旅游市场定位，通过有效的营销和推广，建立城市旅游品牌，提升知名度和吸引力。应制定科学合理的旅游发展政策，引导和支持旅游产业的发展。只有遵循客观规律，城市才能更好地发展旅游产业，实现经济、社会和环境的协调发展。

3. 需要有为政府与有效市场的分工协作

政府和市场的分工协作有助于实现城市旅游资源的最优配置和旅游产业的可持续发展。城市政府应制定全面的旅游发展规划，明确旅游发展的目标、策略和政策；投资建设交通、通信、公共服务等基础设施，为城市旅游发展提供基础保障；加强对旅游资源的保护和监管，防止过度开发和破坏；应通过各种渠道推广城市旅游形象，提升城市旅游知名度和影响力；加强对城市旅游市场的监管，确保城市旅游服务质量和游客权益。市场主体应积极响应城市政府的规划和政策，调整自身的发展策略，与政府的规划相协调；应合理开发和利用城市旅游资源，创新旅游产品和服务，满足游客需求。企业应积极参与品牌建设，通过高质量的服务和产品提升游客满意度。提供多样化、高质量的旅游服务，满足不同游客的需求。城市旅游还要持之以恒改善营商环境，让经营主体与当地居民从中获益。通过政府与市场的分工协作，共同推动城市旅游的健康发展。

（二）主要建议

1. 加强规划研究

城市旅游成功的关键是明确城市的发展愿景并据此进行战略规划。制定规划事关全局，应由城市旅游主要利益相关方、决策者和居民协作完成。制定和实施发展愿景和战略规划，应加强对旅游市场时空分布与趋势特征、旅游市场成长规律与区域市场竞合等的研究。同时，文旅政策研究与制定、旅游发展定位与方向、投入结构与综合效益等，也都需要市场研究支撑。

2. 遵循发展规律

城市旅游需要依据市场需求，遵循价值规律，依托优势条件，不断扩大优质文旅产品供给，提供持久的优质服务。既要"政府引导、企业主体、市民参与"，更要引入一批专业化现代文旅企业。应创造个性化文化体验和旅游服务，打造有厚度、有特质、有活力的城市文旅。

3. 提升供给体系

独特产品与优质服务是城市旅游的核心吸引力。城市旅游发展应结合城市更新行动，高标准建设城市旅游区、旅游景点和配套综合体。开发多样化的城市旅游产品，满足不同游客的需求，包括城市文化体验、城市购物休闲、城市文化娱乐、城市文化创意等。提升城市旅游服务质量，提高城市旅游从业人员的专业素质和服务水平，加强对城市旅游服务质量的监管和评估。

4. 构建消费场景

城市旅游应结合地域资源禀赋，建设和提升一批具有区域标识度、多业态融合、主客共享的消费场景。以"生活＋旅游"拓展优质旅游供给新空间；引导和支持旅游景区、度假区、休闲街区、商圈、文博场馆、城郊公园的旅游场景创新。

5. 持续活动策划

城市旅游需要持续的活动策划，不断创造宣传热点。可挖掘城市历史文化、民俗风情、地域特色，定期策划推出传统节日、旅游节庆、体育赛事、高峰论坛等不同主题的文化旅游活动，以吸引不同兴趣的游客。也可结合季节性特征，结合各时段的黄金周、小长假，利用季节变化创造时令性特色活动。通过策划和举办文化旅游节事活动，提升城市吸引力、丰富旅游体验和促进经济发展。

6. 打造优质环境

城市旅游空间是"居游共享"地域，这就要求城市在通道的规划、建筑的体量、道路的材质和色彩等方面体现城市文化的同时，关注旅游休闲环境的提升，彰显城市亲和力。完善公共服务，特别是在道路的标识、景观的解说、休憩点的布置、补给点的服务等方面，将城市公共服务体系建设与慢游支持系统建设相结合，以构建优质的城市旅游环境。

（作者：周建明，中国城市规划设计研究院文化与旅游规划研究所所长、教授级高级城市规划师；宋增文，中国城市规划设计研究院文化与旅游规划研究所正高级工程师；沈薇，中国城市规划设计研究院文化与旅游规划研究所城市规划师）

国家低碳城市试点工作阶段评估：
成效与问题及对策建议

全球气候变化是威胁人类生存和发展的巨大挑战，而全球气候变化则与人类活动导致的温室气体效应密切相关。为避免因气候变化给全球各地带来的灾难性影响，有效地控制以二氧化碳和甲烷为主的温室气体排放已成重中之重。为此，联合国自1995年起至2023年相继召开了28届气候变化大会，并在二氧化碳减排方面达成以下共识。即：通过减少化石能源燃烧产生的二氧化碳和其他排放物限制全球气候变暖，目标是在21世纪末将全球平均气温升幅较工业化前水平控制在2℃以下，并努力实现1.5℃目标。因此，世界众多国家纷纷提出各自减缓气候变化的目标和采取相应的措施。中国作为当今发展中的人口大国和世界第二大经济体，也是当今全球碳排放量最大的国家（2022年碳排放量约110亿吨，占全球总排放量的28.87%），对全球气候变化极为重视。在《国家"十二五"经济社会发展规划纲要》中明确提出，要"综合运用调整产业结构和能源结构、节约能源和提高能效、增加森林碳汇等多种手段，大幅降低能源消耗强度和二氧化碳排放强度，有效控制温室气体排放"。在2020年召开的第75届联合国大会上，中国政府向国际社会庄严承诺：力争于2030年前二氧化碳排放量达到峰值，2060年前实现碳中和。彰显了中国积极应对全球气候变化、走绿色低碳发展道路的坚定决心。同时，建设低碳城市也同"联合国2030年可持续发展议程"中提出的17个目标之一的"采取紧急行动应对气候变化及其影响，推动低碳可持续发展"完全契合，也是推进建设"美丽中国"和"宜居城市"的重要保障条件。

一、国家低碳城市试点的背景

1. 低碳城市的由来

2023年，城市居住着全球57%的人口，但分布很不平衡。发达国家城市化率已达75%～85%，而多数发展中国家仅为30%～50%。2023年末，中国城镇化率为66.2%，高于世界平均水平9.2个百分点。城市作为经济社会和创新活动高度集中的地区，也是碳排放的最主要来源地。据统计，城市的碳排放量约占全球总排放量的86%（按终端需求计算），城市的能源、工业、建筑业和交通基础设施都会产生大量的温室气体排放。因此，无论从实现全球平均气温增幅控制目标，还是从落实国家碳达峰、碳中和战略出发，城市都是全球气候变化最关注的热点和研究的重点。

低碳城市是以低碳经济和发展模式及方向、市民以低碳生活为理念和行为特征、政府公共管理以低碳社会为建设标本和蓝图的城市。低碳城市建设旨在实现经济快速发展的条件下，保持能源消耗和二氧化碳排放处于较低水平，从而实现城市的低碳排放，甚至零碳排放。

推动低碳城市建设与满足人民对美好生活的向往紧密相关，不仅能够带来更清新的空气、干净的水源、优美的居住环境等直接益处，还可促进健康生活、增强社区凝聚力及推动经济转型升级，为国民创造生态文明时代的宜居、宜业之城。因此，推动低碳城市建设，既是实现可持续发展的必要举措，也是实现人民美好生活向往的切实行动。

2. 低碳试点城市的遴选

2009年12月在丹麦哥本哈根召开的《联合国气候变化框架公约》第15次缔约方会议上，中国政府承诺：到2020年单位国内生产总值二氧化碳排放比2005年下降40%～45%。为实现此目标，国家发展和改革委员会先后于2010年和2012年组织开展了两批国家低碳城市试点工作。其中第一批试点城市有天津、重庆、深圳、厦门、杭州、南昌、贵阳、保定8市。第二批低碳试点城市28个，分别为：北京、上海、石家庄、秦皇岛、晋城、呼伦贝尔市、吉林市、大兴安岭地区、苏州、淮安、镇江、宁波、温州、池州、南平、景德镇、赣州、青岛、济源、武汉、广州、桂林、广元、遵义、昆明、延安、金昌、乌鲁木齐。

在第一、二批国家低碳城市试点的基础上，按照《国家"十三五"经济社会发展规划纲要》《国家应对气候变化规划（2014—2020年）》和《"十三五"控制温室气体排放工作要求》，为鼓励更多城市探索和总结低碳发展经验，国家发展改革委于2017年开展第三批45个低碳城市试点工作，分别为：沈阳、大连、朝阳、逊克县（黑龙江）、南京、常州、嘉兴、金华、衢州、合肥、淮北、黄山、六安、宣城、三明、共青城（江西）、吉安、抚州、济南、烟台、潍坊、长阳县（湖北）、长沙、株洲、湘潭、郴州、柳州、中山、三亚、琼中、成都、玉溪、普洱思茅区、拉萨、安康、兰州、敦煌、西宁、银川、吴忠、乌海、昌吉、伊宁、和田及阿拉尔市（新疆）。

上述81个低碳试点城市，涵盖了全国不同地区、不同资源禀赋、不同人口规模、不同发展水平、不同工作基础的各类城市，其中包括绝大部分一线和新一线城市、近半数二线城市以及数量众多的三、四、五线城市，在全国691个城市中具有较好的代表性。

二、低碳城市试点工作的指导思想、任务与内容

1. 指导思想

以加速推进生态文明建设、绿色发展、积极应对气候变化为目标，以实现碳排放峰值目标、控制碳排放总量、探索低碳发展模式、践行低碳发展路径为主线，以建立健全低碳发展制度、推进能源优化利用、打造低碳产业体系、推动城乡低碳化建设和管理、加快低碳技术研发应用、形成绿色低碳的生活方式和消费模式为重点，探索低碳发展的模式创新、制度创新、技术创新和工程创新，强化基础能力支撑、加强低碳城市试点组织保障工作。通过试点

城市的示范带动作用，总结出一套对全国各类城市低碳发展可借鉴、能复制、可推广的经验和做法，推动全国低碳城市建设和发展迈上新的台阶。

2.试点工作任务

总体任务为：结合各试点市的自然条件、资源禀赋和经济基础等方面情况，积极探索适合各市的低碳发展模式和发展路径，加快建立以绿色低碳为特征的工业、能源、建筑、交通等产业体系和生活方式。

具体任务有以下四项：

一是编制低碳发展规划。根据各市试点工作提出的碳排放峰值目标及试点建设目标编制低碳发展规划，并将低碳发展纳入该市国民经济和社会发展年度计划和政府重点工作中。发挥规划的综合引导作用，统筹调整产业结构、优化能源结构、节能降耗、增加碳汇等工作，并将低碳发展理念融入城镇化建设和管理中。

二是建立温室气体排放目标考核制度。将减排任务分解到所辖行政区和重点企业。制定试点城市碳排指标分解和考核办法，对各考核责任主体的减排任务完成情况开展跟踪评估和考核。

三是积极探索创新经验和做法。以先行先试为契机，结合各试点城市实际积极探索制度创新，按照低碳理念规划建设城市交通、能源、供排水、供热、污水处理等基础设施，制定出台促进低碳发展的产业政策、财税政策和技术推广政策，为全国低碳发展发挥示范带头作用。

四是提高低碳发展管理能力。完善低碳发展组织机构，建立工作协调机制，编制试点城市温室气体排放清单，建立温室气体排放数据的统计、监测与核算体系，加强低碳发展能力建设和人才队伍建设。

3.试点工作的内容

根据中国科学院丁仲礼院士和清华大学团队编制的中国碳核算数据库（CEADs）估算，2020年中国排放的约100亿吨二氧化碳中，能源（发电和供热）约占45%，工业约占39%，交通约占10%，建筑物建成后的运行约占5%。因而，国家三批81个低碳城市的试点工作，重点围绕以下七方面进行：

一是调整优化产业结构。一方面要因地制宜有重点加快发展低碳的电子信息、新能源、新材料、先进装备制造等战略性新兴产业和现代服务业；另一方面要限制高耗能的钢铁、有色金属、化工、建材等高碳行业发展，并促使其节能、降耗、减排。通过调整优化产业结构，降低高耗能、高排放产业比重，提高节能环保、绿色制造、循环经济产业比重，实现产业结构的低碳化。

二是优化能源结构。积极推广太阳能、风能、水电、氢能、生物质能源等可再生清洁能源，减少对煤炭、石油、天然气等传统化石能源的依赖，实施"能耗双控"行动，在控制能源消费总量的同时，加强能源管理，大力推广能源集约利用与清洁生产，提高能源利用效率，降低单位GDP的能源消耗量和碳排放量。

三是发展低碳交通。大力推进公共和低碳出行方式，加快建设以公交汽车、地铁、轻轨等为主的公共交通网络，积极倡导步行、骑行等绿色出行方式。同时，应限制私家车的过快发展，鼓励使用节能环保车辆，减少交通碳排。

四是推广低碳建筑。大力推广以低碳材料和低碳建筑施工技术为核心的绿色节能建筑。同时，还应加强对建筑废弃物的循环利用，对建筑采取绿色低碳运营管理，降低建筑物的碳排放。

五是加强碳汇建设。碳汇是可吸收储存大量二氧化碳或其他温室气体的人工生态系统。试点城市应大力加强对森林、湿地等生态系统的保护和修复，不断增加碳汇容量，提高生态系统的碳吸收能力。

六是推广低碳生活方式。试点城市应加强宣传教育，提高公众的低碳意识和环保意识。同时，大力推广节能、节水、节材和废物回收等低碳生活方式，积极倡导文明、节约、绿色低碳消费观念与消费模式，减少碳排放与环境污染。

七是推进低碳科技创新。试点城市应加强低碳科技创新和研发投入，推动低碳技术的研发和应用。同时，还应引进和消化吸收国外先进的低碳技术和经验，推动试点城市的低碳转型。

三、低碳城市试点工作的进展评估

1. 制定评估指标体系

2023年7月，由生态环境部应对气候变化司主持，国家应对气候变化战略研究和国际合作中心承担，邀请了包括体制机制、能源、建筑、交通、投融资、碳汇、基础能力等领域的10多名专家组成的评审专家组。专家组根据试点城市提交的书面材料和现场汇报情况，秉持公平公正原则，按照事先制定的"低碳城市试点进展评估指标体系"（表1）。从低碳发展基本进展、低碳发展体制机制建设、低碳发展任务落实与成效、基础工作与能力建设、创新举措五个方面，对国家低碳试点城市的工作进展开展了评估。

表1　低碳城市试点进展评估指标体系

指标框架	评估指标	编号	分值
A 低碳发展基本进展 （15分）	GDP年均增速目标完成情况	A1	5分
	二氧化碳排放总量控制情况	A2	4分
	单位GDP二氧化碳排放下降目标完成情况	A3	6分
B 低碳发展体制机制建设 （15分）	低碳发展组织领导情况	B1	5分
	低碳发展指导性政策制定情况	B2	5分
	低碳发展/碳达峰目标制定情况	B3	5分
C 低碳发展任务 落实与成效 （35分）	经济结构优化提升工作进展	C1	5分
	能源结构优化工作进展	C2	5分
	节能提高能效工作进展	C3	5分

续表

指标框架	评估指标	编号	分值
C 低碳发展任务 落实与成效 （35分）	建筑领域低碳发展工作进展	C4	5分
	交通领域低碳发展工作进展	C5	5分
	绿色生活与消费相关工作进展	C6	5分
	提升碳汇水平相关工作进展	C7	5分
D 基础工作与 能力建设 （20分）	温室气体清单编制情况	D1	5分
	温室气体排放数据统计核算与数据报告制度建设情况	D2	5分
	温室气体排放目标责任制建立与实施情况	D3	5分
	低碳发展资金落实情况	D4	5分
E 创新举措（15分）	—	—	15分

2. 评估结果

从本次评估结果来看，81个低碳试点城市平均得分为79.2分，最高得分为93.7分，最低得分为68.9分。在分领域指标得分方面，"基础工作与能力建设"和"低碳发展基本进展"平均得分较高，分别为86.8分和86.1分，表明低碳试点城市在低碳发展基础能力建设方面开展了扎实工作并取得积极进展，基本能在实现预期经济增长目标的同时，碳排放总量得到有效控制，且能较好地完成碳排放强度下降的目标任务。而"创新举措"和"低碳发展体制机制建设"平均得分略低，分别为72.1分和68.4分，表明多数试点城市的低碳发展创新力度不够，普遍在低碳发展体制和机制方面亟待改进和提升。

评估结果试点优良的城市有40个，按得分高低依次为：北京、深圳、烟台、潍坊、衢州、常州、重庆、上海、济南、赣州、广州、合肥、安康、镇江、成都、杭州、济源、嘉兴、吉安、淮安、南昌、金华、三明、厦门、遵义、大兴安岭、青岛、南京、长阳（土家族自治县）、郴州、敦煌、昆明、贵阳、株洲、天津、吴忠、黄山、湘潭、温州、秦皇岛。

3. 试点工作的成效

1）经济实现了质的有效提升和量的合理增长

各试点城市紧紧围绕国家低碳试点的具体任务和工作要求，坚定不移走生态优先、绿色发展之路，不断探索低碳发展机制和不同层次的低碳发展模式，将绿色低碳融入城市发展建设全过程，以绿色低碳引领经济社会发展。2017—2022年，试点城市年平均GDP增速达5.8%。同时，多个试点城市积极推动产业发展和能源消费绿色低碳转型，经济发展质量有所提升。例如，石家庄、晋城等52个城市列为低碳的第三产业增加值占比提升2.6个百分点以上，金华、广元、吉安等22个城市2015—2020年煤炭消费量占能源消费总量比重下降超7%，显著高于全国同期平均水平，为推动经济社会高质量发展打下坚实基础。

2）二氧化碳排放得到有效控制

试点城市通过强化低碳基础能力建设，推动重点排放领域低碳转型、完善低碳发展目标考核等举措，有效控制了各市二氧化碳排放。2017—2022年，试点城市以年均1.3%的碳排放增速支撑了年均5.8%的GDP增长，95%的试点城市碳排放强度显著下降，38%的试点城市碳排放总量稳中有降，25%的试点城市碳排放总量增速下降。总体上，试点城市二氧化碳排放控制成效显现。

3）全社会共同参与的低碳发展格局初步形成

试点城市对开展低碳试点工作普遍较为重视，在市、区两级成立了相应的领导小组及其下属的办事机构，通过编制规划、出台相应政策和财政支持，直接参与对低碳发展的组织领导。企业则将推动绿色低碳发展技术创新置于优先地位，并立足自身的产业与资源优势，做优做强低碳主导产业。试点城市还大力开展与低碳发展相关的宣传教育普及活动，鼓励低碳生活方式和行为，弘扬低碳生活理念，推动全民广泛参与和自觉行动，逐步形成了企业主动减碳、居民自觉低碳的良好社会氛围。

4）城市绿色低碳发展经验做法可供复制推广

试点城市在推动绿色低碳发展的过程中，总结出一批在全国具有典型可推广的经验。例如，低碳试点城市普遍重视加强顶层设计，制定出台低碳发展规划和应对气候变化规划、控制温室气体排放工作方案等低碳发展的指导性文件；部分试点城市推动建立由主要领导负责抓总的工作机制；部分试点城市形成了各具特色的低碳发展模式，部分地市在低碳发展技术攻关和先进实用技术推广中成效显著，部分城市在碳中和示范工程和碳汇提升工程方面取得了较大进展。在资金与金融支持方面，部分试点城市推行"资金引导""一体推进"的工作机制，持续引导金融资源投入绿色低碳领域，撬动更多社会资金促进降碳减排；还有部分城市探索创新，形成了如"光伏互联网＋绿色金融模式"等一批可复制推广的创新成果。

四、试点工作存在的问题与对策建议

1.存在的主要问题

2010—2017年，国家先后启动三批81个低碳城市试点工作，通过5～12年的低碳试点实践，总体上，在推动试点城市绿色低碳发展方面，取得了积极的进展和明显的成效。但对照试点要求，低碳城市试点工作还存在以下四个问题：

1）试点工作进展不平衡

在本次低碳城市试点进展评估中列为优良的40个城市中，按地区分布，东部沿海地区21个，中部地区10个，西部地区8个，东北地区1个，分别占比为52.5%、20%、25%和2.5%；按城市属性，直辖市4个、省会城市和计划单列市12个，地级市23个，县级市1个，分别占比为10%、30%、57.5%和2.5%。由此可见，低碳试点优良城市在地区上主要分布于东部沿海地区，其次是中部地区；按城市属性，主要集中于直辖市、省会城市和计划单列市，以及经济实力较强的地级市。主要是由于这些城市对试点工作重视程度较高、编制的低碳发展规划指导性强，试点工作的重点突出（主要集中于能源、工业、建筑、交通等方面），加之原有基础较好，配套政策和考核制度较健全等。而评估得分相对靠后的城市与试点优良城市相比，则存在多方面差距，尤其在政策制度建设和创新举措方面差距明显。

2）低碳发展规划的引领和指导作用有待进一步加强

虽然81个国家低碳试点城市均编制了相应的低碳发展规划，但规划的内容不统一，尤其是在建设目标、原则、重点任务和保障措施等方面差异较大，与实际需求不相适应。例如，部分试点城市低碳发展目标的科学性不足，设置的低碳约束性目标不切合实际，难以实现。部分试点城市尚未将低碳发展核心目标纳入该市经济社会发展规划或相关专项规划，未建立切实有效的落实机制，低碳发展目标对城市产业结构的调整、能源结构的优化、节能减排等相关工作的引领指导作用不强。

3）低碳发展的政策制度体系保障亟待跟进

低碳城市试点的成效在很大程度上取决于低碳发展的政策制度体系作为保障。本次评估中，试点优良城市中排名靠前的北京、上海、广州、深圳、济南等市，均出台了各具特色的低碳发展政策制度。例如，促进低碳发展的产业政策、新能源政策、配套的财政金融政策、碳排放权上市交易和建立碳排放权交易市场，以及发展低碳交通、推广低碳建筑、倡导低碳生活方式和增加碳汇等具体政策，有力地推动了低碳城市的建设进程。而多数试点城市对推进低碳发展的政策制度体系的保障作用重视不够，其中不少城市虽然也出台了促进低碳发展的地方性政策、法规与实施条例等，但不同程度地存在以下三方面问题：一是政策的针对性不强。各市出台的多为普适政策，与所在城市碳排放的实际情况（如碳排放总量与部门结构特点）未能很好结合，难以起到保障作用。二是政策的系统性不强。各项政策之间缺乏相互的衔接协调，难以发挥政策减排的综合效应。三是政策可操作性不强。由于政策实施的主体不明确，缺少阶段性考核目标，加之未能与市场、财税、金融、环保等部门密切协调，在实际工作中很难操作，直接影响了试点工作的效果。

4）低碳发展科技创新尚待落实

技术创新是低碳城市建设的关键。大部分低碳试点城市虽在试点初期提出了建设低碳城市的创新重点与举措，但由于后续工作没有跟上，特别是与有关高校和科研机构未建立有效的合作机制与模式，加之创新投入不足，致使与预期成果存在明显差距。据初步统计，第一、第二批有36个试点城市在低碳实施方案、低碳发展规划、应对气候变化规划中提出的创新举措共计127项，但已完成和部分完成的仅68项，占比54%。第三批试点城市明确提出创新举措共98项，实际已完成或部分完成的仅45项，占比为48%。

5）碳排放数据统计核算能力亟待提升

据本次评估提交的相关材料统计，尚有半数以上试点城市没有构建起常态化温室气体清单编制机制，部分试点城市已编制的温室气体清单年份少于5年，不利于分析掌握该地区碳排放变化规律。多数城市碳排放基础统计体系仍不完善、工作机制尚不健全，尚未建立常态化能源平衡表编制机制，各部门间碳排放及能源相关数据共享机制尚不完善。

2. 下一阶段试点工作的对策建议

党的二十大报告提出，推动经济社会发展的绿色化低碳化是实现高质量发展的关键环节。因此，下阶段低碳城市试点工作应针对上述存在的问题，围绕推进城市的绿色低碳转型，努力缩小试点成效的城市间差距，构建完善的政策制度体系，加强低碳发展的技术攻关，以及提升管理等方面应加大工作力度，力争在2030年基本完成试点工作，并逐步在全国各类城市得到普遍推广。

1）充实加强组织领导，确保落实各项低碳试点任务

低碳城市的试点工作是一项长期、艰巨的任务，不可能一蹴而就。为此，试点城市应充实加强组织领导，成立由市（区、县）政府领导任组长，发展改革委、生态环境、工业与信息化、城建、市政、财政和金融等部门为成员的领导小组，下设工作机构，建立部门间和地区间工作协调机制。同时，市政府应将低碳发展作为推动和引领城市高质量发展和生态环境高水平保护的重要抓手，切实将绿色低碳理念融入城市发展规划，将低碳试点任务和重点目标，纳入本市经济高质量发展和生态文明建设的考核体系，并分解到区县和有关部门，层层落实和压实责任。

2）以"碳排放双控"为导向，完善推动绿色低碳转型的政策制度体系

2023年7月，中央全面深化改革委员会提出，要从"能耗双控"逐步转向"碳排放双控"。"碳排放双控"，即控制城市二氧化碳排放总量和排放强度（单位GDP的碳排放量）。针对全国三批81个低碳试点城市评估中，低碳发展体制机制建设滞后的现状，今后应以"碳排放双控"为导向，研究制定相关法规、政策、标准、指标等。开展以投资政策引导、强化金融支持为重点的气候融资试点等重大制度建设，建立健全企业温室气体排放信息披露制度，积极探索集约、智能、绿色、低碳的新型城镇化模式和产城融合的低碳发展模式，因地制宜建立碳排放许可、碳排放评价、碳普惠制等配套制度。

3）强化科技支撑，建立绿色低碳循环发展的产业体系

在国家低碳城市试点中，强化科技支撑，建立以市场为导向的绿色低碳技术创新体系，是加快发展方式的绿色低碳转型、推动高质量发展的重要保障。为此，一要开展低碳领域关键核心技术的攻关与应用示范。当前及今后一段时期，要围绕数字经济和人工智能引领低碳发展、可再生能源与先进储能、重点行业的节能降碳、固废资源高效利用、碳收集利用与封存、生态固碳增汇等研发与领域组织研发与技术攻关。二要推广绿色低碳先进适用技术，如分布式光伏技术、节能环保新技术与新产品在试点城市的普遍应用。三是利用绿色低碳技术和人工智能技术改造提升传统产业，推动传统产业降低能耗和碳排放，实现绿色低碳循环化转型。四是立足于自身产业及资源优势，通过培育发展新质生产力，做优做强低碳主导产业。如以太阳能光伏、风电、氢能等新能源产业、电动汽车及装备制造等先进制造业、新一代电子信息，以及金融、信息服务、物流等现代服务业，成为推动试点城市绿色低碳发展的支柱产业。

4）提升管理能力，加强碳排放统计核算和队伍建设

随着国家低碳试点城市工作不断推进，必须构建规范化、常态化的温室气体清单编制机制，逐步完善温室气体排放统计体系和部门间数据协调机制，提升温室气体编制的科学性和准确度。支持试点城市研究建立城市碳排放数据信息服务系统或管理平台，实现对碳排放信

息的智能化管理。支持结合本地区战略定位和低碳发展需求，开展对各级领导干部的低碳发展专题培训，并加强对第三方评估机构及社会组织的培育。支持因地制宜构建常态化低碳宣传教育机制和多样化的低碳宣传形式，营造良好低碳发展社会氛围。

（作者：毛汉英，国际欧亚科学院院士，中国科学院地理科学与资源研究所研究员；黄金川，中国科学院大学讲座教授）

参考文献

［1］申立银.低碳城市建设评价指标体系研究［M］.北京：科学出版社，2021.

［2］王海鲲，刘苗苗，毕军，等.中国城市低碳发展理论与规划实践［M］.北京：科学出版社，2022.

观察篇

2023年中国市长协会舆情观察

一、舆情综述

2023年1月1日至2023年12月31日，谷尼舆情大数据平台共监测到约6.5亿条相关信息，主要分布在招商旅游、安全维稳、改革、脱贫攻坚、教育、疫情防控、反腐倡廉等领域（图1）。

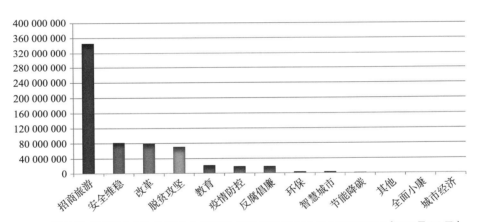

图1 媒体涉"话题分类"数据分布领域柱状图（2023年1月1日至2023年12月31日）

"招商旅游""安全维稳""改革"等得到最高关注度。2023年疫情防控常态化，旅游景点陆续放开，致使招商旅游信息总体占53.34%，居第一位，主要内容涉及：恢复对外文旅交流来访团组审批、启动中国旅游日主题月活动、演唱会音乐节等严禁假唱假演奏、加强旅游厕所建设管理等话题；安全维稳舆情信息占比12.70%，居第二位，主要内容涉及：齐齐哈尔体育馆事件、315爆出的食品安全问题、印发新修订《食品安全工作评议考核办法》等话题；改革话题占比12.30%，占第三位；脱贫攻坚话题关注占比10.93%，占第四位（图2）。

2023年1月1日至2023年12月31日，关于市长的新闻稿件有200358篇，从媒体关注度舆情趋势图中可知，10月和12月份关注度最高（图3）。从主流媒体关注比例图可看出，发布新闻量占比较高的是新华网（16.83%）、人民网（13.82%）、央视网（10.63%）等媒体（图4）。值得关注的事件有：网络媒体"新华社"发布的《李克强主持召开国务院常务会议》（转载441次）；新浪微博"沸点视频"发布的《扬州通报网传领导干部生活作风问题：已成

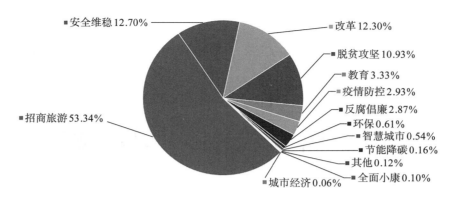

图2 媒体涉"话题分类"数据分布领域饼图（2023年1月1日至2023年12月31日）

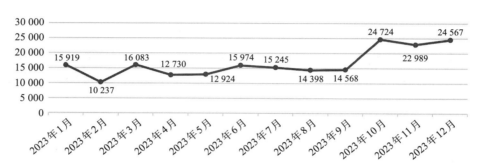

图3 媒体涉"市长"每月数据图（2023年1月1日至2023年12月31日）

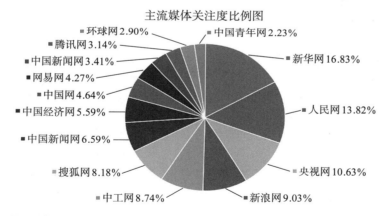

图4 主流媒体涉"市长"数据图（2023年1月1日至2023年12月31日）

立专项核查组》（转载量9 443，评论1 473）；微信公众号"宁波发布"发布的《宁波市长汤飞帆致全市人民的公开信》（阅读数10万+，点赞数1434)（图5、图6，表1～表3）。

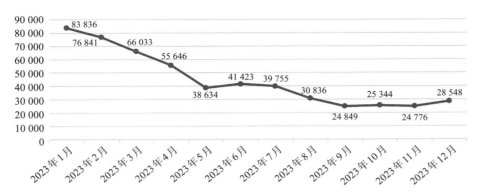

图 5　微博涉"市长"每月数据图（2023 年 1 月 1 日至 2023 年 12 月 31 日）

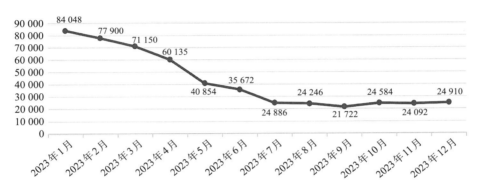

图 6　微信涉"市长"每月阅读数据图（2023 年 1 月 1 日至 2023 年 12 月 31 日）

表 1　新闻

序号	事件	来源	转载量
1	李克强主持召开国务院常务会议	新华社	441
2	齐齐哈尔市长沈宏宇致歉：深感痛心、深感自责！	中华网	131
3	舒兰牺牲常务副市长骆旭东记录十几页抗洪笔记 抽屉堆着止疼药	中国新闻网	117
4	上海市市长龚正亲临思路迪诊断指导：坚持创新稳定发展	新浪新闻	112
5	呼伦贝尔市政府副市长韩丽萍深入我市督导检查安全生产工作	今日头条	101
6	银川市长立即开展安全生产大排查大整治行动	每经网	95
7	为"一带一路"提供高水平开放平台、高能级服务支撑——专访上海市副市长华源	新华网	83
8	河南漯河市市长黄钫暗访督导全国文明典范城市创建工作时强调	澎湃新闻	74
9	河南省长王凯会见国际旅游城市市长论坛嘉宾代表	央广网	61
10	广州市市长郭永航：广州超高清视频全产业链产值超 2 000 亿元	网易网	45

表 2　微博

序号	事件	来源	转载量	评论
1	扬州通报网传领导干部生活作风问题	沸点视频	9 443	1 473
2	吉林舒兰副市长牺牲前奔赴一线影像曝光	新华社	6 442	5 242
3	原副市长郭庆贪腐千万生日当天想跳江	封面新闻	1 588	266

序号	事件	来源	转载量	评论
4	北京此次洪涝灾害因灾死亡33人	央视新闻	1 546	1 364
5	北京代市长殷勇：要给企业一个休养生息的空间	侠客岛	1 380	27
6	春节假期后首个工作日，北京市委书记尹力、市长殷勇等领导视察小米	神得强Steven	1 223	150
7	北京市副市长靳伟因北京长峰医院重大火灾事故被问责	新华社	1 186	224
8	烧烤店爆炸致31人死亡银川市长鞠躬道歉	北京青年报	1 084	3 272
9	淄博副市长胡晓鸿参加淄博开放大学揭牌仪式	七彩淄博	1 063	964
10	郑州暴雨被降级的市长侯红重回正厅级	头条新闻	996	2 525

表3　微信

序号	事件	公众号	阅读数	点赞数
1	宁波市长汤飞帆致全市人民的公开信	宁波发布	10万+	1 434
2	仙桃市市长孙道军：以高质量项目支撑高质量发展，持续壮大县域经济实力	政事儿	10万+	609
3	岳阳市书记草普华、市长李挚带队，到社区大扫除	长安街知事	10万+	527
4	辽宁省人民政府原党组成员、副省长郝春荣受贿一案	政事儿	10万+	311
5	南周对话沈阳市市长吕志成：投资如何"跨过山海关"？	南方周末	10万+	217
6	北京市市委书记尹力、市长殷勇赴现场处置地铁昌平线事故	中国城市报	10万+	206
7	安徽省副省长、黄山市市长、黄山风景区管委会主任孙勇：深入查摆春节假期景区旅游接待存在的问题	政事儿	10万+	196
8	郑州市市长何雄会见特斯拉汽车（北京）有限公司北区总经理马力	功夫财经	10万+	177
9	南周对话泉州市市长蔡战胜："网红城市"的民营经济和文旅经济	南方周末	10万+	104
10	深圳市长宣布！2023再投3 144.3亿，294个新地标曝光！深圳三季度10+1区投资排行榜来了	深圳梦	10万+	30

二、招商旅游舆情分析

（一）舆情走势

由图7可以看出，2023年涉招商旅游舆情信息变化趋势较大，"五一"假期到来，舆情总量趋势达到峰值。媒体焦点有：启动中国旅游日主题月活动、缩短审批营业性演出时间、公布幼儿园周边不得设置娱乐场所等热议话题。此外，今年中秋国庆期间，消费政策持续助力，舆情总量达到峰值，如开展2023年文化和旅游企业服务月活动、国际航线航班持续恢复、"爱达·魔都号"正式命名交付等热门话题再次受到媒体和网民的热议。

（二）重点话题事件

1. 文化和旅游部：国家级文化生态保护区名单正式公布

事件背景：1月31日，从文化和旅游部获悉，为加强非物质文化遗产区域性整体保护，

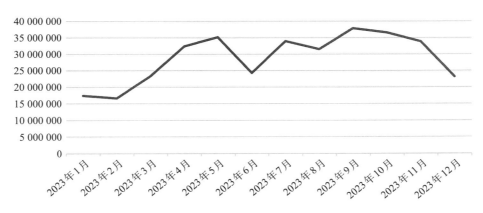

图7 招商旅游舆情走势图

进一步推进国家级文化生态保护区建设，近期文化和旅游部完成了新一批的国家级文化生态保护实验区建设成果验收工作。

经材料审核、实地暗访、专家评审和社会公示等程序，文化和旅游部将通过验收的国家级文化生态保护实验区正式公布为国家级文化生态保护区，它们是：黔东南民族文化生态保护区、客家文化（梅州）生态保护区、大理文化生态保护区、陕北文化生态保护区（陕西省榆林市）、晋中文化生态保护区（山西省晋中市）。

2. 文化和旅游部：将启动"中国旅游日"主题月活动

事件背景：4月26日，文化和旅游部市场管理司副司长李晓勇在国务院联防联控机制新闻发布会上回答香港经济导报记者提问时表示，2023年"五一"假期是新冠病毒感染实施"乙类乙管"后的又一个长假，文化和旅游部启动了以"春暖花开 我要旅游"为主题的全国文化和旅游消费周活动，举办新时代舞台艺术优秀剧目展演，推出了152条"大美春光在路上"全国乡村旅游精品线路。他同时表示，今年5月19日是第13个中国旅游日，从5月1日开始，将正式启动"5·19"中国旅游日主题月活动，各地将推出打折促销、满减优惠等系列惠民活动。

3. 文化和旅游部：9月开展2023年文化和旅游企业服务月活动

事件背景：为深入贯彻落实党中央、国务院稳增长稳就业稳物价决策部署，助力文化和旅游企业强信心、增活力、添动能，文化和旅游部决定于9月开展2023年文化和旅游企业服务月活动，主要服务对象为各类文化和旅游企业，包括文化和旅游领域个体工商户。

活动将聚焦文化和旅游企业的发展短板、困难问题和服务需求，积极推出一批形式多样、有针对性、能见实效的服务活动和惠企举措，通过加强与税务部门合作、加大金融支持力度、持续实施"百城百区"文化和旅游消费助企惠民行动计划、积极与人力资源和社会保障等部门开展合作等，营造助企暖企良好氛围，促进企业进一步提振发展信心、增强经营活力，为行业全面恢复和加速发展积蓄力量，更好推动文化产业和旅游业高质量发展。

4. 文化和旅游部发布《国内旅游提升计划（2023—2025年）》

事件背景：11月13日，文化和旅游部发布关于印发《国内旅游提升计划（2023—2025年）》的通知，其中，重点针对旅游产品供给和改善旅游消费体验做出规划。在增加供给上，要打造优质旅游目的地，加速旅游与其他产业的融合创新等；在改善旅游体验上，还提出推动优化景区预约管理制度，准确核定景区最大承载量，进一步提升便利化程度等。通过一系列任务，到2025年，让国内旅游市场规模保持合理增长、品质进一步提升。

三、安全维稳舆情分析

（一）舆情走势

由图8可以看出，2023年安全维稳舆情传播趋势波动较大。7月，齐齐哈尔体育馆坍塌事故、维护中国网络安全、开展食品安全宣传活动、企业确保进口食品安全等事件也备受关注。其中，黑龙江齐齐哈尔市第三十四中学体育馆发生坍塌事件多个话题登上热搜榜，如齐齐哈尔34中体育馆坍塌11人死亡、齐齐哈尔坍塌体育馆已致10人死亡等与此次灾难遇害相关的实时信息受到网民重点关注，多次冲上微博热搜榜首位。累计阅读量超24亿次，累计讨论超560万次。

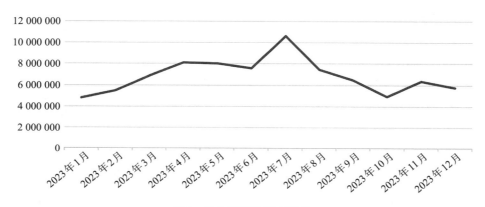

图8　安全维稳舆情走势图

（二）重点话题事件

1. 工业和信息化部：7月1日起网络安全专用产品安全管理有重要调整

事件背景：4月20日，从工业和信息化部获悉，为加强网络安全专用产品安全管理，推动安全认证和安全检测结果互认，避免重复认证、检测，国家互联网信息办公室、工业和信息化部、公安部、财政部、国家认证认可监督管理委员会近日联合发布《关于调整网络安全专用产品安全管理有关事项的公告》（以下简称《公告》）。《公告》指出，自2023年7月1日起，列入《网络关键设备和网络安全专用产品目录》的网络安全专用产品，应当按照《信息安全技术网络安全专用产品安全技术要求》等相关国家标准的强制性要求，由具备资格的机构安全认证合格或者安全检测符合要求后，方可销售或者提供。

2. 第十五届信息安全高级论坛暨2023 RSAC热点研讨会圆满召开

事件背景：5月26日，由中国计算机学会主办，中国计算机学会计算机安全专业委员会、360数字安全集团、绿盟科技集团、ISC数字安全生态联盟承办的第十五届信息安全高级论坛暨2023 RSAC热点研讨会圆满落幕。本届会议以"数智领航·AI赋能未来安全"为主题，集聚政、产、学、研、企各方力量，围绕2023年美国RSAC中热点观察、创新技术所引发的安全新思考、新理念，并结合AI技术对于产业发展的赋能价值，交流中国数字安全产业变革，致力于为发展数字经济、强化数字中国关键能力夯实安全底座。

3.2023年全国食品安全宣传周

事件背景：11月28日，国务院食安办联合中央精神文明建设办公室、中央网信办等28部门，在京正式启动2023年全国食品安全宣传周活动。宣传周主题为"尚俭崇信尽责 同心共护食品安全"。在主场活动上，国务院食安办发布第三批食品安全示范城市名单，农业农村部发布第一批国家现代农业全产业链标准化示范基地创建单位名单，公安部发布打击食品安全犯罪案事例，国家卫生健康委介绍食品安全标准、风险监测与评估工作成效。宣传周期间，国家层面将举办中国食品安全论坛、中国食育大会等；有关部门将举办"部委主题日"，内容涵盖法律法规宣讲、道德诚信教育、科学知识普及、技术技能培训等近40场重点活动。

四、改革舆情分析

（一）舆情走势

由图9看出，2023年改革舆情在监测时间范围内，3月出现峰值后，逐渐恢复平稳。内容涉及医疗改革、国企改革、行政改革、教育改革、财政体制改革等多方面。3月，媒体焦聚"习近平向中国发展高层论坛2023年年会致贺信"相关话题，该话题受到新华网、人民网、央视新闻、中国新闻网等主流媒体和网民的关注和热议，推动相关舆情高涨。

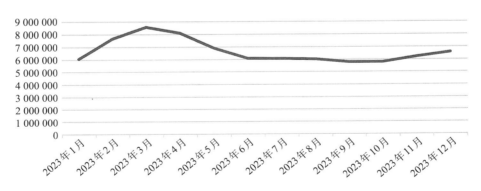

图9　改革舆情走势图

（二）重点话题事件

1.习近平向中国发展高层论坛2023年年会致贺信

事件背景：3月26日，中共中央总书记、国家主席、中央军委主席习近平向中国发展高层论坛2023年年会致贺信。习近平指出，当前，世界百年未有之大变局加速演进，局部冲突和动荡频发，世界经济复苏动力不足。促进复苏需要共识与合作。中国提出全球发展倡议，得到国际社会的广泛支持和积极响应。中国将坚持对外开放的基本国策，坚定奉行互利共赢的开放战略，不断以中国新发展为世界提供新机遇。中国将稳步扩大规则、规制、管理、标准等制度型开放，推动各国各方共享制度型开放机遇。

2. 国家发展改革委学习贯彻习近平新时代中国特色社会主义思想主题教育

事件背景：5月24日，国家发展改革委人事司会同办公厅、机关党委、培训中心组织举办了"学习贯彻习近平新时代中国特色社会主义思想主题教育"周三大讲堂系列专题讲座第一讲，政研室主要负责同志以"牢牢把握习近平新时代中国特色社会主义思想的立场观点方法"为题，习近平经济思想研究中心负责同志以"习近平经济思想的浙江溯源与实践——'千万工程'实施20年来的经验启示"为题，分别作报告。

3. 国家发展改革委：系统认真谋划实施好社区嵌入式服务设施建设工程

事件背景：7月27日，国家发展改革委组织召开社区嵌入式服务设施建设部门座谈会，就社区嵌入式服务设施建设相关工作听取各有关部门意见建议。中央社会工作部、民政部、自然资源部、住房城乡建设部、商务部、卫生健康委、应急部、人民银行、金融监管总局、开发银行等有关司局同志参加会议。

会议指出，发展社区嵌入式服务，是推动城市和社区更好承载人民美好生活的必要举措，是公共服务惠及群众的有效手段，是扩投资、促消费、稳就业、扩内需的重要途径。各有关方面要聚焦群众急难愁盼问题，完善建设任务，深化规划、建设、服务等配套支持政策，提出务实管用的支持举措，进一步凝聚合力，系统认真谋划实施好社区嵌入式服务设施建设工程。

4. 国家发展改革委：部分省份财政体制改革实施方案已印发实施

事件背景：12月26日，国家发展改革委副主任李春临介绍，重点领域改革加力推进并取得积极进展。财税体制方面，部分省份财政体制改革实施方案已印发实施，推动建立健全权责配置更为合理的省以下财政体制。在统计制度方面，深化产业活动单位视同法人统计改革，推动汽车、石油、百货零售等领域外地分支机构在地统计。在优化产业布局方面，举办2023中国产业转移发展对接活动，实施先进制造业集群发展专项行动。在区域一体化方面，京津冀、成渝等地区出台区域市场一体化建设实施方案。

五、脱贫攻坚舆情分析

（一）舆情走势

由图10可见，2023年涉脱贫攻坚类信息波动变化趋势变化较大。3月，国务院总理李强主持召开国务院常务会议中涉及脱贫攻坚相关话题受到媒体和网民的热议。7月，七部门合力推动拓展脱贫攻坚成果同乡村振兴有效衔接，此话题一出，同样受到新华网、央视网、中国新闻网、人民网等主流媒体转载报道，引起网络舆论小高峰。

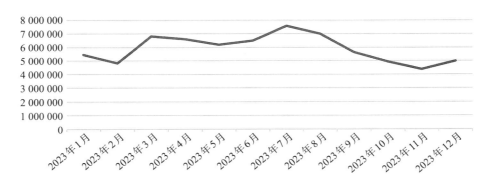

图10　脱贫攻坚舆情走势图

（二）重点话题事件

1. 推动拓展脱贫攻坚成果同乡村振兴有效衔接高质量发展

事件背景：7月4日，农业农村部副部长、国家乡村振兴局局长刘焕鑫表示，脱贫攻坚战取得全面胜利后，以习近平同志为核心的党中央作出设立5年过渡期、实现巩固拓展脱贫攻坚成果同乡村振兴有效衔接的重大决策。过渡期以来，国家乡村振兴局会同各地区各部门深入学习贯彻习近平新时代中国特色社会主义思想，认真贯彻落实党中央、国务院决策部署，扎实推进巩固拓展脱贫攻坚成果同乡村振兴有效衔接。经过各方共同努力，脱贫攻坚成果得到进一步巩固拓展，守住了不发生规模性返贫的底线，巩固拓展脱贫攻坚成果同乡村振兴有效衔接政策措施更加完善，推进乡村振兴有关工作取得新进展新成效。

2. 2023年巩固脱贫成果后评估动员部署会议召开

事件背景：11月30日，2023年巩固脱贫成果后评估动员部署会议在石家庄召开。会议指出，开展巩固脱贫成果后评估工作，是巩固拓展脱贫攻坚成果、全面推进乡村振兴的重要制度保障。全省各地各部门要把思想和行动统一到党中央和国务院决策部署上来，坚持问题导向和结果导向，聚焦短板弱项，抓住关键环节，扎实做好巩固脱贫成果后评估工作。要强化防贫监测帮扶，落实"早、宽、简、实"要求，抓好信息动态管理，加强受灾地区监测，及早发现风险，实施精准帮扶，防止因灾返贫。要促进脱贫群众增收，强化产业基础设施建设和全产业链开发，积极引进培育县域富民产业，以产业振兴带动乡村全面振兴。要加快脱贫地区发展，加大重点帮扶县支持力度，深化易地扶贫搬迁后续扶持，扎实推进灾后恢复重建，加快建设宜居宜业和美乡村。要层层压实责任，市县落实主体责任，省有关部门落实行业责任，做好统筹协调，严肃工作纪律，推动巩固拓展脱贫攻坚成果各项工作再上新台阶。

3. 农业农村部：中国守住了不发生规模性返贫的底线

事件背景：12月22日，农业农村部表示，2023年中国持续巩固拓展脱贫攻坚成果，守住了不发生规模性返贫的底线。

农业农村部指出，中国防止返贫监测帮扶机制不断健全，对防止返贫监测对象做到早发现、早干预、早帮扶。截至10月底，中西部地区累计识别纳入监测对象中，62.8%已消除返贫风险，其余均落实帮扶措施。对脱贫地区控辍保学力度保持不减，脱贫人口和监测对象参加基本医疗保险总体实现全覆盖，农村住房安全隐患得到及时排查解决，农村自来水普及率预计今年再提高1个百分点，达到88%。农业农村部还表示，下一步将把增加脱贫民众收入作为根本措施，把促进脱贫县加快发展作为主攻方向，增强脱贫地区和脱贫民众内生发展动力，不断缩小收入差距、发展差距。

六、教育舆情分析

（一）舆情走势

从图11看出，2023年涉教育类舆情信息与2022年相比变化不大。媒体焦聚一年一度的高考和开学季这两阶段话题，因此这两个月的舆情信息总量较高。6月，随着全国统考和各地高考成绩陆续公布，推动高考相关话题陆续登上热搜榜单，成为舆论场中网民关注和热议的焦点。此外，9月是我国的开学季，随着各项教育工作的展开，涉教育类舆情信息再次高涨，形成舆情次峰值。

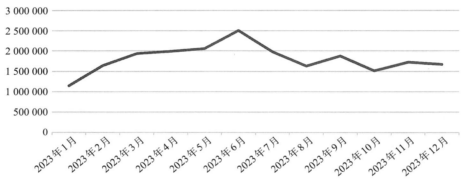

图11 教育舆情走势图

（二）重点话题事件

1. 2023年中央"特岗计划"招聘工作启动

事件背景：4月26日，据教育部网站消息，为深入贯彻党的二十大精神，进一步落实《中共中央 国务院关于全面深化新时代教师队伍建设改革的意见》，加强新时代教师队伍建设，实现巩固拓展脱贫攻坚成果同乡村振兴有效衔接，教育部办公厅、财政部办公厅近日联合印发《关于做好2023年农村义务教育阶段学校教师特设岗位计划实施工作的通知》，计划全国招聘特岗教师52 300名。

2. 教育部公布首批"十四五"职业教育国家规划教材书目

事件背景：6月，据教育部网站消息，为落实党中央、国务院关于教材建设的决策部署和新修订的职业教育法，根据《"十四五"职业教育规划教材建设实施方案》和《教育部办公厅关于组织开展"十四五"首批职业教育国家规划教材遴选工作的通知》要求，经有关单位申报、形式审查、专家评审、专项审核、专家复核、面向社会公示等程序，共确定7 251种教材入选首批"十四五"职业教育国家规划教材（以下简称"十四五"国规教材），涵盖全部19个专业大类、1 382个专业。

3.习近平总书记致信全国优秀教师代表引发南开大学干部教师热烈反响

事件背景：9月9日，全国优秀教师代表座谈会在京召开。中共中央总书记、国家主席、中央军委主席习近平致信与会教师代表，在第三十九个教师节到来之际，代表党中央，向全国广大教师及教育工作者致以节日的问候和诚挚的祝福。

习近平总书记的致信令南开大学干部教师备受鼓舞，大家表示要牢记习近平总书记的厚望重托，大力弘扬教育家精神，牢记为党育人、为国育才的初心使命，树立"躬耕教坛、强国有我"的志向和抱负，自信自强、踔厉奋发，努力为强国建设、民族复兴伟业作出南开教师新的更大贡献。

4.教育部：严格规范公正文明开展校外培训执法

事件背景：12月1日，教育部在山东青岛召开首次全国校外培训行政执法工作现场会，要求严格规范公正文明开展校外培训执法，坚持过罚相当原则，坚持处罚与教育相结合。强化校外培训执法监督，既强化对处罚过程中滥用、超越职权等违法行为的监督，又督促执法机关积极履行职责，依法守护孩子的快乐童年。

会议强调，要发挥法治在校外培训治理中的引领、推动和保障作用，使校外培训在法治轨道上运行。依法规范校外培训行业秩序，推动诚实守信合法经营。依法保护人民群众合法权益，严肃查处违法培训行为，特别是培训机构"退费难""卷款跑路"行为。

七、疫情防控舆情分析

（一）舆情走势

由图12看出，2023年疫情防控舆情在监测时间段信息趋势波动较大。2月媒体焦聚：我国疫情防控取得决定性胜利、公布校园疫情防控要求、进入"乙类乙管"常态化防控阶段等相关信息频繁登上热搜榜，迅速成为舆论热点话题，在此时间段舆论总量创新高。

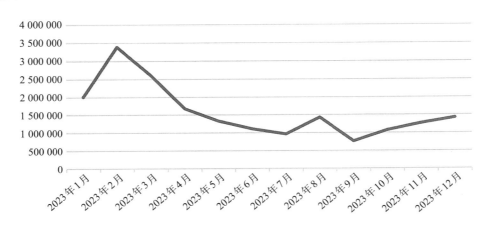

图12 疫情防控舆情走势图

（二）重点话题事件

1. 我国取得疫情防控重大决定性胜利

事件背景：2月16日，中共中央政治局常务委员会召开会议，听取近期新冠疫情防控工作情况汇报。会议指出，3年多来，我国抗疫防疫历程极不平凡。2022年11月以来，我们围绕"保健康、防重症"，不断优化调整防控措施，取得疫情防控重大决定性胜利，创造了人类文明史上人口大国成功走出疫情大流行的奇迹。

在2月23日举行的国务院联防联控机制新闻发布会上，国家卫健委疫情应对处置工作领导小组专家组组长梁万年表示，我国取得疫情防控决定性胜利，意味着经受住了这一轮疫情的冲击和考验，建立了比较好的人群免疫屏障。从全球角度来看，新冠疫情大流行的状态还存在，疾病的危害也依然存在，但目前我国本轮新冠疫情已基本结束，新冠病毒感染处在零星、局部性散发状态。

我国已初步形成兼顾常态和应急、入境和本土、城市和农村、一般人群和重点人群的多渠道监测体系。目前，我国在新冠病毒变异株检测中，如发现首次报告的（包括输入和本土）、重点关注的国际流行毒株，都会进行感染个案调查、核心密接调查，并开展风险研判，一旦发现传播力、致病力或毒力增强的新型变异株，及时按照相关方案采取措施。

2. 国家疾控局：加强中秋国庆假期前后传染病防控

事件背景：9月22日，国家疾控局印发《关于做好2023年中秋国庆假期前后新冠病毒感染及其他重点传染病防控工作的通知》。该通知提出五方面具体举措：一是强化关口前移。二是强化监测预警。各地假期前要强化疫情形势风险研判，及时消除风险隐患。三是强化重点环节防控。交通运输单位要统筹做好疫情防控和假期运输组织保障。四是强化宣传教育。各地要及时、准确、客观发布疫情及防控工作信息，深入开展新冠、流感、登革热、感染性腹泻等传染病防控知识宣传。五是强化诊疗服务。各地要统筹调配医疗卫生资源，加强门急诊、发热门诊、儿科、呼吸科和重症医学科力量，做好医患个人防护，有效避免院内感染发生。

3. 国务院联防联控机制发布6项重点措施

事件背景：11月24日，国务院联防联控机制综合组印发了《关于做好冬春季新冠病毒感染及其他重点传染病防控工作的通知》，主要包括6条重点措施：一是切实落实口岸疫情防控；二是持续开展疫情动态监测预警；三是加强重点机构重点人群防控；四是加强医疗救治应对准备；五是持续强化科普宣教；六是强化组织领导和责任落实。各地要强化冬春季传染病防控工作的组织领导，保持适度有序的防控力度和节奏，保持各级联防联控机制有效运转，做好平急转换准备，一旦发现聚集性疫情要及时报告、快速反应、有效处置。

八、反腐倡廉舆情分析

（一）舆情走势

由图13可以看出，2023年涉反腐类舆情信息趋势波动较大，分别在3月和8月出现了两个高峰值。3月热点事件主要包括，足球领域腐败问题、掀教育整顿风暴、惩治新型腐败和隐性腐败等受到媒体和网民的热议。8月，医疗领域专项整顿、中国女篮原主教练被开除、中纪委披露上半年办案情况等热点事件，再次引起网络热议。

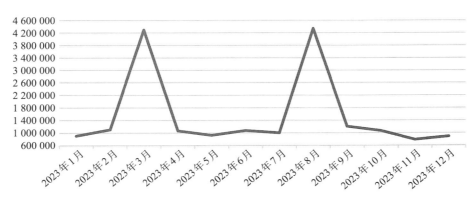

图13 反腐倡廉舆情走势图

（二）重点话题事件

1. 中纪委：坚决查处新型腐败和隐性腐败

事件背景：3月26日，据中央纪委国家监委网站消息，二十届中央纪委二次全会强调，坚决查处新型腐败和隐性腐败。随着反腐败斗争走向深水区，"影子公司""影子股东"及政商"旋转门"等新型腐败、隐性腐败花样翻新，并呈现出权力变现期权化、风腐交织一体化等特点。腐败蔓延势头得到有力遏制，但铲除腐败滋生土壤任务依然艰巨。近年来，各地纪检监察机关紧盯权力集中、资金密集、资源富集的重点领域和关键环节，持续深化对"影子公司""影子股东"等新型腐败和隐性腐败的查处力度，深挖细查，精准施治，不断压缩权力设租寻租的空间、斩断利益交换的链条。

2. 中央纪委国家监委网站：为全面推进乡村振兴提供坚强保障

事件背景：2月17日，中央纪委国家监委网站发表评论文章称，要加强监督贯通协同，将乡村振兴战略落实情况纳入巡视巡察、派驻监督重点，加强与财政、农业农村、审计等职能部门的沟通协作，整合运用基层监督力量，凝聚整治工作合力。坚持"三不腐"一体推进，加大典型案例曝光力度，深化以案促改促治促建，大力弘扬新风正气，形成全面推进乡村振兴的良好氛围。全面推进乡村振兴、加快建设农业强国，是党中央着眼全面建成社会主义现代化强国作出的战略部署。各级纪检监察机关要切实提高监督保障全面推进乡村振兴的政治责任感，坚持严的基调、采取严的措施大力整治乡村振兴领域不正之风和腐败问题，为全面推进乡村振兴、促进全体人民共同富裕提供坚强保障。

3. 中纪委：坚决惩治粮食购销领域"影子股东"等新型和隐性腐败

事件背景：近日，中央纪委国家监委在黑龙江召开部分省区深化粮食购销领域腐败问题专项整治工作座谈会，贯彻落实党的二十大精神以及二十届中央纪委二次全会工作部署，交流工作经验，对深化专项整治工作进行再动员、再部署、再推动。

会议指出，要认真贯彻落实习近平总书记关于国家粮食安全重要指示批示精神，锚定彻底惩治系统性腐败目标任务，持续深入推进专项整治工作。要紧紧抓住查办案件不放松，对涉粮问题线索开展"清底式"回头看，严肃查办各级"一把手"和关键岗位人员案件以及窝案串案，开展"穿透式"核查，坚决惩治"影子股东""影子公司"以及关联交易、输送利益等新型腐败和隐性腐败。要把正风肃纪反腐与深化改革、完善制度、促进治理贯通起来，加强警示教育，积极推动粮食监管体制机制改革，督促压紧压实粮食购销各方责任，加快智慧粮库建设步伐，持续开展常态化监督，实现常态长效治理。

九、环保舆情分析

（一）舆情走势

由图14可见，2023年全年涉环保舆情信息整体波动不大。3月，习近平总书记在十四届全国人大一次会议闭幕会上的讲话，涉及生态环境相关话题，如"推动经济社会发展绿色化、低碳化"、主办第三届"一带一路"国际合作高峰论坛等深受媒体转载报道，使信息量达到最高。由此可见，生态环境是关系党的使命宗旨的重大政治问题，也是关系民生的重大社会问题。随后几个月有关环保热门话题降低，舆情走势平稳。

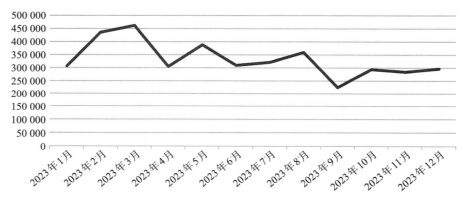

图14　环保舆情走势图

（二）重点话题事件

1. 生态环境部启动2023年"美丽中国，我是行动者"先进典型宣传推选活动

事件背景：2月22日，生态环境部、中央文明办联合印发《关于开展2023年"'美丽中国，我是行动者'提升公民生态文明意识行动计划"先进典型宣传推选活动的通知》，部署推选百名最美生态环保志愿者、十佳公众参与案例、十佳环保设施开放单位，推选结果将在2023年六五环境日期间向社会公布。百名最美生态环保志愿者代表、十佳公众参与案例代表及十佳环保设施开放单位代表将受邀参加2023年六五环境日国家主场活动。

2. 生态环境部发布7项国家生态环境标准

事件背景：3月15日，生态环境部发布《环境空气 65种挥发性有机物的测定 罐采样/气相色谱—质谱法》HJ 759—2023、《固定污染源废气 非甲烷总烃连续监测技术规范》HJ 1286—2023、《固定污染源废气 烟气黑度的测定 林格曼望远镜法》HJ 1287—2023、《水质 丙烯酸的

测定 离子色谱法》HJ 1288—2023、《土壤和沉积物 15种酮类和6种醚类化合物的测定 顶空/气相色谱—质谱法》HJ 1289—2023、《土壤和沉积物 毒杀芬的测定 气相色谱—三重四极杆质谱法》HJ 1290—2023和《地表水环境质量监测点位编码规则》HJ 1291—2023等7项国家生态环境标准。

生态环境部相关负责人表示，上述7项标准的发布实施，丰富了监测标准供给，对于进一步完善国家生态环境监测标准体系，规范生态环境监测行为，提高环境监测数据质量，服务生态环境监管执法，支撑国际公约履约工作具有重要意义。

3. 生态环境部：全国生态保护红线已完成划定并发布

事件背景：4月27日，生态环境部自然生态保护司相关负责同志表示，生态保护红线制度提供了一种全新的生态保护模式，为全球生物多样性保护提出了中国方案。目前，全国生态保护红线已完成划定并发布，其中陆域生态保护红线覆盖的国土面积不低于300万平方公里，海洋生态保护红线不低于15万平方公里。下一步，生态环境部将深化"53111"生态保护监管体系建设，推动实施《生态保护红线生态环境监督办法（试行）》，持续加大监管力度，守住国家生态安全的底线和生命线。

4. 生态环境部召开习近平生态文明思想研究中心推进建设领导小组第四次会议

事件背景：5月29日，生态环境部党组书记孙金龙主持召开习近平生态文明思想研究中心推进建设领导小组第四次会议，审议并原则通过《习近平生态文明思想研究中心2023年工作计划》《习近平生态文明思想研究中心委托研究课题管理办法》，听取2023年深入学习贯彻习近平生态文明思想研讨会初步考虑的汇报。

十、智慧城市舆情分析

（一）舆情走势

由图15看出，2023年智慧城市舆情在监测时间段信息量变化相对较小，全国两会在3月举行，媒体聚焦国务院机构改革、组建国家数据局、与巴西合作伙伴探讨智慧城市建设、智慧城市和政企数字化方面诸多业务等话题成为媒体和网民的热议对象，受到新华网、人民网、央视网、中国新闻网等多家主流媒体转载报道，引发热议推动相关舆情高涨。

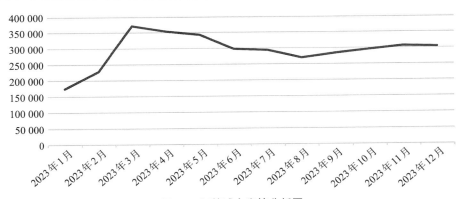

图15　智慧城市舆情分析图

（二）重点话题事件

1. 深圳：建设国内领先、世界一流的智慧城市和数字政府

事件背景：6月9日，深圳市人民政府办公厅发布《关于印发〈深圳市数字孪生先锋城市建设行动计划（2023）〉的通知》。该行动计划提出，建设"数实融合、同生共长、实时交互、秒级响应"的数字孪生先锋城市。建设一个一体协同的数字孪生底座、构建不少于十类数据相融合的孪生数据底板、上线承载超百个场景、超千项指标的数字孪生应用、打造万亿级核心产业增加值数字经济高地，建设国内领先、世界一流的智慧城市和数字政府，推动城市高质量发展。

2. 探讨智慧城市发展！第十六届中国智慧城市大会在广州增城召开

事件背景：10月12日，由中国服务贸易协会、中国测绘学会、中国遥感委员会、广州市增城区人民政府联合主办，中国测绘学会智慧城市工作委员会、城乡院（广州）有限公司等承办的第十六届中国智慧城市大会在增城举行。

本次大会以"数实融合·开放创新·智引未来"为主题，设置了1场主论坛和12场专题分论坛。来自行业主管单位和智慧城市规划建设管理单位的领导、两院院士、增城政府主管部门有关负责人，以及业内知名专家、企业家等齐聚一堂，通过论坛报告、圆桌对话等形式，共同探讨智慧城市建设的新理念、新模式和新成果。

本次大会不仅对推动中国智慧城市健康发展具有重要意义，也对增城加快推进智慧东部中心建设具有重大作用。今后，增城将以此次大会为契机，把握"双区"建设、"双城"联动的发展机遇，加速推动各类要素集聚，加快打造大湾区先进制造业基地，将广州东部中心建设成为广州高质量发展的"现代活力核"，打造挺起城市产业硬支撑、担当高质量发展动力源的"新广州"。

3. 成都获"2023中国领军智慧城市"大奖

事件背景：11月15日，由国家信息中心、亚洲数据集团主办，以"数字变革激发城市新活力"为主题的"2023智慧城市发展高峰论坛"在深圳举行。同期，"2023中国智慧城市评选颁奖典礼"公布了本年度各类奖项的评选结果。

成都凭借在智慧城市建设中的优秀实践，荣获"2023中国领军智慧城市"大奖。此次智慧城市评选包含"亚太区"和"中国区"两大地区的评选，致力于展示、宣传亚太区当下最具代表性的优秀智慧城市建设项目案例，为城市提供优秀案例的设计和建设经验。

成都将持续夯实数字底座体系建设、建设智慧蓉城运行中心、打造智慧治理应用场景，以增强人民群众获得感、幸福感、安全感为目标，破解城市中交通拥堵、生态环境污染等发展难题，提升城市治理水平，促进城市治理体系和治理能力现代化。

十一、节能降碳舆情分析

（一）舆情走势

由图16看出，2023年节能降碳舆情在监测时间段信息量波动较大，在3月和7月出现两次传播高峰。3月，在全国两会上，"节能降碳""绿色低碳"成为热议的高频关键词，包括减污降碳协同、绿色金融、生态产品价值、碳市场建设、碳汇等关键词在提案中不断出现并引起网络舆论热议。另外，7月，山东省举办全省重点行业企业节能降碳宣传暨"节能降碳服务进企业"现场会，该信息被新华网、人民网、央视网、中国新闻网、央视网、央广网、凤凰新闻、搜狐新闻、网易新闻等多家网络媒体关注，推动相关舆情再次高涨。

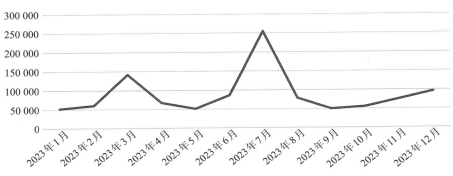

图16　节能降碳舆情走势图

（二）重点话题事件

1. 国家级绿色交易所正式落户北京城市副中心

事件背景：2月4日，"北京城市副中心建设国家绿色发展示范区——打造国家级绿色交易所启动仪式"在通州区举行。这标志着目前国内唯一的国家级绿色交易所，正式落户北京城市副中心。

随着"碳达峰""碳中和"目标的提出，我国绿色金融发展驶入"快车道"。北京的绿色金融发展走在全国前列，政策体系和顶层制度安排日渐完善。2021年11月，国务院印发的《关于支持北京城市副中心高质量发展的意见》提出，推动北京绿色交易所在承担全国自愿减排等碳交易中心功能的基础上，升级为面向全球的国家级绿色交易所，建设绿色金融和可持续金融中心。

未来，北京绿色交易所将作为全国温室气体自愿减排交易中心，以及全球绿色金融和可持续金融中心的基础设施，为更多排放企业或主体提供服务。企业自愿的减排量可上市交易，获得包括真金白银在内的多项支持。

《北京市"十四五"时期金融业发展规划》明确提出，绿色金融将助力"碳达峰""碳中和"，成为推动北京地区金融业高质量发展的新动能、新引擎。

2. 全国重点领域节能降碳工作现场会召开

事件背景：5月24—25日，国家发展改革委产业司、工业和信息化部节能司联合在宁波市组织召开重点领域节能降碳工作现场会，这是重点领域节能降碳工作2021年部署以来首次召开全国工作现场会。会议总结了重点领域节能降碳在政策体系建设、基础工作推进、重点项目实施、经验宣传推广、部门协同配合等方面取得的积极成效，并从聚焦重点领域、优化完善清单方案、推动分类改造升级、加快先进技术应用、开展工业节能降碳专项行动、加快绿色制造体系建设、强化政策协同配合等方面，提出了下一步抓好工作落实的要求。

3.山东省重点行业企业节能降碳宣传暨"节能降碳服务进企业"现场会举办

事件背景：为加快全省工业节能走深走实，7月12—13日，山东省工业和信息化厅、山东省生态环境厅在聊城市组织举办全省重点行业企业节能降碳宣传暨"节能降碳服务进企业"现场会。会上集体观看了2023全国节能宣传周宣传片，向5家2022年度重点行业能效领跑者企业授牌，3家企业分享了先进节能经验做法，相关行业协会和企业代表共同发布了《全省重点行业企业节能降碳倡议书》，12家企业与5家服务机构签订工业节能诊断和工业固废资源综合利用评价志愿服务协议，3名行业专家分别围绕绿色制造体系建设、工业节能降碳、产品碳足迹评价等作专题授课。会前，与会人员实地观摩了有关企业节能技术设施建设和工业资源综合利用等情况。

十二、全面小康舆情分析

（一）舆情走势

由图17可见，2023年与2022年的安全维稳舆情情况类似，分别在2023年3月和10月出现两个小峰值。3月，主要有全国两会期间多位人大代表围绕实现人民幸福安康、各地部署统筹推进扶贫志编纂工作等信息引发社会热烈关注，致使3月的信息量达到一个小高峰。10月，习近平总书记牵挂全面小康"硬任务"系列报道，受到新华网、人民网、央广网、中国新闻网、中工网等主流媒体的转发报道，助推10月相关舆情信息达到最高峰值。

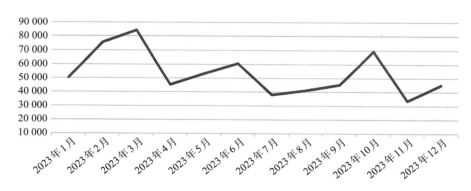

图17　全面小康舆情走势图

（二）重点话题事件

1.全面建成小康社会：党和人民团结奋斗赢得的历史性胜利

事件背景：1月7日，全面建成小康社会作为党和人民团结奋斗赢得的历史性胜利，意味着社会主义能够创造出更高水平的生产力，激发整个社会从经济基础到上层建筑各个方面变革重组的根本动力，支撑中国社会发展向更高层面的美好样态不断展开和逐步演进；标志着彻底消除了绝对贫困，整体性提升了人民生活水平，中国人民朝着实现共同富裕、过上美好生活的宏伟目标阔步迈进。全面建成小康社会科学解答了"人们首先必须吃、喝、住、穿"这一人类经济社会发展的重大基础性课题，成功实现了"民亦劳止，汔可小康"这一中华儿女企冀追逐数千年的悠久梦想，铸就了中华民族发展史上的重要里程碑，有力提振了全党全国人民以中国式现代化全面推进中华民族伟大复兴的信心和决心。

2. 四川启动扶贫志和全面小康志编纂工作

事件背景：3月9日，从四川省地方志工作办公室获悉，四川省已启动四川扶贫志和全面小康志编纂工作。计划在省级层面编纂《四川扶贫志》《四川全面小康志》，其中，《四川扶贫志》成稿字数220万字、《四川全面小康志》成稿字数150万字。

根据工作安排，各市（州）具体编纂方案应于2023年12月底前报省地方志办市县志工作处备案。编纂工作应于2025年前完成，以全方位展现四川扶贫事业和全面小康事业的伟大实践、光辉历程、巨大成就。

省地方志工作办公室相关负责人表示，在脱贫攻坚工作中，四川是扶贫大省，贫困程度深，扶贫面极大，扶贫工作任务繁重、持续时间长。此次以志书的形式，及时、全面、系统、真实地记录四川消除绝对贫困、全面建成小康社会的伟大历程，为当代提供资政辅治之参考，为后世留下堪存堪鉴之记述，具有重要价值和重大历史意义。

十三、城市经济舆情分析

（一）舆情走势

由图18看出，2023年城市经济舆情在监测时间段总舆情信息量波动较大，其中下半年舆情波动走势较缓，但到4月达到顶峰，内容涉及"数字中国"驱动物流产业转型升级、聚力数实融合赋能传统产业转型升级、强实体推动产业转型升级等多方面。其中，4月28日，由人民日报刊发的《聚力数实融合赋能传统产业转型升级》报道，受到央视网、新华网、中工网、中国经济网、搜狐网、网易、腾讯新闻等多家媒体转发报道引发热议，推动相关舆情高涨。

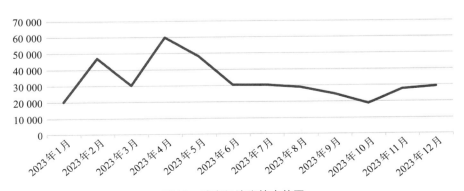

图 18　城市经济舆情走势图

（二）重点话题事件

1. 强实体，推动产业转型升级

事件背景：4月28日，《人民日报》发表评论员观察文章《强实体，推动产业转型升级》指出，实体经济是一国经济的立身之本。不论经济发展到什么时候，实体经济都是我国经济发展、在国际经济竞争中赢得主动的根基。

习近平总书记强调，"要深刻把握发展的阶段性新特征新要求，坚持把做实做强做优实体经济作为主攻方向，一手抓传统产业转型升级，一手抓战略性新兴产业发展壮大"。当前，新一轮科技革命和产业变革深入发展，科学技术和经济社会发展加速渗透融合。壮大实体经济，必须全面提升产业体系现代化水平，以创新集聚发展新动能、打造竞争新优势。从实施技术改造行动、推动传统产业提质增效，到巩固提升全产业链优势、引导优势产业做大做强，再到聚焦前沿领域、助力新兴产业发展壮大，坚持创新驱动，推动产业高端化、智能化、绿色化转型，才能推动产业体系转型升级、促进实体经济健康发展。

2. 推动数实深度融合，赋能产业转型升级

事件背景：4月28日，山西省委副书记、省长金湘军深入阳泉市，落实中央和省委关于开展主题教育、大兴调查研究的部署要求，调研能源革命综合改革、数字经济培育等工作。他强调，要深入学习贯彻习近平新时代中国特色社会主义思想，全面贯彻落实党的二十大精神和习近平总书记考察调研山西重要讲话重要指示精神，抢抓战略机遇，坚定转型决心，以超常规举措培育新产业新业态新模式，促进数字技术与实体经济深度融合，赋能产业转型升级，为推进中国式现代化山西实践作出新贡献。

3. 工业和信息化部等8部门联合印发《关于加快传统制造业转型升级的指导意见》

故事背景：12月31日，工业和信息化部、国家发展改革委、教育部、财政部、中国人民银行、税务总局、金融监管总局、中国证监会等8部门近日联合印发《关于加快传统制造业转型升级的指导意见》，提出到2027年，我国传统制造业高端化、智能化、绿色化、融合化发展水平明显提升，有效支撑制造业比重保持基本稳定，在全球产业分工中的地位和竞争力进一步巩固增强。工业企业数字化研发设计工具普及率、关键工序数控化率分别超过90%、70%，工业能耗强度和二氧化碳排放强度持续下降，万元工业增加值用水量较2023年下降13%左右，大宗工业固体废物综合利用率超过57%。

（作者：中国市长协会；技术支持：谷尼舆情智库）

智慧城市的催化剂：人工智能对城市发展的机遇与挑战

一、引言

城市化已成为全球发展的显著趋势，随着城市人口的不断增长，城市面临着交通拥堵、环境污染、资源短缺等一系列挑战。在此背景下，人工智能（AI）技术为城市发展提供了新的解决方案。AI凭借其强大的数据处理能力和学习能力，在城市规划与管理、公共服务与治理、环境保护与可持续发展等多个领域，正发挥着举足轻重的作用，并且这一作用日益凸显，成为不可或缺的关键力量。

然而，人工智能的应用也带来了一系列挑战。伦理和隐私问题、就业结构的改变、数据安全和法律监管滞后等问题，都可能阻碍人工智能的健康发展。因此，探讨人工智能在城市发展中的机遇与挑战，对于制定相应的政策和措施，确保人工智能技术的正面影响，具有重要意义。

本文探讨以人工智能为主的数字化技术在城市发展各领域的应用潜力，并以各个已实施落地的项目为案例，研究人工智能对于城市发展的机遇与挑战，旨在为城市决策者、技术开发者和公众提供参考，为未来人工智能赋能城市发展提供新的路径和经验，共同推动人工智能技术在城市发展中的健康和可持续发展。

二、智慧城市与人工智能技术概述

（一）政策背景

党的十八大以来，党中央、国务院高度重视新型智慧城市建设工作。2021年12月，中央网络安全和信息化委员会发布了《"十四五"国家信息化规划》，提出"围绕公共交通、快递物流、就诊就学、城市运行管理、生态环保、证照管理、市场监管、公共安全、应急管理等重点领域，推进新型智慧城市高质量发展"。2024年5月，国家发展改革委等4部门联合发布的《关于深化智慧城市发展 推进城市全域数字化转型的指导意见》（发改数据〔2024〕660号），阐述了智慧城市发展的重要性、总体要求、基本原则、主要目标以及全领域推进城市数字化转型的具体措施，进一步明确和深化了智慧城市发展的具体路径。

（二）人工智能技术概述

1. 人工智能技术的发展历程

人工智能技术的发展历程是一段融合了理论研究与实践应用的深刻变革。自20世纪中叶以来，人工智能从最初的逻辑推理和知识表示，逐渐发展到机器学习和深度学习。早期的AI研究集中在构建能够模拟人类智能行为的通用问题解决系统上，但受限于当时的计算能力和算法发展，进展相对缓慢。进入21世纪，随着计算能力的提升、大数据的积累以及算法的创新，特别是深度学习在自然语言理解、图像识别和语音识别等领域取得的突破，AI技术迎来了爆炸性的发展。目前，人工智能已经广泛应用于自动驾驶、医疗诊断、金融服务、智能制造等多个领域，成为推动现代社会发展的关键技术之一。当前，AI技术正朝着更加自主、交互和适应性强的方向发展，人工智能预计将继续深化其在各个行业的影响，不断渗透到社会的各个层面，并开启更多创新的可能性。

2. 以人工智能为代表的新技术在城市发展中的作用

当今世界正经历百年未有之大变局，新一轮科技革命和产业变革深入发展，数智化经济社会"大融合"成为未来发展趋势。以5G、人工智能、大数据、云计算、区块链等新一代信息技术的新质生产力工具，正成为重塑城市数字化基础设施、提高数字化治理效能以及推动数字经济增长的关键驱动力。城市发展正站在数字化、智能化、智慧化转型的风口浪尖，以人工智能为代表的数字技术将内化为提升城市竞争力的核心要素，为城市信息基础设施升级、应用场景建设等开辟新的空间，推动跨领域融合创新，发展城市治理现代化新路径。市民对美好生活的期盼，需要提供多样化、便利化、均等化的公共服务，要求以人为本加快推进智慧城市建设，加大医疗、教育、出行等与市民生活紧密相关的智能化应用场景供给，推动城市治理从数字化到智能化再到智慧化，不断提升城市发展韧性，更好化解城市规模发展与传统治理模式之间的矛盾，助力城市生产生活方式的转变。

三、人工智能在城市发展中的机遇与挑战

（一）人工智能在城市发展中的应用

AI作为优化城市管理和提升生活质量的关键技术，以其超凡的数据处理能力和先进的智能算法，正在城市发展的多个方面发挥着革命性作用。

1. 城市建设与管理

在城市管理领域，AI的深度学习和大数据分析能力，赋予了城市前所未有的洞察力，使其能够精准预测和应对各种挑战，实现资源的最优配置和问题的迅捷解决。城市管理的智能化，不仅提升了服务的响应速度，也极大增强了城市应对复杂情况的能力。能源使用效率的提升，得益于AI在智能电网和能源管理中的创新应用，AI的预测和调节能力，使得能源供应更加精准，需求响应更加灵活，不仅减少了能源浪费，也推动了城市向绿色、可持续的能源体系转型。建筑和基础设施的智能化，是AI技术的又一展现舞台，智能建筑通过AI进

行能源管理、安全监控和环境调节，不仅提升了能源效率，降低了运营成本，也为居住者带来了更加舒适和安全的生活体验。智能基础设施，如感应式路灯和智能水务系统，通过自动化控制和维护，提高了服务的智能化水平，提升了居民的生活质量。

2. 交通管理

交通管理作为城市脉动的核心，正通过AI的智能信号控制和自动驾驶技术得到重塑，AI优化的交通系统能够实时分析交通流量，智能调节信号灯，有效缓解拥堵，提升道路通行效率，降低事故发生率。AI技术还可以辅助进行事故检测和应急响应，提升交通安全性。此外，通过智能导航和路线推荐，AI能够为驾驶者提供更高效、更个性化的出行建议，改善整体的交通体验。而目前自动驾驶也在部分城市进行了初步的商业化落地，未来发展方兴未艾。这些应用不仅提高了城市交通管理的智能化水平，还为城市居民带来了更加便捷、安全和环保的出行方式。

3. 公共服务能力提升

在医疗领域，AI通过精准的诊断支持系统、患者监护和个性化治疗方案，极大提高了医疗服务的准确性和效率。智能影像识别技术能够辅助医生快速识别病变，而AI在药物研发中的应用，更是为新药的快速发现和临床试验开辟了新天地。教育领域也因AI的个性化学习平台而焕发新生，这些平台能够根据学生的学习习惯和能力，提供量身定制的教学内容，实现真正意义上的因材施教。智能辅导系统的实时反馈功能，帮助教师更精准地把握学生需求，优化教学资源的配置，提升教育成效。

4. 公共安全与应急响应

在公共安全领域，AI技术通过视频监控分析、行为识别和异常检测，提高了对犯罪活动的预防和响应能力。智能监控系统能够迅速从海量视频数据中识别出可疑行为，及时通知执法部门，有效提升公共安全水平。在应急管理方面，AI的灾害预测模型和风险评估工具，极大增强了管理者对突发事件的预见能力和应对速度。面对灾害和突发事件，AI能够迅速分析受灾情况，辅助决策者制定科学的救援计划，优化救援资源分配，提高救援效率和成功率。

5. 环境保护与可持续发展

在环境监测领域，AI技术如同一位敏锐的哨兵，通过分析卫星图像、传感器数据和气象信息，实时监控空气质量、水质状况和生态系统的微妙变化，洞察污染风险，及时发出预警，为环境保护提供科学的决策支持。在垃圾处理方面，AI技术的应用，让垃圾分选变得更加高效和精准。智能识别和分类系统能够自动识别和分离各类垃圾，极大地提升了回收效率和资源循环利用率，减少了对环境的负担。在水资源管理领域，AI技术则像一位智慧的调度者，通过深入分析水文数据、气象模式和用水需求，优化水资源的分配和调度策略。智能水网系统能够预测水资源短缺风险，自动调节供水，减少浪费，确保水资源的可持续利用。

更广泛地，AI在推动可持续发展方面发挥着不可替代的作用。它通过优化能源消耗、减少废物产生、保护生态环境，促进了经济、社会和环境的和谐共生。AI的预测和优化能力，能够帮助政府和企业制定更加可持续的发展策略，为未来的绿色地球描绘出一幅生动的蓝图。

（二）人工智能在城市发展中面临的挑战

1. 伦理与隐私问题

AI技术在为社会带来便利和效率提升的同时，也引发了诸多伦理困境和隐私侵犯的担忧。随着AI在数据分析、模式识别和预测行为方面的应用日益广泛，大量个人数据被收集和处理。这些数据如果未经妥善管理和保护，就可能导致个人隐私泄漏，甚至被滥用。例如，面部识别技术在提高安全监控效率的同时，也可能不经意间触碰到个体的隐私界限。AI决策的不透明性，即"黑箱"问题，增加了公众对技术决策过程的疑虑，尤其在医疗诊断、司法判决等敏感领域，伦理问题尤为突出。若AI系统在设计和训练过程中未能克服偏见，其决策可能带有歧视性，可能会导致社会不公正现象的发生。

2. 就业与社会结构变化

AI的发展正在对就业市场和社会结构产生深远影响。一方面，AI技术的应用可能导致某些传统职业的消失，特别是那些重复性高、技能要求低的工作，如制造业流水线作业、数据录入和初级客户服务。另一方面，AI也将创造新的就业机会，尤其是在AI技术的研发、维护和监管领域，以及需要高度创造性和复杂决策的职位。此外，AI可能会改变工作的性质，使得人们更加注重创新、战略规划和人际交往能力，而非单纯地执行任务。在社会结构方面，首先，AI可能导致劳动力市场的分化，加剧技能差距和社会不平等。高技能工人可能会因为能够与AI协作或开发AI而需求增加，而低技能工人则可能面临失业风险；其次，AI可能会改变教育和培训体系，要求教育系统更加注重培养学生的创造性思维、批判性思考和技术能力；另外，AI在提高生产力的同时，也为社会创造了更多的闲暇时间和消费能力，这可能会改变人们的生活方式和价值观，促进社会向更加注重创新、创造力和个人成长的方向发展。

3. 技术与数据安全

AI也面临着不容忽视的技术安全挑战和数据保护问题。在技术安全方面，AI系统可能受到对抗性攻击，攻击者通过输入精心设计的干扰数据来误导AI模型，导致其做出错误决策。此外，AI系统的复杂性使得其可能存在未被发现的软件漏洞，这些漏洞可能被黑客利用进行攻击，导致系统瘫痪或数据泄漏。一旦遭受数据污染、模型窃取或对抗性攻击，这些攻击不仅威胁到系统的可靠性和稳定性，还可能引发严重的安全事故，例如自动驾驶汽车的网络安全问题直接关系到乘客的生命安全。在数据保护方面，AI系统通常需要大量的数据来训练，这涉及个人隐私信息的收集和处理。如果这些数据没有得到妥善保护，就可能遭受未授权访问或滥用，损害个人隐私权。

4. 法律与监管滞后

当前，AI技术的迅猛发展对现有的法律和监管框架提出了前所未有的挑战。AI的广泛应用常常超越了传统法律体系的预期范畴，导致其在应用AI相关问题时出现灰色地带，特别是在数据隐私、算法透明度、责任归属等新兴领域，亟须法律的更新与适应。首先，数据隐私成为AI时代的一个关键议题，随着AI对个人数据的深度挖掘，必须通过制定或修订数据保护法规，加强监管力度，确保个人信息的安全不受侵犯，满足数字化时代对隐私保护的新要求。其次，算法透明度问题也日益凸显，AI决策过程的不透明性可能引发技术风险和社会信任危机。因此，需要通过立法要求AI开发者提供算法的解释机制和审计途径，以提升算法的可解释性，保障决策的公正性。再次，责任归属问题在AI领域尤为复杂，当AI系统引发故障或错误决策时，明确责任主体变得至关重要。法律体系需明确界定AI相关责任，包括开发者、用户及其他利益相关者的责任范围。最后，针对AI在自动驾驶、医疗诊断等特定行业的应用，需要制定专门的行业法规，以规范技术应用，确保其安全性和伦理性，防止潜在风险。

四、人工智能技术应用实践案例

对我国某人工智能领军企业的AI技术以及在城市各领域的应用案例进行研究，洞悉AI技术在多样化应用场景中所展现的实际成效，评估AI技术在实践层面的成熟度和发展阶段，从而为AI技术如何推动城市的可持续发展提供实证支持。此外，随着城市对AI技术的依赖日益加深，新的应用场景将不断涌现，为AI技术的创新和发展提供源源不断的动力。城市作为AI技术应用的试验场和展示窗口，其反馈和需求将直接影响AI技术的演进方向和创新速度，相关案例也为理解AI技术如何与城市发展相互促进、共生共长提供经验借鉴。

（一）高精度城市实景三维建模

高精度城市实景三维建模是基于神经辐射场技术NeRF（Neural Radiance Fields）的AI 3D内容生成平台，具备城市级大尺度的空间AI重建生成能力和模型AI编辑、分析能力。通过公有云方式提供高精度、高效率的实景三维重建服务，包括Capture Tool采集工具服务、Creator场景生成服务、Editor场景预览编辑服务、Plugin场景应用开发套件、云渲染服务，应用于数字孪生场景，满足各类对实景三维高质量制作需求。与传统三维重建相比，基于NeRF的高精实景三维重建平台所重建的城市模型具有高精度真实感、多源数据融合、低成本高效率和增强决策支持等优势，将为城市数字孪生提供数据模型底座，促进城市管理、规划和决策的科学化与智能化发展。以100平方公里的城市空间的AI三维重建实例，仅需38小时，且达到厘米级精度；而采用传统人工方式建模，则需要工时长达60万人/日。

以杭州第19届亚运会为例，"智能"是本届杭州亚运会的办赛理念之一，依托上述技术为底座，构建了可在虚拟空间中沉浸式感受亚运氛围的亚运数实空间，以AI+AR黑科技打造了覆盖多场景、虚实融合的实景AR观亚运体验，通过"亚运AR服务平台"，广大市民观众即可在亚运场馆的数字世界中沉浸式感受真实亚运的现场氛围。

（二）智能遥感时空大数据平台

智能遥感时空大数据平台是以面向城市管理者对于时空数据应用需要，汇集多源遥感数据和提供多种遥感服务为主要服务内容，由技术底座、数据资源、服务平台等组成的新一代智能遥感服务平台。基于AI遥感大模型、AI语言大模型等技术底座，开展耕地、建筑、林地、草地、道路、水体以及其他地表覆盖类型的基础空间数据解译分析服务，实现智能化、自动化的地表信息提取、目标识别、用地分类识别和变化检测，实现"天上看、地上查"的立体监测，服务自然资源、生态环境、农业农村、水利水务、应急管理、基建管理等行业管理工作。AI遥感技术作为自动化的解译技术，生产效率超过人工解译数十倍，并且质量稳定，可以做到遥感数据的快速解译，对于时效性较高的业务工作，能体现出巨大的优势，将以前受制于时效性不够而不能开展的监测工作，变成可以实施的业务工作。建设具有数据汇集和智能化服务能力的遥感时空大数据平台，有助于充分发挥遥感技术的宏观监测优势，提供城市的信息服务，在城市的产业布局和发展、一体化规划和区域治理、整体生态环境保护与修复等方面提供全面的遥感以及空间信息服务，打造统一数据底座，创新遥感及空间信息服务区域的新方法、新手段，促进城市的健康发展，助力城市治理管理水平的提升。

以上海市为例，应用遥感大模型平台，构建了全市域的遥感大数据智能分析能力，实现了多种监管功能：耕地"非粮化""非农化"检测，助力守卫粮食安全生命线；开展固体废弃物遥感检测，为减少固废垃圾产生以及随意堆放提供情报支持；针对城市两违建筑治理和城市市容绿化监管，自动化识别建筑物及其变化、城市绿地分布和面积；自动生成全区裸露土地动态管理台账，实施网格分区、数字编码；自动提取水体范围，利用高频遥感数据对水体分布、水体扩散范围进行遥感动态监测，为洪水淹没动态监测、防洪减灾等提供数据支持。

（三）面向未来的城市开放平台

城市开放平台是面向未来的城市管理平台，平台内嵌了多种AI模型，并且可以与城市的IT基础设施相结合，将原始的城市视觉数据实时转化为城市运营层面的洞察、事件预警及行动，促使城市管理从人力密集型向人机交互式转变、从经验导向向数据导向转变、从被动响应向提早发现转变，成为城市数字化运营的操作系统。平台配备了大模型衍生的在线增量训练引擎，能够使用在线数据对现有的模型进行不断升级，也就是所谓的"越用越聪明"。另外，整个平台部署在云服务器上，全天候提供服务，分析数百万物联网设备的数据，可以在几秒内同时响应数万个用户请求。平台可应用于城市服务、应急响应、交通治理、环境保护等多种场景。截至2022年6月，累计有155个城市部署了该城市开放平台，其中包括16个超千万人口的大型城市以及4个海外城市，且持续提高长尾场景覆盖率。

以上海市为例，上海于2020年部署应用了该平台，能够自动检测井盖、消火栓、电线杆、电话亭、道路护栏和路标等公共设施的状况，如丢失、损坏、移位、歪斜、不平整和松动等常见问题；辅助监测违规停放单车和废弃单车；自动检测交通事故、火灾和烟雾、紧急通道堵塞、电瓶车进入大楼、垃圾乱放、道路损坏、道路拥堵、非法停车、未经许可占用道路及爆炸等多类事件；并将传统的人工网格管理转化为自动闭环流程。以违规停放共享单车为例，在部署平台之前，政府需要投入大量人力来巡逻街道进行维护；部署平台后，案件监测和上报效率从1小时以上提升到数分钟，人力需求减少了90%，自行车违规停放行为减少了35%。

五、人工智能与城市发展的展望与应对

（一）人工智能在城市应用的发展趋势与展望

AI技术的未来发展预示着一场深刻的变革，它将以前所未有的速度和规模重塑城市生活的方方面面。

从目前AI技术的应用场景实践来看，总体上仍处于起步或试验阶段，AI技术在城市中的实际部署和应用效果，往往未能充分实现其潜力。随着计算能力的显著提升和算法的持续优化，AI技术将变得更加智能、高效和普及。在不远的将来，可以预见到AI技术在自动化、个性化服务、预测分析和决策支持等方面的巨大进步。城市作为AI技术应用的前沿阵地，将见证其在交通管理、能源优化、公共安全、医疗保健和教育等领域的深度融合与创新应用，城市将变得更加智能，服务更加精准，生活更加便捷，推动城市进入一个全新的智能化时代。

从区域分布上来看，当前，AI在城市应用的普及中，地区间的不平衡现象尤为突出，这种差异在技术资源的配置、基础设施的完善度以及智能应用的深入程度上均有所体现。在技术前沿和经济兴旺的地区，AI的应用如火如荼，城市生活的智能化水平令人瞩目，居民尽享AI带来的便捷与高效。相对而言，在一些经济基础薄弱、基础设施尚待完善的区域，AI的落地与应用则步履蹒跚。应通过政策环境的优化、基础设施的强化、人才培养的深化以及技术创新的推动，逐步缩短地区间AI技术及应用的差距，推动均衡发展，确保科技进步的红利惠及每一个角落，推动社会公平和谐、实现可持续发展。

在服务对象方面，目前AI在城市中的应用主要集中在政府部门和机构、企业侧。随着技术的不断进步，未来的AI将更多地拓展到边侧和端侧应用，将更加贴近民众生活，直接服务于人民群众。边侧应用通过在网络边缘进行数据处理，能够为城市基础设施和公共服务提供快速、高效的智能支持。端侧应用则通过在用户设备上运行AI算法，为个人用户提供定制化、个性化的智能服务，如智能家居、健康监测等。这种从中心化到去中心化的应用转变，将使得AI更加普及和便捷，让每一位市民都能享受到科技带来的便利，实现技术成果的普惠共享，推动构建更加智能、便民的城市生活环境。

（二）人工智能发展的政策建议

在应对AI技术的发展带来的伦理、隐私、就业和安全等挑战方面，也需要制定相应的政策和规范，确保技术进步与社会价值的和谐统一。应明确，AI的发展旨在增强人类的能力，丰富我们的生活，并为解决复杂问题提供支持，其核心理念是"赋能"而非"替代"。政策制定者在制定适应AI发展的法规时，需综合考虑技术洞察、伦理原则、创新激励、法规适应性、国际合作及社会参与，以确保AI技术在健康轨道上前进，为社会带来深远的积极影响。首先，在立法层面，需深刻洞察AI技术的演进趋势，预见其对人类生活的深远影响，在立法中融入前瞻性思维。法规应根植于伦理原则，保障人权、隐私和数据安全，确立

数据治理的严格规范。同时，必须在激励创新与守护公共利益间找到精妙的平衡，通过研发激励和监管框架的建立，既点燃 AI 技术进步的火花，又防范其潜在的滥用风险。法规的适应性同样至关重要，需随着技术演进和社会反馈而灵活调整，这可能意味着需要建立跨学科监管机构，以监督 AI 技术的健康发展。此外，广泛的社会对话不可或缺，应确保立法过程的多元参与和透明度，充分反映社会的广泛需求与期望。国际合作亦是关键，政策制定者应与全球伙伴共同探索 AI 技术的国际治理，应对其全球性影响。

六、结语

在 AI 技术飞速发展的今天，其在城市规划、交通管理、环境保护、公共安全等多个关键领域的应用展现出了革命性的潜力。本文从应用场景角度探讨了 AI 技术在推动城市发展中的核心作用，并全面审视了随之而来的机遇与挑战。结合 AI 在对于城市各类场景的应用案例，证实了其在提高城市运行效率、激发经济增长与创新活力、提高居民生活质量、为可持续发展注入动力等方面的重要贡献。同时，我们也认识到了伴随技术进步而来的伦理、隐私、就业和社会结构变化等挑战，以及技术与数据安全问题和法律与监管滞后的现状，并提出了若干政策建议，旨在促进 AI 的健康发展。

AI 不仅是一项技术革新，更是一种推动社会全方位进步的强大动力。AI 赋能城市发展，本质上就是要赋能人民群众的美好生活。通过负责任的创新、全面的政策支持和社会的广泛参与，我们有信心迎接一个由 AI 点亮的辉煌新时代，共同构建一个更智能、更高效、更绿色、更包容的新型智慧城市。

（作者：李森，北京商汤科技开发有限公司数字经济研究院院长；王俊来，北京商汤科技开发有限公司数字经济研究院研究员；马乐，北京商汤科技开发有限公司中国区教文卫业务部总监；卢晓舟，北京商汤科技开发有限公司智慧城市解决方案总监）

参考文献：

［1］黄奇帆. 人工智能时代的城市数字化发展路径与治理模式［J］，城市试点，2023（7）：106-109.

［2］吴志强，甘惟，刘朝晖，等. AI 城市：理论与模型架构［J］. 城市规划学刊，2022（5）：17-23.

［3］邓凯旋，张照，王骏. 数字化背景下城市形态智能设计的涌现与探索［J］. 城乡规划，2023（3）：80-90.

［4］张新长，华淑贞，齐霁，等. 新型智慧城市建设与展望：基于 AI 的大数据、大模型与大算力［J］. 地球信息科学. 2024.4，26（4）：779-789.

［5］姜敏. 智慧城市数字孪生与元宇宙的探讨与研究［J］. 中国高新科技. 2023（17）：44-76.

韧性城市视角下城市自然灾害防控

全面建成社会主义现代化强国，是党确立的带领全国各族人民的第二个百年奋斗目标。党的二十大报告强调，高质量发展是全面建设社会主义现代化国家的首要任务。党的二十届三中全会指出：要聚焦提高人民生活品质，聚焦建设美丽中国，聚焦建设更高水平平安中国；要严格落实安全生产责任，完善自然灾害特别是洪涝灾害监测、防控措施，织密社会安全风险防控网，切实维护社会稳定。城市是现代化的重要载体，随着中国城镇化的不断发展，城市自然灾害和衍生灾害也日益增多和复杂多样，城市灾害成为城市建设和发展面临的重要问题。习近平总书记在重庆考察时强调："全面推进韧性城市建设，有效提升防灾减灾救灾能力。"韧性思想的提出标志着城市建设者对城市安全和可持续发展的意义和实现模式有了全新认识，建设韧性城市成为世界城市发展的必然选择。中国的城市发展应坚持以习近平总书记关于城市工作的重要论述为科学指引，坚持以人民为中心，科学把握城市安全发展面临的深层次矛盾和问题，全面推进韧性城市建设，把不断提升城市韧性贯穿于城市规划、建设、管理的多个方面。

一、韧性城市对城市建设和管理工作的要求

（一）韧性城市概念及韧性城市评估

"韧性"是指在物品或机构在保持自身结构和功能不发生明显变化的前提下，抵御外界改变和应对外界扰动的能力。"韧性城市"即城市系统在遭受外界冲击或破坏时，能够有效抵御或化解冲击，并保持主体功能不发生明显破坏，或在遭受破坏时具有快速恢复能力的城市。目前较为全面的韧性城市定义为："城市系统及其各类子系统在扰动来临前具有一定预警和预防能力，在遭受扰动时可以维持或迅速恢复其功能，并通过适应来更好地应对未来不确定性的能力。"随着不断地研究和探索，韧性城市的概念不断丰富，从突发灾害事件前、中、后期都逐渐形成了相应的韧性研究。

"包容、安全、有韧性的可持续城市"是联合国2030年可持续发展的重要议题，提高城市韧性是促进城市可持续发展、统筹区域协同发展的有效途径，是21世纪城市管理与发展的新方向。面对城市发展由高速增长向高质量发展的逐步推进，我国城市高质量发展也需要厚植韧性与活力，"韧性城市"将成为我国城市建设的重要目标。

随着社会经济的发展和城市化进程的加快，城市面临的不确定性增多，出现系统风险的可能性也变得更加复杂。针对城市系统风险的不确定性，需要通过对城市系统扰动的分析，设计具有科学性和可操作性的韧性城市评价指标，建立科学的韧性城市评价指标体系；基于建立的韧性城市评价指标体系，通过韧性城市时空演化研究为城市系统韧性建设提供科学依据。

一般而言，韧性城市具有三方面的特征：一是城市系统的多元性，表现为城市在系统功能上具有多元化的特点，受到扰动时具有多样化的反应形式；二是城市系统的组织具有高度的灵活适应性，集中体现在城市物质基础建设上以及社会不同机能的配合上；三是城市韧性系统要有一定量的预备能力，对城市的关键性功能和物质基础资源应做到具有适度冗余。

韧性城市研究是从城市高质量发展和可持续发展的基点出发，研究解决城市发展中出现的经济危机、环境破坏、自然灾害等不确定性问题，逐步构建现代城市韧性理论的核心体系。韧性的内涵多从特定韧性（灾害韧性）和广义韧性（城市系统）角度进行分析，研究人类活动的意向、韧性目的、系统边界、权利和政治背景等关键问题，尤其突出城市对灾害及时抵御、吸收、有效反应的能力。

城市韧性的概念较为抽象，需要借助一定的城市韧性评价指标体系，才可能对城市的韧性进行定量化分析。针对不同的城市特性和条件，评价指标的权重还需要经过合理调整。目前关于韧性评估指标的研究较少，关于韧性城市评估的研究存在较多局限：其一，实证数据稳定连续地获取相当困难；其二，灾害具有动态变化的特点，无法利用传统数据分析方法来观察灾害发生频率和规律；其三，韧性作用的时间、空间尺度及社会差异充满了不确定性和非线性，其评估指标具有不确定性和易固化的局限性；其四，一些"无形"的城市韧性，如价值观和城市幸福感、凝聚力等，难以进行可操作化测量与论述，这也是韧性评估指标研究的困境。

关于韧性城市评价指标体系的已有研究多围绕自然灾害构建韧性城市的指标体系。在指标体系构建中，抵抗恢复压力、调节恢复状态、实施治理转型等逐步受到关注；此外，城市韧性应注重基础设施建设，关注城市多主体发展的包容性、参与性与社会公平性。

（二）韧性城市对城市建设与管理的要求

近年来，随着中国城市的飞速发展，城市人口快速增长，受极端气候等多种因素影响，城市突发灾害事件频发，对城市的基础设施、资源利用和可持续发展带来巨大威胁和挑战。增强城市的安全与韧性，提高城市应对自然灾害及衍生灾害的能力，成为城市规划和建设中的重点。韧性城市发展的总体目标是尽可能减轻灾害风险对居民的影响。新时代的城市建设和管理，要注重提高城市系统面对不确定性因素的响应与适应能力，促进城市规划和建设方法向韧性方向的转变，实现人与自然和谐共生。

国际上，2003年美国地震工程学会发布了《确保社会抵御地震损失——地震工程研究和推广计划》报告，首次提出了地震韧性的概念。2008年，美国国家研究委员会在其发布的《国家地震灾害减灾计划》中，将"提升全国范围内广大社区的地震韧性"作为工作目标之一，确定了开展地震韧性研究，建立国家地震韧性的战略规划。2016年联合国住房和城市可持续发展大会正式通过了《新城市议程》，该议程规范了城市可持续性发展的标准。此后，很多国家都相继提出了韧性城市建设规划。近年来，我国高度重视韧性城乡建设工作。2016年北京市开展了韧性城市规划专项研究，首次在城市总体规划中明确提出韧性城市建设，这也是我国首次将韧性城市建设纳入到城市规划中。2018年我国印发了《关于推进城市安全发展的意见》，推动建立以安全生产为基础的综合性、全方位、系统化的城市安全发展体系。《中华人民共和国国民经济和社会发展第十四个五年（2021—2025）年规划和2035年远景目标纲要》中，对韧性城市建设进行了着重强调，并对城市的总体防灾减灾提出了明确的要求。

在推进城市化进程的过程中，要同时注重城市的安全性与韧性化水平。对城市防震减灾基础设施工作进行现状梳理、韧性评估、系统谋划和韧性加强，是当前"韧性城市"建设中需要解决的重要问题。现代城市的快速发展难以规避所有的不确定致灾因素，一旦风险发生，城市将遭受人员、经济等巨大损失，因此韧性城市视角下的城市防灾减灾规划和与之适配的韧性建设对城市尤为重要。

城市综合防灾减灾规划现在正在从单灾种防御向多灾种系统化监测防御转变，因此进行规划时不仅需要考虑灾害防御的统筹布局，还需要考虑城市的经济、技术发展。在制定综合防灾减灾规划的过程中，不仅需要关注工程性防御措施，同时还需强化社会防御体系、社会应对体系、现代化技术支撑、政府管理等多方面的防灾体系构建。防灾建设包括"硬件"和"软件"两部分，"硬件"是指防灾减灾功能化设施，"软件"是指体制、机制的建设。以韧性城市建设的视角来看，可简单地概括为减轻灾害风险的危险性、降低灾害易损性、提高城市对灾害的自适应性和提高城市快速恢复能力。韧性城市建设的最终目的，是维护人民群众生命财产安全，实现高水平市域治理现代化，保障城市经济社会全面协调可持续发展。韧性城市的核心是"保证基本城市功能并迅速恢复到正常状态"。

因此，以"韧性城市"建设为目标的城市综合防灾减灾规划需要以韧性城市的基本特点为基准，从综合防御体系建设、综合应对体系建设出发，以先进技术作为支撑，实现城市综合防灾能力的韧性提升。

二、城市典型自然灾害和次生灾害

（一）城市自然灾害与城市安全

由于自然因素、人类活动及人口快速增长等原因，全球极端气象事件日益增多，近年来特大降水、极端高温、低温、极度干旱等自然灾害不断出现，对城市管理特别是超大城市的安全治理带来巨大挑战。

城市自然灾害，是指在城市区域内发生的自然灾害及其次生或衍生灾害。相较于传统的防灾减灾工作，基于韧性城市建设视角的灾害防控要对大量的灾害类型和风险进行评估，识别现代城市中的高风险灾害和灾害发生高风险区，对灾害风险进行科学、合理的评估，并提供给城市相关部门作为实施增强城市韧性的建设指导。

城市自然灾害虽然也有一般地质和气候灾害的共同特征，由于城市人口和财富相对集中，产业和经济发展地位重要，与人民生命财产和国家经济社会发展息息相关，一旦受自然灾害侵害，其损失会大大超过非城市地区，而城市自然灾害的探测和预警因受更多因素的干扰难度更大，因此城市自然灾害作用和危害有其独特性，针对城市自然灾害的防控至关重要。

党的二十届三中全会提出，中国式现代化是人与自然和谐共生的现代化。要健全重大突发公共事件处置保障体系，完善大安全大应急框架下应急指挥机制，强化基层应急基础和力量，提高防灾、减灾、救灾能力。

让城市建设和管理向更宜居、更韧性、更安全的方向转型升级，是建设社会主义现代化强国对城市发展和治理的原则要求，为新时代城市发展与治理指明了方向，也对加强城市灾害风险预警能力、增强城市韧性、提高城市运行安全提出了目标要求。

（二）典型城市自然灾害

近年来中国城市出现频率较高、与韧性城市建设关联度较强的典型自然灾害主要有地震、滑坡、地面沉降、地面塌陷、暴雨洪涝等，这些也是加强城市韧性建设、保障城市运行安全的主要着力点。

地震是城市面临的第一大自然灾害，强烈的地震不仅会造成大面积房屋倒塌、工程设备破坏、人畜伤亡、交通阻断，而且时常伴随山崩地陷，诱发火山、海啸、泥石流以及城市火灾等一系列次生灾害。新中国成立以来，因地震灾害死亡的人数达30万，累计经济损失数百亿元。地震发生后引发的次生灾害对城市来说危害也是相当大的。当下一个地震高潮期到来的时候，我们该如何面对，是摆在我们面前的一个严峻考验。对于地震，我们应该基于韧性城市理念，考虑如何提高建筑的抗震能力和恢复水平，从建筑结构和建造上做好防御，这可能比研究如何预测地震更重要。

崩塌、滑坡、泥石流灾害是我国山区城市普遍存在的地质灾害类型，其破坏程度仅次于地震灾害，其突发性强、分布范围广、危害时间长。这三种地质灾害通常是在同一地区相随相伴而生。城市及周边地区一旦爆发此类灾害，轻则破坏城市的各种公共交通设施、土地资源，重则造成人员伤亡、摧毁房屋建筑，严重危害人民的生命财产安全和社会稳定。如2015年12月深圳光明新区渣土受纳场滑坡事故，造成73人死亡，直接经济损失8.81亿元。造成崩塌、滑坡、泥石流等地质灾害的主要原因有地形地质、气候降雨、地震、不合理开挖和弃土等，有时人为因素是造成此类灾害的主要原因。提高城市韧性，应对此类灾害的首要措施就是要控制人为诱发灾害的相关因素，开展自然灾害发生的监测预警、预判和应急处置工作。

地面沉降灾害的致灾因素是长时间逐渐累积发展形成的，但是一旦形成灾害，城市将受到严重、长期的影响，治理难度很大。地面沉降主要由于超采地下水引起，并且多发生于大中型城市。如上海市从1921年开始发现地面沉降灾害，迄今地面最大累计沉降量近3米。地裂缝也会造成地面变形和沉降，全国有300多个县市存在地裂缝。西安市是地裂缝最严重的典型地区，受灾面积约155平方公里，每年造成经济损失达数亿元。

地面塌陷是近十年来国内城市道路发生最频繁、影响最大的事故之一，具有全国性普遍分布的特征，特别是近五年进入灾害高发期。影响较大的有2020年西宁"1.13路面塌陷事故"、2024年广东"5.1梅大高速公路路面坍塌事故"等，均造成人员和财产损失及严重社会影响。据中国测绘学会"全国地下管线事故统计分析报告"，2019—2022年统计的路面塌陷事故分别为106、263、347、244起，4年共统计事故960起，年平均增长率32.04%，发生频次明显高于2014—2018年5年间统计的共506起。城市道路塌陷除影响交通外，还会对地下供水管线、燃气管道等地下设施造成破坏引发次生灾害，最直接最重要的是威胁市民的生命财产安全，城市道路塌陷事故具有引起次生灾害的严重后果。城市地面塌陷具有随机、突发、危害大的特点，其原因是多方面的，如地下工程施工回填不密实、地下水流动侵蚀、地铁建设和城市地下空间开挖变形等，其致灾因素及演化具有复杂性、渐变性和隐蔽性。

受全球气候变化与人类活动的双重影响，城市暴雨洪涝灾害发生的频率、规模和影响日益加剧，对人民生命财产、城市基础设施、生态环境和经济发展构成了严重威胁，城市洪涝问题已成为我国城市化进程中面临的严峻挑战。2012年北京"7.21"特大暴雨最大小时雨量110.3毫米，超过100年一遇；2021年河南郑州市"7.20"特大暴雨最大小时雨量达201.9毫米，突破1951年郑州气象站建站以来的历史纪录；2023年京津冀"23.7"海河流域特大洪水，为历史罕见；城市暴雨洪涝灾害导致城市内涝、交通中断、供水供电设施受损、商业活动停滞，造成重大人员伤亡和财产损失，严重制约城市的正常运转，不仅成为影响城市公共安全的突出问题，制约经济社会发展，同时还会破坏绿地、湿地等自然生态系统，影响生态系统健康。全球变暖引起的气候变化导致水文循环加速，有研究认为，温度每升高1℃，全球水文循环的速率会增加2%～4%。气候变化通过对降雨、蒸发、径流和土壤下渗产生影响，导致全球水文循环加速，增加洪涝、干旱等极端灾害事件的发生频率和强度。随着城市化和气候变暖，城市洪涝风险不断增加，已成为制约城市可持续发展的重要因素。

（三）城市复合型灾害及城市巨灾

随着全球气候变化和人类活动的影响，自然灾害和人为灾害的复杂性日益增加，复合型灾害和巨型灾害的发生频率和影响范围不断扩大。

复合型灾害是指在特定的时间和空间条件下，由两种或两种以上灾害同时发生或连续发生，相互影响，形成叠加效应的灾害。这些灾害可以包括自然灾害、人为灾害以及它们之间的相互作用。复合型灾害的常见类型有：自然灾害复合，如地震引发的山体滑坡、洪水导致的泥石流等；人为灾害与自然灾害复合，如地震后的建筑物倒塌、火灾后的电力设施损坏等；人为灾害复合：如核事故与火灾、交通事故与自然灾害等。复合型灾害的特点是灾害类型多样、影响范围广、持续时间长、危害程度大，对人类社会造成深远的影响。

巨灾是指灾害造成的损失巨大、影响范围广、持续时间长的灾害。巨灾的成因复杂，涉及自然、社会、经济等多个因素，难以预测和控制。巨灾发生后恢复和重建需要较长时间，会对受灾地区的社会经济生活造成长期影响；而且巨灾往往跨越国界，需要国际合作与协调，在实际操作中存在较大难度。

复合型灾害及巨灾因成因复杂，预测难度大，防控面临的挑战更大。对于复合型灾害，应加强多灾种耦合作用破坏效应研究，开展多灾种灾害链成链机理及破坏效率增强防控机制研究，形成多灾种复合型灾害风险评估和发生概率预测方法，建立不同组合多灾种复合型灾害监测与预警理论体系。对城市巨灾，应研究巨灾发生的可能性及规模，巨灾发生时对城市生命线各要素的破坏概率和影响程度，城市建设对巨灾的避让、减损和韧性恢复要求，巨灾发生前对城市生命线重要因素的保护和韧性加强措施，巨灾发生后的城市资源调配和生命线抢修保障体系，形成城市巨灾防灾减灾的系统规划。

复合型灾害及巨灾对人类生存和社会发展构成了严峻挑战。加强复合型灾害及巨灾应对能力，提升城市韧性，还应加强与国际社会的交流与合作，共同应对复合型灾害和全球性巨灾问题；应充分利用现代科技手段，提高灾害监测、预警和应急、救援水平。通过加强灾害风险评估、完善防灾减灾规划、强化基础设施建设、完善应急管理体系、推广公众防灾减灾意识、发展巨灾保险市场以及强化国际合作等，可以有效降低灾害风险，提高城市和地区的抗灾能力，实现区域可持续发展。

三、适应韧性城市建设的城市自然灾害防控

（一）空天地一体化监测预警体系建设

首先，需要先对各城市的灾害种类、各灾种的致灾机理和影响进行深度分析和系统研判。城市灾害灾种多样成因复杂，而且处于不断演化变动之中。全国各地城市曾出现多起市政道路地面突然塌陷事故，但事故原因和致灾机理一直未能研究清楚，如何进行常态化、低成本、高效率的城市地面突发塌陷探测和预警，增加城市运行安全性，一直未能解决。在高城镇化率和超大规模工程建设新形势下，人类活动与自然环境交互大大增多，城市建设对自然环境的干扰和自然环境对城市安全的影响都在增加。要分析各城市的灾害类型和特点，要开展新形势下系统性的城市自然灾害致灾机理研究。如对城市地面塌陷，要深入研究城市建设、管线渗漏、地下水流场变化等因素引发地面沉降与塌陷患的致灾机理，建立城市道路岩土弱化与地球物理探测响应特征、病害体探测和监测指标的对应关系，建立不同岩土条件下、多类型塌陷隐患事故案例库，开发基于模式识别和人工智能技术的道路地下病害隐患快速识别模型与定量诊断技术。

其次，要开展高效精准的灾害监测、探测和预警技术研究。道路塌陷具有突发性和隐蔽性，探测和预警的难度很大，严重威胁人民生命财产安全。大尺度、高效、高精度的探测、监测和预警技术是解决城市道路塌陷问题的主要途径，也是当前研究的瓶颈。要深入开展塌陷理论机理、隐患探测技术、变形监测体系和智能预警平台研究，重点发展塌陷机理、大深度、高精度车载三维雷达、空天地一体化多尺度监测系统和智能信息识别、隐患诊断以及预警技术，构建国家和城市一体化联动的城市道路塌陷隐患识别与预警防控平台，通过探测和监测预警科技自主创新，实现城市道路塌陷隐患的高效、高精度探测与预警，提高我国城市

灾害应对和管理水平。

最后，要建立适应城市特点的城市灾害空天地多源、多层次、多方式协同，监测探测——预报预警——应急处置安全管理一体化防控体系，增强城市韧性。中国地质灾害点多面广，传统的人工调查排查方法在一些地区进行地质灾害隐患识别已显得无能为力。为了更好地识别潜在的灾害风险，应充分开发和利用智能科技，采用卫星、航测、地面雷达、电磁探测、光纤等技术，构建空天地一体化监测、探测技术，并在此基础上结合致灾机理研究，识别与判断灾害演化状态，立足于城市灾害智能预警应急处置系统，建立城市自然灾害防控的科学探测、长效监测与实时预警技术体系和管控平台，提高超大城市防灾减灾和安全治理专业决策和应急指挥能力，以科技手段协助提升城市安全运维水平。如在远程滑坡监测预警方面，已经有构建基于天（高分辨率光学＋InSAR＋GPS/BDS卫星＋遥感）、空（机载LiDAR＋UAV摄影＋倾斜摄影）、地（地面调查＋激光扫描＋物联网设备）的一体化多源立体感知体系的探索，并在一些地方投入使用。

（二）智慧城市与灾害防控融合建设

目前很多城市开展了智慧城市研究和实践，部分城市开始运行城市信息管理平台，但目前纳入智慧城市信息管理系统的主要是人的不安全行为和地面物的不稳定状态，对自然因素变化和地面以下不可见的大地系统感知缺乏，极少有与城市灾害相关的内容纳入信息平台，即城市灾害监测—预警—应急程序尚未大量纳入城市信息管控平台。这一方面是因为城市防灾安全意识不到位，二是城市灾害的致灾机理、监测、预警系统还未有效建立。如在城市道路塌陷智能监测方面，在能有效构建国家和城市两级联动的塌陷隐患识别与预警防控平台后，还应进一步研究这一平台与智慧城市的监控预警平台融合建设的新模式。

将智慧城市系统与城市灾害监控—预警平台融合建设，首先需要解决灾情信息共享不充分，韧性感知能力不足的问题。近年来，部分城市在城市建设智慧化、智能化方面取得较大进步，但距离真正的"韧性城市"建设标准还有较大差距，城区智能信息系统与各社区的信息数据尚未完全融合，业务技能参差不齐，数字化设备运用能力差别较大，很多无法及时有效为应急救灾提供数据支撑，影响城市总体应急救灾效果。如应对城市暴雨洪涝灾害，智慧城市的"城市大脑"感知社区低洼地带积水，触发警戒水位并及时预警，同时通知联动指挥中心、街道网格员及时排除险情。这种依托"城市大脑"及公共管理平台，利用易涝点智能感知设备和AI监控，通过实时视频轮巡及算法赋能，及时发现隐患并预警，做到提前防汛，主动减灾，就是典型的智慧城市与城市灾害防控融合建设的模式。若缺少智能、全覆盖的监测手段和预警、应急措施调动平台协同工作，就难以做到城市灾害的高效精准防控。

韧性城市防灾规划的有效实施需要构建韧性城市防御体系，通过对重点风险区进行预先管控，提高基础设施的灾害防御能力。同时，通过收集灾害风险监测、预警、预报的信息，结合风险动态监测、演化、趋势分析等评估未来可能发生的灾害，对风险较大的区域加强重点防御，布设强韧性灾害防御基础设施，增强灾害的抵御能力，降低灾害事故风险。要深化科技赋能发展理念完善监测手段和技术装备，提高系统运行效率，提升灾害监测预警自动化与精准化程度，增强灾害预报预警能力。

要构建多灾兼顾的韧性城市应急保障体系，建立基于安全分区的韧性城市空间布局，在落实风险管控、降低城市脆弱性的基础上，强化城市基础设施建设，将智慧城市与灾害防控融合建设，提高城市的抗灾性能和城市韧性。

（三）城市地下空间与建筑结构安全防控

城市地下空间作为城市重要战略资源，应该被科学合理地开发利用，发挥其对城市韧性提升的重要作用。近年来，国家对于"城市韧性"和"地下空间开发利用"予以高度重视。

地下空间位于地面以下的岩土体中，与周边的岩土体紧密贴合，地震时会受到周边岩土体的限制而较上部结构具有一定的抗震优势。地下空间环境相对独立，受到外界因素的干扰较少，具有稳定的热工性能，适宜战略物资的贮存，是地下空间的另一大优势。地下空间的这些"韧性"特征为多种灾害的防灾应急提供了有利条件，韧性城市建设要充分利用这些有利特点，让地下空间成为提高城市抵抗灾害破坏的重要借力点，成为城市应对突发事件和推动防灾减灾建设、提高城市韧性的重要突破口。国外学者较早地将城市韧性引入到地下空间研究领域中，但国内相关研究尚处于起步阶段，尚未在城市地下空间领域形成一套科学系统的韧性理论体系。

地下空间和建筑结构韧性增强，要注重政策统筹规划和规范设计要求。应形成对地下空间韧性的统筹规划设计要求，在设计建造的阶段应充分考虑韧性防灾的需求，保证一定的冗余设计。应从长远、宏观的角度把控城市的总体韧性规划，优化整合城市资源要素，实现城市地上、地下一体化的韧性规划建设。

在地下空间结构设计时，应保证地震时可以承受住设定等级的地震作用，保证城市地下空间的结构完整性，为城市人员提供安全可靠的地下避难场所。对于地下空间，要采取一些技术手段进行排洪调节，做到地下空间水流的排堵结合，也可以在地下设置适当储水空间，以应对洪水灾害和储存备用水源。

随着网络技术、信息技术和数字技术的飞速发展和广泛应用，城市的建设和管理也更多地会得到数字信息技术的支持。BIM、CIM等信息技术的应用推动了建筑和城市规划设计的高效性和科学性。为了加强地下空间韧性的智慧性，"数字城市"的概念也应该被深入应用到城市地下空间领域，促进地下空间在城市韧性作用中的信息共享和传递，实现协助提高城市整体韧性的目的。

将"韧性城市"理论引入到城市地下空间和建筑结构的设计中，能为城市防灾应急提供足够的操作空间。只有形成一套完整的地下空间韧性防灾应急制度和措施，才能最大程度减少城市突发事件及灾害带来的破坏，达到城市的韧性防灾应急目的。

（作者：傅志斌，建设综合勘察研究设计院有限公司副总工程师，岩土工程研究所所长，教授级高级工程师；蒋雪、文东升，建设综合勘察研究设计院有限公司助理工程师）

参考文献

［1］杨秀平，王里克，李亚兵，等.韧性城市研究综述与展望[J].地理与地理信息科学，[J].2021，
　　37（6）：78-79.

［2］邹昕争，孙立.利用地下空间提升城市韧性相关研究的回顾与展望[J].北京规划建设，2020，
　　（2）：40-43.

［3］黄永，佘廉.城市韧性需求下的地下空间开发[J].中国应急管理，2021，（8）：58-61.

［4］王凯丰，张洪斌，力刚，等.城市洪涝韧性的研究进展及关键支撑技术综述[J].水利水电技术
　　（中英文），2023，54（11）：77-88.

［5］徐宗学，廖如婷，舒心怡.城市洪涝治理与韧性城市建设：变革、创新与启示[J].中国水利，
　　2024，（5）：17-23.

［6］关继荣，徐军，王佐强.当前城市地质灾害的预测与防治[J].西部资源，2018，（4）：74-75.

［7］陈桂荣，王经武.中国城市建设与地质灾害综述[J].地质灾害与环境保护，2002，（2）：1-5.

［8］苏鹏.城市道路塌陷病害探测标准化及行业现状研究[J].中国标准化，2024，（8）：79-85.

［9］吴远斌，殷仁朝.城市路面塌陷类型与防治对策[J].中国矿业，2023，32（S1）：117-120.

［10］许强，董秀军，李为乐.基于天—空—地一体化的重大地质灾害隐患早期识别与监测预警
　　[J].武汉大学学报（信息科学版），2019，44（7）：957-966.

长三角地区碳排放观察和对策建议

  2020年9月，在第七十五届联合国大会上，中国作出了2030年以前实现碳达峰和2060年以前达到碳中和的庄严承诺，展现了中国应对气候变化的坚定决心。2021年10月21日，国务院印发了《2030年前碳达峰行动方案》，要求各地扎实推进碳达峰行动。截至2023年，国家已发布《国家碳达峰试点建设方案》，公布首批碳达峰试点名单，形成了一系列"双碳"政策与技术标准；各省、市、县加快落实低碳发展要求，编制碳达峰实施方案，以绿色低碳理念引领高质量发展。

  长三角地区是我国经济发展最活跃、开放程度最高、创新能力最强的地区之一，也是绿色低碳发展的样板区域。当前，长三角地区正加快落实"双碳"发展要求，积极制定应对气候变化的战略与政策，确定严格的碳排放控制目标，先行开展温室气体减排工作。通过对长三角地区各省市开展碳排放的研究，将有助于各省市明晰当前面临的主要减碳难点，更加精准地分系统推进减碳工作，促进长三角未来更高质量的低碳发展，并为全国城市碳排放研究提供更多的参考与借鉴。

  《长三角城市碳排放报告》于2023年2月由中国城市规划设计研究院与碳中和行动联盟共同发布，以长三角地区作为重点研究对象，以上海市、江苏省、浙江省、安徽省三省一市共41个城市为研究范围，从能源活动、工业生产过程、农业活动、废弃物处置、土地利用变化和林业五大维度，对2010年与2019年长三角地区的碳排放进行测算统计与对比研究，形成长三角地区城市碳排放观察，并提出未来长三角低碳发展路径建议。研究以《省级温室气体排放清单指南》为基础，构建了城市尺度的碳排放计算方法，将省级层面数据分解到各城市。以能源活动维度为例，基于城市的规上企业能源消费量、常住人口与汽车保有量等统计数据，将省级能源平衡表的能源消费量进行分解，得到城市碳排放计算所需的数据。

一、区域尺度：长三角碳排放总量与特征

（一）区域碳排总量基数较高

  根据计算结果，2010年长三角碳排放量为16.16亿吨，其中上海市、江苏省、浙江省、安徽省的碳排放量占长三角总碳排放量的比例分别为13%、41%、26%和20%。2019年长三角碳排放量为18.95亿吨，其中上海市、江苏省、浙江省、安徽省的碳排放量占长三角总

碳排放量的比例分别为10%、43%、23%和24%。

（二）碳排放强度指标较优，整体领先全国

长三角地区碳排放绩效优良，整体领先全国。长三角是全国经济活力最高的地区之一，人均GDP约为全国平均水平的1.5倍。从碳排放强度指标来看，长三角地区单位GDP碳排放约为全国平均水平的2/3，经济发展绿色优质；人均碳排放约为全国平均水平的9/10，资源利用节约高效。

（三）能源碳排占比高，能源消费高碳化

能源活动是长三角地区碳排放的主要来源。2019年能源活动贡献了总碳排放量的86.6%，其次是工业生产过程，碳排放占比达到12.8%。从省际层面来看，江苏省、浙江省、安徽省的碳排放结构相近，能源活动维度的碳排放量占比均在80%～90%，上海市能源活动维度的碳排放量占比高达95.8%。近10年来，能源消费的高碳化始终伴随长三角地区的经济发展，能源消费结构中化石能源占比高达93.9%，这是能源活动维度碳排放占比高的主要原因（图1）。

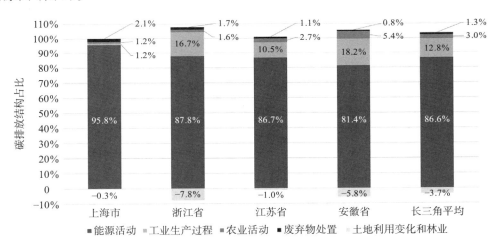

图1 2019年长三角三省一市碳排放结构图

二、城市尺度：长三角城市碳排放格局

（一）碳排总量前十城市苏多浙皖少

2019年长三角碳排放量排名前十的城市分别为上海市、苏州市、宁波市、南京市、无锡市、淮南市、徐州市、常州市、南通市和镇江市。

碳排放总量前十的城市中，江苏城市有7个，浙皖城市各有1个，苏多浙皖少。其中，上海市、苏州市和宁波市的碳排放量超过了1亿吨，成为碳排"三巨头"；淮南、铜陵、马鞍山则是单位GDP碳排放、人均碳排放等指标上均位列前三的"双高"城市；黄山、丽水双双实现碳中和，并称碳和"双雄"，两项碳排放强度指标均为最低（图2）。

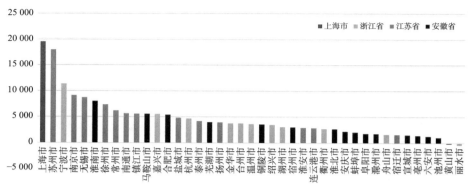

图2　2019年长三角城市碳排放量（万吨CO₂）

（二）城市碳源与碳汇空间分异明显

高碳城市主要沿江沿海分布，与长三角城市发展带的空间结构高度一致。根据《长江三角洲区域一体化发展规划纲要》，沿海发展带、沿江发展带、沪杭金发展带是长三角地区最主要的三条经济发展带。将区域发展结构与城市碳排放量进行对比发现，沿海发展带聚集了碳源总量第1（上海）、第3（宁波）、第9（南通）、第12（嘉兴）、第15（盐城）名的城市；沿长江发展带聚集了碳源总量第1（上海）、第2（苏州）、第4（南京）、第5（无锡）、第8（常州）、第10（镇江）、第13（马鞍山）名的城市。

碳汇高价值城市主要分布于皖南、浙西南等生态屏障地区，包括国家重要生态功能区浙闽山地生物多样性保护与水源涵养功能区、天目山－怀玉山区水源涵养与生物多样性保护功能区。长三角森林覆盖率和森林蓄积量双增，"十三五"期间，长三角森林面积增加幅度为8.11%，森林蓄积量的增加幅度为67.13%，森林面积数量和质量的增加显著提升了地区的碳汇水平。2019年丽水、杭州、六安的土地利用变化和林业维度二氧化碳吸收量位列前三，贡献度占比分别为10.7%、8.6%、5.8%，占到了长三角碳吸收总量的四分之一。黄山、温州、金华、宣城、衢州、台州、安庆分别位列碳汇贡献度第4至10名。

三、长三角碳排放变化与趋势判断

（一）区域碳排放量高位波动，沪浙已开始缓慢下降

长三角地区作为我国经济发展最活跃、开放程度最高的区域，区域碳排放总量高。2010—2012年，长三角的碳排放量由16.16亿吨快速增加至18.00亿吨，此后一直在高位波动。2019年，长三角碳排放量为18.95亿吨，约占全国碳排总量的17%。伴随着碳排增速不断减缓，距离碳达峰已越来越近。

从省际层面来看，三省一市的碳排放量呈现不同的变化态势。2010—2019年，苏皖碳排放量持续增加，安徽省碳排放量增幅为43.3%，江苏省增幅为20.8%，并仍有继续增长的趋势；沪浙则基本进入碳达峰的平台期，碳排放量整体保持微量波动，浙江省碳排放量微增3.4%，而上海市碳排放量缓慢下降了6.2%。从长远来看，沪浙的发展模式将带领长三角地区实现碳达峰，进入区域碳排放量下降阶段。

（二）碳排放增量结构明显变化，省际呈现两种路径

长三角碳排放内部结构产生明显变化。从2010到2019年，长三角碳排放总量增加了2.79亿吨。能源活动维度碳排放增加了约2.84亿吨，增加最多；其次是工业生产过程维度，碳排放增加了约0.36亿吨；土地利用变化和林业维度的二氧化碳吸收量最大；农业活动和废弃物处置维度的碳排放基本保持不变。

沪浙产业转型与清洁生产推动减碳。近年来，沪浙都在大力推进产业结构调整，积极实施清洁生产改造，2010—2019年，上海市和浙江省的二产比例分别下降了14.5%和9.0%。上海市积极纳管重要碳排放企业，通过刚性指标约束碳排放量，同时大量引入三峡绿电，提高清洁能源消费占比。浙江省则是大力推进山林修复与保护，森林覆盖率和森林蓄积量实现双增，贡献了长三角35%的碳汇。

苏皖高耗能产业扩容导致碳排放量增加。2010—2019年，江苏省和安徽省火力发电扩容分别达到1 100亿千瓦时和1 200亿千瓦时，增加碳排放量约9 000万吨和10 000万吨；另外，江苏省钢铁、石化等产业扩容推动碳排放量增长2 984万吨，安徽省的水泥产量增加约6 100万吨，碳排放量增加2 525万吨（图3）。

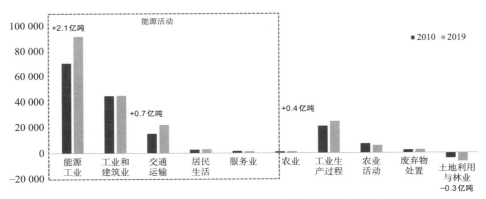

图3　2010—2019年长三角碳排放量变化（万吨CO$_2$）

（三）多数城市碳排放仍在增长，苏皖城市增幅较高

2010—2019年，长三角城市的碳排放量呈增加趋势，32个城市碳排放量仍在增长。其中，江苏有12个碳排放量增长的城市，碳排放量平均增加值为1 216万吨；安徽有14个，碳排放量平均增加值为1 004万吨；浙江有6个，碳排放量平均增加值为715万吨。苏皖两省碳排放增加的城市数量多、增幅高。以碳排放平均增加值为标准对32个碳排放增加的城市再次细分，有19个碳排放大量增加的城市，其中江苏城市9个，安徽城市7个，浙江城市3个，增量排名前十的分别为苏州、淮南、合肥、盐城、镇江、淮北、铜陵、宿州、常州、泰州。同期，长三角地区有9个城市碳排放量减少，分别为上海、绍兴、杭州、徐州、丽水、金华、阜阳、衢州和黄山，这些城市是长三角低碳发展的先行者（图4）。

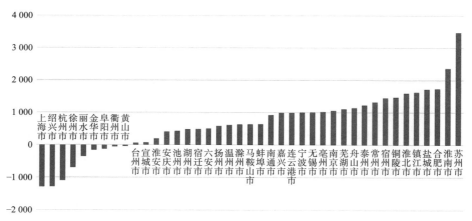

图4　2010—2019年长三角城市碳排量变化情况（万吨CO$_2$）

（四）碳排增长城市大多源于能源生产规模增加

分析碳排放增加前十的城市，可以发现能源活动维度的碳排放平均增加值达到1708万吨，占到了碳排放总量平均增加值的95%，其中主要源于能源生产规模的大量扩容，推动能源活动碳排放量不断走高。

一方面，苏州、合肥等城市由于产业的快速发展推动了全社会用电量激增，驱使本地能源生产规模不断走高，但能源结构转型速度较为缓慢；另一方面，淮南、淮北等城市基于资源禀赋或区位条件，承担了"区域电源"的功能，为周边地区供电，导致火力发电量不断增加（图5）。

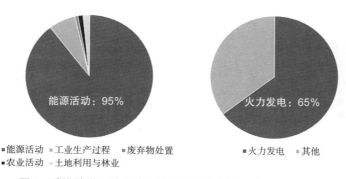

图5　碳排放增加前十城市的增量结构（左）、碳排放增加前
十城市火力发电占能源活动碳排放比例（右）

（五）碳排减少城市依靠转型、节能与增汇等多维度推动减碳

分析碳排放减少的9个城市，其减碳的路径存在差异性，总体上可以分为三类。一是，上海、杭州、衢州是转型三强，通过推动产业结构转型的方式降低工业用能，从而减少碳排放，2010—2019年上海二产占比下降了15%，杭州下降了16%，衢州下降了14%；二是，绍兴、阜阳、徐州为节能三强，依靠节能减排提高能源利用效率，降低碳排放；三是，金华、丽水、黄山则是增汇三强，深度挖潜碳汇增长能力，进一步提升二氧化碳吸收量，金华、丽水、黄山碳汇增加占碳减排总量分别为91%、81%、81%。

（六）部分城市经济发展与碳排增长逐渐脱钩

城市经济增长与碳排放脱钩，表示在经济增长的同时会消耗更少的资源，这是发展绿色低碳经济最理想的模式。将城市GDP增速与碳排放增速进行关联，观察长三角城市经济—碳排放的脱钩程度，可以分为强脱钩、弱脱钩、弱挂钩和强挂钩四种类型。上海、杭州等9个碳排放减少的城市已经实现了经济—碳排的强脱钩，经济增长的同时实现了碳排放减少；台州、宣城、淮安、宁波、南京5个城市GDP与碳排放实现弱脱钩，即GDP增速为碳排放增速的10倍以上；16个城市经济—碳排放弱挂钩，即GDP增速为碳排放增速的3～10倍；11个城市经济—碳排放强挂钩，即GDP增速为碳排放增速的3倍以下。总体来看，2010—2019年，长三角城市经济—碳排处于强脱钩、弱脱钩、弱挂钩与强挂钩状态的比例约为2∶1∶4∶3，经济增长与碳排脱钩的趋势已初步显现（图6）。

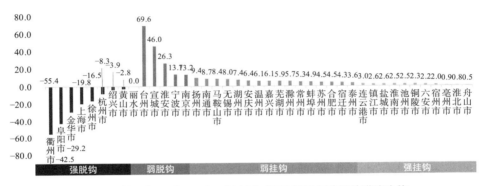

图6　长三角41市2010—2019年GDP增速与碳排放增速比值

四、长三角绿色低碳发展路径建议

（一）优化能源结构，构建清洁高效的能源体系

构建安全低碳的可再生能源体系，全面推动风能和太阳能利用，推进水电绿色发展，推广生物质能、地热能等开发利用，提升可再生能源利用率。南通近年来积极探索海上风电发展路径，坚持市场主导，鼓励远景科技集团、上海电气等8家主流风机制造商参与市场竞争，推动风电产业升级，形成了完整的产业链；强化研发引领，通过技术创新探索建设海上（潮间带）试验风电场，建成全国首个陆上特许权示范项目、首个潮间带风电试验场等；提升政策支撑，配套推进如东通海500千伏电网建设，开展风电产业机构专项资金支持，提供风电人才资金补助。"十四五"期间，南通风电总装机容量预计达到8 000兆瓦，目标打造千亿级风电产业之都。

探索清洁能源开发，在确保安全的前提下，安全有序地发展核电，提升天然气管道覆盖率，将天然气作为煤炭的替代能源。嘉兴近年来坚持多元供给，积极探索分布式能源项目，城市尺度加快优化能源结构，核、光、风三类清洁能源占年总发电量比例由2010年的8.8%提升至2020年的62.5%。非化石能源占一次能源消费比重由2015年的15.6%提升至2020

年的 18.5%。城区尺度加快推动"核电+"，海盐县与秦山核电共同启动了核能供暖节能项目，预计到 2025 年，核能供暖面积达到 400 万平方米；园区尺度加快推动"光伏+"，建设嘉兴光伏小镇，屋顶面积达到 5 000 平方米以上的新建工业企业，要求建设分布式屋顶光伏，光伏发电占比达 35%。

提高能源利用效率，完善能源消耗总量和强度调控，重点控制化石能源消费，逐步转向碳排放总量和强度"双控"制度，进一步完善能源管控体系，提高智慧能源管理水平。上海坚持政策强约束，积极推行企业碳排纳管与配额管理工作，2021 年上海 8 776 家规上企业中，共计 323 家进入纳管清单，碳市场配额总量为 1.09 亿吨，占全市碳排放的 55%。同时，上海针对纳管企业，提出配额逐步递减，要求高能耗企业的碳排放配额将较上一年下降 20%。

（二）促进产业转型，寻找低碳产业发展机遇

优化调整工业结构，推动"能耗双控"逐步转向"碳排放双控"，推动传统行业低碳绿色发展，有序淘汰高耗能产业，加快建设低碳产业链条与低碳产业园区。深入探索绿色建造全流程的产业机遇，探索发展超低能耗建筑建材、装配式建筑产业，推动绿色建筑产业创新。加快构建新能源装备的绿色制造产业链，寻求新能源发电装备制造产业机遇，并警惕生产过程中的碳排放增加。加快电池技术创新，进一步深化发展新型储能产业。重点培育新能源汽车整车制造。加快应用数智技术，推动数字化、智能化、绿色化融合发展，培育智慧信息产业赋能低碳管理。

南京加快高碳产业搬迁升级，深度推进产业转型。南京严格落实能耗与碳排双控，"十三五"期间关停低效工厂 1 000 余家，并不断推进金陵船厂、梅钢、南钢等高碳企业搬迁，开展节能技术服务，实现节能 16 万吨标准煤。加快建立循环经济模式，推动南京化学工业园区构建循环经济标准体系，创新建立"决策层、管理层"与"技术咨询层"共同协作推进的标准化工作模式，并建立循环经济标准化信息平台。加快培育新兴产业，打造了"4+4+1"绿色新兴产业体系，加快建设国家级节能环保产业基地，"十三五"期间新增高新企业 3 000 多家。从 2010—2019 年，南京碳排总量仅上升 1 059 万吨，碳排放增长 13%，而 GDP 增长达到 173%，基本实现碳排放与经济发展的弱脱钩。

合肥加快构建新能源汽车完整产业链，加速打造"新能源汽车之都"。加快产业集聚，目前已聚集新能源汽车规上企业 305 家，包括比亚迪、蔚来、大众（安徽）、江淮汽车、合肥长安、安凯汽车 6 家整车制造企业，以及国轩高科、中创新航、巨一科技等关键配套企业，形成覆盖上中下游的完整产业链。坚持创新发展，依托合肥的科研院所与国家技术平台等优势，整合产学研各个环节，推动新能源汽车的创新研发与成果产出，江淮汽车蜂窝电池技术、蔚来高性能电机、国轩高科高能量密度锂电池等核心技术走在世界前端。优化营商环境，成立投资项目代办服务中心和经济发展工作专班，全力打造"金牌店小二"政务服务品牌。强化配套支撑，先后出台一系列政策，形成"产业政策—兑现细则—实施意见"组合拳，并每年安排 3 亿元资金支持新能源汽车推广应用、技术研发、基础设施运营等。

（三）建设绿色交通，推动交通运输低碳发展

应推动以铁路、水运为骨干的多式联运，推进工矿企业、港口、物流园区等铁路专用线建设，增加铁路和水运在综合运输中的承运比重。积极扩大电力、氢能、天然气、先进生物液体燃料等新能源、清洁能源在区域交通运输领域的应用。同时倡导绿色低碳出行，加快城市轨道交通、公交专用道和快速公交系统等大容量公共交通基础设施建设，构建自行车专用道和行人步道等城市慢行系统，打造"步行友好"的城市交通体系。

上海围绕公交都市建设和绿色交通发展要求，不断推进公共交通体系的绿色化。2020年，上海更新以纯电动为主的新能源公交车 11 919 辆，占公交车辆总量的 67.3%，建成区公交车已经全面实现新能源化。加快充电桩设施建设与覆盖，2021 年上海公用充电桩覆盖率高达 92%，位居全国第一。打造国际绿色港口枢纽，推进了一系列举措打造国际绿色港口枢纽，包括推广船舶电气化，使用新能源燃料，靠港船舶停泊费减免 50% 等。

（四）发展绿色建筑，积极推进低碳城区建设

遵循因地制宜的原则，编制科学合理、技术适用、经济实用的绿色生态专业规划，强化低碳城区的连片建设。建立以绿色低碳为导向的城乡规划建设管理机制，制定建筑拆除管理办法，杜绝大拆大建，鼓励建设绿色城区、绿色社区。上海积极推进绿色生态城区与绿色低碳试点区建设，已发布《上海新城绿色低碳试点区建设导则》，并着力推进低碳发展实践区和低碳社区的建设，现已经建成 13 个低碳发展实践区和 20 个低碳社区。

同时全面推广高品质的绿色建筑，制定并逐步提高建筑节能标准，加快发展超低能耗建筑，积极推进既有建筑节能改造和建筑光伏一体化建设。推广绿色低碳建材和绿色建造方式，加快推进新型建筑工业化，大力发展装配式建筑，推动建材循环利用，强化绿色设计和绿色施工管理。江苏省大力发展绿色建筑，推进建筑节能更新改造，2020 年江苏累计建成绿色建筑面积超过 8 亿平方米，占比超过全国绿色建筑总量的 20%，绿色建筑规模排名全国第一，新建绿色建筑占新建建筑比例从 2015 年的 53% 增长到 2020 年的 98%，远高于 50% 的全国平均水平。江苏省还出台地方性法规保障绿色建筑高质量发展，制定了全国首个绿色建筑地方性法规，编制了《江苏省绿色建筑设计标准》《绿色城区规划建设标准》等一系列地方标准。

（五）提升森林蓄积量，推动碳汇增长与增值

长三角发展需保证充足的蓝绿空间，保证自然碳汇总量，构建城绿相融的城乡格局，稳固现有森林、湿地、海洋等系统的固碳作用。同时应积极强化森林资源保护，实施森林质量精准提升工程，提高森林面积和质量，构建多元复合的生态系统，提升植被固碳能力。丽水积极提升森林覆盖率和森林蓄积量，探索林权改革，先行开展了碳汇生态产品价值实现机制（碳汇项目基地建设）试点，目前已实现碳中和，2019 年的碳排放量约为 -360 万吨，连续十年实现碳盈余，形成了长三角最佳碳汇城市的丽水样本。

（六）以长三角地区为整体，建设更韧性的能源协同网络

重塑地区的能源供给格局，建设更韧性的能源协同网络。构建匹配可再生能源供给的能源输送通道，特别是沿海的风电、光电、核电的超高压输电走廊，推动绿色电力区域内优化配置，确保可再生能源发电的及时输出与利用。

构建以新能源发电为主，调峰、储能设施为辅的新型电力系统。建设匹配大规模风能发电、太阳能发电的智能电网，通过抽水蓄能电站、天然气调峰电厂对区域电力供需进行调节，保障供电的安全稳定性，并形成区域电网抽水蓄能市场化运行的成本分摊机制。

（七）进一步完善碳市场规则，提升减碳经济价值

完善基于总量控制的强制碳市场规则，提高市场交易的流动性。未来依托上海碳交易市场的建设，进一步扩大碳市场交易主体，扩充碳排放权交易配额管理的重点排放单位名单。强化碳市场的约束力，采用法律法规的形式推进市场管理，并适时引入有偿发放配额机制，如采用碳配额拍卖的形式，提升市场的激励与预期，推动高碳排企业的节能减排。

激发基于碳信用的自愿碳市场活力，提升减碳措施的经济价值。目前，可再生能源、碳汇提升是自愿碳市场最活跃的方向。推动实施土地利用与林业的减碳措施，提升丽水、黄山等碳汇贡献地区的减碳能力，推动实施受损矿山的生态修复治理。推动新能源利用通过CCER的认证，并将签发的减排量在平台上进行碳交易，获取工程的减碳交易收入，提升新能源利用的经济可行性。同时，积极促进建立碳普惠机制，提升城乡居民开展减碳工作的参与度。上海近年来开始依托"随申办"平台积极建立碳普惠系统平台与碳普惠绿色投融资服务，鼓励通过购买和使用碳普惠减排量实现碳中和。

（作者：孙娟，中国城市规划设计研究院上海分院院长，教授级高级工程师；林辰辉，中国城市规划设计研究院上海分院院长助理，正高级工程师；罗瀛，中国城市规划设计研究院上海分院规划三所所长，高级工程师；谈力，中国城市规划设计研究院上海分院规划三所，工程师）

参考文献

［1］IPCC 2006年国家温室气体清单指南2019修订版[R].日本京都：IPCC国家温室气体清单特别工作组，2019.

［2］国家发改委.省级温室气体排放清单编制指南（试行）[EB/OL]. http://www.cbcsd.org.cn/sjk/nengyuan/standard/home/20140113/download/shengjiwenshiqiti.pdf.

［3］国家统计局能源统计司.中国能源统计年鉴2020[M].北京：中国统计出版社，2020.

［4］国家林业局.中国林业统计年鉴2020[M].北京：中国林业出版社，2020.

［5］国家统计局城市社会经济调查司.中国城市统计年鉴2020[M].北京：中国统计出版社，2020.

大型纪录片《文脉春秋》中的
国家历史文化名城观察

城市是文明的标志。1982年国务院公布第一批24座历史文化名城，自此建立了具有中国特色的历史文化名城保护制度，至今我国已有142座国家历史文化名城。历史文化名城是在五千年文明发展中孕育产生的，是中华优秀传统文化的重要载体，蕴含着中华文明特有的思想观念、精神价值、营城智慧和艺术创造，是乡愁所在、文脉所系，为中华民族生生不息、发展壮大提供了丰厚滋养。

一、创新宣传方式，让历史文化保护工作深入人心

观一城文脉，知古今春秋。2023年11月以来，中央广播电视总台与住房城乡建设部联合推出《文脉春秋》大型文化纪录片，以中华五千年的历史地理变化为背景，聚焦各具特色的国家历史文化名城，从"青山半隐黄云里"的安阳，到"每岁造舟通异域"的泉州，从"春船载绮罗"的苏州，到"登高壮观天地间，大江茫茫去不还"的九江，以名城保护为主线，以人文情怀为内涵，从崭新视角对"何以中国"进行了完美的诠释，充分展示历史文化名城保护成就，为普通观众提供了一扇了解中国历史文化保护传承与城乡发展历史的窗口，推动营造全社会共同保护的氛围。

（一）坚持以人为本，真实记录名城保护故事

《文脉春秋》从名城所处的宏观山川地理形势入手，到讲述中观层面的城市变迁、营城智慧、经济文化交流，从微观层面串联历史人物、文物古迹、历史街区、地域民俗，到生活在当下、与历史保护传承有着千丝万缕联系的不同人群，历史并非远在缥缈虚无的过去，而是存在于触手可及的当下。纪录片糅合了历史文化保护的严谨考究与人间烟火的鲜活灵动，通过不同人群的视角和一个个故事，讲述各个名城的历史文化价值与当下的保护传承工作。访谈人群主要是直接参与历史文化名城保护工作的相关人员，包括历史文化研究学者、规划设计人员、老匠人、非遗传承人等，也有参与保护工作的摄影爱好者、收藏家、艺术家、手工艺者、老宅居民、古城内经营者等。一代又一代人直接或间接参与历史文化保护的工作，在延续中创造着历史。通过《文脉春秋》的记录，可以看到中华优秀传统文化在各个名城中的鲜活生动的传承，看到专家学者、古城居民对古城文化的热爱和坚守、传承与创新，也看

到优秀传统文化在当下的勃勃生机。《文脉春秋》的拍摄和播出，既是深入贯彻落实习近平文化思想，培育践行社会主义核心价值观，传承弘扬中华优秀传统文化的一次生动实践，又是对城乡历史文化保护传承领域各级干部群众40多年来奋力走在前列的风采与成就的集中展现。这对于教育引导广大干部群众树立正确的国家观、历史观、文化观，坚定文化自信具有重要的意义。

（二）强调文脉挖掘，彰显中国人文化自信底色源泉

《文脉春秋》从142座国家历史文化名城中选取各具特色的城市，以名城保护为主线，以人文情怀为内涵，由小到大、由近及远地剖解城市经纬脉络，展现古城空间承载的历史文化和情感记忆。不仅仅是对古城的展示，更是深刻的文脉传承，用专业的视角和深情的叙述，唤起了人们对历史记忆的共鸣。节目在将历史叙述与诗意表达巧妙融合的同时，还兼具历史厚重与文学魅力。五千年绵延不绝的历史情怀跨越时空，汇聚成回响千年中华文脉，激发文化自信。

（三）突出时代精神，记录新时期城市建设的文脉传承

《文脉春秋》系列纪录片既蕴含了无数历史信息的真实历史遗存，也呈现了中华优秀传统文化的鲜活传承，展现了文化名城在"保护中发展和发展中保护"的持续探索。《文脉春秋》所描绘城市发展的文脉印记，阐释的传统山水人文营城智慧，深度挖掘的历史地理与城市发展的互动关系也为专业院校提供了独特的学术视角和启迪：西安建筑科技大学已经将《文脉春秋》节目作为城乡规划学科课程教学的重要学术支撑，成为《中国本土规划概论》《中国本土规划导论》《历史文化名城保护规划理论与方法》《人居环境科学概论》等系列课程的视频教学内容。

（四）赋能古城复兴，推动城市焕发新活力

《文脉春秋》对历史文化名城文脉地标精心选择和深度解读使节目成为受众的名城打卡指南，国家级纸媒和小红书的自媒体人均有用《文脉春秋》做长假旅行攻略的推荐。纪录片以文化赋能文旅，通过艺术性转化、全媒体报道、互动化传播、沉浸式体验，让受众在享受视觉盛宴的同时，也因为"知来处，明去处"的获得感而产生"到此一游"的强烈愿望，文化的"历史厚度"成为观众重识城市价值的最佳载体之一，以清明节前播出的江西抚州为例，节目中大量篇幅表现的文昌里历史街区在清明节小长假同比接待人次增加362.67%，五一期间接待各地游客同比增长338.6%，客流在全省非闸机系统排名第一。长汀、库车、莆田、凤凰、平遥、苏州、扬州、会理、安庆等城市的游客接待量、旅游收入均大幅提升，多地政府反映节目进一步提升了当地的知名度和美誉度，有力地促进了当地文化旅游产业发展，带动城市消费提升。

二、归纳保护传承好经验好做法，推广正确保护理念

（一）守好保护底线，做到系统完整保护

习近平总书记强调，"在改造老城、开发新城过程中，要保护好城市历史文化遗存，延续城市文脉，使历史和当代相得益彰。"要坚持保护第一，尽可能做到应保尽保。各地有很多留存了历史记忆、凝聚了人们情感的古树、老房子，我们要充分挖掘历史文化资源，把有保护价值的遗产找出来，纳入保护体系。即使是对未纳入保护清单的古街巷、旧房子、老民居，也不能随意破坏、随意更改、随意搬迁。保护更应强调因地制宜，通过挖掘地域文化特色、发现地域文化基因，留住城市特有的地域环境、文化特色、建筑风格，延续城市历史文脉。

《文脉春秋·扬州》展示了扬州始终坚持"保护为主、抢救第一、合理利用、加强管理"的原则。面对急遽变化的社会环境及经济发展的压力，扬州不忘初心，坚守文物保护的底线。片中提到的扬州东关历史文化街区是21世纪以来扬州历史文化名城保护的起点。街区内历史建筑经过全面保护修缮，传统的街巷体系、空间形态及地方建筑特色得以延续。街区内对基础设施的改造，改善了居民的居住条件和街区环境，留下了原住民，也保留下了这片街区原有的生活方式、人文传统。

《文脉春秋·苏州》展示了苏州如何在现代化的浪潮中保护和发展名城特色。1986年，苏州正式启动了让古老与现代并存的"双城设想"——原封不动保留古城，新区在古城的东西两侧进行建设。古城14.2平方公里的范围内，所有建筑的层高不能超过"北寺塔"三分之一，这保证了北寺塔始终是苏州古城最高的建筑。以北寺塔、瑞光塔、双塔为代表的大量古塔，构成了苏州城市天际线的第一层次；苏州的第二层天际线，则由气势磅礴的城门楼和高耸的殿宇楼阁组成；街巷中错落有致的民居则是第三层天际线。在古城的四周，点缀着金鸡湖、阳澄湖和石湖等众多湖泊，它们构成了古城四角山水的城市格局。苏州充分利用江南自然水网，引水入城，延续了"水陆并行、河街相邻"的城市空间格局，留存了"小桥流水""人家枕河"的水乡意蕴。一千多年来，人们不仅在苏州造园，更是将苏州古城打造成一座巨大的园林。

《文脉春秋·泉州》展示了泉州第一批"中国历史文化街区"——中山路历史文化街区，在以建筑保护修缮为基础的同时，同步开展古城范围的区域交通研究、市政专项规划、业态策划，构建风貌、交通、市政、功能四大支撑系统。明确以"绣花功夫"推进古城的可持续更新，延续了城市历史文脉。并在此基础上加强立法保障，完善保护规划的保护经验。

（二）坚持以用促保，充分发挥遗产使用价值

习近平总书记指出，"要本着对历史负责、对人民负责的精神，传承历史文脉，处理好城市改造开发和历史文化遗产保护利用的关系，切实做到在保护中发展、在发展中保护。"利用是为了更好地保护，让历史文化遗产拥有永续的活力。城乡历史文化遗产是凝聚人民力量的有形载体、塑造城市品牌的宣传媒介、孕育创意产业的灵感源泉。要通过历史文化活化

传承，赋予城市发展新动力、增加城市发展新活力、增添城市发展新魅力。

《文脉春秋·扬州》展示了扬州在街区业态方面，通过扶持发展"谢馥春""三和四美"等老字号非物质文化遗产项目，充分彰显了历史文化名城扬州的文化内涵，积聚了新的商业人气，提升了城市旅游吸引力。此外，还通过提供行政协调方式和开展技术交流，鼓励爱好传统文化的个人出资收购老旧民宅，按照传统建筑特色精心打造新民居，引导历史街区的有序更新。非物质文化遗产的活化利用也是扬州文化保护工作的一大亮点。比如，传统的扬州漆器、扬派盆景、扬州剪纸等手工艺，不仅被列为国家级非物质文化遗产，而且通过建立传承基地、开展手工艺人培训等方式，使得这些珍贵的传统技艺得以广泛传播和发展。定期举办的各类非遗文化节庆活动，如扬州灯会、扬州评话节等，让传统文化在节日的喜悦中被更多人了解和欣赏。

《文脉春秋·苏州》展示了苏州市通过不断赋予历史文化遗产新内涵，构建了连接历史与当代的空间纽带，实现了古老与现代的辉映、传统与时尚的融合，成为人们向往的诗意栖居地。2023年以来，苏州市姑苏区启动古城保护更新伙伴计划，以适宜开展活化利用的古建老宅为试点，对古建老宅实施穴位节点式的"针灸"，将"昭庆寺"改造成为"鸿儒书房"，让年轻人能够在古老书香的熏陶下迸发创新灵感，以苏绣为代表的传统手工艺在古城迎来复兴浪潮，多个文化产品和品牌在这里孕育诞生……传统文化焕发新生，穿越千百年仍能与当代生活同频共振，苏州古城俨然成了一座"新天堂"。

《文脉春秋·景德镇》展示了景德镇市紧抓陶瓷文化遗产保护利用契机，积极推动老城区、老厂区的整体保护与有机更新，通过功能再造、文化塑造和环境营造，活化利用老作坊、老工厂，主动拥抱文化创意"新经济"，打造了邑空间"景漂"就业工坊，组织了"陶然集"设计师集市，引进了坯房工作室、瓷文化研学体验基地等非遗展示空间，不仅留住了老瓷厂、老街坊的魂，更激发了年轻人、艺术家的梦，吸引了6万"景漂"、5 000多名"洋景漂"，带动了10多万人就业。近年来，景德镇市的窑火更是点燃网络，让"景德镇"三个字再一次成为"超级IP"，让无数追梦人在景德镇同文化与艺术撞了个满怀。景德镇市让文化创新成为新质生产力的重要支撑，已然实现在"泥与火"的淬炼中的又一次蝶变。2023年10月11日上午，习近平总书记来到景德镇市考察调研，在陶阳里历史文化街区，总书记饱含深情地说，"要集聚各方面人才，加强创意设计和研发创新，进一步把陶瓷产业做大做强，把'千年瓷都'这张靓丽的名片擦得更亮。"

（三）注重多方参与，引导社会力量广泛参与保护传承

人民群众是历史的创造者，也是文化的享有者、乡愁的传承者。城乡历史文化遗产既是传统文化的载体，也是人民生活的家园，对延续历史文脉、记住乡愁至关重要。要坚持人民至上，延续传统社会网络，鼓励传统生活服务性业态发展，让老城街区始终充满生活气息，洋溢着生机和活力。注重改善人居环境品质，解决人民群众急难愁盼问题，努力提高老城老街的居民生活水平，满足人民群众对美好生活的向往。

《文脉春秋·扬州》展示了扬州在仁丰里历史文化街区的保护实施过程中，聚焦解决人民

群众急难愁盼问题，重点推动了以"一水一电一消防"为主要内容的基础设施提升工程，整治私搭乱建、私拉乱接、私放乱堆等乱象，有效提升了街区的生活环境，切实做到了把保护与发展的成果惠及民众，让老百姓在老街区里也能享受到现代化生活的便利。

《文脉春秋·绍兴》展示了绍兴在古城保护过程中，为每家每户增设了卫生设施，改善了住户的卫生条件；将电力、电信、有线电视、路灯、自来水等管线，一次性埋入地下，提高了空间的环境质量；对排污管网进行改造，把历史街区的污水统一纳入城市排污网，净化了水质；拆除有碍历史风貌和街区环境的违章建筑，增大了居民的生活空间；允许居民在保持建筑传统风貌的前提下，在室内进行现代化装修，享受现代文明。同时，还把临街的古建筑和民居，改造成宾馆、服装店、工艺品店、鲜花店和收藏店，增加就业岗位，让居民在充满生机的古城里创造、发展新的文明。

三、进一步加大宣传力度，全面扩大社会影响力

《文脉春秋》纪录片播出后显著提升了历史文化名城 保护工作的社会影响力，不断解锁更多城市文化密码。节目自播出以来，首播平均收视率0.53%，首重播累计触达电视观众11.73亿人次；2024年五一小长假及节后首播的8期节目，平均收视率在同时段全国上星频道排名第一；全网热搜上榜累计547次，微博热搜榜9次，微博话题阅读累计7.24亿；全网长短视频播放量累计3 975.4万次。人民日报、光明日报、中国建设报、人民政协报、文汇报、澎湃等媒体刊发署名文章，对节目给予高度评价，认为《文脉春秋》以细腻视角深入每座历史文化名城的历史深处，挖掘出最具代表性的文化坐标。住房城乡建设部原总经济师杨保军，全国政协委员、中国城市规划设计研究院副总规划师张广汉等业界学界专家纷纷发文点赞，认为节目"揭示了中华文化在传承与创新中的发展脉络"，"是对中央关于历史文化保护传承系列要求落实的一个重要举措，是广泛宣传名城保护工作的重要实践"。

《文脉春秋》系列纪录片集中展现了历史文化名城的历史文脉和地域文化，如同一片片拼图，共同拼凑出中华文明的壮丽画卷。随着后续其他国家历史文化名城篇章的陆续播出，相信中华文明这一宏大画卷将更加全面、更加清晰地得到展现。

（作者：徐萌，中国城市规划设计研究院历史文化名城保护与发展研究分院副总规划师；胡敏，住房城乡建设部建筑节能与科技司名城处处长；付彬，中国城市规划设计研究院历史文化名城保护与发展研究分院城市规划师；李佳薇，中国城市规划设计研究院历史文化名城保护与发展研究分院助理城市规划师）

案例篇

义乌小商品市场

—— 中国式城市化的探索之路

一、引言

2023年9月20日，习近平总书记再临义乌考察，勉励义乌不断地再造新的辉煌。本文试图记录义乌这座被总书记寄予厚望、关怀备至的城市，如何伴随着市场的不断迭代升级，从"鸡毛换糖"的内陆小县到现代化的"世界小商品之都"的发展历程。义乌创造了中国乃至世界独一无二的城市发展奇迹，呈现了一条中国式城市现代化的探索之路。

感谢曾任义乌县委书记赵仲光先生专门接受笔者的采访。赵书记生动讲述了当年全力配合谢高华书记敢为人先、甘冒风险，扭转"以阶级斗争为纲"创建小商品市场并促进市场发展壮大的艰难历程，包括仅得到省工商局的那句"可以看看"后便以默许的方式同意了廿三里市场发展和建设的故事，在全省大会提出"兴商建县"理念并以两个"千村万户"巧妙平衡当时农商发展冲突的故事，邀请省委薛驹书记题字、沈祖伦副省长剪彩解决市场用地的故事等，充分展现了赵仲光、谢高华等老一辈敢于担责任、不怕听骂声的清廉公心和巧妙处理好政府和市场平衡的政治智慧。感谢金华市委宣传部吕伟强部长、义乌市委宣传部朱有清部长和龚群峰副部长协助开展了专题座谈和调研；感谢义乌市各相关部门和中规院上海分院义乌市国土空间规划团队的支持和协助。

二、破冰变革，无中生有的小商品市场

（一）无中生有的鸡毛换糖

1. 自然条件先天不足，为谋生外出"鸡毛换糖"

义乌地处浙江省中部，金衢盆地东缘，典型浙中丘陵地貌。东、南、北三面环山，山地、丘陵、河谷等交错分布。境内可耕种的土地资源贫乏，人均耕地面积仅为全国的1/3。

在2000多年历史的长河中，义乌这座农耕小县一直面临着吃饭难的问题。穷则思变，义乌人为提高农作物产量，尝试了各种方法解决土地少且肥力不足的问题。有人发现禽类毛羽加上塘泥等堆到田里，肥效特别好。且鸡毛具有易收集、分量轻等特点，易于交易和运输。想要多打粮食，就得多收鸡毛。于是有了义乌农民肩挑货郎担外出游走四方，用本地特有的

"糖"交换鸡毛，以及一些日用物品，博取微利，养家糊口。"鸡毛换糖"的行当就此诞生。

2．义乌兵和事功文化，"鸡毛换糖"的文化根基

追根溯源，义乌"鸡毛换糖"组织的形成和发展，与义乌兵和浙东学派的事功文化有着千丝万缕的关联，甚至可以说是其重要根基。

事功文化给义乌带去了"商业基因"。南宋理学浙东学派的事功文化，着眼于现实，认为"商藉农而立，农赖商而行"，主张农商并重，相互依存。这种观点很大程度上浸润了浙江民间社会的思想观念，扭转了"重农抑商"的传统，从商之风日盛，可以说奠定了"鸡毛换糖"的文化之基。

义乌兵则促进了行商文化。明朝抗倭名将戚继光招募的万余名义乌兵士跟随"戚家军"走南闯北，杀敌报国。见多识广、崇勇尚武、团结合作，赋予了这个群体行商合作的根基和外出闯荡的胆略，使他们在安土重迁的农耕文明社会从商有着天然优势。许多解甲的义乌兵不愿再回田地，于是结伙成伴，开始了"鸡毛换糖"的行商生涯。

（二）活跃的地下商品交易

1．明清兴起的"鸡毛换糖"，活跃各地的敲糖帮

明代义乌工商业集市繁多，涌现出许多商业集镇和商埠，加上不善务农的返乡"义乌兵"，推动了外出交易肩挑买卖的兴起，带动了越来越多的从业者。根据《义乌县志》记载，清朝乾隆年间，义乌农民于每年农闲时节，外出走街串巷，以生产的糖粒换取禽畜毛发等博取微利，以资营生。"鸡毛换糖"的足迹，北至江苏山东，南至湖南广东，交易内容从禽畜毛发扩展到糖油针线脂粉的小百货商品。到近代，据记载义乌市操持货郎担行业者过万，并发展成独特的行业——敲糖帮。农闲时节外出的季节性商贩一度达到全县总人口的5%以上。

2．统购统销后受限的农民，非正规的地下商品交易

新中国成立后出于稳定政治、经济等各项秩序的需求，1953年10月，中央出台了《关于实行粮食的计划收购与计划供应的决议》等制度，实行粮食、棉花、食用油等主要农产品的统购统销，严控商业投机。义乌广大农民在农闲时间外出"鸡毛换糖"的营生也被严格限制。

为适应生产发展和生活提高的要求，活跃农村经济，促进经济发展，1959年9月，中央出台了《关于组织农村集市贸易的指示》，恢复部分农村交易市场，允许部分剩余的商品交易；1961年，义乌县也下达了《关于安排生产队利用农闲季节集体外出的小百货换取鸡毛化肥的通知》，部分允许"鸡毛换糖"小百货交易。然而，还没热乎两年，"文化大革命"再次打断了这一进程。"打击投机倒把办公室"关闭了各类市场，打击小百货经营贸易活动，并派工作队进驻农村打击所谓的"地下工厂""地下商店"等。许多交易转为地下，出现了多种多样的"抗争"和"逃避"，伴随着"灰色的"非正规货物交易。

（三）"一大优势"开创先河

1．明管暗放，小百货交易发展大幕拉开

十一届三中全会的召开如一声春雷，改革开放的恢宏史诗由此拉开巨幕。尽管关于"割

资本主义尾巴""打击投机倒把"等一些禁令尚未撤销，但许多义乌农民已闻讯挑起货郎担悄悄出门了。据时任常务副县长赵仲光回忆，改革开放初期，义乌开展少量的小百货交易是没问题的，但多了就会被认定为投机倒把。自联产承包责任制开始实行后，"鸡毛换糖"悄悄迎来了发展的机会，并逐渐演变成为小百货、加工品等物一物交换。最早是在廿三里，村里的以物易物交易很快就发展到廿三里整个镇。这引起了县工商部门的重视，并反映到县委。县委组织了激烈的大讨论，最终决策是由分管副县长专程带队去省工商局汇报请示。得到了"可以看看"的回复后，县委县政府以"明管暗放"的方式，默许了自发的小百货交易。

有了上级政府的"睁一只眼闭一只眼"，结合百姓的强烈意愿，义东区委做出了开放市场、允许百姓摆摊的决策。1981年，在义东区委的协调下，租用廿三里大队第二生产队晒场，用木板搭起了200多摊位的廿三里市场开办了。自此，义乌小百货交易的大幕徐徐拉开。

2. 统一思想，"一大优势"促进小百货交易

争论和分歧伴随着改革的步伐，但历史的滚滚洪流总是向着改革的方向前进。小百货经济浪潮悄然兴起，传统经济模式受到冲击，引发了社会各界的广泛争议。一些保守的干部和群众担心，开放市场会导致传统农业受到冲击，从而威胁到粮食供应和社会稳定；中央虽然提出了发展经济，但却暂没有出台明确的政策允许农民弃农经商和允许个体户批量经销；农民缺乏商业经验和技能，无法成功经营小百货，反而会给市场带来混乱和不稳定。而以义乌县委秘书杨守春为代表的前瞻性的干部则认为这是一个前所未有的机遇，他在《浙江日报》发表的《"鸡毛换糖"的拨浪鼓又响了》一文，开启了为"鸡毛换糖"呐喊；义乌平畴公社一笔"鸡毛换糖"账算出了三个"利"：红毛出口收得外汇有利了国家，鸡毛堆肥提高了粮食产量有利了集体，个人卖了收的破旧挣了现钱有利了个人，证明了"鸡毛换糖"的利国利民。

在这样的背景下，政府对于开放市场的态度也显得犹豫不决。一方面看到了小百货市场的巨大潜力，希望借此推动义乌经济的发展；另一方面也担忧开放市场可能带来的负面影响，如秩序混乱、社会不稳定等。义乌县委县政府多次开会专题讨论决策小百货市场开放、整顿、管理等议题，却一直没有合适的答案。

谢高华（1982年4月至1984年12月任义乌县委书记）调任义乌县委书记后，经过多次深入调研，认识到"鸡毛换糖"和"小百货交易"不仅符合中央精神，更是义乌农民寻求生存行动的一种本能，是改变不了的，在当时也没有可替代的道路。他在多个场合指出："敲糖换鸡毛是我县的'一大优势'，应予以大力支持，小商品市场是个纽带，必须加强管理，把它办好。""允许它什么？反对它什么？要搞清楚，不能把搞活的经济搞得死死的。中央的政策是搞活经济，长期不变。"正是由于谢高华的坚定支持和不懈努力，义乌市场得以解决束缚，释放活力，从而带动了义乌社会和经济的发展（图1）。

图1 早期的露天市场

（图片来源：义乌市志）

三、贸工联动，蓬勃发展的商贸城市

（一）市场上快速发展的城市

1. "兴商建县"战略，小商品市场蓬勃发展

廿三里拉开了小百货交易的大幕，稠城镇作为义乌县城所在地，商店、旅店等设施齐全，对外交通便利，发展条件远比廿三里优越。一时间，县城摆摊人员不断增多，交易日趋兴旺，出现了交通堵塞等问题。为规范管理，1982年县委县政府在湖清门开辟了占地4 200余平方米、摊位700多个的露天市场。但没过多久，即使湖清门市场摊位扩充了50%，依然无法满足需求。1984年，县委县政府在新马路又新建了占地1.35万平方米、1 800余个固定摊位、钢架玻璃瓦棚顶的小百货市场。

义乌的小商品市场自此走上了一条"兴商建县"（1988年义乌撤县建市后改为"兴商建市"）的快速发展之路。据记载，1984年10月，谢高华在全县区（镇）乡党委书记会议讲话中提出："要兴商建县，把商业搞大、搞活，促进商品生产发展，加速我县的经济建设。"据谢高华的继任者、时任县委书记赵仲光（1984年11月至1987年3月任义乌县委书记）回忆，在1985年初省农村工作会议时，时任省委常委、副省长沈祖伦组织专题总结义乌的商品经济发展，他在全省大会发言中正式提出"兴商建县"战略。这个有冲击力的概念当年还曾引起了争议，县委县政府以"千村万户发展种养业、千村万户发展工副业"的朴素观点解释了重农和兴商的结合，巧妙地化解了冲突和难题。至此，"兴商建县"战略开始正式走上舞台，确立了小商品市场在义乌经济发展的核心地位，为超常规发展商贸流通业、市场和城市建设起到了战略性推动作用，奠定了义乌世界小商品之都的坚实基础。

2. 市场引领城市发展，小县城长成大都市

从明清时期到改革开放前，义乌县城的范围一直是环绕县衙建设街巷，一横二直的主街格局。20世纪六七十年代虽有改造延伸，但变化基本不大。随着小商品市场的建设和"兴商建县"战略的提出，义乌经历了五代市场的更迭和近40年的快速城市化。市场的每一轮升级发展都成为推动城市空间拓展的动力，不断修编的城市规划则记录着市场发展引领下的城市增长之路。

1984年稠城镇总体规划确立了小商品市场在义乌经济发展的龙头地位；1989年城市总体规划强化兴商建市主题，布局了篁园市场、宾王市场等新建市场规划，并设置了城北，西南、江南三片仓储区以配合市场发展；2000年城市总体规划突出建设国际商贸名城主题，在东北方向建设国际小商品城及新的中心商贸居住区，在西南方向建设义乌经济开发区，强化产业支撑；2006年城市总体规划重点打造国际小商品贸易、制造、会展中心，区域物流高地，结合杭长高铁、杭金衢、金甬高速等建设，拓展北部高铁新城、南部工业开发区和商务服务业集聚区；2013年城市总体规划重点聚焦建设全球小商品贸易中心、国际陆港城市和创新活力之都，在义西南建设国际陆港，建设国际物流园等，在义东北培育光电信息产业等先进制造业；2021年国土空间总体规划以高质量建成世界小商品之都为总目标，建设"一带一路"节点城市、国家物流枢纽城市、长三角产业智造名城、城乡共同富裕示范城市，构建一个品质主城、南北两大新动力副城，米字形综合交通通道和铁路枢纽等（图2）。

40年来，义乌市的常住人口从1982年的不到60万增长到2023年的188万，增加了3倍多。城市建成区面积从1982年的2.5平方公里增加到175平方公里，增加了近70倍。小县城发展成了大都市，成为全国仅有的几个县级大城市。

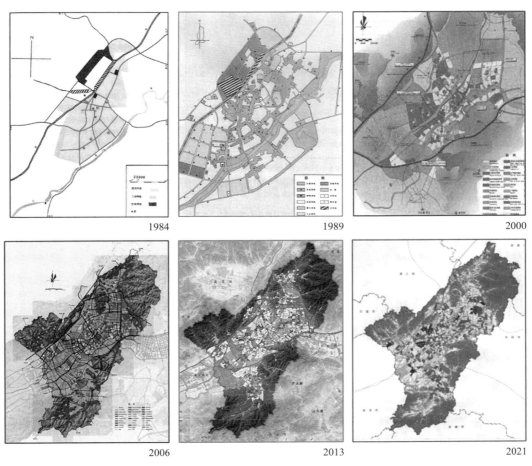

图2 1984—2021版城市总体规划/国土空间规划

（图片来源：义乌市志等）

（二）姓"资"还是姓"社"大讨论

1. 姓"社"还是姓"资"，市场建设出现摇摆

1990年2月，某权威大报刊发文章，提出改革是姓"社"还是姓"资"的问题，认为取消公有制为主体、实现私有化，以及取消计划经济、实现市场化，就是"资本主义化的改革"，引发了社会上对"个体经济是不是资本主义，要不要发展"的激烈争论。

义乌小商品市场作为改革开放和市场经济的先行者，也受到了政治风波的影响。关于要不要发展个体经济和市场经济，上级政府是否会向左改变政策，大家议论纷纷，商户忧心忡忡，市场也呈现出旺季不旺的情况。是时，也正是篁园市场扩建的时候，义乌市多次汇报扩建事项，都未得到批准。

2. 南方谈话拨开迷雾，"兴商建市"不动摇

在这关键时刻，1992年邓小平同志视察南方，发表了一系列重要讲话，针对国内发展过程中纠结的姓"资"还是姓"社"的问题，他提出："判断标准要看是否有利于发展社会主义社会的生产力，是否有利于增强社会主义国家的综合国力，是否有利于提高人民的生活水平。"南方谈话明确回答了许多长期困扰和束缚人们思想的重大问题，重申了深化改革、加快发展的必要性和重要性，帮助消除了小商品市场在有些人心中姓"资"的疑虑，工作方向得以明确。

有了小平同志南方谈话为后盾，义乌各级领导对"兴商建市"再次有了信心，多方加强舆论宣传，力争再获发展机遇，邀请了中央电视台著名主持人赵忠祥到义乌实地调研和组织拍摄小商品市场专题片——《独特的王国》，对义乌市场包罗万象、丰富多彩的商品，百贾交会、万商云集的盛况，以及产销结合的独特经营方式等做了全方位的介绍，给义乌市场正了名，为义乌小商品市场再次带来了客商和流量。义乌的人心得到了稳定，市场又一次度过了危机并得到了发展。

（三）贸工联动的商贸城市

1. 同质竞争、利润困境，市场发展面临危机

20世纪90年代初，全国各地掀起了一轮模仿和学习义乌市场的高潮。义乌小商品市场的交易成交额虽然仍位列全国第一，但因同质性和"易模仿性"，受到了越来越严峻的外部竞争压力。许多客户不但学会了货比三家，而且开始了探寻从货物原产地直接进货。因义乌本地生产的小商品数量占比少，种类不齐全，市场商户普遍面临着生意越来越难做、利润越来越薄的困境。

市场的反馈犹如晴雨表，义乌市委市政府很快认识到这个问题的严峻性，认真评估后认为，地方以家庭为主的工业作坊和部分乡镇工业的发展不足以支撑义乌市场的需求。要使义乌小商品市场一直保持领先地位，保持长久繁荣，仅仅依靠小商品市场的聚集效应是不够的，必须积极发展工业，协同商贸业发展的需求。

2. 以商促工、贸工联动，集聚形成义乌商圈

在认清严峻形势和发展工业协同商贸业的方向后，1992年义乌市委市政府在城南地区着手兴办经济开发区，高标准建设市级工业园区，宣传和鼓励发展工业制造业，并在土地、税收、资金等方面给予支持和优惠。1994年，在"兴商建市"的基础上，市委市政府提出了"以商促工、工商联动"的发展战略，围绕小商品市场，大力建设发展工业。

在"贸工联动"战略的指引下，义乌充分发挥小商品市场商贸资本雄厚、市场信息灵敏等优势，引导民营商业资本向工业扩展，强化工业制造与小商品市场的紧密联动。大型单体市场、专业市场形成集群，与产业集群在区域层面分工合作、相互助力，不断提升竞争力。再加上交通基础设施、物流运输条件等不断改善，市场和城市的规模效应和集聚效应开始显现。义乌虽然只是浙中一个内陆城市，但市场商贸业对浙江省内周边地区，甚至更远的地区起到带动和辐射作用，就此形成了以义乌小商品市场为中心，服务半径不断扩张延伸的"义乌商圈"。

义乌商圈模式被多次整体复制到中西部各地，甚至远在非洲的埃塞俄比亚等国家和地区，这种独具义乌特色的建设运营模式和分工网络体系一度在以上地区的区域经济发展中发挥着重要的作用。

四、国贸改革，买卖全球的小商品之都

（一）总结义乌经验再出发

1. 义乌发展经验，对县域治理的思考和总结

2002年12月，时任浙江省委书记的习近平第一次到义乌调研后说道："我今后会经常来看看。"之后，他12次调研义乌。习近平同志在调研中敏锐地觉察到，义乌这个改革强县是我省经济社会发展的一个缩影，其发展经验既有独特之处，也具普遍意义，有助于推动全省的改革开放进程。他要求省级有关部门组成调研组，专题调研"义乌经验"，并亲自审查调研报告。

2006年8月，习近平同志第八次调研义乌，在城西街道横塘村座谈时，他概括义乌的发展是"无中生有""莫名其妙""点石成金"的发展，这12个字成为义乌发展经验的经典概括。义乌发展经验是习近平总书记在浙江工作期间唯一推动总结的地方发展经验，集中体现了习近平对县域治理的思考。一直以来，义乌始终沿着总书记指引的方向奋勇前进，在兴商建市的具体实践中，不断充实、丰富、提升义乌发展经验，经济社会取得了令人瞩目的飞跃式发展。

2. 扩权试点改革，"给成长快的孩子换大衣服"

随着国际商贸城的建设，经济高速发展的义乌却因为机制体制的不配套，遇到越来越多的各类门槛和制约，如义乌的机构按60万人口规模编制，却需要管理100多万的常住人口；每年有几十万个集装箱小商品要出口，作为县级市却只有一个海关办事处等。

对这些体制机制上的不适应，习近平同志打了个生动形象的比方："小孩子成长太快，

而衣服太小，得给成长快的孩子换上一件大衣服。"在习近平同志的关怀和推动下，2006年11月，浙江省委省政府下发了《关于开展扩大义乌市经济社会管理权限改革试点工作的若干意见》，专门针对义乌市启动了第四轮强县扩权试点。其中一项重要的内容就是"赋予义乌市与设区市同等的经济社会管理权限，推动义乌优化机构设置和人员配置"。这次改革，不仅赋予了义乌这个县级市618项地级市的审批权限，还给予了义乌在浙江省内"11+1"的待遇（将义乌一些重要经济计划指标的分配作为地级市的待遇单列）。改革为义乌的再次开放解除了束缚，2007—2008年，地区生产总值连续增长12%以上，境外企业驻义乌办事处从2006年的不足600家猛增到2008年的2300多家。

（二）开展国贸改革迎国际化

1.加入世贸组织，国际化的新机遇和新挑战

2001年11月，中国正式加入世界贸易组织，加速融入全球经济一体化，敢为人先的义乌市场人很快就嗅到了其中的机遇。将物美价廉小商品从一开始的出口到中东、东南亚、俄罗斯等地，很快扩展到全球众多国家和地区。许多外国企业和外国经商户也陆续到义乌开展采购和贸易。义乌市委市政府也充分发挥政府有形之手的力量，抢抓走进世界市场的机遇，对出口退税、金融信贷、设立境外分支等给予政策扶持，鼓励出口和拓展国际市场。

然而就像一个硬币的两面，国际化的发展，从来都是机遇和挑战并存。在小商品快速走向海外的大潮中，出现了不少矛盾和水土不服：与传统商品外贸出口方式不同，小商品外贸出口在市场化运作、小商品种类、采购形式、外汇管理等方面存在特殊性，难以适应传统的国际贸易方式及监管办法；小商品的低成本、低价格、低技术和非标准化使得企业的知识产权保护和产品质量难以保证，持续竞争力不足；出口担保、金融、中介等服务发展滞后，国际金融交易风险难以防范，本外币交易和结算能力较弱，金融资源供给配置不能满足需求，等等。

2.国贸改革试点，义乌市场发展再上新台阶

为应对国际化进程中小商品属性与国际贸易管理体制之间的矛盾、市场快速扩张与现行行政管理体制的矛盾等多方面问题，义乌市委市政府认识到，要想更好地加入经济全球化浪潮，参与国际市场并占领先机，又到了改革的十字路口。义乌市委市政府成立专门工作组，对内出台倒逼机制，对外争取改革政策。改革之路总是面临重重困难，快要山穷水尽之际，国务院研究室一篇《关于在义乌进行国际贸易综合改革试点的调查与建议》引起时任中共中央政治局常委、国家副主席习近平的重视。他作出重要批示，要求对义乌国际贸易综合改革试点作深入思考、适时推进。柳暗花明！2011年3月，国务院正式批复同意义乌开展国际贸易综合改革试点。义乌成为第10个国家级综合配套试点改革试验区，也是全国首个国家批准的县级市国贸改革试点。

2012年，国务院办公厅正式发布《推进浙江省义乌市国际贸易综合改革试点重点分工工作方案》（国办函〔2012〕15号文），为义乌的改革指明了发展方向，带来了政策红利。义乌按照"国家级、综合性、国际化"的要求，迅速推进各项工作。试点三年，经济发展连年

上扬，GDP年均增长10%以上；产业结构持续优化，工业增加值连年高比例增长，涌现一批行业龙头；品牌创新增长显著，每年新增商标注册3 000个以上，专利1 000余件；贸易出口屡创新高，涉外经营主体增长了50%，出口额同比增长了6倍多。随着改革的深入推进，义乌试点效益不断放大，效果精彩纷呈。

（三）发展电商拥抱变革之路

1. 面对电商兴起，义乌冲破藩篱、拥抱变革

正当义乌国际贸易改革如火如荼之际，主打线下采购贸易的义乌小商品市场却在不经意间遭遇前所未有的变局。在互联网电子商务的冲击下，原来一铺难求的国际商贸城似乎一夜之间失去了原有的魅力，大量商铺空置，令所有人都感到震惊。

相比传统商业，互联网电商通过网络平台进行商品或服务交易，采购商直接对应供应商，商品流通更加扁平化，并有着交易成本低、交易效率高、消费购物方便等优势，实体市场粘连客户和产地的作用开始下降。

面对危机，义乌社会各界都在积极地想对策、谋出路、解危机。小商品市场该何去何从？实体市场拥抱线上市场！实体市场可以开辟线上销售渠道，在竞争中寻求发展；电商也需要实体市场提供展示空间，确保商品的质量。义乌市场有着内贸网商全国密度第一、外贸网商全国密度第二的优势，其规模和影响力完全能够影响到电子商务的发展。对义乌市场来说，电子商务既是挑战，更是机遇，主动应对，拥抱变革，方有发展。

2. 有形和无形市场结合，成就义乌华丽转身

如何拥抱变革，最重要的一点就是"电商换市"。将电子商务作为战略性产业，依托义乌实体市场和物流网络的优势，利用互联网融合市场发展，给经济转型带来机会，给城市发展带来动力。义乌积极谋划加强与阿里巴巴、敦煌网等知名平台合作，发展镇街电子商务园并构建产业链，将小商品市场搬到线上成立"义乌购"，大力发展电子商务培训，推动实体市场、传统企业和线上市场相连接。一时间，一个个电商班雨后春笋般涌现，一个个淘宝村"触网"而兴，电商直播基地、跨境电商园等引领全国。

电商换市，实体市场与线上市场强强联合，互促共荣。实体市场成为网货的主要供应地，线上市场成为经济发展的重大增长点。2011—2015年，义乌市电子商务的总成交额从347亿元增长到1 511亿，增长了4.35倍；同期义乌国内贸易市场总成交额从677.9亿元增长到1 244.5亿元，国际出口总成交额从35.98亿美元增长到338.6亿美元，分别增长了1.8倍和9.4倍。有形和无形市场的结合，成就了义乌的华丽转身和市场的再次繁荣（表1）。

表1　2011—2015年义乌国内/地区生产总值、市场成交额、出口额情况

	2011	2012	2013	2014	2015
国内/地区生产总值（亿元）	726.1	802.94	882.9	968.6	1 046
市场成交额（亿元）	677.9	758.8	879.5	1 073.8	1 244.5
出口额（亿美元）	35.98	90.05	182.2	237.1	338.6

数据来源：义乌市国民经济和社会发展统计公报

五、国际义乌，中国式现代化的县域典范

（一）"一带一路"建设的桥头堡

1. 国内国际双循环，建设全球小商品贸易中心

作为中国影响力最强、出口量最大的小商品市场，义乌与全球230多个国家和地区有贸易往来，关联全国200多万家中小微企业、3000多万人就业，是中国对外贸易的重要支点，肩负着延伸全球贸易链，争取价值链高端，建设全球小商品贸易中心的重要使命和职责。

义乌始终牢记总书记的嘱托，争当"一带一路"建设的桥头堡，强化国内国际双循环驱动，构建更高层级、更深层次的对外开放格局。充分利用"义新欧"中欧班列和"义甬舟开放大通道"建设的两个扇面，完善物流枢纽设施集群和口岸功能服务体系；通过国内外展会宣传、差异化政策供给等多种方式，吸引外商、繁荣市场，打造全球贸易商"大本营"；推动"中国小商品城"品牌出海，以"海外仓、海外站、海外展"等多种模式打造义乌海外贸易网络。

2. 创新数字贸易形态，打造"网上丝绸之路"

党的二十大报告提出"创新服务贸易发展机制，发展数字贸易，加快建设贸易强国"，数字贸易是新时代经济发展的新动能和新优势。义乌是全国首个跨境电子商务综合试验区，在多个跨境电子商务领域先行先试，围绕"新丝路、新起点"的发展定位，义乌正以争当领头羊的姿态，不断加快建设"网上丝绸之路"，创新数字贸易形态，制定数字贸易规则，搭建数字贸易服务平台，建设全球数贸中心（六代市场）等（图3）。以数字贸易和跨境电商改革助力畅通经济循环和全球化发展，满足人民群众的美好生活需要。

图3 建设中的全球数贸中心（六代市场）效果

（图片来源：义乌市融媒体中心）

（二）融入区域发展的新格局

1. 融入区域网络，建设国家物流枢纽城市

作为首批国家物流枢纽城市，义乌初步形成了"海陆空、铁邮网、义新欧、义甬舟"多位一体的陆港枢纽体系，辐射能力不断增强。对外支撑建设"一带一路"桥头堡，对内协助

积极融入区域协同发展，落实长三角一体化发展，构建更加安全可靠、自主可控的产业链。

一是引领协同开放，深化与宁波舟山港口岸合作，加快建设金甬铁路等一批重大基础设施，升级贸易一体化大通关，共建世界级自由贸易港；二是培育创新联盟，共筑G60创新走廊，利用沪杭创新资源，引进创新人才；三是巩固供应链优势，共筑义温台制造走廊，加快建设杭温高铁，加强义乌市场与温台沿海地区的合作。

2.共建金义都市区，发挥义乌区域核心作用

作为浙中城市群核心区，金义都市区的双核之一，义乌对于带动浙江省第四大都市区经济社会发展起着重要的作用。共建金义都市区，一是要发挥义乌区域核心作用，强化义乌主城市场、金融、会展等贸易核心功能集聚，探索区域分工布局，建设商贸发达、产城融合、开放包容、和美宜居的发展共同体，打造都市区发展主引擎；二是共建大枢纽大平台，重点加强浙中科创大走廊、高质量万亩千亿大平台、国贸综合改革试验区等重大平台建设；三是积极推进综合交通、产业创新、生态保护、公共服务、要素保障等一体化行动，探索建设都市区高质量协同发展新样板。

（三）探索建设共同富裕示范

1.市场助力共同富裕，推进城乡一体化发展

义乌的"小商品"撬动了"大市场"，巨大的市场主体伴随着企业集群的发展，带动基础设施、物流体系等的建设，奠定义乌的经济发展优势，形成了一个创造财富的链条体系。2023年，义乌居民人均可支配收入8.4万元，比肩上海（8.5万元），超越北京（8.2万元），居全国县级单位第一。让人民群众富起来，这是"鸡毛换糖"的义乌价值，也是今天共同富裕的时代追求。

义乌的共同富裕，是小商品市场发展带动市域城乡一体化的先行示范。升级商贸功能，拓宽居民增收渠道；培育特色产业集群，扩大城乡就业容量；完善交通网络体系，实现城镇快速互通；升级公共服务共享，加强社会保障建设。

2.打造生态文明样板，营造高品质生活空间

人与自然和谐发展的生态文明是共同富裕的高端形态。义乌建设中国式现代化县域典范，不仅需要继续坚持国内国际双循环下贸工联动发展，更要深入贯彻习近平生态文明思想，践行"绿水青山就是金山银山"下宜居绿色的发展。以建设世界小商品之都为根本，以城市有机更新为路径，以城乡一体化为基础，打造生态优美的城市样板，营造高品质生活空间。

（作者：邵益生，国际欧亚科学院院士，中国城市规划设计研究院原党委书记；方刚，通讯作者，中国城市规划设计研究院宁波中心执行副主任、高级城市规划师，曾挂职义乌市人民政府副市长）

参考文献

［1］义乌丛书编纂委员会.见证——义乌市场四十年[M].上海：上海人民出版社，2019：2-15.

［2］马淑琴，王江杭，徐锋.中国范本：改革开放40年义乌国际贸易综合改革的理路与成就[M].杭州：浙江工商大学出版社，2018：75-97.

［3］国务院研究室.义乌报告：义乌之路——中国市场改革开放进程中的典范[M].北京：中国经济出版社，2014：65-104，227-256，303-308.

［4］陆立军，白小虎，王祖强.市场义乌——从鸡毛换糖到国际商贸[M].杭州：浙江人民出版社，2003：175-187.

［5］刘成斌.义乌：市场变迁中的分化与整合[M].北京：人民出版社，2015：41-70.

［6］陈树志.市场发展与地方政府市场治理——以白沟和义乌专业市场变迁为例[M].广州：广东人民出版社，2023：41-48，114-120，159-170.

［7］黄平.发现义乌[M].杭州：浙江人民出版社，2007：68.

［8］王柏.鲁斋王文宪公文集[M].上海：上海古籍出版社，2022.

［9］义乌市志编撰委员会.义乌市志[M].上海：上海人民出版社，2012：319-327，548-562.

［10］金波，陈佳莹，夏丹，等.新丝路上，一个内陆小县的逆袭故事[N].浙江日报，2023-10-17.

［11］金华市人民政府外事办公室.从"无中生有"到"无奇不有"义乌发展经验：永载史册的改革丰碑[EB/OL]. [2021-06-08]. http：//swb.jinhua.gov.cn/art/2021/6/8/art_1229168159_58851423.html.

［12］"莫名其妙""无中生有""点石成金"——义乌故事：何以勇立潮头[EB/OL]. [2023-12-24]. https：//www.scol.com.cn/zlts_ss/202312/82434017.html.

建设"有福之州"的探索与实践

福州市派江吻海，山水相依，城中有山，山中有城，是山水城市、海滨之城，是有着2200年建城史的国家历史文化名城，陆域面积1.2万平方公里，海域面积1.1万平方公里，常住总人口846.9万。2023年，全市GDP1.29万亿元，居福建省首位，在全国省会城市中居第8位；人均GDP达15.28万元，居省会城市第4位。

福州城区依山傍水，钟灵毓秀，生态清新，城区内坐拥58座山、139条内河、1 500多座公园，森林覆盖率排全国省会城市第2名，空气质量排全国省会城市第3名，是全国首批14个沿海开放城市之一。

福州是习近平新时代中国特色社会主义思想的重要孕育地和实践地。习近平总书记曾在福州工作生活了13年，亲自主持编制了《福州市20年经济社会发展战略设想》（简称"3820"战略工程），明确了"建设现代化国际城市"的宏伟目标，进行了一系列前瞻性、开创性、战略性的实践探索。这为福州擘画了美好蓝图，确立了总纲领、总方略，留下了宝贵思想财富，取得了丰硕实践成果。他曾深情地说："福州是有福之州，福州人是有福之人。"

三十年来，福州市委、市政府，始终坚持"3820"战略工程思想精髓，一任接着一任干，坚定不移地沿着习近平总书记擘画的宏伟蓝图奋勇前进，以高品质生态环境支撑高质量发展，现代化国际城市建设成效显著、亮点纷呈，城市可持续发展工作也在不断走深、走实。2023年10月28日，福州市荣膺首届全球可持续发展城市奖，"有福之州"成为中国可持续发展的典型实践（图1）。

图1　福州市荣膺首届全球可持续发展城市奖奖牌、奖杯

福州市主要建设示范与经验包括以下四大方面：

一、绿色发展转型

派江吻海的福州，孕育了"海纳百川，有容乃大"的城市精神，开放包容的可持续发展理念推进福州经济欣欣向荣。以2016年至2023年的统计，福州GDP从6 197.77亿元提升至12 928.47亿元，成为近6年中国前20位城市中GDP增长最快的城市之一，数字经济、文旅经济、绿色经济和海洋经济共同铸就了福州经济发展的核心动力，加快推动发展方式绿色低碳转型，以绿色发展新成效持续激发新质生产力发展新动能，实现经济可持续发展。

（一）数字经济

"数字中国"建设孕育发端于福建，福州是重要探索地。经过多年发展，数字经济已成为福州经济发展的特色和优势所在。近年来，福州市数字经济实现平稳健康发展，数字经济规模占GDP比重超55%，已成为驱动福州高质量发展的重要支撑（图2）。

图2　中国东南大数据产业园

福州市以举办"数字中国"建设峰会为抓手，持续打响数字福州国际品牌，目前已连续成功举办7届"数字中国"建设峰会，拥有超1300家数字经济高新技术企业，41家境内外上市的数字经济企业，144家省数字经济核心领域创新企业，规模和增速位居福建省第一，以软件园为代表的创新创业创造高地孕育了如福光股份、新大陆集团等高新技术企业，加快推进高质量发展。

以福州软件园为代表，园区汇集了数字基础设施、数字技术赋能、行业数字应用、产业创新服务及其他类5个园区行业类别，围绕企业孵化、供需对接、主题活动、宣传矩阵、展示平台、交流场所等构建产业生态体系，提供完善的公共服务设施和休闲绿地，2022年总收入突破1 800亿元，成为"数字福建"建设的重要抓手和示范窗口。

（二）文旅经济

福州始终致力于深耕文旅产业，坚持"有福之州"形象定位，聚焦打造海滨城市、山水城市，加快建设文化强市和全域生态旅游市，持续做大做强做优文旅经济，全力推进文化和旅游高质量发展。2023年，福州文旅经济强劲复苏，文旅市场供需两旺，全年接待旅游总人数1.05亿人次，首次超1亿人次，同比增长35%，实现旅游总收入900亿元，增长52%，均位居全省前列，充分彰显福州文旅经济高质量发展的澎湃活力。

优质文旅产品是发展文旅经济的核心竞争力。福州深度挖掘古厝、坊巷、船政等特色资源，围绕文旅经济高质量发展目标，以举办第44届世界遗产大会为契机，加强历史建筑保护修复、活化利用，做热福州古厝旅游品牌和茉莉花"茶文化"，打造了国际城市会客厅"闽江之心"，培育了马尾船政文化城、烟台山历史风貌区等国际特色消费空间，持续挖掘非物质文化遗产，深化文旅融合，创新文旅产品供给，做旺文旅消费市场，全面提升"有福之州"品牌知名度和美誉度，让游客在福州获得更高品质的文旅体验，为文化名城注入新生机。

（三）绿色经济

福州市坚持以深化工业（产业）园区标准化建设为抓手，着力扶引大龙头、培育大集群、发展大产业，将节能减碳的绿色发展理念深入各个重点产业链，持续壮大16条重点产业链，以绿色发展推动制造业高质量发展，为国家实现碳达峰碳中和目标贡献力。

以"三峡海上风电产业园"为例，园区充分利用丰富的风力资源，坚持高标准建设、高水平运营，始终将"绿色""智能"融入其中，规划建设了集屋顶光系统、分散式风力发电系统及智能控制于一体的智能微网系统，形成了风力发电机、风机结构件、风机总装、叶片生产等完整的全产业链生产格局。该产业园还是我国首个实现"碳中和"的工业园区。风电、光伏发电这些绿色、低碳的分散式能源，承担着园区的用能补给，园区还搭建了智能型微电网，成为自发自用、清洁低碳、安全高效的"绿色低碳"园区，推进实现"双碳"目标。

（四）海洋经济

"海洋，我历来是关心的。"习近平总书记具有深厚的海洋情怀，在福州工作时，提出建设"海上福州"发展战略，今年正是"海上福州"战略构想提出30周年。福州拥有广阔的海域面积和100多个可建万吨级深水泊位的天然良港，海洋资源丰富，海洋生产传统深厚。

三十年来，福州市通过全面综合开发利用海岛、海岸线和海域，重点建设港口海运基地、海洋农牧基地、滨海旅游基地、海洋工业基地、对台经贸合作基地，推动海洋经济全面活跃。

园区是"海上福州"建设的主阵地，通过全力用好江阴港城经济区、连江可门经济区、罗源湾经济开发区等工业园区、产业平台，深化开展工业（产业）园区标准化建设行动，强化重点项目带动，助力新材料、精细化工、绿色钢铁等产业补链壮链强链，推进临港工业和海洋经济发展。2023年，福州海洋经济生产总值3250亿元，在全国所有城市中位列第三位；渔业产值691.85亿元，居全国第一，海洋经济为福州经济发展提供了强劲动力。

二、环境治理保育

20世纪90年代，习近平总书记在福州工作期间，率先提出"城市生态建设"的理念，指出要把福州建设成为"清洁、优美、舒适、安静，生态环境基本恢复到良性循环的沿海开放城市"，并亲自推动了闽江流域水环境综合整治，组织实施了绿化福州、内河整治、污水处理工作，并亲自选址、谋划建设红庙岭垃圾综合处理场等，指导福州开展了一系列环境保育项目，打出一套生态环境保护的"组合拳"。

（一）污染治理

在习近平总书记指导下，福州市稳步推进"美丽河湖""美丽海湾"以及大气污染防治等工程，同时开展"无废城市"建设，推动环境污染防治。

以内河综合治理工作为代表。20世纪90年代初期，习近平总书记在福州工作期间，亲自领导和推动福州内河综合治理工作，提出"全党动员、全民动手、条块结合、齐抓共治"的十六字治水方略，推动了西湖综合整治（图3）、晋安河（图4）清淤、祥坂污水处理厂等一系列治理工程建设。2011年，福州市政府提出以"水清、河畅、路通、景美"为目标，启动第二阶段水系治理，并荣获2012年度全国人居环境范例奖。2017年，福州市以"系统综合、生态自然、标本兼治"三大理念，内涝治理、污染源治理、黑臭水体治理、水系周边环境整治四箭齐发，聚焦黑臭治理9项策略与水系周边环境提升5项策略，梳理并解决了800多个内河污染问题。治理工作采取PPP建设模式，将城区内河按流域打包成7个水系治理项目包，面向全国公开招标，引进专业水务公司开展治水。截至2018年底，福州城区44条黑臭水体全面消除，成功获评首批"全国黑臭水体治理示范城市"。

为了实现内河"长治久清"，福州在推行"政企"双河长制、每月14日开展"河长日"

图3　福州西湖

图4 福州晋安河

活动的同时，积极组建"民间河长"队伍，广泛开展"护河爱水、清洁家园"活动及城市黑臭水体、污水直排等问题的"随手拍"活动，一系列治水管水机制创新融入公众参与，让榕城绿水长流。2018年至今，连续6年黑臭水体治理群众满意度都达90%以上。为持续巩固治水成效，让满城碧波为城市发展注入活力，福州市着力打响"福舟悠游"内河文旅品牌，做大"水文化"、做强"水经济"，如今，上百条蜿蜒流转的内河实现水清河畅，成为越来越多福州人的骄傲。

（二）固废治理

多年来，福州市以创新、协调、绿色、开放、共享的新发展理念为引领，以固体废物减量化、资源化、无害化为重点，全面推进大宗工业固体废物趋零增长、农业固体废物资源化利用、城市生活垃圾优先分类、源头减量化及资源化利用、建筑垃圾综合利用、危险废物全过程安全管控，努力建设践行习近平生态文明思想的美丽福州样板。

固废治理方面，以红庙岭循环经济生态产业园项目为代表。在老福州人印象中，红庙岭曾是"垃圾山"的代名词。2017年以来，红庙岭遵循循环经济理念，在全国首创垃圾分类"三端四定"模式，建立垃圾分类处理闭环体系，资源化利用进入园区的生活垃圾，生产出电、绿化基肥、生物柴油、环保透水砖等，建成餐厨、厨余、危废等12个全门类生活垃圾分类资源化处置项目，每年可发电约7.67亿千瓦时，折节标煤约23.42万吨，减排约53.85万吨二氧化碳当量，实现生态效益与经济效益兼顾，为节能减排发挥重要作用。此外，园区还同步配套建设覆土复绿等8个综合保障提升项目，按照4A级工业旅游景区的标准，积极打造工业旅游科普示范区和国家一流环保科普宣教基地，向市民推广垃圾分类等环保意识和可持续发展理念，并参与到"无废城市"建设中。现在，红庙岭已从垃圾综合处理场华丽"转身"为处理门类齐全、工艺先进、处置体系完善、生态效益良好、环境优美的郊野公园式循环经济生态产业园区，于2023年被列入生态环境部、科学技术部公布的第八批国家生态环境科普基地名单。

（三）生态修复保育

福州始终秉持习近平生态文明思想，坚持"3820"战略工程思想精髓，把"生态福州"建设纳入经济社会发展的全过程，通过实施重点流域山水林田湖草沙一体化保护和修复，持续推进湿地保护与修复、造林绿化等一系列生态系统保护修复重点工程，加强生态安全屏障体系建设等措施，倾力打造"生态高颜值、经济高质量"的有福之州。

生态修复保育方面，以闽江河口湿地的修复新路径为代表。曾经的闽江河口湿地填海造地频发、养殖鱼塘遍布、外来入侵物种蔓延，生态修护迫在眉睫。2002年，时任福建省省长的习近平同志在呼吁抢救性保护闽江河口湿地的信息专报件上作出重要批示。长达20多年的闽江河口湿地保护修复行动随即展开：福州市坚持"生态立市、文明兴市、保护优先、科学发展"的基本方针，创新实施陆地海洋、岸上岸下、流域上下"三同治"模式，聚焦多类型生态问题精准施策，采取了叫停不合理项目、退养还湿、划定管控红线、除治互花米草以及恢复湿地水鸟栖息地等多项保护修复措施……同时推进湿地立法，建立长效机制为湿地保护和地区发展提供制度和法律支持，让闽江河口湿地从"垂危"走向"新生"——保护修复行动实施后，共退养还湿3 197亩，恢复乡土植被2 605亩，治理互花米草4 590亩；退养区域年均栖息水鸟超过5万只，种类超过100种，国家重点保护动物达到87种……2023年，闽江河口湿地入选国际重要湿地名录，并被生态环境部评为生物多样性保护优秀典型案例。

三、城市韧性提升

福州城市滨水而建，水害则伤民，水利则福民，城市发展必须把生态和安全放在更加突出的位置。长期以来，福州市积极推进韧性安全城市建设，尤其是在水安全方面，形成了可推广、可复制的韧性城市建设典型经验。

（一）江洪防治

久久为功，构筑防洪减灾新格局。习近平总书记在福州工作时高度重视闽江防灾减灾工程建设，不断推动防洪堤提标的步伐，1990年福州主城区的防洪堤标准从24年一遇提升到100年一遇，至1997年，全市共建成江（溪）堤防总长度647.37公里，保护人口205.73万人、耕地面积31.73万亩；至2001年底，福州市共新建和加固扩建防洪堤183公里，实现了"千里江堤，千里路"，福州主城区防洪标准提高到100～200年一遇。

福州历届市委市政府秉承习近平总书记在福建、福州工作期间的重要治水理念和实践，全面推进河湖水系综合治理。经过新建和加固的闽江下游防洪堤，成功抵御了1992年"7.7"、1998年"6.23"百年一遇的特大洪水，2005年"6.23"、2006年"6.7"、2010年"6.18"等多次大洪水的侵袭，历年来防灾减灾效益达200亿元以上，有效保护了闽江下游人民的生命财产安全，为福州跨越发展提供了防洪安全保障。

（二）内涝治理

创新治理体制机制。2017年，福州市突破多部门管水模式，在全国首创组建城区水系联排联调中心，通过整合建设、水利、城管等部门的涉水职能，创新构建"多水合一，厂网河一体化"的管理模式，统筹调度全城上千个湖、库、泵、闸、站。建设全国首个城市级水系科学调度系统，做到"应急指挥一张图"。汛期，平台是应急防涝"最强大脑"，高效运算、联排联调，助力城区排水防涝；非汛期，平台是"智慧水系"管理工具，群闸联动、生态补水，营造城市生态景观。

系统建设排水防涝工程体系。福州市根据地形现状，采取"上截、中疏（蓄）、下排"的治理策略，实施山洪防治、河湖水系治理、管网改扩建、源头减排等一系列工程。由上游水库、"高水高排"工程、沿江闸站及沿江堤防组成城市防洪排涝系统，抵御城外山洪和闽江潮水入侵，削峰减洪；由内河行泄通道和湖体、调蓄池等蓄滞空间构成城区蓄滞行泄系统，转输山区洪水和地块涝水，蓄滞洪涝水；由城市雨水管网、收水边井、路面行泄通道等构成城区雨水收集输送系统，负责快速收集雨水、消除积水；由雨水花园、下沉式绿地及透水廊道等构成城区源头减排系统，削减径流、净化雨水。

通过以上措施，福州市城区排水防涝取得显著成效，有效应对了2017年纳沙和海棠双台风、2018年玛莉亚台风以及2021年的卢碧台风，城区排水防涝应急处置效率提高50%，库湖河调蓄效益提高30%以上。2023年在经历超200年一遇暴雨袭击时，实现五一路、五四路内涝五小时排空、清理，交通恢复。

四、全民共建共享

（一）普惠包容

多年来，福州市大力推进可持续发展社区建设，通过"一刻钟便民生活圈""长者食堂＋学堂"，适老化、适儿化改造和无障碍设施改造等举措，充分关注老幼病残弱势群体，打造普惠包容的全龄友好城市。

全域打造新时代儿童友好之城。印发实施《福州市国家儿童友好城市建设方案》，启动《儿童友好城市空间规划》《儿童友好社区建设指引》等指导性文件编制，系统性推进城市公园、广场、学校、商圈等儿童友好公共空间建设和改造项目的实施。在儿童公园实现县（市）区全覆盖的基础上，对综合公园和可步入式街头公园进行适儿化改造，着重增设儿童篮球场、足球场等区域，让口袋公园成为家门口的儿童公园（图5）。同时关注孤独症儿童等弱势群体，以星语学校为样板在全国率先打造第一所以孤独症儿童为专门招生对象的特殊教育学校，10多年来为近300个孤独症儿童的家庭点燃希望；并依托该校建立了福州市特殊教育资源中心，辐射63所学校，建成近180间特殊教育资源教室，可保障500名左右孤独症儿童随班就读。此外，福州市还积极搭建儿童参与城市建设的示范性平台，实施"福小榕看城市"儿童友好主题宣传实践项目，在7个区（县）组建了200多人的全省首支儿童友好城市

图5　福州光明港公园儿童游乐空间

团队——"小小观察员"，保障儿童的参与权和表达权。

全域打造新时代老年幸福之城。福州在全国首创"长者食堂·学堂"计划，建成长者食堂579家，满足多样化养老需求；在全省率先建立安宁疗护科，实现安宁疗护服务县（市）区全覆盖；在全省率先推进家庭病床试点，符合条件的老年患者可以在家里或养老机构实现"住院治疗"，医疗服务送上门；在全国创新推出"积分制"家庭医生签约服务，汇集智能签约、团队协作、医患互动、预约转诊、医护上门、健康管理、积分增值、智能监管八大功能。在全省率先组织开展"全国智慧助老公益行动"；"全国示范性老年友好社区"数量居全省前列；长者食堂等助老服务遍布城区，比例全省最高。多措并举下，福州市老年健康服务体系建设进展明显，老年友好社会建设不断推进，老龄工作获国家级表彰。

（二）多元参与

福州市在城市建设中积极鼓励民众参与，长期开展各类活动，激发市民主人翁意识，发挥群众力量全面提升城市人居环境水平。2024年1月15日，福州市第十六届人民代表大会通过《福州市人民代表大会关于动员全市人民奋力建设更高水平的可持续发展城市的决议》，动员全市人民成为可持续发展理念的倡导者、实践者、推动者，致力形成全民参与的可持续的治理模式。

"温暖福州"志愿者行动是福州市动员公众参与的典型案例。全市党员志愿者、青年志愿者、巾帼志愿者、银发志愿者等各类志愿者活跃在文明创建、疫情防控、防台防汛、应急救援等各个领域，让志愿服务成为福州市民的自觉。截至目前，全市实名注册志愿者约129万名，注册志愿团体约2.9万个，登记志愿服务时长约8265万小时。

聚焦"让群众表达诉求的渠道更畅通一些"，加强公众参与。以军门社区为例，通过成立社区治安和人民调解、事务协调、共建理事会等专业委员会，完善社区居委会组织体系；按照"地域相近、楼幢相连、资源相通、邻里相识"原则划分基础网格，靠前解决群众反映问题。同时，实行社区党员大会、社区居民会议、社区"两委"会议、"两议两评两公开"等制度，建立民主恳谈、议事、听证、咨询、评议5项协商制度，推动形成参与社区治理、民主议事协商的良好氛围。在此基础上，创新居民自治载体，全省首创"居民恳谈日"机制，用活用好"一线处置"机制，居民随时上报、街居一线接单、自处或呼叫部门联合处置，有效解决涵盖城市管理、民生保障、便民服务等诉求。

五、结语

2021年3月，习近平总书记视察福州时提出，继续把这座海滨城市、山水城市建设得更加美好，更好造福人民群众。这为新时代福州城市建设指明了前进方向。

福州市始终坚持践行以人民为中心的发展思想、不断满足人民群众对美好生活的向往，坚持可持续发展的理念，以经济稳定持续发展为基础，加速绿色发展转型，推动数字经济、文旅经济、绿色经济和海洋经济发展；营造绿色生态、低碳环保的城市可持续环境战略，推动生态文明建设；以韧性与城市安全为底线，开展全域治水行动；全面发展公共服务事业，致力实现不让"一人一地掉队"，鼓励全民参与，共建共享美丽家园，逐步走出了一条有福州特色的可持续发展城市建设之路。福州市将始终坚持以更加科学、更加系统、更加精准的方式推进"有福之州"建设，为实现人与自然和谐共生的现代化目标而不懈努力。

（作者：陈亮，福州市可持续发展城市研究院有限公司，党委书记、董事，教授级高级工程师；董敬明，福州市可持续发展城市研究院有限公司，总工程师，正高级工程师；陈丽梅，福州市可持续发展城市研究院有限公司，可持续发展与人居科学研究院负责人，教授级高级工程师；张炜，福州市可持续发展城市研究院有限公司，工程师）

国家级近零碳示范区创建示范
——海南博鳌近零碳示范区创建探索与实践

为深入贯彻习近平生态文明思想，全面落实党中央、国务院和省委、省政府关于碳达峰、碳中和的决策部署，全面落实党中央、国务院印发的《关于加快经济社会发展全面绿色转型的意见》等相关文件精神，海南省坚持生态立省不动摇，陆续开展了以"博鳌近零碳示范区"为代表的国家生态文明试验区六大标志性工程，积极探索"两山"价值转化路径，着力建设生态一流、绿色低碳的海南自由贸易港，争创美丽中国先行区，为海南国家生态文明示范区建设和自贸港绿色低碳发展作出了有益探索。

一、示范区创建背景

为落实习近平总书记2022年4月在海南视察时做出"把东屿岛打造成零碳示范区，比开多少次'双碳'工作论坛，都要有说服力"的重要指示，住房城乡建设部与海南省在海南联合开展博鳌近零碳示范区的创建工作。

博鳌东屿岛位于琼海市博鳌镇，占地面积约1.78平方公里，是博鳌亚洲论坛的永久会址所在地。目前，博鳌亚洲论坛会址相关场馆及设施已经投入使用20多年，存在建筑和设施设备陈旧、设施设备能耗高、资源循环利用率低、智能运维能力不足等问题，已无法更好地满足非正式、舒适、和谐、绿色、高效的国际会议要求。

整体来看，博鳌东屿岛适宜的建设规模和较高的国际展示价值，将东屿岛打造成为近零碳示范区，对于海南省和全国城乡人居环境"双碳"工作具有重要借鉴和推广意义。

二、示范区创建举措

1.规划引领，加强顶层设计

在示范区创建初期，在住房城乡建设部和海南省的指导下，由中国城市规划设计研究院（以下简称"中规院"）牵头国内各行业的顶尖技术单位编制了《博鳌近零碳示范区创建方案》，并在创建方案的基础上，通过编制《博鳌近零碳示范区技术导则》明确实施技术标准，编制《博鳌近零碳示范区总体设计》引领技术空间落位。通过这一系列的顶层设计工作，形成了示范区创建的统一技术目标和统一技术管理，确保从规划到建设实施不走样。

2. 系统科学，确定创建目标

示范区通过近3年的不断探索，建立了从规划目标到指标再到空间项目化的技术路径。按照"区域近零碳、资源循环、环境自然、智慧运营"的四大设计理念和一个"近零"（全岛运行阶段近零碳）、二个"降低"（建筑本体能耗下降、交通能耗下降）、六个"100%"（低碳建筑比例100%，建筑用能电气化率100%，可再生能源替代率100%，有机废弃物资源化利用率100%，污水再生利用率100%，区域能耗和碳排放监测、服务覆盖率100%）的建设目标，并形成了如何完成上述目标和指标的建筑绿色化改造、可再生能源利用、固废资源化处理、水资源循环利用、交通绿色化改造、园林景观生态化改造、运营智慧化建设、新型电力系统8大类18个项目的整体工作架构，有效地指导了示范区的创建和工作推进。

3. 加强统筹，建立工作制度

为提高示范区的建设管理成效，组建了部省联合领导小组，并从中规院等相关技术单位和国家能源集团等实施主体等抽调人员，组建了省、市近零碳工作专班和现场工作指挥部，制定了"九个一"工作机制（编制一个实施方案、成立一个指挥部、组建一个专家团队、建立一个工作机制、整理一张流程图、建立一个现场施工模型、制定一个保障体系、汇总一个问题清单、制作一个绿色记录），实行日汇报和周例会制度，形成了很好的工作合力，极大方便了项目建设的统筹协调。

4. 跟踪伴随，全程技术指导

区域近零碳建设的技术复杂性和国际化标准要求高，不同于单体建筑零碳和一般的工程建设项目，示范区需要对各项目从设计、施工到运行维护等各个技术环节进行技术把关，全过程动态综合性集成优化、动态评估和动态调整，才能达成区域近零碳的目标。

在部省联合领导小组的统筹下，由中规院牵头组建了国内外知名专家组建专家咨询委员会和全过程技术管理团队，系统开展了创建顶层设计、联合技术攻关、制定技术标准、编制实施方案、探索市场化运行机制、设施设备运行效果跟踪评估、系统联调联试、建立设施设备绿色运行机制、制定零碳会议会展和零碳旅游等公众行为规范等一系列工作。

根据工作需要，全过程技术管理团队下设专家组、技术组和第三方评估团队，专家组负责技术指导、方案审查、设备选型、设施选址、施工巡查、过程指导、施工前预评估、试运行指导等工作；技术组下辖生态景观、水务市政、绿色建筑、智慧运行、新型能源、绿色交通等专业组，负责对接各实施主体的项目实施；第三方评估机构就现状碳计量、方案评估、设备评估、过程评估、成效评估等方面进行阶段性评估等工作。

为解决示范区创建工作涉及的跨专业、跨部门和探索性高的问题，由省市近零碳工作专班、各实施主体、全过程技术管理团队、设计单位在东屿岛现场指挥部联合办公，梳理研究项目的难点堵点问题，总结经验，并提出切实可行的解决方案。

5.积极探索，引入社会资本

为形成可复制、可推广、可持续的市场化机制，解决近零碳项目建设的资金筹措问题，探索打通近零碳示范区建设的技术环节、营利环节、运营模式环节，做到企业敢投，市场愿投。按照省委省政府统一部署，除公共服务和基础设施项目外，通过将示范项目按照"肥瘦搭配"的原则打包后公开招选实施主体，选取了国家能源集团、中远海运集团、海南电网等市场化企业自主投资推进项目建设，最终实现示范区社会投资占总投资的76%。

6.狠抓进度，实行并联审批

考虑到示范区项目属地化审批的原则，为提高审批效率，在部省领导小组的统筹安排下，由琼海市组织成立了琼海市近零碳工作专班，专班下辖审批组、实施组、协调组等工作组，全面负责示范区创建相关项目的审批工作。在实施方案批复后，省市近零碳工作专班，及时组织相关实施主体、职能局和审批部门梳理实施主体内部、政府审批部门等各个审批环节所需要的报审材料清单、完成时间节点等内容，通过优化审批流程，形成了项目多个环节并联审批的审批工作流程图，并按照流程图督促各相关责任单位严格执行，确保按照时间节点当日报审、当日审批，不耽误一天时间，不增加一个流程。在服务各实施主体的报批报建中，省市专班积极组织各职能部门采取上门办公、现场办公的形式，上门协助和指导报建单位准备所需报批材料，实现只走一次程序和精准审批。

7.集约高效，推动工程总包

博鳌近零碳示范区的创建面临多项困难和挑战：第一，示范区地处博鳌亚洲论坛核心区，对施工质量和风貌要求较高；第二，示范区地处海南三大台风登陆地之一的琼海市，每年平均有3～6个台风影响该地区的正常生产生活活动，除了台风季、雨季、重要外事接待和博鳌亚洲论坛年会筹备工作期外，每年可以开展工程施工的周期很短；第三，在示范区创建之前，博鳌亚洲论坛会议中心和酒店已经签约每年需承办的各类会议会展近200场，需要最大限度地保障业主方的利益，缩短施工周期；第四，示范区在不到2平方公里的范围内，由四家实施主体在短时间内同步开展16个建设项目，且不同项目工作边界有大量交叉重叠，设计、施工协调难度大。为最大化提高项目施工组织效率，减少不同主体间的协调工作量，保障项目进度，博鳌近零碳示范区采取了按照实施主体，将项目打包开展工程总承包（EPC）的工作机制招选施工企业。

8.对标国际，开展成果认证

经过近两年的努力奋斗，示范区8大类18个项目于2023年8月底全面竣工。为主动适应国际规则，扩大示范区国际影响力，示范区创建借鉴国际经验，从多个方面组织开展示范区创建成果的评估认证：

第一，住房城乡建设部和海南省于2023年9月5日组织召开了示范区建设成果专家评估会议。会议邀请了瑞典哈马碧生态城生态模型总设计师、瑞典SWECO集团首席总规划师乌尔夫·兰哈根（Ulf Ranhagen）教授、国际部总监安娜·赫斯勒（Anna Hessle）女士，德国能源署建筑能效部主任蒂洛·冈兹（Thilo Gunz）、国际城市合作项目部主任叶昂女士，中国工程院院士江亿教授，全国工程勘察设计大师李晓江教授、赵锂教授、何昉教授，美国环保协会原驻华首席代表张建宇先生，美国能源基金会低碳城市高级项目主任王志高先生，英国伦敦大学学院可持续建筑学院副院长梁希教授，美国南佛罗里达大学终身讲席教授陆键（Jian LU）等19位重要国际机构和国内外零碳领域知名学者专家。经过国内外权威专家现场考察论证得出：博鳌近零碳示范区创建成果达到"国际一流、国内领先"水平。

第二，示范区邀请德国能源署等国际机构开展示范区创建成果的国际评估认证工作。经过德国能源署工作人员近半年的实地调研和驻场工作，示范区获得德国能源署颁发的"零碳运营区域认证"，成为我国首个获得由德国能源署颁发的"零碳运营区域认证"的区域。

第三，示范区按照国家标准《零碳建筑技术标准（送审稿）》的相关要求，对零碳区域、零碳建筑和低碳建筑进行了相关校核与评估。国标主编单位通过示范区近6个月的实际运行数据核算，标明示范区符合国标《零碳建筑技术标准（送审稿）》"零碳区域、零碳建筑、低碳建筑"的相关标准和要求。

第四，委托国内第三方认证机构，即2022年北京冬奥会碳中和评估团队，按照国际标准开展示范区碳中和认证评估工作，经过长期的持续跟踪和阶段评估，示范区的建设成果成功取得生态环境部中环联合认证中心颁发的"温室气体减排声明"。

9. 机制保障，探索零碳治理

为给我国城市的低碳运行积累经验，通过建立近零碳运行管理系统，并探索形成零碳会议、零碳会展、零碳旅游、零碳科普教育、零碳生活等产品体系，由中规院负责编制并由琼海市印发的《琼海市博鳌近零碳示范区管理办法（试行）》等政策文件，为示范区的运行管理形成健全的保障机制，让示范区的运行管理有法可依、有据可查，也让低碳的生产生活行为理念深入城市居民，引导居民的低碳行为方式，实现零碳运维和零碳治理。

此外，示范区还开展了引导全民生活方式转变的碳普惠活动，通过开发博鳌近零碳示范区碳普惠APP，将绿色出行、绿色住宿、绿色生活等行为方式产生的碳积分形成多种形式的碳资产，积极参与碳市场活动，探索多种形式的近零碳生活及运营方式。

三、示范区创建成效

1. 示范区创建的重大意义

经过两年多的系统创建，博鳌近零碳示范区建设工作全面结束，示范区入选住房城乡建设部"城市更新典型案例名单（第一批）"和国家能源局"能源绿色低碳转型典型案例名单"，并获得全国综合智慧能源大会授予的"优秀能源示范项目"称号。

示范区开展的分布式光伏发电市场化交易、碳积分、零碳会议等一系列配套政策、措施，探索形成整套的"规、建、管"运行流程和实施路径，在共建机制、工作方法、技术应用、理念创新方面形成了一批可复制、可推广的经验，为国家标准《零碳建筑技术标准（送审稿）》提供了实践案例。

同时，由中规院牵头编制完成的《博鳌近零碳示范区创建技术标准》，是我国国内目前近零碳创建技术经验的智慧结晶，该标准涉及建筑、交通、能源、电力等领域，覆盖设计、施工、验收、运行维护、评估等环节，其中涉及我国热带海洋环境气候下高温、高湿、高盐地区的多项节能举措，是热带地区绿色低碳发展的有力探索。

2. 综合效益分析

环境效益方面，改造实现了一个"近零"、二个"降低"、六个"100%"的建设目标。改造后，区域年二氧化碳排放量减少97%，未来还可通过加强上岛燃油车管理等方式进一步降低。同时，随着建筑绿色化改造、交通绿色化改造、固体废物资源化利用、场地海绵化改造、污水再生回用、乐美湖红树林湿地修复、废弃物堆放场地的景观化改造、环岛生态栈道建设、农光互补有机果蔬供应基地建设等项目和措施的实施，东屿岛生态环境、整体风貌和会议会展、旅游服务能力都得到了极大的改善、提升。

经济效益方面，示范区新能源投资1.93亿元，预计节约电费1560万元/年、售电收益543万元/年、农光互补农产品收益156万元/年，总体静态回收期约8.5年（新能源设备可运行25年）。从2023年至今，随着实施项目的陆续落成，"近零碳"的先进理念，以及焕然一新的设施和环境面貌，很好地促进了区域会议会展和旅游业的发展，相关业务规模及质量与改造前相比均有较大提升，博鳌亚洲论坛大酒店、东屿岛大酒店在旅客人数上涨10%的情况下，用能成本下降近20%。

社会效益方面，农光互补发电项目增加20个村民就业岗位和5.6万元/年的人均增收，带动共同富裕。2024年3月18日，博鳌近零碳示范区运行启动会召开，引起社会各界广泛关注。在2024年博鳌亚洲论坛年会期间，与会国内外嘉宾对示范区给予充分肯定，认为示范区是中国在绿色能源领域的又一创新例证，彰显中国绿色发展的决心，为国际社会作出表率。据不完全统计，约有30家媒体通过图文、视频的方式对启动会进行宣传报道。示范区的建设成果还获得了芬兰前总理埃斯科·阿霍、德国西门子能源全球总裁和首席执行官克里斯蒂安·布鲁赫、博鳌亚洲论坛秘书长政策顾问扎法尔·乌丁·马赫默德、博鳌亚洲论坛秘书长李保东等政商要员的肯定，相关报道获得美国福克斯（FOX）新闻网、美国全国广播公司（NBC）新闻网、德国财经新闻网、俄罗斯国家通讯社塔斯社、俄罗斯地铁广播、韩国内特新闻、韩国KBS News、日本AFPBB News、雅虎商业财经网、晨星全球专业财经网站等300多家境外媒体的转载和报道。

（作者：胡耀文，中规院（北京）规划设计有限公司海南分公司总经理；曾有文，中规院（北京）规划设计有限公司海南分公司副总工程师；王富平，中规院（北京）规划设计有限公司海南分公司低碳中心主任）

生态立市，文化赋能，创新驱动

——宜兴以新动能推动高质量发展的经验做法

宜兴地处太湖西岸，是一座山水富集、生态秀美、文化深厚的国家历史文化名城，也是百强县综合实力连续排名前十的经济强市，有着"全国文明城市""国家全域旅游示范市""国家生态文明建设示范市"等系列称号。近年来，宜兴一方面依托自身优质的生态环境，践行"绿水青山就是金山银山"理念，注重生态保护，发展生态产业，不断提升城市的生态魅力；另一方面发挥文化底蕴优势和人才优势，将传统与现代完美融合，培育了兴盛的文化产业，也彰显了城市的传统文化特色；同时，宜兴近年来大力实施科技创新引领系列行动，融入区域创新发展格局，发展成为科技创新型城市。

为提升城市竞争力、谋求高质量发展，宜兴以生态、文化、创新三大要素作为发展动力，走出了一条"宜兴式"特色道路，形成了一系列的值得借鉴的经验做法。

一、生态产业化与产业生态化发展兼顾

宜兴市的自然地理格局可以概况为"三山两水五分田"，城市发展充分利用太湖、东氿、西氿、南部山区等自然山水条件，构建"T型绿脉、荆溪水网、湖荡环绕"的生态保护格局（图1），进而塑造"山在城中、城在水中、村庄连片、田园纵横"的特色城乡风貌。宜兴市坚持生态立市，在保护重要生态空间的基础上，走绿色发展，拓展产业生态化和生态产业化双向转化路径。

图1　宜兴市生态产品价值实现机制多元模式图

（一）生态产业化——山水价值转化，形成多元生态产品

宜兴市坚持"生态+"的发展思路，探索"生态+高品质农旅""生态+自然资源重塑""生态+循环经济发展"等多种路径，将生态价值转化为经济价值，于2023年10月被生态环境部正式命名为"绿水青山就是金山银山"实践创新基地。

一是"生态+高品质农文旅"激活青山绿水。利用铜山山谷、太湖西岸、三氿周边、滆湖东岸以及水乡田园等得天独厚的山水环境，发展全域旅游，形成了以阳羡生态旅游度假区、团氿风景区等为核心、以特色旅游村为支撑的全域旅游格局。依托优质山林、土壤、农田、水系，实施"品牌强农、营销富民"工程，培育出宜兴红（茶）、阳羡雪芽、宜兴紫砂、宜兴百合、宜兴大闸蟹等农业特色品牌，以优质生态资源赋予农产品更高价值。宜兴市积极发展"美丽经济"，先后获评国家全域旅游示范区、"全国美丽乡村重点县"建设试点，持续释放生态旅游红利。

二是"生态+自然资源重塑"打造特色场景。宜兴市系统开展矿山综合治理与生态修复，累计实施相关项目64个，复绿坡面142.87公顷，平整复垦废弃地737.5公顷。通过创新实施"矿地融合2.0"工程，让"残山剩水"蝶变"城市公园"、残山"造出"景点、宕口"长出"酒店、荒山"种出"花海，盘活废矿坑，利用生态修复场地营造宜人景观。其矿地融合的创新做法被纳入《江苏省自然资源领域生态产品价值实现典型案例（第二批）》。

三是"生态+循环经济发展"形成价值产品。在生态治理过程中，采用"循环"理念，将生态保护修复作为重要任务的同时，创新地将生态质量过程中的副产物转化为具有经济价值的特色产品。例如，在河湖修复治理过程中，运用"秸粪藻协同处理"的方式，将蓝藻、秸秆、粪污通过综合处理，不仅消除二次污染隐患，还可聚泥成岛、恢复湖滨带湿地面积，实现污染零排放与景观提升。

（二）产业生态化——绿色循环产业兴盛

自20世纪70年代起，宜兴的环保产业开始逐步形成，1992年宜兴正式建立"环保科技工业园"，经过多年发展，宜兴已成为国内有名的"环保之乡"，在高塍、南新等乡镇形成了环保企业规模集聚区。至今环保产业累计培育上市公司13家，高新技术企业210家，2023年环保产业完成规上产值达到339.2亿元，在全国长期保持领先地位。宜兴的环保产业链，已经涵盖水污染防治、大气污染防治、固废处置、噪声控制和仪器仪表五大领域的各类环境处理技术和产品，可以对城市环境治理提出综合解决方案，起到"环境医院"的作用。

近年来在环保产业的基础上，宜兴抓住零碳经济发展机遇，建设"双碳"实践先行区，打造了面向未来的城市污水资源概念厂、"零碳厕所""田园牧歌零碳生态综合体"等一批引领性的绿色低碳生态产品，为全国探索低碳之路，打造"环科园样板"。其中位于环科园的宜兴城市污水处理资源概念厂于2021年建成使用，是国内首座落地实践的新一代概念厂。该厂依托中国工程院院士曲久辉等9名国内环境领域知名专家的先进技术，采用"三位一体"的形式建设，由2万吨/日的水质净化中心、100吨/日的有机质协同处理中心和生产型研发中心三部

分组成。其中，污水处理部分做到了高水平脱氮除磷（TN＜3mg/L、TP＜0.1mg/L），且其性价比明显优于现行的国内污水处理厂，经过处理的再生水达到饮用标准，可用来冲泡咖啡；有机质协同处理中心可处理污泥、蓝藻、餐厨垃圾和秸秆等，形成了污染物资源化利用的综合中心。

二、文化赋能提升城市竞争力

文化是一座城市的灵魂，创新是一座城市发展的不竭动力。宜兴自古以来就是文人墨客的青睐之所，紫砂文化、东坡文化、山水文化等资源富集。2023年宜兴文化产业单位总数达197家，位列无锡市第一，"TAO最宜兴"品牌效应持续释放，提升了城市的竞争力。此外，宜兴素有"院士之乡"的美誉，优秀的人才资源形成推动城市发展的动力。

（一）文化促进旅游发展

宜兴深厚的人文底蕴成为旅游发展的最大优势。一直以来，宜兴作为"陶都"，陶文化不仅在带动陶瓷产业发展上发挥着重要作用，更在文旅融合发展中扮演着重要角色。

宜兴以蜀山古南街为载体，坚持小规模、渐进式的改造和创作理念，贯彻原真性、完整性和适应性活态利用相结合的原则，以公房和关键节点为抓手，推进古南街风貌保护与提升的示范工程。通过导则指引，带动了居民自发有序地开展自有房屋的修缮工作，采用渐进式活化修复改造的手法，通过文化引领、业态升级等途径，营造出了一系列"陶式生活"场景。

此外，通过举办"窑火千年不息"国际柴烧艺术节、"蜀山·陶集"等极具特色的品牌活动，带动西望村、洋渚村、蜀山社区等传统陶艺聚集地成为旅游胜地。2023年宜兴成功举办全国民宿大会、首届阳羡山湖音乐节等文旅活动，接待国内游客3000.24万人次，比上年增长28.8%，宜兴的旅游发展日益壮大。

（二）人文引领健康产业

以文化为引领，借助生命健康产业的发展优势，宜兴构建了文化、康养、医疗、生物医药有机结合的大健康产业体系，让传统文化与健康养生进行创新结合，发挥文化资源的创新优势。截至2023年，宜兴累计签约的生命健康产业项目已达70个，总投资超500亿元，产生42家规上企业，累计实现产值137.2亿元，实现销售收入134.9亿元。

（三）以人才助推城市发展

以人为本的理念贯穿发展始终，通过持续营造尊重人、理解人、关心人的浓厚氛围，推动人在经济社会发展中展现强大的创造力，实现经济与人文的互促并进、相得益彰。

宜兴人才资源丰富，拥有32名中国科学院、中国工程院院士（县级城市最多）和大量的乡贤教授人才。为充分发挥自身的人文和人才优势，宜兴打造了一系列人才创新平台，包括"院士之家""乡贤智库"等，并出台了一系列人才引进政策。一方面可以发挥"建言纳策"

的作用，通过打造"院士之家""乡贤智库"等创新平台，通过智库论坛、定向征询、专题调研等形式，为宜兴高质量发展建言。另一方面通过院士平台，能够有效打通为院士服务、院士成果转化、院士产业等发展链条，发展"院士经济"，破解产业、科创、人才、城市发展等痛点，促进城市的高质量发展。目前，在院士、教授乡贤的助力和带领下，宜兴在推动太湖湾科创带建设方面成效显著，通过集聚高端资源、培养尖端人才、开发前沿技术、布局未来产业等方面，不断孵化出创新企业，为城市发展建设提供源源不断的动力。

此外，宜兴以持续迭代升级的陶都英才政策，通过形式多样的国际科创英才节系列活动等，让人才成为最具竞争优势的城市新名片。

三、科技创新引领跨越发展

宜兴秉承科创共山水一色的理念，以生态、文化为基础，不断培育科技创新土壤，积极融入区域科创格局，大力发展科创产业，通过科创空间的构筑以及科创环境的营造，使创新企业集群和科创载体不断壮大，形成了具有宜兴特色的科技创新培育路径。2023年全市主导发布国际标准18项、国家标准247项，万人有效发明专利拥有量达43.21件，高于周边县级地区。

（一）构筑创新空间，建设太湖湾科创带

2020年，无锡市提出打造太湖湾科技创新带这一概念，宜兴积极参与谋划科创带的发展。坚持规划先行。宜兴市编制《宜兴太湖湾科技创新带发展规划（2021—2025年）》。通过构建"一轴四谷三区多点"的空间格局，宜兴中心区、经济开发区的建设均与科创带紧密结合，实现了城市与科创空间的有机融合。同时，发挥"依山傍湖环汽揽川"的环境优势，将风景与科创空间充分结合，实现生态与科技互促发展。

（二）培育创新生态，制定科技创新政策

科技创新需要政策支撑。宜兴市在2022年拟定了《"科创宜兴"建设三年行动计划》，对支撑科创发展进行了全面系统的安排，形成了科创宜兴"331"行动计划。采用"双招双引"的方式，通过产业链招商、平台招商，宜兴加快科技型企业和项目资源落地，并打造整合优秀乡贤、创新型企业家、高层次人才、高技能人才等多元科技人才群体，形成了立体的科创发展思路。一是谋篇"蓄水池"，建设"逆向"科创飞地，积极引进科研成果，引聚创新型企业、人才和科教资源，同时以制造为投资引进海内外中小科技企业。二是增强"多样性"，打造创新成长链和创新培优链，在金融服务、政策支持和科技创新组织方面全面培育。三是巧设"加温器"，将城市营造成为创新的土壤，包括打造漫步友好城市和骑行友好城市，打造数字游民社区、创业工坊等。

四、结语

以人文环境的塑造作为发展基础。宜兴在城市建设、产业发展过程中一直十分重视人文环境的塑造，在宜兴的发展背后处处可见"院士""乡贤""教授"等人才群体的作用，人文的土壤不仅可以孕育出源源不断的人才，而且还构成了文化产业、科技创新和城市发展的重要基础，进而形成良好的发展循环。在如今新旧动能转换的发展要求下，人才的培育应当是各个地方发展过程中需要长期重视的工作。

发挥组合优势，形成资源要素的融合效应。宜兴的资源要素较为多元化，在更早以前的发展过程中，对于生态、文化等方面的利用是相对单一的。近年来宜兴的城市发展频频"出圈"，正是因为将生态、文化、科技等要素结合起来打"组合拳"，才促进了城市的进一步发展。例如，通过文化的整理和宣传促进旅游产业和康养产业的发展、以生态优势和文化优势带动科技创新的进步等，这些都是发挥组合优势所带来的动力。因此，在发展过程中要注重软件与硬件兼顾、传承与创新并进、保护与发展结合，充分发挥各类要素的作用，才能走出一条高质量发展的路径。

（作者：许顺才，中国城市规划设计研究院村镇所乡村振兴学部主任，教授级高级城市规划师；靳智超，中国城市规划设计研究院村镇所城市规划师）

苏州以城市更新行动聚力贡献名城保护发展新样板

党的十九届五中全会审议通过的《中共中央关于制定国民经济和社会发展第十四个五年规划和二〇三五年远景目标的建议》首次提出"实施城市更新行动"，城市更新工作成为了新时期提升人居环境品质、推动城市高质量发展和开发建设方式转型的重要战略举措和抓手。2021年，中共中央办公厅、国务院办公厅印发《关于在城乡建设中加强历史文化保护传承的意见》，提出城市规划和建设要高度重视对历史文化的保护，要处理好保护和发展的关系，强化历史文化保护，塑造城市特色风貌，也成为城市更新行动当中重要的实践方向之一。

苏州是首批24个国家历史文化名城之一、全国首个也是目前唯一国家历史文化名城保护示范区、大运河沿线唯一以古城概念申遗的城市。苏州历史城区面积19.2平方公里，历经2500多年仍保持着"水陆并行、河街相邻"为特色的双棋盘格局，素有"东方水城"之美誉。2021年，苏州成为全国首批城市更新试点城市之一，苏州古城也成为了城市更新试点的先行示范区域，探索推进城市更新与历史文化保护传承、资源活化利用和人居环境提升的协同互进。

一、苏州古城四十年保护历程夯实更新基础

对苏州古城的保护与发展是贯穿苏州历届政府的主要议题，纵观苏州历史文化名城保护发展的历史脉络，苏州古城经历了从全面保护历史古城向全面保护与有机更新并重转换的过程，不同的阶段工作都为如今的全面更新搭建了坚实的基础。

（一）"全面保护古城风貌"战略形成了古城更新"保护为先"的基本共识

这一阶段，苏州首次提出"保护古城，发展新区"战略，成为延续至今的全民共识。1982年，苏州成为国家首批历史文化名城之一。1986年，《苏州城市总体规划（1985—2000）》确定了苏州"全面保护古城风貌，积极建设现代化新区"的城市建设方针，并在《历史文化名城保护规划》中划定了"一城两线三片"历史文化名城保护范围。这一阶段明确了全面保护古城的核心要求：保护古城水系和水巷特色，保护路河并行双棋盘格局，保护古典园林、文物古迹和古建筑，控制建筑高度、体量和色彩、继承发扬优秀地方文化艺

术，同时疏解古城人口，迁出城内工厂，这些内容也成为今天古城更新工作中必须遵守的前提条件。

（二）古城街坊和历史文化街区的划定为片区化更新奠定了空间基础

20世纪80年代末至90年代，苏州古城保护进入总体规划实施阶段，保护要求逐步落地，"古宅新居"试点工程、古城"解危安居"工程等工作"点"状推动，逐步改善居民生活条件；人民路、干将路、凤凰街等道路改造"线"型开展，提升古城交通出行能力；将古城14.2平方公里划分为54个街坊，启动街坊控规编制，明确建筑、人口容量指标，同时划定4个历史文化街区、3个传统风貌地区、若干历史地段，形成了古城保护发展的基本"片"区单元，为后续片区统筹更新奠定了空间划分与指标控制基础。直到2000年左右，随着修葺的苏州园林纳入世界文化遗产，山塘、平江街区启动保护修复和环境整治，苏州古城初步形成了古城保护更新"点""线""面"推动的基本空间逻辑。

（三）各类机制的构建探索为后续保护更新积累了制度基础

2012年苏州国家历史文化名城保护区获批，将苏州市平江区、沧浪区和金阊区整体纳入保护区范围，进行统一规划管理，成立姑苏区，实行"区政合一"的管理模式，有利于苏州古城资源的统筹保护和合理利用。2003年《苏州市历史文化名城名镇保护办法》出台；2014年启动《苏州历史文化名城保护条例》立法工作；2015年出台《关于加强苏州国家历史文化名城保护和管理的意见》，明确了"以块为主、条块结合"原则，设立古城保护办公室等多个名城保护专门机构，一系列古城保护的法律法规和配套政策不断出台。这一时期，全面保护机制逐步成型，但全面保护下的古城经济与环境出现了衰退迹象，如何在保护中实现长效发展日渐成为新议题。

二、当下苏州古城保护发展面临现实挑战

党的十九大以来我国全面进入新发展阶段，苏州以编制新一轮规划为契机，综合评估了古城保护与发展的问题与诉求，在全面保护框架下进入古城有机更新的全面探索期。苏州国家历史文化名城保护区与姑苏区"区政合一"，古城所在的姑苏区推进城市更新的担子沉重、任务艰巨。姑苏区是苏州最小的行政区，经济总量小、增速慢，缺少制造业支撑，但却承载了全国唯一的历史文化名城保护示范区以及苏州市中心核心功能，肩负着历史文化保护、公共服务供给、老城居民生活环境改善等重任。同时，姑苏区作为苏州全市几乎唯一零增量的区更新需求旺盛，有约35%的建设用地亟待更新或有条件更新。因此，在推动全区更新和古城发展的道路上困难重重，主要体现在以下五个方面：

一是缺乏城市更新系统性统筹机制。过去姑苏区从未编制全区总体规划或更新规划，发展思路与空间布局缺乏整体谋划。在管理决策上，涉及市级、区级、保护区等多部门；在项目实施上，各类市属国企、多个区级平台参与其中。城市更新工作涉及面广，在姑苏区现

行的工作推进机制下，部门、主体之间缺乏协调，难以形成合力。

二是以点状"插花式"更新为主，缺乏片区联动。由于以往的更新项目多强调具体地块内部的自我平衡，往往会出现更新项目"挑肥拣瘦"、更新方向房地产化的情况，剩下的更新区域往往成为"难啃的硬骨头"。部分更新项目实施后并没有真正带动周边区域连片更新，难以放大更新带动效应。

三是古城更新对民生改善的回应仍然不足。古城仍有大量优质历史文化资源以保护为主，未能充分转化为经济发展动能和古城自我更新的造血能力。古城内2000年以前的老新村约302个，总建筑面积1 379万平方米；传统民居约200万平方米，年代久远、成套率低、居住拥挤、产权复杂、管理难度大，部分建筑结构老化、年久失修，人民居住生活品质与生命财产安全难以保障。

四是古城保护与发展缺乏长效的资金保障。古城的城市更新项目大部分是存量资产的活化和公共设施、服务配套、功能品质提升等项目，资金平衡压力和融资风险较大，居民出资和社会资本参与积极性不高，导致已有的城市更新实践以财政资金为主，影响实施效能，工作难以持续。

在此情形下，苏州市委市政府及历史文化保护区做出了全面推动古城保护与有机更新并重的重要决策，以开展城市更新试点工作为契机，全面探索新时期历史文化名城保护的新样板、探索新模式。

三、苏州启动古城更新的全面探索

伴随城市发展模式转型以及城市更新行动战略的实施，苏州古城全面进入更新时代。2017版苏州总体城市设计与苏州国土空间总体规划，明确提出苏州正式进入存量发展道路，城市更新与古城复兴成为苏州未来发展的核心议题之一。2021年苏州市成为住房城乡建设部第一批城市更新试点城市，古城成为试点重点区域。随后，苏州开始从体系构建、片区更新、民生保障、路径创新等方面探索古城更新全方位推动机制——姑苏区编制了第一个全区城市更新专项规划，并与中国城市规划设计研究院建立战略合作，探索健全规划、设计、建设和治理全过程技术统筹和决策支持体系；启动了一批片区化更新项目和示范性街道更新；开始以共同缔造的方式，在更新改造中更强调推动民生改善；成立专门的市属国企平台公司，创新古城保护更新政策性金融支持。古城全面更新正式启动。

（一）构建系统性的城市更新工作推进体系

住房城乡建设部开展第一批城市更新试点工作时明确指出，要结合各地实际，探索城市更新统筹谋划机制，加强工作统筹，建立健全政府统筹、条块协作、部门联动、分层落实的工作机制；合理确定城市更新重点，加快制定城市更新规划和年度实施计划，划定城市更新单元，建立项目库，明确城市更新目标任务、重点项目和实施时序；鼓励出台地方性法规、规章等。苏州以入选2021年全国第一批城市更新试点城市为契机，逐步建立系统化的古城更新统筹推进机制。

1. 建立市区联动的城市更新统筹协调机制

苏州市级层面成立了由分管副市长为组长、相关部门和各县级市（区）分管负责同志为成员的"苏州市城市更新工作领导小组"，同步在市住建局设立领导小组办公室。市级层面负责统筹协调全域城市更新工作，制定城市更新相关政策、指引、标准等，县级市（区）级层面具体负责本区域内城市更新工作，建立相应工作机构、落实专门人员，重大问题由市领导小组及其办公室召集市、县级市（区）两级部门协调推进。区级层面，2021年7月成立了"姑苏区城市更新领导小组"，领导小组由保护区党工委、管委会主要领导任双组长，负责对全区城市更新目标、路径、方法等作出部署和安排，审议城市更新行动计划、年度实施计划及城市更新方案和更新实施方案。

2. 编制覆盖古城的第一部城市更新专项规划

姑苏区结合国土空间总体规划的相关工作，开展了《苏州市姑苏区分区规划暨城市更新规划（2020—2035）》编制，结合开展六大专题研究开展城市体检，综合分析现状问题。明确"一中心、两高地、一典范"目标定位和更新策略，系统性建构"市—区—更新单元—项目"多层级更新体系。在全面评估历史城区更新潜力资源的基础上，提出古城未来更新重点片区并制定总体计划，明确近期五大类、24项重点项目库，推动具体项目落地，同时提出相关政策配套建议。此次规划成为姑苏区建区以来首部指导全区发展的总体规划和更新专项规划。

3. 探索构建保护更新的地方技术标准体系

苏州结合更新实践需要不断完善相关技术标准。苏州市2022年颁布实施《苏州历史文化街区（历史地段）保护更新防火技术导则》，以"整体消防"的理念破解历史地段的消防难题，促进传统建筑活化利用。出台了《苏州市城市更新技术导则》《苏州市城市微更新建设指引》《苏州市老旧房屋结构修缮加固改造技术导则》《苏州市城市更新既有建筑消防设计技术指南》《既有建筑改造施工图设计审查要点》等多项重要的标准规范与技术指导文件，规范城市更新与既有建筑改造工作。

4. 探索完善城市更新相关政策制度和法规、规章

2022年，苏州在全国率先印发了《关于进一步加强苏州历史文化名城保护工作的指导意见》，指明了新时期历史文化保护传承的工作方向。根据该意见，苏州组建苏州名城保护集团有限公司作为古城保护更新的实施主体，探索多元化的运营模式，构建名城保护"策划—规划—项目—运维"全链条实施路径。自此，苏州解决了原有古城保护发展实施主体分散、功能单一重复等问题，实现了6家国有企业资源的有效整合，资产规模近500亿元，苏州古城拥有了统筹推进古城更新实施的统一平台。此外，苏州在全省率先启动城市更新立法，起草了《苏州市城市更新条例》，进一步理顺部门职责、明确工作目标任务，加强城市更新法制保障。江苏省人大常委会法工委将该条例列为"2024年度设区市立法精品培育项目"。目前条例已完成草案修订，计划2025年苏州市人代会通过后报省人大常委会批准施行。

（二）以街坊为单元推进片区连片更新

按照姑苏城市更新专项规划传导体系要求，以及《苏州市城市更新技术导则（试行）》的要求，片区更新是落实上位总体要求并衔接下位实施项目的重要层级，在结合成片区域并综合考虑历史文化、社会民生、城市功能的基础上，统筹各类资源配置、生成更新项目。苏州相继推进平江路历史文化街区、竹辉路沿线、南门—盘门、环苏大、古城32号街坊、五卅路子城片区、桃花坞片区、十全街特色街道等重点片区的示范项目建设，探索片区化统筹推动、成片化保护更新的苏州模式。

1.平江历史文化街区，打造小规模渐进式有机更新样板。

平江历史文化街区位于苏州古城东北隅，是第一批中国历史文化街区，是苏州古城内保存最为完整、规模最大的历史街区，面积约116公顷，保持着宋代"水陆并行、河街相邻"的双棋盘格局和"小桥流水、粉墙黛瓦"的江南水城风貌。街区保护工作自20世纪90年代开始，坚持"政府主导、市场运作、小规模、渐进式"更新模式，用"绣花"功夫推动有机更新，在社会结构维护、历史风貌保护、实施操作模式等方面探索历史街区的永续发展。2023年7月6日，习近平总书记专程到平江历史文化街区考察，强调"平江历史文化街区是传承弘扬中华优秀传统文化、加强社会主义精神文明建设的宝贵财富"。

平江历史文化街区较早提出了保留原住民的更新理念，通过建筑共生、居民共生、文化共生，延续传统生活方式，维护原始社会结构，传承街区历史文脉。以长期持续的微改造切实解决传统民居消险解危、公共配套缺乏、基础设施薄弱等民生"小切口"问题。在历史风貌保护方面，坚持保护街区传统肌理，修复水陆双棋盘格局，用时15年历经几届政府持之以恒的努力，于2020年恢复了长607米的中张家巷河的历史原貌，使得宋代《平江图》中"一街一河"的双棋盘街坊格局风貌得以再现。保护修缮大量古建老宅，引入苏州城建博物馆、平江文化中心、评弹博物馆等，激发非物质文化遗产的创新活力，以潘祖荫故居、古昭庆寺等精品项目赋能当代企业发展，提升产业功能，打造姑苏城市会客厅。2023年，以苏州平江片区西九巷为重点，启动"平江九巷"城市更新项目，强化平江片区与观前商圈联通联动；2024年，苏州平江历史文化街区保护提升项目入选全国首批文化保护传承利用工程（专精特新），获中央预算内投资2亿元，是苏州市唯一入选项目，探索了古城保护更新中央资金支持新模式，也为苏州古城保护更新提供了更高的平台和展示窗口。

2.古城32号街坊，打造国企平台主导、社会资本参与的连片保护更新样板

32号街坊位于古城西侧，是古城区54个老旧街坊中的典型代表，明清时期为官署集中地，是区域司法行政中心，达官贵族聚居，官仕、文化、良医、艺术名人云集，历史文化资源丰富。古城32号街坊保护更新强调"政府主导、市场运作、多方参与"的方式，探索以街坊为单位连片保护更新模式，同时积极引入社会资本和品牌，活化街区功能。

首先，成立了一个实施主体统筹推动32号街坊保护更新实施工作，由苏州市保障房公司和苏州历史文化名城保护集团共同出资，成立苏州历史文化名城保护与更新置业有限公司，充分利用国有企业平台优势，平衡片区更新的经济效益和社会效益。其次，强调规划为

引领，在控规、城市设计、前期策划及概念规划设计方案的基础上，街坊片区整体制定保护更新实施方案，明确总体定位和功能分区，结合用地性质、保护界限、产权边界、院落边界，划分71个保护更新管控单元、282个项目实施操作单元。同时，积极引入社会资本，因地制宜推进古建老宅和传统民居的活化利用，依托省文保建筑和畅园优质园林资源，引入万科"有熊"IP打造精品园林酒店，曹沧洲祠引入老字号雷允上打造中医文化馆，江苏按察使署旧址地块，创新打造"漆器＋文创"的文旅复合空间，以32处苏式院宅引入金融服务企业，探索古城"院落经济"特色发展新模式。

（三）以共同缔造模式在保护更新中改善民生

2023年7月，习近平总书记视察平江历史文化街区时专门提出，生活在这里很有福气，要保护好、挖掘好、运用好，不仅要在物质形式上传承好，更要在心里传承好。新阶段古城更新工作在全面保护的基础上，坚持以人民为中心，坚持"使用是最好的保护"的理念，以重点项目为引领，全面推动古城复兴。在城市更新中强调通过功能"织补"与设施提升，优化人居环境，补齐基础设施短板，提升生活品质，切实提升人民幸福感与满意度。同时，摆脱过去物质空间建设模式，探索"共同缔造"等方法，多元参与、共生更新，让城市重新充满生气和活力。

1. 十全街，打造以轻扰动模式推动以人为本的古城街道更新样板

十全街位于古城南部，东起葑门安利桥堍、西至人民路三元坊口，长约2公里。从历史上的南园地区到涉外宾馆，从玉石销售到酒吧，再到如今的网红餐饮，街道既保持着常换常新的自我发展的鲜活活力和潮流元素，又保持着"水陆平行、河街相邻、两街夹一河"的苏式典型水城格局，是新时期古城传统风貌街道自我生长、自主更新的典型。十全街更新提升工作强调问题导向和问计于民，采用"共同缔造"模式改善街道环境，促进街区自主更新，是古城向以人民为中心发展转型的重要标志，坚持"步行化、人为先，重保护、促传承，搭舞台、做支撑，轻扰动、稳推动"原则，打造以人为本的古城保护更新示范街区。

项目首先在组织模式上建立统筹协调机制，设立四方联动机制，联合市区政府、国企平台、技术专家、街道等成立十全街综合整治提升工作专班，下设6个工作组。实施总师领衔的技术把控制度，包括总师和专家组、中国城市规划设计研究院总控团队、多专业设计团队、公众设计，推动全过程设计统筹。其次，在更新方向上坚持以人为本，针对道路不平、占道严重、人行道过窄不安全等问题，拆除电箱、多杆合一、疏解非机动车停车，优化道路断面，变非机动车道为人行道，增大行人空间，推动街道步行化。再次，在更新内容上采取"轻扰动"更新方式，政府主要做好公共基础支撑部分，重点关注历史文化保护彰显、街道安全、基础设施保障等内容，逐步开展全线混行车道和人行道新建、交安设施改建、市政改造、景观提升、照明改造等工作，鼓励商家自主更新。最后，在工作方式上探索商户市民为主的共同缔造模式，让居民共同参与设计、大众共同缔造场景、社会共同营建市场，利用商户联盟、社情民意日、居民座谈会、社区规划师制度等，让居民、商户参与讨论决策道路交通、市容环境、业态发展和施工安排等。最终，十全街更新实现空间增值与持续更新，社会

满意度不断提升、客流量与营业额持续增加，带动城市经济活力和文化传播效应，带动周边街区、片区整体更新提升。

（四）持续鼓励多元主体参与古城保护更新

古城保护与更新，既是一件需要长期持续投入的事业，也是鼓励全社会共同参与共同缔造的事情。面对古城保护更新资金不足的压力和保护利用的重担，在古城全面更新的时代，苏州积极拓宽古城资金的投融资渠道，积极拓展伙伴计划加入古城资源活化，努力完善古城数字化基础平台建设，并融入多元主体以及智库力量，共同为古城更新做好支持、献计献策。

1. 积极拓宽古城保护更新资金来源

除政府财政资金投入外，通过申报国家专项资金、引入政策性金融支持、吸引社会资本投入等多种方法拓宽资金渠道，进一步夯实古城保护更新的资金保障。苏州以平江历史文化街区为载体积极申报国家发展改革委社会发展司文化传承发展"专精特新"工程，申请中央预算内投资支持2亿元，支持历史文化名城和街区的保护修缮、风貌修复、人居环境改善等工作。苏州探索"政策性开发性金融工具＋银行贷款"投贷联动模式推动古城保护更新，苏州市政府与国家开发银行签订"十四五"开发性金融合作备忘录，涉及古城保护更新领域计划融资500亿元，同时国家开发银行牵手中国工商银行、中国建设银行、中国农业银行、中国银行、交通银行、苏州银行6家银行组建苏州历史文化名城高质量保护和提升利用工程（一期）项目银团，设置了40年贷款期限和8年宽限期的超长融资期限，配套JCSS专项基金，保障古城保护和城市更新合作项目，创新苏州特色的古城保护和提升城市更新金融支持机制。

2. 持续扩展古城保护更新专业技术力量

鼓励规划师、设计师、居民群众、社会资本、专家智库等多元主体参与古城保护与更新，协商聚力，共同缔造。一方面，苏州建立保护区社区规划师制度，引入社会专业力量参与古城更新，解决基层专业人才短缺、技术力量薄弱等问题，2023年出台《苏州国家历史文化名城保护区社区规划师制度实施办法》和工作手册，由总顾问规划师领衔，来自中国城市规划设计研究院、苏州规划设计研究院、东南大学、苏州大学、苏州科技大学的50位专家全覆盖古城54个街坊及2个片区，承担专业咨询、设计把控、实施监督、意见反馈、政策宣传五大工作职能，全过程支撑好古城保护与更新。另一方面，创新建立"社情民意联系日"工作机制，以每月第二个周日，依托社区居委会搭建常态化政民面对面互动协商议事的平台，听取保护更新过程中的群众意见，协商更新工作方案，实践自下而上、共建共治的城市更新工作方法，同时出台既有建筑政府—居民协商设计、产权人自主修缮财政补贴等政策，鼓励公众共同参与传统民居保护与修缮。此外，创新建立古城保护更新"伙伴计划"发布平台，在保护优先的前提下，对古建老宅"一宅一策"制定方案，吸引有文化、有实力、有情怀的各类主体参与古建老宅活化利用，探索历史建筑的适应性更新模式，推进古城保育活化，目前已累计上线三批45座古建老宅，接洽"伙伴对象"281家，为10座古建老宅寻得"伙伴"。同时，为进一步强化古城保护更新的智力支撑，苏州国家历史文化名城保护工作领导小组办公室与中国城市规划设计研究院签署战略合作框架协议，在古城保护更新工作中提供规划、设计、建设、治理全过程技术统筹和决策支持。

3.持续完善"古城细胞解剖工程"和CIM+"数字孪生古城"信息平台

自2020年起，姑苏区实施"古城细胞解剖工程"，这是国内首次提出的关于古城街坊保护对象和历史遗存全要素、全覆盖深度普查的调查学专业概念，以街坊为基本单元，对古城建筑主体和环境信息进行系统的全要素资源普查和信息采集，形成完整、详实的街坊保护对象基础档案信息，摸清古城家底，建立保护名录，明晰保护价值，为古城保护、城市更新、文物建筑保护修缮与活化利用提供精准指导。截至目前，已累计完成27个街坊、总面积642.81万平方米的信息采集，233处控文保建设古建筑BIM模型，全面梳理并归集姑苏区城市更新、文旅融合、城市管理等16个领域要素资源，打造"保护区、姑苏区CIM+"信息平台，为数字时代建设"孪生古城"提供系统性资料，厘清古城的骨骼、血脉和精髓，有效支撑古城保护数据需求，推动姑苏区城市更新活动的统筹推进、监督管理，为城市更新项目的实施和全生命周期管理提供服务保障。

四、结语

苏州，正全面对照习近平总书记历史文化街区是传承弘扬中华优秀传统文化、加强社会主义精神文明建设的宝贵财富，要保护好、挖掘好、运用好，不仅要在物质形式上传承好，更要在心里传承好的重要指示精神，在过去四十年古城保护的阶段经验成果基础上，面对民生改善与活力提升的新发展诉求，落实城市更新试点要求，将历史文化底蕴与经济社会发展有机结合，构建系统性的城市更新工作推进体系、推动以街坊为单元推进片区连片更新、以共同缔造模式在保护更新中改善民生、持续鼓励多元主体参与古城保护更新，持续推动苏州名城保护更新和高质量发展，持续探索新时期下高效推进古城保护更新的新机制、新路径和新方法，探索和实践"面向世界贡献古城保护的苏州方案"。

（作者：郭陈斐，中国城市规划设计研究院城市更新研究分院工程师；吴理航，中国城市规划设计研究院城市更新研究分院工程师；李晓晖，中国城市规划设计研究院城市更新研究分院主任规划师、高级工程师）

参考文献

［1］王凯.实施城市更新行动营造高品质空间［J］.中国名城，2023，37（1）：3-9.
［2］姑苏：聚力向世界贡献古城保护苏州方案［N］.新华日报，2022-10-12.

面向超大城市现代化治理转型的城市体检探索

——重庆城市体检实践

改革开放以来，我国经历了世界历史上规模最大、速度最快的城镇化进程，城市发展取得举世瞩目的成就。与此同时，也带来了诸多城市问题，例如人口拥挤、交通拥堵、环境污染、资源供应紧张、安全风险增加、城市秩序恶化等"城市病"。为贯彻落实习近平总书记关于建立城市体检评估机制的重要指示精神，推动建设没有"城市病"的城市，促进城市人居环境高质量发展，2019年，住房城乡建设部首次在全国开展城市体检试点工作，通过建立指标体系，对人居环境状况进行全面、常态化、周期性的评价，致力于解决城市发展的阶段性问题，推动城市高质量转型发展。

重庆是我国西部唯一直辖市，中心城区辖区面积5 467平方公里，城市建成区约1 000平方公里，是一座独具特色的"山城、江城"。2020年以来，重庆连续四年入选全国开展城市体检工作样本城市，围绕"住房、小区（社区）、街区、城区"4个层面的人居环境监测评估，通过"健全机制、突出民生、更新转换、智慧治理"等方式，逐步探索出一条面向城市现代化治理转型的实践路径。

一、健全工作机制，搭建分级分类工作体系

重庆结合直辖体制架构，在城市体检工作中持续加强规划、建设、管理等部门合作，强化"市—区县—街道—社区"的多级联动，完善各级城市体检工作组织模式和工作内容，有效提高城市工作的全局性和系统性。

（一）坚持高位推动、部门联动，不断健全城市体检工作机制

依托重庆市政府主要领导任组长的城市更新提升领导小组，成立全市城市体检专项工作班子，结合市委"八张问题清单"工作体系，逐步形成"发现、分析、整改、评估、预防"全周期的解决问题闭环机制。同时，建立规划、建设、管理、环保等市级部门协调机制与"市—区县—街道—社区"多级联络员制度，分年度制定工作方案，明确工作任务、时限要求及职责分工，定期组织召开工作推进会，并将城市体检工作推进情况纳入市级部门和区县政府年度目标绩效考核。

（二）基于直辖体制，搭建"市—区县—街道/片区"三级工作体系

基于重庆直辖体制省级架构和中心城区超大城市的双重属性，搭建"市—区县/片区"三级工作体系。城市层级，由市级住房城乡建设主管部门牵头，明确全市体检总体工作内容及职责分工，指导区县层级、街道及以下层级开展体检工作，针对中心城区体检进行年度监测评估，明确更新重点和方向，编制形成市级城市体检报告。区县层级，由区县住房城乡建设主管部门牵头，负责构建符合各区县发展需求的指标体系，识别资源优势与问题短板，确定区县城市更新行动时序和重点项目计划，编制形成区县城市体检报告。街道及片区，由区县住房城乡建设主管部门、街道或平台公司等更新主体牵头，整合片区、街道、社区、小区、住房等多个层级，结合城市更新片区策划、城市更新项目实施、老旧小区改造、完整社区建设等工作同步开展，联动完整社区调查、房屋安全普查、燃气安全整治等专项工作，编制形成相应层级城市体检报告。通过多年试点总结，重庆城市体检工作逐渐从中心城区拓展到主城都市区，并逐步实现全市42个区县全覆盖，涉及264个街道、1 979个社区以及2 300平方公里建成区。

二、突出民生导向，探索建立全过程公众参与机制

公众参与是城市政府治理实现民主化和科学化的必然路径[1]。在现代城市治理中，公众参与可以促进民主决策、增强政府责任、提高政策质量、增强社会凝聚力和稳定性。建立城市体检的多元公众参与机制，是落实"人民城市"理念的有效实践。四年来，重庆城市体检坚持民生导向、突出公众参与，通过拓展调查渠道、创新基层治理、回应民生关切等方式，逐步建立起"从居民调查、问题诊断到整改治理"的全过程公众参与机制。

（一）拓展调查渠道，丰富调查样本，广泛发动全民参与

重庆城市体检工作坚持以人民为中心，注意倾听城市各类居民的意见。包括组织开展满意度调查进商圈、进园区、进学校、进机场、进轨道站点等系列活动，走进万紫山、平顶山、渝碚路等社区了解特殊困难人群对无障碍设施、社会保障制度、社区服务及求助途径等方面的需求，有针对性地收集在渝外籍人士、流动人群等生活、就业和居住需求，联合社区、物业多方共同开展体检工作，持续丰富数据采集的渠道。同时，不断提升体检公众知晓度与影响力，在解放碑商圈地标建筑环球金融中心投放公益广告，结合网络热门打卡地投放公益广告，联动重庆电视台、重庆日报等权威媒体策划专题报道，组织居民议事、共绘印象地图等系列活动，普及宣传城市体检工作理念方法，持续扩大城市体检影响力。五年来，累计发动37万人次参与城市体检，其中有61.3%为女性，72.9%为16～60岁的中青年群体，87.5%的年收入在20万元以内，自由职业者、企业员工占比超过20%（图1）。

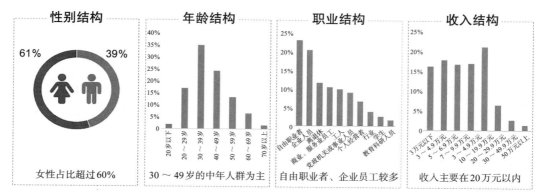

图1　重庆中心城区2023年社会满意度调查样本特征

（图片来源：作者自绘）

（二）推动多方共治，提升体检发现问题的准确性、科学性

自2022年开始，重庆在全国创新开展"市民医生"工作，招募约2100余名热心市民、专业技术人员、街道社区工作者等不同类型的"市民医生"上岗治理"城市病"。通过"居民议事堂""综合会诊厅"等方式组织多元主体开展面对面讨论，共同画出街道社区"问题地图"，商议社区建设和发展的难点堵点，搭建起居民—社区—街道—部门以及专家等多方共治的协作平台，切实提升城市体检发现问题与解决问题的能力。同时，结合"市民医生""满意度调查"问卷分析等工作，识别居民最为关注的城市问题，并将民生关注度高的领域纳入指标监测，如围绕居民关心的交通出行、公共服务、城市卫生等问题，增加"轨道公交100米接驳""菜市场15分钟覆盖""环卫设施异味消除量"等指标，持续丰富体检监测维度。总体来看，重庆市民最满意的方面包括开敞空间、就近购物、灾害提醒、亲水空间等，对于无障碍设施、骑行环境、小区设施维护、垃圾分类等方面满意度较低。

（三）回应民生关切，切实推动体检成为办实事、解民忧的重要载体

针对居民急难愁盼，重庆市通过持续开展"边检边改"，切实推进问题整改。根据每年收集的居民问卷、居民提案，梳理形成机动车停放、垃圾处理、公园绿化、大树修枝等11大类居民关切的身边事，分类建立台账，形成《关于反馈城市体检居民提案调查结果的函》，分送市级相关部门和有关区政府，推动销号解决。同步建立街道、社区信息台账，识别具体问题空间点位，针对性梳理居民反映集中的治理诉求，形成落实到具体责任主体的治理清单，分送有关区政府、管委会和街道办事处。目前，围绕大树修枝、设施补足、物业提升、乱停乱放等问题，已累计解决等200余项居民身边事。

三、加强更新转化，科学制定城市更新行动路径

2020年10月，国家"十四五"规划纲要中明确提出实施城市更新行动的战略[2]。2023年11月，住房城乡建设部《关于全面开展城市体检工作的指导意见》[3]中明确要求，"一体

化推进城市体检与城市更新工作""要依据城市体检报告，制定城市更新规划和年度实施计划，生成城市更新项目库"。重庆城市体检实践中，先后开展多个区级城市体检推城市更新试点、中心城区城市更新专项体检等工作，不断完善"发现问题—解决问题—巩固提升"的城市体检工作机制，强化城市体检与城市更新一体化推进。

（一）聚焦存量资源，衔接更新规划编制

将体检发现具体问题病灶转换为专项规划、片区策划、项目实施方案的具体要求，是重庆城市体检推动城市更新落地实施的重要方式。2021年，重庆市以江北区为试点，率先开展城市体检推动城市更新路径探索。重点围绕打通体检指标数据与更新规划数据，初步搭建包括土地、建筑、文化资源等12类更新体检数据库，并将居民意见库和指标诊断发现的问题进行空间叠加分析与标图定点，按照"轻重缓急、量力而行"原则识别更新潜力空间，建立起"摸家底—纳民意—找问题—促更新"的体检推动城市更新闭环机制，并入选住房城乡建设部《实施城市更新行动可复制经验做法清单（第一批）》[4]。渝中区、九龙坡区作为全国第一批城市更新试点城市，在区级体检中持续推动体检成果的更新应用，紧密衔接"更新专项规划—片区策划方案—项目实施方案"的城市更新规划设计路径，进一步完善对各类空间资源的问题识别和价值研判，明确区级更新重点，细化空间设计引导。2024年，重庆进一步在中心城区全域范围开展城市更新专项规划，针对7类存量资源开展全面摸底，识别各类低效、老旧、隐患、潜力空间，结合存量资源、更新重点和更新意愿，支撑划定重点更新区域，制定更新策略指引。

（二）形成治理建议，推动开展城市更新提升行动

城市体检发现的问题，并不能通过城市更新一次性解决。重庆城市体检根据影响范围、严重程度、治理难度和管理事权等对问题进行系统分类，转换形成"缓堵促畅""城市慢行系统提升""织补城市立体绿网"等29项更新行动，实现有效治理，并助推《重庆市关于全面推进城镇老旧小区改造和社区服务提升工作的实施意见》《重庆市促进养老托育服务健康发展实施方案》《重庆市城市立体绿化鼓励办法》等政策文件的制定。在重庆市渝中区体检中，根据通过城市体检制定了30余项更新行动，结合部门事权与相关工作时间周期，分类形成"立即改、重点改、长效改"三类整改计划。其中社区环境清洁、破损设施修复等内容，由街道社区通过日常工作"立即开展整改"；屋顶漏水、步道提升等内容，结合近期老旧小区改造、山城步道建设工作"近期重点整改"；"老旧公房原拆原建""历史建筑修复与活化利用"等，纳入相关部门工作计划进行"长期计划整改"。

四、面向智慧治理，搭建城市体检信息平台

2023年11月，住房城乡建设部《关于全面开展城市体检工作的指导意见》[3]中提出，"要建设城市体检信息平台，发挥信息平台在数据分析、监测评估等方面的作用，实现体检

指标可持续对比分析、问题整治情况动态监测、城市更新成效定期评估、城市体检工作指挥调度等功能，为城市规划、建设、管理提供基础支撑"。重庆市从首年体检开始就着手搭建城市体检信息平台，初步实现数据汇集、指标计算、成果展示三大功能。五年来，围绕"夯实数据基座，开发应用工具，关联诊断模型"不断升级，发挥信息平台在数据分析、监测评估等方面的作用，实现体检指标可持续对比分析、城市更新成效定期评估、城市体检工作指挥调度等功能，为城市体检工作提供系统化、数字化的技术支撑。目前，重庆城市体检信息平台已列入重庆"智慧住建"总体架构，2022年作为重点应用产品参展中国国际智能产业博览会。

（一）夯实指标与信息化数据基座

重庆市围绕住房城乡建设部体检维度，借鉴中国人居环境奖评价指标体系、美国可持续城市发展指标体系、CRI全球韧性城市指数等62项国内外城市评价标准，构建了包含700多项指标的城市体检指标参考库[5]。立足数据采集、体检评估、社会满意度调查、市民互动四大基础功能板块，搭建城市体检数据基座，实现多源数据的统一集成。通过四年积累，重庆城市体检信息平台中已经包含建筑信息、建设用地数据、交通路网等基础空间数据，整合了手机信令、POI位置信息、房价等网络大数据，同时接入社会满意度调查、居民提案、街道社区调查以及近6000栋住房楼栋调查的楼栋台账，为精准性体检提供数据支撑（图2）。

图2　重庆城市体检信息平台数据主要来源

（图片来源：作者自绘）

（二）拓展智慧化应用工具

针对住房、小区（社区）、街区层级体检提出的精细化调查要求，重庆不断强化调查技术的信息化、智慧化。依托完整社区调查数据、建筑基底数据，研发"市民医生"小程序，避免社区重复填报，采用楼栋批量化调查，大幅提升社区调查、楼栋巡查的工作效率。通过关联调研程序和信息平台，实现对各类调查信息的动态汇集（图3）。

图3 重庆"市民医生"小程序填报界面示意

（图片来源："市民医生"小程序截图）

（三）实现智能化诊断监测

目前，重庆市结合体检与更新等实践工作，已建立面向指标诊断、更新核算等评估需求的系列模型。其中，城市绿地系统绩效诊断、城市空间活力诊断等分析模型，通过植入路径分析、复杂网络分析等算法，实现从单指标评价、关联集评价到城市综合诊断。城市魅力指数模型，结合人居环境提升开发包括活力岸线、魅力公园、烟火街区等空间识别算法，支撑识别城市魅力的典型空间。片区更新核算模型、老旧小区评估模型，初步实现片区更新资源统计、更新成本测算以及对老旧小区工作的全周期信息化监测管理等功能。城市更新项目评估模型，可实现系统化评估项目方案、实施效果、运营水平，定期自动生成定制化评估报告，保障更新项目高效科学有序推进。

五、结语

城市体检是城市治理体系和治理能力现代化的重要体现，是针对性的开展城市治理，解决"城市病"的重要手段。重庆城市体检通过四年多的实践探索，不断完善公众参与、部门协作以及智慧监测相结合的技术方法，创新探索城市体检推动城市更新的工作机制，持续推动城市现代化治理的转型发展。未来，也将坚持民生导向，强调共治、共享，围绕"找问题、促更新"，探索城市全生命周期体检评估机制，助力城市品质与治理能力不断提升。

（作者：张圣海，中国城市规划设计研究院副院长，教授级高级城市规划师；王文静，中国城市规划设计研究院西部分院副总规划师，正高级工程师；秦维，中国城市规划设计研究院西部分院业务主任，高级工程师；赵倩，中国城市规划设计研究院西部分院业务主任，高级工程师）

参考文献

［1］张丽梅，王亚平.公众参与在中国城市规划中的实践探索——基于CNKI/CSSCI文献的分析[J].上海交通大学学报（哲学社会科学版），2019，27（6）：126-136+145.DOI：10.13806/j.cnki.issn1008-7095.2019.06.012.

［2］中国政府网.中华人民共和国国民经济和社会发展第十四个五年规划和2035年远景目标纲要[EB/OL].[2024-8-8].https：//www.gov.cn/xinwen/2021-03/13/content_5592681.htm.

［3］中国政府网.住房城乡建设部关于全面开展城市体检工作的指导意见[EB/OL].[2024-8-8].https：//www.gov.cn/zhengce/zhengceku/202312/content_6918801.htm.

［4］中国政府网.住房城乡建设部办公厅关于印发实施城市更新行动可复制经验做法清单（第一批）的通知[EB/OL].[2024-8-8].https：//www.gov.cn/zhengce/zhengceku/2022-12/03/content_5730064.htm.

［5］王文静，秦维，孟圆华，等.面向城市治理提升的转型探索——重庆城市体检总结与思考[J].城市规划，2021，45（11）：15-27.

健康城市建设的扬州实践

2020年11月13日，习近平总书记在扬州视察时，称赞"扬州是个好地方"。近年来，扬州牢记习近平总书记嘱托，坚定践行新发展理念，奋力把"好地方"建设得好上加好、越来越好，促进健康与经济社会协调发展，让城市健康发展成果更多更公平惠及群众。2022年末，全市人均预期寿命达81.78岁，全市孕产妇连续四年零死亡、婴儿死亡率2.11‰、5岁以下儿童死亡率为3.20‰，重大慢性病过早死亡率9.87‰，远好于全国、江苏省平均水平；根据扬州市政协开展的"健康扬州建设"群众满意度测评结果显示，市民对健康城市建设的满意度达95%以上。

近年来，扬州把健康城市建设作为全市重点抓好的大事之一，形成了一些本地特色和经验。2017年，扬州市在全国率先打造"健康中国的扬州样本"，在"中美健康峰会""中国健康城市论坛"上作大会交流发言；2022年，蝉联全国健康城市建设样板市；被国家发展改革委确定为"国家积极应对人口老龄化重点联系城市"，入选建设国家儿童友好城市名单。扬州市创成了国家森林城市、国家生态市，规划建设了350座公园，形成了独特的公园城市体系。运河三湾生态修复项目入选中央环保督察整改正面典型案例，入选国家废旧物资循环利用体系建设重点城市，作为全国唯一城市代表，受邀参加2022年联合国气候变化大会。

一、健康扬州建设的背景与意义

健康城市是指城市的规划、建设和管理以促进人的健康为目标，自然环境、社会环境和健康服务充分满足居民健康需求，健康生活方式全面普及，每个居民的健康水平达到最大可能，城市建设与人的健康协调发展的城市。1984年，世界卫生组织第一次提出健康城市的概念，并首先提出健康城市计划（HCP），让城市的管理者承诺，要把城市打造成健康城市。目前全球已经有数千城市参与了这项活动，并形成了世界健康城市联盟等相关组织。2014年，我国国务院印发《关于进一步加强新时期爱国卫生工作的意见》，提出要结合推进新型城镇化建设，鼓励和支持开展健康城市建设。

2017年，扬州市第七次党代会把打造健康中国的扬州样本列为全市重点抓好的十件大事之一，制定了《"打造健康中国的扬州样本"行动计划》，突出健康扬州建设的40项指标，抓好健康生活、健康服务、健康管理、健康饮食、健康环境、健康养老、健康保障、健康产业8项重点工作。2020年，在健康中国、健康江苏行动意见的基础上，进一步优化内容、细化措施，制定了《关于全面推进健康扬州建设的实施方案》，既着眼顶层设计，充分呼应国家、省要求，全面完成健康中国确定的15项、健康江苏确定的25项行动目标，又结合扬州实际进一步细化，制定了35项具体行动。

从本质上说，健康扬州建设是保障民生福祉之策，关乎社会和谐安定。解决群众关心的看病难、看病贵，因病致贫、因病返贫，公共服务不公平，食品药品安全，环境污染等问题，顺应的是民生诉求，解决的是民生疾苦，化解的是社会矛盾与经济危机，促进的是国家认同、社会公正与全面发展，维系的是社会安定与安全。

二、健康城市建设的扬州模式

（一）全面开展健康促进

1. 大力普及健康知识

世界卫生组织调查显示，生活方式对健康的贡献占比达60%以上。近年来，扬州市大力加强与促进健康教育，连续多年将其纳入民生幸福1号文件，每年在基本公共卫生服务经费中安排健康教育与促进专项经费。全市构建了以行政部门为主导，专业机构和二级以上医院为支撑，乡镇卫生院和社区卫生服务中心为基础的健康教育网络体系，联合体育、工会、科协等部门，实现所有乡镇街道、村社区均有1名健康生活方式指导员。每年开展重点人群健康教育"进农村、进学校、进企业、进机关、进社区"五进活动超过500场，"健康扬州我行动"健康科普大巡演超过20场，打造"健康学堂"等品牌栏目，安排医疗卫生专家、健康素养巡讲师走进直播间，每年播放800期健康类节目。

2. 推进全民健身行动

近年来，扬州市新建、改建体育场馆，人均体育场地面积达3.3平方米，基本建成"城乡一体的10分钟体育健身圈"。群众经常参加体育锻炼的比例达42%，国民体质监测总体达标率达93%，在公共体育领域中满意度88.13，在全国160个城市中位列第一。同时，积极探索体医融合，建成体医融合服务中心9个，平均每年新建全民健身指导站262个，改造全民健身益站20家，分布在人流集中的体育休闲公园、广场。此外，创新开展体医融合科学研究，扬州大学成立脑疾病体卫融合重点实验室。

3. 深化控烟专项行动

扬州市大力普及吸烟和二手烟危害相关知识，组织开展形式多样、互动性良好的线上线下宣传活动，营造良好控烟氛围。完善无烟环境设置，制定控烟细则，加大控烟劝阻和巡查力度，2015年，扬州市开出江苏省首张控烟罚单。积极开展戒烟门诊建设，各级医疗卫生机构均根据《无烟医疗卫生机构标准》，组织开展全员简短戒烟干预培训，推行首诊询问吸烟史制度。苏北人民医院承担国家级戒烟门诊项目，配备提供戒烟服务的诊室、诊疗设备、药品储备和专职医务人员，开展专业戒烟服务。目前，全市实现无烟党政机关、无烟医疗卫生机构、无烟学校建设区覆盖，正积极倡导无烟家庭建设。

4. 健全心理健康服务体系

全市二级以上综合性医院均开设心理门诊，推动心理咨询和治疗服务，加强心理危机干预和援助，逐步扩大心理健康服务覆盖面。开展心理健康教育与促进，重点关注青少年心理健康，中小学100%设立心理辅导室，建立1 000人的心理危机干预队伍，面向学生或家长开展心理健康教育。完善严重精神障碍管理治疗网络，建立健全"分片包干"的管理治疗责任制、多部门管理联动和协作机制。根据风险评级，定期对严重精神障碍患者进行随访评估、分类干预、健康体检等，优先为严重精神障碍患者开展家庭医师签约服务。

（二）深入实施健康干预

1. 做好重大传染病防控

稳妥有序实施新型冠状病毒感染疫情"乙类乙管"，将防控工作重心从"防感染"转向"保健康、防重症"。组建家庭医生签约团队和健康服务小分队，成立市县重症巡回指导组，划片包干，做好重点人群健康保障；全市二、三级医院综合ICU床位提升率达135.44%，基层医疗机构全部设置氧疗区，增配指脉氧仪。指导各地抓实抓细农村地区疫情防控，有效保障了疫情压峰降峰，平稳转段；《扬州市"三个聚焦"精准攻坚 筑牢农村地区疫情防控屏障》经验被国务院办公厅专报推广，充分展示了疫情防控的扬州做法和扬州经验。

2. 强化重大慢性病防治

以全周期健康管理为主线，探索重大慢性病高危人群"促、防、筛、诊、治、康"实施一体化防治策略。首先，依托"综合性医疗机构—疾控机构—基层医疗机构"医防网络，完善重大慢性病防治体系，建设市癌症防治中心，成立专家委员会，制定癌症、心脑血管疾病、慢阻肺等重大慢性病管理工作路径。其次，建立基层重大慢病健康管理新模式，制定村（居）民委员会公共卫生委员会工作清单，开展清单式健康服务政策宣讲，突出慢性病早期筛查、健康监测、随访管理等内容，提升基层慢性病"防、筛、治、管、康"全生命周期管理水平。最后，开展高危人群健康筛查行动。组建由疾控人员、医务人员、街道社区人员组成的健康管护队伍，实行网格化排查，掌握辖区内居民健康状况，每年分类开展肿瘤、慢性呼吸系统疾病、心脑血管疾病等高危人群筛查。

3. 加强职业健康防护

扬州市政府印发《关于进一步加强职业病防治工作的意见》《扬州市粉尘危害专项整治三年行动实施方案》，对采矿、冶金、建材、船舶制造等重点行业领域开展专项整治。对472家粉尘危害用人单位全面排查摸底，推动用人单位从生产工艺、防护设施和个体防护等方面开展专项治理。强化职业健康监督执法，开展职业健康危害因素在线监测，近两年查处职业健康领域违法案件400余件。

（三）持续优化健康服务

1. 健全公共卫生应急管理体系

扬州市委、市政府印发《完善重大疫情防控体制机制健全公共卫生管理体系的意见》，市人大在全省率先出台《关于加强公共卫生体系建设的决议》《关于进一步加强突发公共卫生事件应急管理的决定》。建立平急转换的应急指挥架构，形成了较为完善的应急预案体系。新建扬州市公共卫生中心，增核扬州市疾控中心编制114个。在全省较早完成了村（社区）公共卫生委员会设置，建成传染病监测预警系统一期工程。健全了可应急调用的物资储备体系，完善应急储备调集机制。

2. 实现公立医院改革与高质量发展

系统建立公立医院管理新体制，在江苏省率先成立公立医院管理委员会；推动城市三级医院重点专科、重点学科建设，加大优秀医疗团队和先进医疗技术引进力度，实现三级医院县域全覆盖。2023年4月，扬州市成功申报中央财政支持的公立医院改革与高质量发展示范项目，围绕能力提升、体系创新、三医协同、数智赋能四个方面，共设置18个子项目，项目实施期限为3年，致力于构建整合型医疗卫生服务体系，为群众提供全方位全周期健康服务。

3. 推动优质医疗资源扩容与均衡布局

在农村，对24家乡镇卫生院进行新改扩建，对人口集中服务需求大的205家村卫生室进行升级改造。在县域，4家县人民医院全部创成三级医院，其中三家创成三乙；2022年，财政投入资金27.5亿元，用于建设宝应、高邮、仪征、江都人民医院新院。在市级，投资近51亿元建设扬州市妇女儿童医院和扬州市中医院新院区；投资8.2亿元推进市应急救援中心、公共卫生临床中心、医用物资储备中心等卫生健康重大项目建设。

4. 加快构建分级诊疗体系新格局

2015年起，扬州在全市53个乡镇卫生院中选择18个中心乡镇卫生院，按照二级医院标准扩容升级，规划建设农村区域性医疗卫生中心，进一步解决基层群众看病就医难题，有效推动医疗卫生资源下沉。在"市域、市区、县域"三个维度完成了覆盖全市的医联体网格化布局，加大医保政策帮扶支持力度，逐步形成资源共用、利益共享、责任共担、发展同步的医联体工作新模式。2016年在全省率先实施"双千人"基层卫生人才强基工程，累计培养4 313名基层卫生人才。积极探索"县管乡用、乡管村用"的备案制管理制度，对新招聘人才实行提前招、异地招、多次招，同时放宽开考比例。

5. 强化医防协同、医防融合

推进医防协同、融合互通，落实公立医院履行公共卫生职能。二级以上综合医院全部设立公共卫生科室，制定公共卫生责任和工作清单，进一步落实"预防为主"的新时代卫生与健康工作方针，转变"重治轻防"的理念，高质量落实公共卫生职能。建立交叉培训机制，组织对医疗机构医务人员进行疾病预防控制工作职责、工作规范等培训，并纳入医疗机构"三基"考核。

6. 加快中医药传承创新发展

扬州市出台《关于促进中医药传承创新发展的实施意见》，在江苏省首批开展全国基层中医药工作示范市（县）创建。高标准建设中医龙头医院，全市现有三级中医医院2个，国家、省级中医重点专科4个。加强基层中医药基础设施建设，做到100%社区卫生服务中心和乡镇卫生院设立中医馆，能提供6种以上中医药诊疗方法。深层次挖掘宣传中医药文化，每年举办"中国中医药50人峰会"，开展中医药文化"进校园"系列活动，打造"养生在扬州"品牌，推动中医药健康与文旅产业深度融合。

（四）全周期强化健康维护

1. 加强老龄健康服务

为积极应对人口老龄化，扬州市统筹推进医养融合，不断提升老年健康服务能力。推动全市建成23所养老护理院或康复医院，推进公立综合医院设立老年医学科。截至2022年，全市二级以上公立综合医院设置老年医学科比例达到83.3%，全市共建成医养结合机构32家，拥有医养结合床位6 516张。成立医养结合促进会，落实83家养老机构与医疗机构签约合作。此外，开展"智慧助老"行动，每年开展老年人运用智能技术培训超4万人次，创成"全国示范性老年友好型社区"6个。

2. 大力发展托育服务

扬州市委、市政府印发《扬州市关于优化生育政策促进人口长期均衡发展实施方案》，扩大普惠托育服务覆盖面，在全省率先编制完成《扬州市区托育机构布局规划（2021—2035）》，明确居住区规划建设与常住人口规模相适应的托育服务设施相关标准；加强社区托育服务设施建设，将托育服务设施纳入本地居住公共服务设施配置指标，鼓励机关、企事业单位在工作场所为职工提供福利性婴幼儿照护服务，基本实现"一乡镇一街道一普惠一公立"。

3. 加大妇幼健康保障力度

投资31亿元异地新建扬州市妇女儿童医院，各县市区均完成"妇保所"转"妇保院"工作；加强出生缺陷综合防治，构建"筛查—诊断—干预—随访"的一体化服务网络；积极开展省级儿童早期发展基地创建，积极推广适合儿童早期发展的健康、营养、安全保障等技术；切实做好妇女儿童健康服务工作，为适龄女生免费接种HPV疫苗。

4. 加大医疗卫生行业综合监管力度

加大案件查处力度，针对人民群众反映强烈、社会影响恶劣的突出问题，牵头组织公安、市场监管、医保等部门开展联合督查。全面实施双随机抽查，与公安、市场监管、生态环保等部门建立健全旅店宾馆、托育机构、集中消毒餐饮具单位等行业跨部门联合抽查机制。推进"互联网＋监管"，启动卫生监督云监控执法平台建设，搭载视频监控、在线监测、档案管理、预警及数据分析、食品安全国家标准5大系统，实现"1平台＋5应用"功能，全面支撑各项业务工作发展。

（五）加快建设健康环境

1. 开展食品饮用水安全保障行动

加大食品安全督查力度，开展市、县、乡三级联动"守底线、查隐患、保安全"专项行动，2022年全市共检查食品生产经营单位5.1万户次，开展食品安全风险监测192批次。市区480家重点餐饮单位采用视频方式接入餐饮监管平台，实现重点餐饮企业"明厨亮灶"覆盖率80%以上。推动全市学生供餐配送单位进行HACCP或ISO 22000资质认证，是江苏省唯一实现全覆盖的城市。在全国率先开展"放心消费示范校园食堂"评选活动，全市校园食堂"明厨亮灶"覆盖率100%。持续开展源头治理，大力推进农产品质量追溯体系建设，加入省级农产品质量追溯平台的生产经营主体共15 625家，巡查覆盖率达到100%。加强饮用水卫生管理。扬州市共设置366个饮用水监测点，覆盖全市所有乡镇、街道、集中式供水厂和农村加压站，全年监测水样合格率100%，三个净水厂实现了供水管网互联互通，集中式饮用水水源地水质达标率和安全保障达标率均达100%。

2. 打造美丽中国扬州样板

实施"蔚蓝扬州"行动，部署开展"百日强化攻坚""攻坚争优"等专项行动，全面完成3 030项大气污染防治重点工程项目；淘汰国三及以下柴油货车9 324辆，淘汰数量全省排名第二；积尘负荷降低，城市保洁能力全面提升，PM10浓度同比下降11.3%，改善幅度全省第一。实施"水美扬州"行动，全面开展水质加密监测预警，组织实施省级以上工业园区水污染整治专项行动、涉酚企业专项整治行动和城镇区域水污染物平衡核算，完成70个水污染防治重点工程项目，编制实施9个重点国省考断面溯源整治工作方案，推动6个省级工业园区启动工业污水处理厂建设规划，立项实施污水处理厂尾水净化生态缓冲区项目6个。完成250个长江入河问题排污口整治和淮河入河排污口排查工作。

3. 积极开展健康创建

积极开展新时代爱国卫生运动。扬州市所有党政机关和企事业单位均建立爱国卫生工作专门组织，组建专兼职爱国卫生人员队伍。创新开展每日一刻钟重点场所卫生保洁行动，"每周一小时"单位家庭卫生大扫除行动，"每月一半天"城乡环境卫生整洁行动。在基层推进健康主题公园、健康广场、健康步道等健康场景建设，打造精品健康细胞工程。

（六）不断完善健康保障

近年来，扬州市不断优化参保结构，明确医保条件，对参保缴费、待遇享受及转保折算等相关内容做出详细规定，同时提高居民医保财政补助标准，扩大医保基金规模，2022年度职工和居民医保基金政策内住院费用支付比例分别稳定在85%以上和73%；建立职工医保门诊共济保障机制，印发《扬州市建立健全职工基本医疗保险门诊共济保障机制的实施细则（试行）》。加快建设多层次医疗保障体系，印发《关于健全重特大疾病医疗保险和救助制度的实施意见》，建立健全防范和化解因病致贫返贫长效机制；大力推进普惠型商业补充医疗保险，2022年扬州市"江苏医惠保1号"投保总人数为58.8万，居江苏省第一；2023年投保总人数突破63万，居江苏省第二，投保覆盖率连续两年居全省第一，实现为参保百姓提供更高品质的医疗保障。

（七）大力发展健康产业

按照"非禁即入"的原则，鼓励社会资本优先投向资源稀缺以及特需健康服务领域，如康复、护理、体医结合、医养结合等。目前，扬州市初步形成了"药、医、养、食、健"等基本产业群，具备了健康产业的良好发展基础。与大数据、互联网技术相结合的智慧医疗也已萌芽，扬州市全民健康信息平台务实应用达五级水平，是江苏省唯一最高等级。率先涉足"中医药和旅游"领域，建成中国中医药养生（扬州）示范基地、扬州国医书院暨国医养生院，新增文化养生体验项目；一批健康领域的产业园区初具规模，通过完善政、产、学、研、用协同创新，积极开发具有自主知识产权的产品和技术，推进了上海（扬州）国际医药园区、扬州食品产业园、邗江健康生物医药产业园、中医药养生旅游基地等健康相关重大项目的建设和发展。

三、健康城市建设的思考

由于工业化、城镇化、人口老龄化以及疾病谱、生态环境、生活方式不断变化，加之卫生健康事业发展仍然存在短板，在推进健康城市建设方面仍然面临着不少的挑战。

1. 转变发展理念

积极回应人民群众对于健康的迫切需求，将全民健康提升为"一把手"工程，将健康融入所有政策，围绕健康的影响因素，统筹推进各项相关事业的发展。在积极推动经济发展的同时，通过"大健康"事业将经济发展的成果转变为全民的健康福祉。

2. 坚持共建共享

建设健康城市是一项复杂的系统工作，需要政府、部门、社会、个人共同努力。要完善政策，充分调动行业协会、学校、医院、企业、社区等各方面的积极性，共同致力于营造健康促进的社会环境，各类协会、学会、志愿者组织、社区基层单位等与群众联系密切，要充分发挥其纽带作用。

3. 注重城乡统筹

在"健康扬州"建设中，特别注重城乡一体化发展，在基层医疗卫生体系建设、急救体系建设、城乡环境整治、公共设施建设中，政策与投入都注重向农村基层倾斜，让农村居民群众共享发展成果，获得均等化的公共服务和健康资源。

四、结语

近年来，扬州市充分发挥人文底蕴深厚、生态环境良好、体育休闲公园遍布城乡的优势，加快推动卫生健康事业高质量发展，让城市拥抱健康，将健康融入生活，努力打造健康之城。下一步，在全面完成"健康中国""健康江苏"建设目标基础上，扬州市将抢抓新一轮发展机遇，将健康融入所有公共政策制定全过程，通过医疗卫生、饮食安全、生态环境、健康促进、全民健身、医养融合、健康产业发展等综合性政策举措，把"健康扬州"建设作为推动全市产业转型升级、公共服务水平提升、全域旅游打造、城乡环境和基础设施建设，促进全域高质量发展的重要手段，奋力谱写中国式现代化新实践的健康扬州新篇章。

（作者：赵国祥，扬州市卫生健康委员会党委书记、主任）

附录篇

2023年中国城市规划发展大事记

1月2日 《中共中央 国务院关于做好2023年全面推进乡村振兴重点工作的意见》指出，党的二十大擘画了以中国式现代化全面推进中华民族伟大复兴的宏伟蓝图。全面建设社会主义现代化国家，最艰巨最繁重的任务仍然在农村。党中央认为，必须坚持不懈把解决好"三农"问题作为全党工作重中之重，举全党全社会之力全面推进乡村振兴，加快农业农村现代化。强国必先强农，农强方能国强。要立足国情农情，体现中国特色，建设供给保障强、科技装备强、经营体系强、产业韧性强、竞争能力强的农业强国。

1月2日 山东省生态环境厅、省发展改革委印发《山东省碳普惠体系建设工作方案》，明确提出到2023年底山东省将形成碳普惠体系顶层设计，搭建碳普惠平台，探索建立个人碳账户和多层次碳普惠核证减排量消纳渠道，2024—2025年，逐步完善碳普惠体系，扩大碳普惠覆盖范围和项目类型，基本形成规则清晰、场景多样、发展可持续的碳普惠生态圈。

1月5日 贵州省住房和城乡建设厅、省发展和改革委员会印发《贵州省城乡建设领域碳达峰实施方案》。该方案包含总体要求、推进绿色低碳城市建设、建设绿色低碳县城和乡村、夯实保障措施、强化组织实施五大部分。

1月6日 国家乡村振兴局、中央组织部、国家发展改革委、民政部、自然资源部、住房城乡建设部、农业农村部印发《农民参与乡村建设指南（试行）》，对完善农民参与乡村建设机制进行部署，规范了农民参与乡村建设的程序和方法，为广泛依靠农民、教育引导农民、组织带动农民共建共治共享美好家园提供了工作指引。

1月10日 《中国黄河流域城市高质量发展报告》发布会暨中国（兰州）黄河流域城市高质量发展研讨会通过"云端"举行。报告聚焦兰州等37个黄河沿线城市高质量发展实践，利用大数据等手段进行评价分析。结论显示，流域城市发展整体呈现向好态势，兰州高质量发展水平与流域城市同提升。

1月11日 2023年全国自然资源工作会议以视频形式在京召开。会议总结2022年及党的十九大以来的自然资源工作，部署今后一个时期及2023年自然资源工作重点任务。自然资源部党组书记、部长王广华出席会议并作报告，表示在今后一个时期，自然资源工作将重点健全主体功能区制度，完善国土空间规划体系，构建统一的国土空间用途管制制度，陆海统筹加快海洋强国建设，扎实推进全域土地综合整治。

1月12日 河南省生态环境厅等26个部门联合印发《河南省"十四五"时期"无废城

市"建设工作方案》，以推进固体废物减量化、资源化、无害化为主线，对全省"无废城市"建设进行全面部署。

1月17日 全国住房和城乡建设工作会议在北京以视频形式召开。会议总结回顾2022年住房和城乡建设工作与新时代10年住房和城乡建设事业发展成就，分析新征程上面临的形势与任务，部署2023年重点工作。住房城乡建设部党组书记、部长倪虹出席会议并作报告，表示2023年将以实施城市更新行动为抓手，着力打造宜居、韧性、智慧城市；在设区的城市全面开展城市体检，今年在城市开展完整社区建设试点，新开工改造城镇老旧小区5.3万个以上。

1月18日 湖南省《关于推动城乡建设绿色发展的实施意见》印发，提出到2035年，全省城乡建设全面实现绿色发展，碳减排水平快速提升，城市和乡村品质全面提升，人居环境更加美好，城乡建设领域治理体系和治理能力基本实现现代化。

1月19日 国务院批复同意在福建省漳州市设立中国—菲律宾经贸创新发展示范园区，在福建省福州市设立中国—印度尼西亚经贸创新发展示范园区。

1月20日 新疆维吾尔自治区住房和城乡建设厅、自治区发展改革委印发《新疆维吾尔自治区城乡建设领域碳达峰实施方案》。该实施方案指出，到2030年前，新疆城乡建设领域碳排放达到峰值。此外，实施方案对建设绿色低碳城市提出了优化城市结构和布局、创建绿色低碳社区、提升建筑绿色低碳水平、加强基础设施体系建设、优化城市建设用能结构5项要求。

1月28日 《北京中轴线保护管理规划（2022年—2035年）》正式公布实施，该规划统筹考虑遗产及其周边环境，将保护区域合理划定为遗产区、缓冲区。

1月30日 浙江省自然资源厅印发《关于加强自然资源要素保障促进经济稳进提质若干政策措施的通知》，明确浙江省作为国家级试点，今年将重点加快推进跨乡镇土地综合整治首批33个试点项目，全年完成土地综合整治项目100个，开展山坡农用地（非林地）与平原林地置换工作。

1月31日 住房城乡建设部办公厅印发《关于开展城市公园绿地开放共享试点工作的通知》。该通知鼓励各地拓展开放共享的绿地类型，增加绿色活动空间。

2月2日 国务院批复《新时代洞庭湖生态经济区规划》。批复意见指出该规划实施要以生态环境保护修复为前提，坚持以水定城、以水定地、以水定人、以水定产，着力构建和谐人水关系，着力推动产业绿色转型升级，着力增进社会民生福祉，把洞庭湖生态经济区建设成为更加秀美富饶的大湖经济区。

2月2日 今天是第27个世界湿地日。我国再新增北京延庆野鸭湖、黑龙江大兴安岭九曲十八湾、江苏淮安白马湖等18处国际重要湿地，国际重要湿地总数达82处，总面积764.7万公顷，居世界第四位。

2月3日 南京市交通运输局召开2023年全市交通运输工作会议。据悉，2023年南京将全速推进重大项目建设，预计全年完成城乡综合交通基础设施投资计划430亿元。在确保南沿江城际铁路通车的同时，力争开工建设宁淮铁路上元门过江通道、南京北站枢纽，着力打造南京"1小时"通达都市圈。

2月7日　据住房城乡建设部消息，2022年《政府工作报告》提出，再开工改造一批城镇老旧小区。经汇总各地统计上报数据，2022年全国计划新开工改造城镇老旧小区5.1万个、840万户；全国新开工改造老旧小区5.25万个、876万户。

2月10日　宁夏回族自治区住房和城乡建设厅印发《宁夏回族自治区城市更新技术导则》，明确了优化城市空间格局、完善基础设施、改善居住品质和加强历史文化保护传承等11项城市更新内容。

2月14日　从河北省住房城乡建设厅获悉，2023年河北省将继续加大城镇老旧小区改造力度，计划完成城镇老旧小区改造1816个，惠及居民25.7万户，集中改造小区的老旧管网等基础设施，完善配套设施，为居民打造设施完善、环境良好、管理有序的居住环境。河北省城镇老旧小区改造工作将实行"一小区一方案"或"若干相邻小区一方案"模式。

2月15日　2023年是"一带一路"倡议提出10周年。2月15日，中国城市规划设计研究院和西安建筑科技大学联合主办的"'一带一路'倡议下的全球城市2022发布会"成功举办。会议发布了《"一带一路"倡议下的全球城市报告（2022）》，该报告结合产业方向变革、科技竞争加剧趋势，对全球城市复苏的特征作出新观察。该报告发布了"2022年全球活力城市指数排名"，其中，东京、上海、北京继续稳居全球前三位。此外，2022年，报告还识别出16个世界级城市聚落，这些聚落成为引领全球活力的关键。

2月20日　中共中央党史和文献研究院编辑的《习近平关于城市工作论述摘编》一书，近日由中央文献出版社出版，在全国发行。该书分7个专题，共计300段论述，摘自习近平同志2012年11月至2022年12月期间的报告、讲话、贺信、指示等120多篇重要文献。

2月21日　国务院批复《长三角生态绿色一体化发展示范区国土空间总体规划（2021—2035年）》，指出该规划是长三角生态绿色一体化发展示范区规划、建设、治理的基本依据，要纳入国土空间规划"一张图"并严格执行，强化底线约束。

2月26日　北京市推进京津冀协同发展领导小组召开会议，听取了关于推进京津冀协同发展2024年工作要点、推进京津冀协同创新共同体建设、推进京津冀产业链协同、推进京津冀社保卡居民服务"一卡通"工作有关情况的汇报，研究部署了相关工作。

2月27日　近日，中共中央、国务院印发《数字中国建设整体布局规划》。该规划提出到2025年，基本形成横向打通、纵向贯通、协调有力的一体化推进格局，数字中国建设取得重要进展。到2035年，数字化发展水平进入世界前列，数字中国建设取得重大成就。

3月1日　近日，《中国数字乡村发展报告（2022年）》正式发布，全面总结2021年以来数字乡村发展取得的新进展新成效，并试行评价各地区数字乡村发展水平，为数字乡村建设推动者、实践者和研究者提供参考。

3月1日　海南热带雨林国家公园、江苏大丰麋鹿国家级自然保护区、山东昆嵛山国家级自然保护区等首批重点区域自然资源确权登记实现登簿，标志着我国自然资源统一确权登记打通了"最后一公里"，实现落地见效。

3月1日　广东省发展和改革委员会同省妇儿工委办公室等单位联合印发《广东省儿童

友好城市建设实施方案》，明确到2025年，构建全省统筹规划、全域系统推进、全程多元参与的儿童友好城市工作格局，全面推动珠江三角洲地区城市和粤东粤西粤北地区中心城市开展儿童友好城市建设，力争7个地级以上市纳入国家儿童友好城市建设试点。

3月2日　四川省体育局明确提出，"十四五"期间，通过重点推动体育公园建设、绿道建设等场地设施建设，充分利用城市金角银边建设便民利民的场地设施等手段，扎实推进健身场地设施补短板工作，完善四级全民健身设施体系，进一步满足人民群众15分钟健身圈需求。

3月2日　新疆城市一刻钟便民生活圈建设现场推进会召开。目前，新疆（含兵团）已建成石河子市、阿拉尔市、可克达拉市3个国家级城市一刻钟便民生活圈试点城市；已建成乌鲁木齐市、和田市、阿克苏市、库尔勒市4个自治区级城市一刻钟便民生活圈试点城市。

3月5日　国务院批复同意将云南省剑川县列为国家历史文化名城，剑川县成为大理州继大理市和巍山县之后的第3个国家历史文化名城。

3月6日　2023年重庆市交通工作会召开。2023年重庆将围绕成渝地区双城经济圈建设"一号工程"、加快建设西部陆海新通道等战略部署，全力推进高水平交通强市、国际性综合交通枢纽城市建设，全年计划完成投资1 100亿元，开工渝宜高铁、重庆站改造项目，建成通车3条高速公路。

3月6日　福建省住房和城乡建设厅印发《2023年全省城乡建设品质提升实施方案》，明确了宜居建设工程、绿色人文工程、交通通达工程、安全韧性工程、智慧管理工程、农村风貌管控提升工程等10项重点共56个任务。要求持续开展老旧小区改造，全省开工改造城镇老旧小区2 580个，涉及36.29万户，基本完成2000年底以前建成的城镇老旧小区改造任务，持续推进2001年至2005年间建成、基础设施不完善的城镇老旧小区改造。

3月7日　住房城乡建设部部长倪虹在十四届全国人大一次会议第二场"部长通道"答记者问。倪虹部长提到，2023年住房和城乡建设工作将在三个方面下功夫：一是稳支柱，二是防风险，三是惠民生。他指出，城市更新是城镇化发展的必然过程，高质量发展是我们建设现代化国家的首要任务。城市更新就是推动城市高质量发展的重要手段，城市更新的目的就是要推动城市高质量发展。

3月10日　文化和旅游部、国家发展改革委联合印发《东北地区旅游业发展规划》。

3月12日　自然资源部部长王广华在十四届全国人大一次会议第三场"部长通道"上回应热点话题时表示，我国将坚守耕地红线，确保矿产资源安全，促进绿色发展。王广华部长说，坚守18.65亿亩耕地和15.46亿亩永久基本农田保护目标任务，要保持到2035年不变。

3月15日　为贯彻落实党的二十大精神，进一步加强社会服务设施建设，提升重点群体关爱服务水平，织密扎牢民生保障网，国家发展改革委、民政部、退役军人事务部、中国残联印发《"十四五"时期社会服务设施建设支持工程实施方案》，该方案明确了社会福利服务设施、退役军人服务设施、残疾人服务设施、落实重大决策部署的建设项目的建设任务。

3月16日　上海市人民政府办公厅印发《上海市城市更新行动方案（2023—2025年）》，以区域更新为重点，分层、分类、分区域、系统化推进城市更新。方案还提出要重点开展城市更新六大行动。

3月16日 浙江举行省委一号文件新闻发布会。日前浙江省委一号文件正式发布，即《关于2023年高水平推进乡村全面振兴的实施意见》，用以指导全省"三农"工作。

3月17日 襄阳都市圈发展协调机制办公室对外发布《襄阳都市圈发展规划》，提出到2025年，襄阳都市圈发展综合实力将跨越跃升，力争经济总量达到8 000亿元，稳居中西部非省会城市前列。规划构建了"一体两翼四带"的都市圈发展格局。

3月19日 按照《住房城乡建设部办公厅等关于做好第六批中国传统村落调查推荐工作的通知》要求，经各地推荐、专家评审并向社会公示，住房城乡建设部、文化和旅游部、国家文物局、财政部、自然资源部、农业农村部决定将北京市房山区史家营乡柳林水村等1 336个村落列入中国传统村落名录，现予以公布。

3月21日 经国务院同意，住房城乡建设部、应急部等15部门联合印发了《关于加强经营性自建房安全管理的通知》，要求全面加强经营性自建房安全管理，切实维护人民群众生命安全和社会大局稳定。

3月22日 文化和旅游部印发了《关于命名滨海新区智慧山文化创意产业园等15家园区为国家级文化产业示范园区的通知》，确定天津市滨海新区智慧山文化创意产业园、河北省中国曲阳雕塑文化产业园等15家园区为国家级文化产业示范园区。

3月22日 根据北京市住房和城乡建设委员会印发的《关于下达2023年老旧小区综合整治工作任务的通知》显示，2023年北京市老旧小区综合整治工作包括新开工和新完工两项任务。其中，新开工小区数量为301个，建筑面积702万平方米；新完工小区数量为143个，建筑面积632万平方米。除市属老旧小区外，北京市也将同步推进央产老旧小区改造。

3月23日 自然资源部印发《关于加强国土空间详细规划工作的通知》，明确各地要在2023年年底前完成详细规划编制单元划定工作，并结合"十四五"经济社会发展和城市建设、治理的需要，及时启动实施层面详细规划的编制工作。

3月23日 辽宁省住房和城乡建设厅相关负责人表示，今年，辽宁省将紧紧围绕实施新时代全面振兴新突破三年行动，锚定高质量发展目标，重点抓好城市老旧管网更新改造、老旧小区改造、市政基础设施智能化管理、建设海绵城市、深化供热体制改革、推进生活垃圾分类、开展完整社区建设试点7个方面工作。

3月25日 西藏自治区政府办公厅印发《西藏自治区进一步落实城市主体责任 促进房地产业良性循环和平稳健康发展若干政策》，包括优化土地供应、加大公积金支持力度、实施财政补贴、加大税收支持、加大金融信贷支持、落实购房同权政策、优化企业营商环境、推动房地产转型升级8个方面22条政策措施，因城施策支持刚性和改善性住房需求，从供需两端持续发力，积极扩大住房消费，确保全区房地产业良性循环和平稳健康发展。

3月28日 2022年度广州市城市体检结果出炉。从指标数据评价结果来看，广州在健康舒适、整洁有序、创新活力方面表现优异；从居民满意度调查结果来看，风貌特色、安全韧性评价较高。体检结果显示，广州城市发展仍有短板弱项：人口密度不平衡问题仍然存在，交通出行体验和城中村居住环境有待改善，社区设施配套和服务品质仍有待完善，防灾减灾和风貌保护仍有待加强，住有宜居和创新活力水平有待提升。

　　3月29日　交通运输部、国家铁路局、中国民用航空局、国家邮政局、中国国家铁路集团有限公司联合印发《加快建设交通强国五年行动计划（2023—2027年）》。确定的行动目标是，到2027年，党的二十大关于交通运输工作部署得到全面贯彻落实，"全国123出行交通圈"和"全球123快货物流圈"加速构建，有效服务保障全面建设社会主义现代化国家开局起步。

　　3月31日　四川省人民政府印发《关于核定公布四川省红色资源保护名录（第一批）的通知》，明确首批保护名录纳入全省红色资源136个。

　　4月2日　住房城乡建设部部长倪虹会见了马来西亚地方政府发展部部长倪可敏一行，双方就深化双边、中国—东盟在住房和城乡建设领域的合作以及加强在联合国人居署的协作等方面进行了交流。倪虹指出，建设现代化的住房、小区、城市是中国式现代化的重要组成部分。科技赋能住房是未来发展方向，要从设计、建造、使用、维修4个方面提升房屋性能，让人民在房子里生活得开心、温馨、舒心、放心。

　　4月10日　上海市城市数字化转型工作领导小组会议举行。会议指出，要强化城市数字化转型的基础支撑。夯实城市数字底座，统筹推进网络、算力、感知、应用等基础设施建设和布局，加快构建一张基准统一的"时空底图"、打造一个边界一致的"数字网格"、编制一个标识统一的"城市码"。畅通数据流动循环，加快公共数据等上云上链，完善数据开放共享法规体系，确保数据的安全性、可溯性和系统的敏捷性、可拓展性。

　　4月11日　重庆将实施农村基础设施"五网"建设等五大工程推进宜居宜业和美乡村创建。按照计划，今年底重庆市将创建100个宜居宜业和美乡村；到2027年，全市力争建成1000个独具特色的宜居宜业和美乡村。

　　4月12日　自然资源部举行例行新闻发布会，正式发布《2022年中国自然资源统计公报》。该公报涵盖自然资源概况、自然资源开发利用、自然资源确权登记、国土空间规划和用途管制、国土空间生态保护修复、地质灾害海洋灾害防治、测绘和地理信息、地质调查、自然资源督察执法、自然资源科技人才10个方面，以文字、数据、图表等形式全面客观呈现2022年自然资源工作情况。

　　4月14日　安徽省将"口袋公园"建设作为优化城市绿地布局、拓展绿色公共空间的有效抓手，努力将更多的绿地建在群众身边。按照"300米见绿、500米见园"要求，今年计划新增城市"口袋公园"200个。

　　4月15日　第十三届中国风景园林学会年会在湖南省长沙市开幕，会议主题为"美美与共的风景园林：人与天调，和谐共生"。

　　4月15日　《河北省城市更新工作指南》印发。根据指南，城市更新包括居住类、产业类、设施类、公共空间类、区域综合性和其他城市更新6种类型。

　　4月17日　河南省人民政府办公厅印发《关于实施开发区土地利用综合评价　促进节约集约高效用地的意见》，提出的主要目标是：到2025年，在2020年基础上全省开发区综合亩均税收增长50%以上、亩均二三产业规模以上企业增加值增长35%以上、亩均新增固定资产投资增长50%以上。到2035年翻两番，实现开发区产业转型升级，努力将开发区建设成为实体经济高质量发展示范区和引领区。

4月18日 为推动中心城区更新提升行动走深走实，进一步发挥规划师、建筑师、工程师等专业技术人员专长，提高人民群众的居住品质和生活环境，天津市住房和城乡建设委员会召开了"三师进更新项目"试点工作启动会。

4月20日 北京市住房和城乡建设委员会、北京市规划和自然资源委员会发布《关于进一步做好危旧楼房改建有关工作的通知》，加快推进北京市危旧楼房改建工作。

4月21日 住房城乡建设部城市管理监督局在京召开全国城市运行管理服务平台体系建设暨加强城市管理统筹协调工作视频推进会。会议指出，要重点抓好5项工作：一要推广"一委一办一平台"工作模式，二要切实抓好平台建设重点环节，三要打造市级平台示范样板，四要推动三级平台业务协同，五要进一步加大宣传推广力度。

4月21日 生态环境部等5部门联合印发《重点流域水生态环境保护规划》。

4月21日 宁夏回族自治区自然资源厅印发《关于加强土地节约集约利用的若干措施》，将从优化土地利用结构布局、强化土地资源要素保障、着力挖潜建设发展空间、完善土地市场化配置机制、持续盘活存量低效土地等方面发力，实现土地节约集约高质量利用。

4月22日 今天是第54个世界地球日，自然资源部在此间举办的地球日主场活动上宣布全国生态保护红线划定工作已经完成。全国生态保护红线不低于315万平方公里，其中陆域生态保护红线不低于300万平方公里，占陆域国土面积的30%以上，海洋生态保护红线不低于15万平方公里。

4月25日 江苏省住房和城乡建设厅召开《江苏省城市更新行动指引（2023版）》发布会暨江苏城市更新研讨会。会议交流研讨城市更新建设经验，共同谋划城市更新发展蓝图。

4月25日 近日，广西壮族自治区住房城乡建设厅下发通知，正式下达2023年城镇老旧小区改造计划任务，明确2023年全区城镇老旧小区改造任务为1844个小区，涉及居民18.6万户，要求重点围绕"三个革命"，结合完整社区、绿色社区、加装电梯、适老化设施建设、无障碍环境建设、一刻钟便民生活圈等工作，不断完善老旧小区改造内涵，增强居民获得感幸福感。

4月26日 中国城市和小城镇改革发展中心、联合国人类住区规划署和成都市人民政府共同主办的"第六届国际城市可持续发展高层论坛"及"一带一路"可持续城市联盟圆桌会议在成都市顺利举办。论坛以"绿色低碳引领城市转型发展"为主题，发布了《低碳城市发展模式案例研究》和《未来城市顾问展望2022：建设新城市韧性》等成果。

4月26日 上海市规划资源局宣布，上海全面推进"15分钟社区生活圈"行动。至"十四五"期末，全市率先建成一批具有示范性意义的街镇，中心城区基本实现基础保障类服务全覆盖。上海是全国首个提出"15分钟社区生活圈"概念的城市。

4月28日 住房城乡建设部办公厅印发《关于做好2023年全国村庄建设统计调查工作的通知》，要求地方各级住房城乡建设部门认真分析村庄建设统计调查数据，做好数据共享，发挥统计调查服务乡村建设决策、制定乡村建设政策、谋划乡村建设项目的作用。

5月4日　自然资源部印发《关于深化规划用地"多审合一、多证合一"改革的通知》，明确以"多规合一"为基础，采取九方面措施继续推动"多审合一、多证合一"，提高审批效能和监管服务水平。

5月5日　国务院总理李强主持召开国务院常务会议，审议通过关于加快发展先进制造业集群的意见；部署加快建设充电基础设施，更好支持新能源汽车下乡和乡村振兴。会议指出，农村新能源汽车市场空间广阔，加快推进充电基础设施建设，不仅有利于促进新能源汽车购买使用、释放农村消费潜力，而且有利于发展乡村旅游等新业态，为乡村振兴增添新动力。

5月6日　文化和旅游部近日推出10条长江主题国家级旅游线路和《长江国际黄金旅游带精品线路路书》，加强长江旅游高质量产品供给，提升旅游消费水平和能力。长江国际黄金旅游带覆盖上海、江苏、浙江、安徽、江西、湖北、湖南、重庆、四川、云南、贵州11个省（直辖市）。

5月5—6日　住房城乡建设部党组书记、部长倪虹带队到天津调研中新天津生态城建设情况。倪虹指出，今年是中新天津生态城开发建设15周年，也是习近平总书记视察中新天津生态城10周年，我们要认真总结推广中新天津生态城建设经验，落实好习近平总书记的重要指示要求，推动中新天津生态城在充分体现人与人、人与经济活动、人与环境和谐共存等方面取得更大进展和成效。

5月7日　由清华大学建筑学院、人居科学研究院、清华大学建筑与城市研究所共同主办的"吴良镛人居实践学术研讨会"在清华大学建筑学院召开，共同回顾吴良镛先生人居科学研究和实践的历程与成就，交流工作体会，展望人居未来，共贺先生101岁华诞。

5月10日　中共中央总书记、国家主席、中央军委主席习近平在河北省雄安新区考察，主持召开高标准高质量推进雄安新区建设座谈会并发表重要讲话。习近平总书记强调，短短6年里，雄安新区从无到有、从蓝图到实景，一座高水平现代化城市正在拔地而起，堪称奇迹。这些成绩是在世界百年未有之大变局、3年新冠疫情的严峻形势下取得的，殊为不易。

5月10日　全国自然资源调查监测工作会议在重庆召开。据悉，近年来，重庆围绕自然资源"两统一"职责，系统构建调查监测体系，全面查清自然资源家底，调查监测服务和支撑全市高质量发展、生态文明建设等能力不断提升。目前重庆市已构建起市、区县、乡镇、村居四级监测网络体系。

5月11日　住房城乡建设部办公厅近日函复吉林省住房和城乡建设厅，同意在长春市开展第一次全国自然灾害综合风险普查房屋建筑和市政设施调查数据成果应用更新工作试点，试点期至2024年年底。

5月11日　住房城乡建设部在安徽省合肥市召开推进城市基础设施生命线安全工程现场会。会议强调，城市基础设施生命线安全工程，是城市更新和新型城市基础设施建设的重要内容。今年的工作目标，是在深入推进试点和总结推广可复制经验基础上，全面启动这项工作。

5月11日　湖北省住房和城乡建设厅、省自然资源厅、省农业农村厅联合印发的《关于

"五好"农房建设的十条措施》，以农民看得懂、能接受的语言，引导农民关注农房未来价值、提升农房建设品质。"五好"示范农房，即选址好、设计好、建造好、配套好、维护好。

5月11日   《杭州市人民政府办公厅关于全面推进城市更新的实施意见》发布。该实施意见将于2023年6月12日起施行，有效期至2035年12月31日，由杭州市建委负责牵头组织实施。该实施意见明确了7+1类更新类型，提出七大类工作任务。

5月12日   中共中央总书记、国家主席、中央军委主席习近平5月11日—12日在河北考察，主持召开深入推进京津冀协同发展座谈会并发表重要讲话。习近平总书记强调，要推动京津冀协同发展不断迈上新台阶，努力使京津冀成为中国式现代化建设的先行区、示范区。

5月12日   中国城市规划学会流域空间规划分会成立大会暨2023年年会召开，本次会议主题为"流域文明与高质量发展"。

5月13日   自然资源部办公厅印发实施6项蓝碳系列技术规程，对红树林、滨海盐沼和海草床三类蓝碳生态系统碳储量调查评估、碳汇计量监测的方法和技术要求作出规范，用于指导蓝碳生态系统调查监测业务工作。

5月14日   5月14日—5月20日是2023年全国城市节约用水宣传周，今年的主题是"推进城市节水，建设宜居城市"。近年来，各地大力推进城市节水，全国已建成145个国家节水型城市。

5月14日   近日，西藏自治区党委办公厅、政府办公厅印发《西藏自治区关于推进实施国家文化数字化战略的实施方案》的通知，方案结合西藏实际，将贯彻落实9项措施，确保国家文化数字化战略在西藏自治区顺利实施。

5月14日   《中共四川省委   四川省人民政府关于支持川中丘陵地区四市打造产业发展新高地加快成渝地区中部崛起的意见》正式发布。

5月15日   国土空间规划相关学（协）会联合体在京成立。

5月15日   针对区内房屋租赁需求大、保障性租赁住房项目运营单位多、分布广等特点，上海市首个保障性租赁住房（人才安居）服务专窗在徐汇区揭牌，上海市第一支保障性租赁住房巡查监管队伍也同期成立。

5月15日   《广东省国土空间生态修复规划（2021—2035年）》正式印发，广东将全力构筑"三屏五江多廊道"生态安全格局，衔接省国土空间规划"一链两屏多廊道"国土空间保护格局，形成陆海联动、通山达海的网络化格局。

5月17日   科技部等12部门印发《深入贯彻落实习近平总书记重要批示精神   加快推动北京国际科技创新中心建设的工作方案》，明确加快推动北京国际科技创新中心建设的发展目标是：到2025年，北京国际科技创新中心基本形成，成为世界科学前沿和新兴产业技术创新策源地、全球创新要素汇聚地。

5月17日   《重庆市千兆光网发展"光耀山城 追光行动"计划（2023—2025年）》印发，提出到2025年，重庆将建成全国一流千兆光网城市。

5月18日   江西省政府新闻办、省交通运输厅联合召开新闻发布会。会议提出，到"十四五"末，江西省将形成"十纵十横十绕"的多中心放射状高速公路网布局，基本实现市市有绕城、县县双高速；普通国省道二级及以上比例分别提升至95%、65%以上；新改建农村公路1.5万公里。

5月20日　农业农村部、国家乡村振兴局在河北省平山县召开全国农村厕所革命现场会。会议强调，要深入学习贯彻习近平总书记关于农村厕所革命的系列重要指示批示精神，进一步学好学透、用好用活浙江"千万工程"经验，把农村厕所革命作为建设宜居宜业和美乡村的重要内容。

5月21日　中共中央办公厅、国务院办公厅印发《关于推进基本养老服务体系建设的意见》。该意见指出，基本养老服务在实现老有所养中发挥重要基础性作用，推进基本养老服务体系建设是实施积极应对人口老龄化国家战略，实现基本公共服务均等化的重要任务。

5月23日　国家互联网信息办公室发布《数字中国发展报告（2022年）》。该报告显示，截至2022年年底，我国累计建成开通5G基站231.2万个，5G用户达5.61亿户，全球占比均超过60%。全国110个城市达到千兆城市建设标准，千兆光网具备覆盖超过5亿户家庭能力。

5月23日　截至目前，甘肃初步建成以国家公园为主体的自然保护地体系，全省233个自然保护地整合归并优化为158个，包括国家公园、自然保护区、自然公园三大类，总面积990.7万公顷，占全省国土总面积的23.27%，守护着超九成的国家和地方重点保护野生动植物。

5月25日　中共中央、国务院印发《国家水网建设规划纲要》。该规划纲要是当前和今后一个时期国家水网建设的重要指导性文件，规划期为2021—2035年。

5月26日　《全民健身场地设施提升行动工作方案（2023—2025年）》印发。方案要求加快推动解决群众"健身去哪儿"难题，提升全民健身公共服务水平，更好地满足人民群众美好生活需要。

5月27日　全国城乡规划专业评估委员会2023年度工作会议在西安召开，18所学校的城乡规划专业通过专业评估。

5月30日　住房城乡建设部部长倪虹会见香港特别行政区政府房屋局局长何永贤一行，就加强内地与香港在住房及相关领域交流合作、共同提升人民群众的居住水平进行深入探讨。

5月30日　为落实党的二十大关于"实施积极应对人口老龄化国家战略""打造宜居、韧性、智慧城市"的重要部署，住房城乡建设部城市建设司组织编制了《城市居家适老化改造指导手册》，从推动居家适老化改造开始，让老年人住得更放心、更舒心。

5月31日　云南省召开城市更新居住品质提升工作现场推进会。会议指出，今年1—4月，云南省城市更新行动开局良好，共开工改造城镇老旧小区620个8.38万户和城镇棚户区2.61万套，分别占省政府明确的年度目标任务的41.33%和43.5%。

6月3日　以"面向城市治理的规划编制和研究"为主题的2023年全国规划编制研究中心年会在深圳举行。会议围绕编研中心在致力于城市治理体系和治理能力现代化水平提升的目标下如何更好地开展规划编制和研究工作的探索与实践进行了充分探讨和交流。

6月3日　中国城市规划设计研究院、北京市城市规划设计研究院、北京清华同衡规划设计研究院有限公司召开首届三院学术交流会。举办学术交流会的目的旨在强化三院之间的学术交流与业务合作，共同面对规划行业的问题与挑战，实现优势互补、交流互鉴，凝聚学术共识和行业合力，为城市发展绘就美好蓝图。本届会议的主题是"建设人民满意的城市"。

6月5日　近日，湖南省文化和旅游厅等19部门联合印发《关于进一步推动文化和旅游赋能乡村振兴的若干措施》，从提高公共文化服务水平、推动乡村非遗传承发展、丰富乡村旅游产品、加强乡村文旅智慧化建设、建强乡村文旅人才队伍等15个方面出台系列措施，推动文化和旅游赋能乡村振兴工作。

6月5日　北京制定《北京市部门数据共享制度（总体规划实施体检）》，开展相关调查工作。

6月5—9日　主题为"通过包容和有效的多边主义实现可持续的城市未来：在全球危机时代实现可持续发展目标"的第二届联合国人居大会在肯尼亚内罗毕联合国人居署总部召开。住房城乡建设部部长倪虹率中国政府代表团出席会议并发表讲话。

6月7日　江苏省民政厅、江苏省住房城乡建设厅等10部门联合印发《关于深入推进智慧社区建设的实施意见》，指导各地完善顶层设计，强化规划引领，推进统筹建设，不断提升全省城乡社区治理服务智慧化、智能化水平。

6月9日　"优秀城市规划设计项目交流会暨2021年度优秀城市规划设计奖颁奖会"在天津隆重举行，会议主题为"面向城市高质量发展的规划探索"。

6月13日　住房城乡建设部印发《城镇老旧小区改造可复制政策机制清单（第七批）》，供各地结合实际学习借鉴。

6月13日　自然资源部印发《关于进一步做好用地用海要素保障的通知》。该通知共5个方面27条，涉及国土空间规划、用地审查报批、节约集约与资产供应、加快"未批已填"围填海历史遗留问题处理和优化项目用海用岛审批程序、承诺事项监管等内容。

6月13日　上海市依托城市管理精细化工作信息平台建设，积极探索城市基础设施运行安全监管"数治"新模式，努力实现智能感知、智能监管、智慧预防，不断提升城市安全运行保障能级。

6月14日　住房城乡建设部、国家体育总局印发通知，开展"国球进社区""国球进公园"活动，进一步推动群众身边健身设施建设，满足市民多样化健身活动需求。通知提出，从2023年开始，结合城镇老旧小区改造、公园绿地开放共享和实施"全民健身场地设施提升行动"等工作，组织开展"国球进社区""国球进公园"活动，推动在城市社区、公园中配建以乒乓球台等小型设施为重点的健身设施，力争用3年左右时间，通过新建、改建等方式，完善社区、公园健身服务功能，推动构建城市社区"15分钟健身圈"，为广大群众就近健身提供便利。

6月14日　在天津市举行的"十项行动·中心城区更新提升行动方案"新闻发布会上，天津市委常委、常务副市长刘桂平发布了《中心城区更新提升行动方案》有关情况。

6月15日　第五届全国地市级规划编制单位业务交流会在四川省自贡市召开，主题是"城市数字赋能与高质量发展"。

6月15日　江苏省出台《关于推进基本养老服务体系建设的若干措施》，旨在进一步完善基本养老服务制度，不断提高基本养老服务均等化水平。江苏将完善居家社区基本养老服务功能，构建"15分钟养老服务圈"，2023年底前实现城市街道标准化综合性养老服务中心全覆盖，2024年底前实现城乡社区养老服务站点全覆盖。

6月16日　国务院关于同意阿克苏阿拉尔高新技术产业开发区升级为国家高新技术产业开发区的批复，定名为阿克苏阿拉尔高新技术产业开发区，实行现行的国家高新技术产业开发区政策。

6月16日　黟县国家历史文化名城两周年宣传暨古城合伙人全球招募活动在黄山市黟县古城黟川两岸举行。安徽省7座历史文化古城在活动中发布共同倡议，提出今后不搞大拆大建，不搞拆真建假，并将一起加强跨区域历史文化遗产整体保护和系统利用。安徽省内获批国家历史文化名城所在的7市县联合发布了《国家历史文化名城保护复兴共同倡议》。

6月17日　江苏省100处"乐享园林"项目确定名单正式向社会公布。在100个"乐享园林"民生实事项目中，口袋公园建设是主体，占69%，城市绿道占9%，滨水绿岸占13%，公共空间林荫化占3%，闲置空间利用及景观提升、立体绿化占6%。

6月20日　上海市人民政府发布《上海市生态保护红线》。2018年上海市政府发布的《上海市生态保护红线》（沪府发〔2018〕30号）同步废止。上海市生态保护红线总面积2 527.30平方公里，其中陆域面积130.05平方公里，长江河口及海域面积2 397.25平方公里。

6月20日　湖北省委书记、省人大常委会主任王蒙徽主持召开省委专题会议，研究宜昌市、荆门市城市和产业集中高质量发展。会议指出，作为世界级工程——三峡工程所在地，宜昌市要站位全局，统筹城市和产业发展，加快打造长江大保护典范城市。荆门市是宜荆荆都市圈重要节点城市，要锚定打造产业转型升级示范区的目标定位，做强优势产业，提升中心城区能级，着力推动高质量发展。要加快宜荆荆都市圈一体化发展，推动都市圈各城市优势互补，不断增强整体竞争力。

6月20日　宁夏回族自治区《城市社区规范化标准化建设三年行动方案（2023—2025年）》近日印发。该方案提出到2025年年底，平均每个社区不少于10个社区社会组织，至少有一名持证社会工作者。

6月25日　《广东省乡村建设行动实施方案》近日印发。该方案从总体要求、规划引导、建设行动、推进机制和加强组织保障5个方面提出22项明确的部署要求，扎实推进广东省乡村建设。

6月26日　住房城乡建设部在浙江省杭州市召开全国农房建设管理工作现场会。会议总结推广浙江"千万工程"经验，交流各地在农房建设管理、农村人居环境整治、美丽宜居村庄建设、小城镇建设等方面的经验做法。

6月26日　河北省住房城乡建设厅印发通知，提出在全省开展超低能耗建筑建设试点示范工作，每个市和雄安新区原则上每年选取不少于2个超低能耗建筑项目进行试点示范，严格执行最新建筑节能设计标准，分析相关指标数据，积累建设经验，为全省全面执行超低能耗建筑节能标准奠定基础。

6月26日　在重庆璧山区召开的推动成渝地区双城经济圈建设重庆四川党政联席会议

第七次会议上，重庆、四川联合宣布携手推出多项政策措施，推进成渝中部地区高质量一体化发展，加快推动重庆西扩、成都东进，将成渝地区"中部崛起"作为推动成渝双城经济圈建设走深走实的重要突破口。

6月28日 住房城乡建设部办公厅发布《关于印发〈传统村落保护利用可复制经验清单（第一批）〉的通知》，总结各地在完善传统村落保护利用法规政策、创新传统村落保护利用方式、完善传统村落保护利用工作机制、传承发展优秀传统文化4个方面经验，要求相关部门结合实际学习借鉴，进一步提高传统村落保护利用工作水平。

6月28日 自然资源部印发《关于持续推进农村房地一体宅基地确权登记颁证工作的通知》。该通知明确：一要加快推进房地一体宅基地地籍调查，二要抓紧完成已有成果清理整合和入库汇交，三要规范有序推进房地一体宅基地确权登记颁证，四要做好登记成果日常更新和工作衔接。

6月30日 中共中央政治局召开会议，审议《关于支持高标准高质量建设雄安新区若干政策措施的意见》，中共中央总书记习近平主持会议。会议指出，设立雄安新区，是以习近平同志为核心的党中央为疏解北京非首都功能、深入推进京津冀协同发展作出的一项重大决策部署，是千年大计、国家大事。会议强调，要结合雄安新区现阶段的实际需要，紧紧围绕疏解人员利益关切，有针对性地采取支持措施。

6月30日 上海市人民政府办公厅印发《上海市城市总体规划（2017—2035年）五年实施评估工作方案》。该方案主要评估"上海2035"总规实施情况，同步评估《上海市国土空间近期规划（2021—2025年）》、各有关区总体规划暨土地利用总体规划、主城区单元规划、市级各专项规划的实施情况。

7月3日 首都规划建设委员会在京召开第45次全体会议。会议审议通过了《首都规划建设委员会2022年工作总结和2023年工作要点》《首都功能核心区控制性详细规划三年行动计划（2023—2025年）》等文件。

7月4日 宁夏回族自治区印发《关于全面推行"六级"耕地保护网格化监管的通知》，明确将建立"自治区统筹、市县主责、乡镇主抓、村组落实"的耕地保护监管机制，科学设置自治区、市、县、乡、村和村民小组六级监管网格。

7月5日 为贯彻落实习近平总书记关于保护传承弘扬长江文化的重要讲话精神，文化和旅游部、国家文物局、国家发展改革委近日联合印发《长江文化保护传承弘扬规划》。

7月6日 《自然资源部2023年立法工作计划》印发。该计划指出，今年自然资源部按照"严守资源安全底线、优化国土空间格局、促进绿色低碳发展、维护资源资产权益"定位，加强促进高质量发展的重点领域立法，共安排立法项目14件，包括出台类立法项目5件、研究类立法项目9件。

7月6日 第十二届长三角地区城乡规划研讨会在安徽马鞍山召开。来自长三角地区三省一市的300余名规划管理者、研究者、从业者汇聚一堂，围绕"各扬所长塑活力、四方联动绘蓝图——中国式现代化之长三角篇章"主题进行深入探讨。

7月7日 住房城乡建设部印发《关于扎实有序推进城市更新工作的通知》通知提出，

要加强对地方城市更新工作的指导，总结推广城市更新实践中形成的好经验好做法，并对进一步做好城市更新工作提出具体要求。

7月7日 《2022中国城市地下空间发展蓝皮书》正式发布。城市地下空间是城市未来发展的重要增长极，其发展态势与中国的城镇化进程显著相关。中国城市地下空间发展以科技创新为动力，以产业发展为导向，以城市高质量发展为宗旨，助力实现人民对美好生活的向往。

7月7日 福建省政府办公厅印发《福建省新型基础设施建设三年行动计划（2023—2025年）》。该计划包括总体要求、加速布局信息基础设施、稳步发展融合基础设施、适度超前部署创新基础设施、保障措施5个部分，共10项行动内容、31项主要任务。

7月10日 全球共享发展行动论坛首届高级别会议在北京开幕。会议由国家国际发展合作署主办，主题为"中国的倡议，全球的行动"。国家主席习近平向会议致贺信。习近平强调，发展是人类社会的永恒主题，共享发展是建设美好世界的重要路径；作为最大的发展中国家，中国始终将自身发展置于人类发展的坐标系，以自身发展为世界发展创造新机遇。

7月10日 由河北交投集团所属冀交能源公司打造的开放式近零碳智能服务区在荣（成）乌（海）高速公路新线雄安北服务区建成，这是河北省第一个综合能源近零碳智能服务区。

7月12日 全国政协召开"统筹城乡融合发展 全面推进乡村振兴"专题协商会，中共中央政治局常委、全国政协主席王沪宁出席会议并讲话。

7月12日 自然资源部办公厅印发《关于加强临时用地监管有关工作的通知》，要求在农用地或未利用地上的临时用地全面实现临时用地上图入库。市、县在临时用地经依法批准后20个工作日内，通过系统将临时用地信息上图入库。

7月13日 《重庆市推进以区县城为重要载体的城镇化建设实施方案》近日印发，将分类引导区县城发展方向：一是加快发展大城市周边区县城，二是积极培育专业功能区县城，三是合理发展农产品主产区区县城，四是有序发展重点生态功能区区县城。

7月14日 住房城乡建设部村镇建设司、财政部经济建设司召开传统村落集中连片保护利用示范县工作视频调度推进会议，深入学习贯彻习近平总书记关于传统村落保护发展的重要指示精神和党的二十大精神，推进传统村落集中连片保护利用示范工作。北京市门头沟区、山东省荣成市、重庆市秀山土家族苗族自治县等10个传统村落集中连片保护利用示范县（市、区）作了交流发言。

7月15日 《山东省城镇老旧小区改造工程质量通病防治技术指南》正式施行。

7月17日 第二十二届中国风景园林规划设计大会在山东省济南市成功举办。本次会议主题为"风景园林高质量发展"。会上发布了《2020—2021风景园林学学科发展报告》。

7月17日 国家发展改革委、中共中央宣传部、文化和旅游部、国家文物局等部门联合印发《黄河国家文化公园建设保护规划》，提出构建黄河国家文化公园"一廊引领、七区联动、八带支撑"总体空间布局。

7月18日 《吉林省美丽乡村建设实施方案》近日印发，提出实施"十县引领、百村示范、千村美丽、万村整治"工程，力争到2025年，建成美丽乡村示范县10个，打造"百村示范"村600个左右、"千村美丽"村3000个左右。

7月20日　中共中央政治局委员、国务院副总理何立峰出席积极稳步推进超大特大城市"平急两用"公共基础设施建设工作部署电视电话会议并讲话。何立峰指出，"平急两用"公共基础设施是集隔离、应急医疗和物资保障为一体的重要应急保障设施，"平时"可用作旅游、康养、休闲等，"急时"可转换为隔离场所，满足应急隔离、临时安置、物资保障等需求。

7月20日　住房城乡建设部部长倪虹会见阿尔及利亚住房、城市规划和城市部部长贝勒阿里比。双方围绕开展住房、抗震和新城建设等方面合作进行深入交流。两部在元首见证下签署了《关于加强城市可持续发展领域合作的谅解备忘录》。

7月20日　《住房城乡建设部办公厅等关于印发完整社区建设试点名单的通知》公布，遴选出106个社区开展完整社区建设试点工作，覆盖31个省（区、市）和新疆生产建设兵团，涉及80个城市（新区），试点时间为期2年。

7月21日　国务院总理李强主持召开国务院常务会议，审议通过《关于在超大特大城市积极稳步推进城中村改造的指导意见》。会议指出，在超大特大城市积极稳步实施城中村改造是改善民生、扩大内需、推动城市高质量发展的一项重要举措。

7月21日　住房城乡建设部等7部门印发《关于扎实推进2023年城镇老旧小区改造工作的通知》，要求各地扎实推进城镇老旧小区改造计划实施，靠前谋划2024年改造计划。

7月21日　安徽省委、省政府在黄山市召开全省全面推进乡村振兴现场会。省委书记韩俊出席会议并讲话，指出要深入学习浙江"千万工程"经验，大力实施"千村引领、万村升级"工程。"千村引领"就是全省到2027年建设1000个左右的精品示范村，坚持差异化打造、特质化发展、整体性提升。"万村升级"就是统筹抓好布点规划的中心村建设和一般自然村人居环境整治，在现有已建的省级中心村基础上，到2027年系统升级建设省级中心村总数达到1万个以上，推动全省比学赶超、提档升级。

7月24日　全国首部省域古代城市图志《江苏古代城市图志》在南京发布。其中，"志"即文字部分，为城市简介，主要是对城市建置史、城建史、文化史进行宏观的介绍。"图"部分则主要收录城池图与重要建筑图、名胜图等。

7月24日　贵州省发展改革委印发《黔中城市群高质量发展规划》，范围包括贵阳市、贵安新区，遵义市红花岗区、汇川区、播州区、绥阳县、仁怀市等33个县（市、区），总面积5.38万平方公里。

7月25日　贵州省发展改革委印发《贵州省新型城镇化实施方案（2023—2025年）》，提出到2025年，省会贵阳、市州中心城市、县城分别新增城区常住人口60万以上，"十四五"时期分别新增100万以上，贵阳建成特大城市。

7月26日　2023年金砖国家城镇化论坛在南非德班举办。住房城乡建设部副部长秦海翔率团出席论坛并发言。本次论坛主题为"推进加强城市韧性建设"。

7月28日　近日，农业农村部、国家发展改革委、自然资源部、住房乡建设部等9部门联合印发《"我的家乡我建设"活动实施方案》，部署开展"我的家乡我建设"活动，引导在村农民和在外老乡共建、共治、共享美好家园，促进人才、资金、技术下乡，汇聚建设宜居宜业和美乡村力量。

7月28日 天津今年城市体检工作全面启动，预计在8月下旬完成，形成全市体检报告。天津开展城市体检指标探索，以住房城乡建设部61项指标为基础，重点关注住房安全、民计民生、城市活力等方面，增加"疑似城市C、D级危险住房、未达标配建的便民商业服务设施数量、历史风貌建筑活化利用率"等41项特色指标，形成"61+41"天津市城市体检特色指标体系。

7月28日 《河南省重大新型基础设施建设提速行动方案（2023—2025年）》印发，提出到2025年，全省5G基站数超过25万个，智慧高速通车里程超过1000公里，力争1～2个重大科技基础设施纳入国家规划。

7月31日 《上海市推进城市区块链数字基础设施体系工程实施方案（2023—2025年）》正式发布，提出到2025年，浦江数链"1+1+1+X"数字基础设施体系全面建成，提供快速上链、跨链部署能力，有力支撑本市政务、公共服务及行业应用，带动形成一批行业级、城市级示范场景。

8月1日 《2023年度广西完整社区建设试点实施方案》近日印发，方案选定南宁市江南区五一东路社区、柳州市柳南区五菱社区等15个社区为自治区完整社区建设试点，围绕完善社区服务设施、推进智能化服务、健全社区治理机制等方面展开工作。

8月2日 国务院批复《江苏省国土空间规划（2021—2035年）》。

8月7日 《北京市自然资源和国土空间调查监测体系统筹构建方案》近日印发，此举是建立全市统一的自然资源和国土空间调查监测体系的重要举措，是贯彻新发展理念、推动北京高质量发展的重要制度安排，对于加强自然资源和国土空间调查监测、分析和评价工作，深入推进生态文明建设，支撑新版城市总体规划具有深远意义。

8月8日 山东省政府办公厅印发《山东省世界级港口群建设三年行动方案（2023—2025年）》，部署实施六大提升行动，加快建设安全便捷、智慧绿色、经济高效、支撑有力、融合开放的世界级港口群。

8月11日 国务院安全生产委员会发布《全国城镇燃气安全专项整治工作方案》，指出用3个月左右时间开展集中攻坚，全面排查整治城镇燃气全链条风险隐患，建立整治台账，切实消除餐饮企业等人员密集场所燃气安全突出风险隐患；再用半年左右时间巩固提升集中攻坚成效，组织开展"回头看"，全面完成对排查出风险隐患的整治，构建燃气风险管控和隐患排查治理双重预防机制。

8月11日 近日，河南省财政下达资金3.57亿元，推进养老服务领域基础设施建设，更好满足老年人多层次、多样化养老服务需求。其中：下达资金3.04亿元，用于支持156个城镇街道社区养老服务设施建设和能力提升等，下达资金0.53亿元，支持1万户特殊困难老年人家庭适老化改造、40个乡镇敬老院转型为区域养老服务中心。

8月14日 商务部等9部门联合印发《县域商业三年行动计划（2023—2025年）》，提出到2025年，在全国打造一批县域商业"领跑县"，90%的县达到"基本型"及以上商业功能，具备条件的地区基本实现村村通快递。

8月15日 首个全国生态日当天，自然资源部发布《中国生态保护红线蓝皮书》。全国划定生态保护红线面积合计约319万平方公里，涵盖我国全部35个生物多样性保护优先区域。这是我国首次以蓝皮书形式发布的生态保护红线成果。

8月15日 湖南省住房城乡建设厅发布全省城乡建设领域生态文明建设重要成果。湖南省建筑业绿色转型正加速推进，城镇新建建筑执行绿色建筑标准比例为100%，新开工装配式建筑面积占新建建筑面积比例超33%。

8月16日 《〈城市儿童友好空间建设导则（试行）〉实施手册》印发，推进城市儿童友好空间建设，要求结合城市更新行动，重点完善儿童公共服务设施、活动场地、慢行系统和学径网络等，构建儿童友好街区空间。

8月18日 国务院批复《广东省国土空间规划（2021—2035年）》。

8月18日 生态环境部办公厅、住房城乡建设部办公厅等八部门联合发布《关于深化气候适应型城市建设试点的通知》，提出统筹考虑气候风险类型、自然地理特征、城市功能与规模等因素，在全国范围内开展深化气候适应型城市建设试点，积极探索和总结气候适应型城市建设路径和模式，提高城市适应气候变化水平。

8月21日 首批国家公园总体规划正式发布，三江源国家公园、大熊猫国家公园、东北虎豹国家公园、海南热带雨林国家公园、武夷山国家公园5个国家公园规划总面积为23万多平方公里。

8月23日 自然资源部最新数据显示，我国目前已有约26个省（区、市）共264个城市，开展约5.52万平方公里城市三维模型建设，相关成果已在地方数字化转型和智慧城市建设中发挥了积极作用。

8月24日 住房城乡建设部印发《全国城镇燃气安全专项整治燃气管理部门专项方案》，提出按照"大起底"排查、全链条整治的要求和有关职责分工，有力有序有效推进城镇燃气安全专项整治。

8月25日 2023年度全国规划院业务交流会在南京召开，以"创新引领 创造价值"为主题，共同探讨了科技创新、社会关系、规划治理、转型发展等重要命题。

8月25日 北京市近日印发《关于进一步推动首都高质量发展取得新突破的行动方案（2023—2025年）》，提出以新时代首都发展为统领，努力使京津冀成为中国式现代化建设的先行区、示范区，推进"五子"联动服务和融入新发展格局。

8月25日 《浙江省人民政府办公厅关于全面推进现代化美丽城镇建设的指导意见》正式印发，浙江省将通过实施5个现代化建设和18项重点工作，加快提升全省小城镇的基础设施、公共服务、经济产业、人文环境、综合治理现代化水平，持续塑造城镇产业、文化和风貌特色，建设具有现代品质、浙江特色、群众有感的美丽城镇。

8月28日 国务院批复《宁夏回族自治区国土空间规划（2021—2035年）》。

8月29日 2023年全国国土空间规划工作会议在福州召开。会议认为，经过5年时间的不懈努力，实现了国土空间规划系统性、整体性重构，总体形成了全国统一、责权清晰、科学高效的国土空间规划体系，"多规合一"改革取得开创性、决定性成就，国土空间规划事业取得历史性成就。

8月29日　国务院印发《河套深港科技创新合作区深圳园区发展规划》，要求高质量、高标准、高水平推进河套深港科技创新合作区深圳园区建设，积极主动与香港园区协同发展、优势互补，打造粤港澳大湾区国际科技创新中心重要极点，努力成为粤港澳大湾区高质量发展的重要引擎。

8月29日　从上海市规划和自然资源局获悉，上海市已选取外滩第二立面、老城厢地区、徐汇衡复地区、静安石门二路地区等10个城市更新单元开展试点工作，联动责任规划师、责任建筑师、责任评估师，开展"三师联创"工作，创新城市更新可持续发展模式。

9月1日　住房城乡建设部建筑节能与科技司在重庆市召开完整社区建设试点工作推进会，总结交流完整社区建设试点工作情况，部署推进下一步工作。

9月4日　规划建设保障性住房工作部署电视电话会议在京召开，中共中央政治局委员、国务院副总理何立峰出席会议并讲话。何立峰强调，保障性住房建设是艰巨复杂的系统性工程，要坚持规划先行、谋定后动，扎实做好前期工作、严格项目管理和成本控制，综合考虑市场形势，合理把握建设节奏。

9月5日　自然资源部印发《关于开展低效用地再开发试点工作的通知》，决定在北京等15个省（市）的43个城市开展为期4年的低效用地再开发试点，聚焦盘活存量土地探索创新政策举措，完善激励约束机制，以提高土地利用效率，促进城乡高质量发展。

9月5日　近日印发的《宁夏智慧国土建设工作方案》明确，到2025年，宁夏"智慧国土"框架基本形成；到2030年，"智慧国土"与数字政府、数字宁夏建设深度融合，以信息化方式推进自然资源治理体系和治理能力现代化，服务宁夏回族自治区经济社会高质量发展。

9月6日　根据今年7月商务部、国家发展改革委、住房城乡建设部等13部门办公厅（室）联合发布关于《全面推进城市一刻钟便民生活圈建设三年行动计划（2023—2025）》的通知。通知提出，在各地申报的基础上，经专家评审并向社会公示，确定了全国第三批城市一刻钟便民生活圈试点地区70个，现予公布。

9月6日　国务院批复《东莞深化两岸创新发展合作总体方案》。

9月6日　《天津市城市更新行动计划（2023—2027年）》印发。截至目前，城市更新项目中已完工老旧小区改造数为4个，其中金钟河大街南侧片区项目2个，红旗新里项目2个。到2023年年底，计划完工21个老旧小区。

9月6日　江苏省人民政府正式批复泰州市兴化市、靖江市、泰兴市以及宿迁市沭阳县、泗阳县、泗洪县6个县级国土空间总体规划。这是全国首批正式批准的县级国土空间总体规划。

9月8日　辽宁省沈阳市城市运行精细化管理"一网统管"（运管服）平台通过住房城乡建设部验收，是继山东青岛、浙江杭州之后全国第3个通过验收的城市。

9月9日　为加快推动美丽中国数字化治理体系构建和绿色智慧的数字生态文明建设，按照《全国国土空间规划纲要（2021—2035年）》《数字中国建设整体布局规划》等部署，自然资源部办公厅组织制定《全国国土空间规划实施监测网络建设工作方案（2023—2027年）》并印发。

9 月 12 日　重庆市近日印发《2023 年城市更新项目年度增补计划》，增补徐悲鸿艺术街区城市更新项目、长安四分厂城市更新项目、长寿区渡舟老街城市更新项目等 12 个项目为城市更新试点示范项目，这些项目计划今明两年内开工。截至目前，全市城市更新试点示范项目超过 200 个。

9 月 12 日　中共中央、国务院印发《关于支持福建探索海峡两岸融合发展新路　建设两岸融合发展示范区的意见》。

9 月 14 日　江西省生态环境保护大会暨美丽江西建设推进会召开，奋力打造国家生态文明建设高地。

9 月 14 日　为打造"三极"引领发展明显、基础设施高效互通、特色产业协同发展、公共服务普惠共享的区域协调发展新格局，海南省近日制定印发了《海南自由贸易港统筹区域协调发展三年行动方案（2023—2025 年）》。

9 月 15 日　北京市发展改革委、市妇儿工委办公室会同 36 家相关责任部门梳理，形成了《〈北京市儿童友好城市建设实施方案〉2023 年工作台账》，按照"五个友好"细化分解形成 137 项年度具体工作目标。

9 月 16 日　首届中国—东盟建设部长圆桌会议在南宁举行。中国和文莱、柬埔寨、印度尼西亚、老挝、马来西亚、缅甸、菲律宾、新加坡、越南 9 国的建设主管部门部长和部长代表齐聚邕城，一致通过了会议成果《南宁倡议》。

9 月 20 日　国务院批复《江西省国土空间规划（2021—2035 年）》《海南省国土空间规划（2021—2035 年）》。

9 月 21 日　国家林草局、住房城乡建设部、国家发展改革委、自然资源部、中国科学院联合印发《国家植物园体系布局方案》，确定在已设立 2 个国家植物园的基础上，再遴选 14 个国家植物园候选园，纳入国家植物园体系布局。

9 月 22 日　重庆市被列入 2022 年市级保护发展项目的 21 个传统村落近日已全面完工。截至目前，重庆共有 164 个村落被列入中国传统村落保护名录，累计实施 300 多个传统村落保护发展项目，建成了 42 个传统村落保护发展市级示范点。

9 月 23 日　以"人民城市、规划赋能"为主题的 2022/2023 中国城市规划年会在湖北武汉召开。

9 月 25 日　全国城市公园绿地开放共享工作现场会在安徽省合肥市召开。会议指出，推动城市公园绿地开放共享试点是 2023 年全国住房和城乡建设工作会议部署的一项重点工作，是满足人民群众亲近自然、休闲游憩、运动健身新需求新期待的重要举措。

9 月 26 日　国务院批复《山西省国土空间规划（2021—2035 年）》《山东省国土空间规划（2021—2035 年）》。

9 月 28 日　住房城乡建设部部长倪虹会见新加坡共和国永续发展与环境部部长傅海燕。双方就中新天津生态城项目以及水管理、城市垃圾处理等方面的合作进行交流。

9月28日　天津境内的潮白新河（张贾庄—董塔庄）正式完成自然资源确权登簿，成为全国首批、天津市首条完成登簿的河流。自此，潮白新河自然资源有了"户口本"。

10月4日　西藏全力构筑幸福养老"生活圈"，已有48家老年人日间照料中心投用，累计为21.8万人次的社区老年人提供生活照料、精神慰藉、文化娱乐等服务。

10月8日　自然资源部印发《关于做好城镇开发边界管理的通知（试行）》，就运用好"三区三线"划定成果，在国土空间开发保护利用中加强和规范城镇开发边界管理有关事项提出明确要求。

10月8日　未来广州将从四大方面继续探索低效用地再开发路径。夯实底数摸查，评价并建立低效用地数据库；完善政策机制，制定低效用地再开发试点实施方案；坚持规划先行，谋划广州市低效用地再开发专项规划编制；深化实施路径，探索统筹做地，推动重点地区成片连片改造。

10月9日　自然资源部在重庆召开实景三维中国建设推进会议，对下一阶段实景三维中国建设进行了部署。一是坚持数据为王，聚焦数据建设；二是坚持应用为本，构建应用生态；三是坚持创新为要，强化创新驱动。

10月10日　国务院同意将莆田市列为国家历史文化名城。

10月10日　国务院新闻办公室发布《共建"一带一路"：构建人类命运共同体的重大实践》白皮书。

10月12日　中共中央总书记、国家主席、中央军委主席习近平在江西省南昌市主持召开进一步推动长江经济带高质量发展座谈会并发表重要讲话。习近平指出，要更好发挥长江经济带横贯东西、承接南北、通江达海的独特优势，更好联通国内国际两个市场、用好两种资源，提升国内大循环内生动力和可靠性，增强对国际循环的吸引力、推动力，为构建新发展格局提供战略支撑。

10月12日　超大特大城市正积极稳步推进城中村改造，分三类推进实施。第一类是符合条件的实施拆除新建，第二类是开展经常性整治提升，第三类是介于两者之间的实施拆整结合。

10月12日　截至今年8月，云南省12370个行政村（农村社区）村庄规划编制工作取得了阶段性成效，已完成10290个村庄规划编制。

10月13日　山东省人民政府印发《青岛都市圈发展规划》。青岛都市圈以青岛为中心，紧密联系烟台、潍坊、日照，依托青岛—济南陆海发展主轴、滨海综合发展轴、青烟综合发展轴，构建核心引领、轴线展开、多点支撑的发展格局。

10月13日　广东省住房城乡建设厅统计显示，截至2023年8月底，本年度已开工改造1409个小区，指标完成比例为128%，其中县城老旧小区开工357个。广东城镇老旧小区改造提前完成年内任务指标。

10月17日　近年来，浙江省把发展智能建造作为全面贯彻新发展理念的重要内容和推进建筑产业现代化的重要抓手，扎实推进温州、嘉兴、台州3个智能建造试点城市建设。

10月23日　《商务部、上海市人民政府关于呈请审批〈关于在上海市创建"丝路电商"

合作先行区的方案（送审稿）的请示》获得国务院批复。

10月25日 河北省林业和草原局印发《河北省自然保护地发展规划（2021—2035年）》，提出根据河北省生态保护重要性和生态脆弱性区域分布特征，构建河北省自然保护地"一核、两带、三区、多点"的自然保护地体系空间布局结构。

10月27日 中共中央政治局召开会议，审议《关于进一步推动新时代东北全面振兴取得新突破若干政策措施的意见》。中共中央总书记习近平主持会议。会议指出，推动东北振兴是党中央作出的重大战略决策，要牢牢把握东北在维护国家"五大安全"中的重要使命。

10月28日 中共中央政治局委员、国务院副总理何立峰出席主题为"汇聚资源，共建可持续的城市未来"2023年世界城市日中国主场活动开幕式并为首届获奖城市颁奖，中国福州获首届全球可持续发展城市奖（即"上海奖"）。

10月28日 《郑州都市圈发展规划》已正式获国家发展改革委复函，成为全国第10个获得复函的都市圈规划。

10月31日 国务院印发《中国（新疆）自由贸易试验区总体方案》，提出要努力将新疆自贸试验区打造成为促进中西部地区高质量发展的示范样板，构建新疆融入国内国际双循环的重要枢纽，服务"一带一路"核心区建设，助力创建亚欧黄金通道和我国向西开放的桥头堡，为共建中国—中亚命运共同体作出积极贡献。

10月31日 2023年世界青年发展论坛青年发展型城市主题论坛在深圳举办，以"青年与城市协同发展"为主题，旨在交流经验、凝聚共识，研究推进青年发展型城市建设，促进青年和城市融合发展。

11月3日 广东省人民政府批复同意《广东省人民政府关于加快建设通用人工智能产业创新引领地的实施意见》，提出探索打造"粤港澳大湾区数据特区"。到2025年，广东有望实现智能算力规模全球领先，全省人工智能核心产业规模突破3000亿元，成为国家通用人工智能产业创新引领地。

11月4日 《成渝地区双城经济圈"六江"生态廊道建设规划（2022—2035年）》印发。"六江"生态廊道主要包括成渝地区双城经济圈内长江、嘉陵江、乌江、岷江、沱江和涪江的干流沿线区域，总面积约3.51万平方公里。它是连接成渝地区双城经济圈的天然纽带，具有水土保持、净化空气、调节气候、保持生物多样性、提升碳汇能力等多种生态系统服务功能，串联成渝地区双核及46个重要节点城市。

11月5日 《湖北省湿地保护规划（2023—2030年）》正式发布。按照湖北省"三江千湖，四屏一山一平原"的自然地理格局，重点布局以长江干流、汉江、清江流域湿地为骨架，以长江中游平原湿地群为主体的5个湿地区。

11月5日 《内蒙古自治区人民政府办公厅关于加强生态保护红线管理的实施意见（试行）》印发，旨在进一步加强全区生态保护红线管理，筑牢我国北方重要生态安全屏障。其中，明确了有限人为活动类型以及生态保护红线调整程序等。

11月8日 最高人民法院与住房城乡建设部联合发布第一批老旧小区既有住宅加装电梯典型案例，共11件。截至2023年10月，全国老旧小区既有住宅已累计加装电梯近10万部，但加装电梯仍是老旧小区改造中群众反映强烈的难点问题。

11月8日 浙江省住房和城乡建设厅印发《关于深入推进城乡风貌整治提升 加快推动和美城乡建设的指导意见》，明确到2025年，全省累计打造400个左右城乡风貌样板区，择优选树160个左右"新时代富春山居图样板区"。

11月10日 由住房城乡建设部指导，中国儿童中心、中国城市规划设计研究院和中国城市规划协会女规划师委员会三家单位共同主办的第三届中国儿童友好行动研讨会在北京举行，以"共建·共享·共友好"为主题。

11月10日 长三角"三省一市"乡村规划建设领域的专家学者齐聚南京，共议城乡共荣、宜居宜业的中国式现代化和美乡村建设之道。

11月14日 贵州省出台《关于推动县域经济高质量发展若干政策措施的实施意见》，从推动县域工业提质增量、推动巩固拓展脱贫攻坚成果同乡村振兴有效衔接、推动县域旅游业提质增效、推进以县城为重要载体的城镇化建设、激发县域发展动力活力、提高县域人民群众生活品质、加强县域财源建设和要素保障等七个方面着力，提出了40条支持政策措施。

11月15日 宁夏回族自治区商务厅等13部门印发《宁夏回族自治区推进城市一刻钟便民生活圈建设三年行动工作方案》，扎实推进全区未来三年城市一刻钟便民生活圈建设。

11月16日 从山西省林草局获悉，山西省积极推进以国家公园为主体的自然保护地体系建设，以国家公园创建为契机推动自然保护地提档升级，太行山国家公园创建迈出实质性步伐。目前，已建立各类自然保护地共274个，保护地总面积243.52万公顷。

11月20日 自然资源部印发《关于开展水资源基础调查工作的通知》，决定开展水资源基础调查工作。根据安排，水资源调查评价将于2026年完成，形成全国水资源基础调查成果。

11月23日 国务院批复《支持北京深化国家服务业扩大开放综合示范区建设工作方案》。到2025年，国家层面出台50个左右重点产品碳足迹核算规则和标准；到2030年，国家层面出台200个左右重点产品碳足迹核算规则和标准。

11月26日 国务院办公厅印发《关于转发国家发展改革委〈城市社区嵌入式服务设施建设工程实施方案〉的通知》，提出社区嵌入式服务设施面向社区居民提供养老托育、社区助餐、家政便民、健康服务、体育健身、文化休闲、儿童游憩等一种或多种服务，优先和重点提供急需紧缺服务，确保便捷可及、价格可承受、质量有保障，逐步补齐其他服务。

11月27日 住房城乡建设部印发《关于全面推进城市综合交通体系建设的指导意见》，提出到2025年，各地城市综合交通体系进一步健全，设施网络布局更加完善，运行效率、整体效益和集约化、智能化、绿色化水平明显提升；到2035年，各地基本建成人民满意、功能完备、运行高效、智能绿色、安全韧性的现代化城市综合交通体系。

11月28日 国务院批复《福建省国土空间规划（2021—2035年）》。

11月29日 住房城乡建设部印发《关于全面开展城市体检工作的指导意见》，提出自2024年开始，我国将在地级及以上城市全面开展城市体检，找出人民群众的急难愁盼问题和影响城市可持续发展的短板，推动系统治理"城市病"。

11月30日 住房城乡建设部在四川省成都市召开住房公积金重点工作推进会暨经验交流会。

12月4日 《中国近岸海域生态四级分区（试行）》在浙江安吉召开的首届自然资源与生态文明论坛上发布。中国近岸海域生态四级分区是我国海洋生态分类分区的最新成果，未来将在国土空间规划、海洋生态监测布局、海洋生态保护修复等方面发挥重要作用。这也标志着我国全面完成陆海生态分区。

12月6日 第二次城市化和气候变化部长级会议在阿联酋迪拜举行。住房城乡建设部副部长姜万荣率团出席会议并作主旨发言。会议通过了"城市化与气候变化成果"文件。

12月6日 自然资源部办公厅印发《关于部署开展国土空间规划实施监测网络建设试点的通知》，提出在省级自然资源主管部门推荐基础上，决定在1个区域、16个省份、29个城市、1个区（县）部署开展国土空间规划实施监测网络建设试点工作，试点期至2025年，探索、引领国土空间治理数字化转型，推动构建美丽中国数字化治理体系和建设绿色智慧的数字生态文明。

12月7日 国务院批复《安徽省国土空间规划（2021—2035年）》《湖南省国土空间规划（2021—2035年）》。

12月13日 国务院批复《河北省国土空间规划（2021—2035年）》。

12月13日 国务院批复《前海深港现代服务业合作区总体发展规划》，指出要聚焦现代服务业这一香港优势领域，加快推进与港澳规则衔接、机制对接，进一步丰富协同协调发展模式，探索完善管理体制机制，打造粤港澳大湾区全面深化改革创新试验平台，建设高水平对外开放门户枢纽，在深化深港合作、支持香港经济社会发展、高水平参与国际合作方面发挥更大作用。

12月13日 国务院批复《横琴粤澳深度合作区总体发展规划》，提出广东省人民政府要与澳门特别行政区加强沟通协调，加大支持力度，为横琴粤澳深度合作区规划建设提供坚实保障。

12月16日 《汉中市加强城乡建设风貌管控指导意见》出台，这是陕西省首个统筹"城—镇—村"风貌塑造和管控的指导性文件。

12月19日 文化遗产保护传承座谈会在京召开，中共中央政治局常委、中央书记处书记蔡奇出席会议并讲话。他强调，全面加强文化遗产保护传承，更好担负起新的文化使命，为以中国式现代化全面推进强国建设、民族复兴伟业注入强大文化力量。

12月19日 《福州市建设可持续发展城市行动纲要》正式印发，提出聚焦13项重点任务，到2030年，宜居、韧性、智慧的现代化国际城市建设取得显著成效，打造可持续发展福州样板。

12月20日 广东省人民政府印发《广州都市圈发展规划》《深圳都市圈发展规划》《珠江口西岸都市圈发展规划》《汕潮揭都市圈发展规划》《湛茂都市圈发展规划》。规划期为2023—2030年，展望至2035年，为五大都市圈明确发展"路线图"。

12月21日 全国住房城乡建设工作会议在北京召开。会议强调，2024年是中华人民共和国成立75周年，是实施"十四五"规划的关键一年，做好住房城乡建设工作意义重大。明年的工作要坚持稳中求进、以进促稳、先立后破，重点抓好4大板块18个方面工作。

12月22日 住房城乡建设部总结各地在城镇老旧小区改造中盘活利用存量资源、拓宽资金筹集渠道、健全长效管理机制等方面可复制政策机制，形成并印发《城镇老旧小区改造可复制政策机制清单（第八批）》。

12月25日 国家发展改革委近日印发《粤港澳大湾区国际一流营商环境建设三年行动计划》。

12月28日 深圳市首批配售型保障性住房建设集中开工。"十四五"以来，深圳已建设筹集了各类保障性住房约49万套（间），其中2023年建设筹集了18.9万套（间）。

12月29日 国务院总理李强主持召开国务院常务会议，研究深入推进以人为本的新型城镇化有关举措。会议指出，深入推进以人为本的新型城镇化，既有利于拉动消费和投资、持续释放内需潜力、推动构建新发展格局，也有利于改善民生、促进社会公平正义，是推进中国式现代化的必由之路。

12月30日 2023年，全国计划新开工改造城镇老旧小区5.3万个、涉及居民865万户。根据各地统计上报数据，1—11月份，全国新开工改造城镇老旧小区5.32万个、惠及居民882万户，各省（自治区、直辖市）及新疆生产建设兵团均达到或超额完成年度目标任务。

（作者：高淑敏，中国城市规划设计研究院信息中心、《国际城市规划》编辑部编辑、高级工程师；胡文娜，中国城市规划设计研究院信息中心教授级高级城市规划师）

附录2

2023年中国城市规划发展政策法规文件索引

名称	批号（文号）	发布机构	实施日期／发布日期
关于做好2023年全面推进乡村振兴重点工作的意见	—	中共中央 国务院	2023年1月2日
关于印发《农民参与乡村建设指南（试行）》的通知	国乡振发〔2023〕2号	国家乡村振兴局 中央组织部 国家发展改革委 民政部 自然资源部 住房城乡建设部 农业农村部	2023年1月6日
关于开展城市公园绿地开放共享试点工作的通知	建办城函〔2023〕31号	住房城乡建设部办公厅	2023年1月31日
关于新时代洞庭湖生态经济区规划的批复	国函〔2023〕9号	国务院	2023年2月2日
关于印发《上海市"无废城市"建设工作方案》的通知	沪府办发〔2023〕2号	上海市人民政府办公厅	2023年2月2日
关于推动非物质文化遗产与旅游深度融合发展的通知	文旅非遗发〔2023〕21号	文化和旅游部	2023年2月17日
关于《长三角生态绿色一体化发展示范区国土空间总体规划（2021—2035年）》的批复	国函〔2023〕12号	国务院	2023年2月21日
印发《数字中国建设整体布局规划》的通知	—	中共中央 国务院	2023年2月27日
关于印发《国家工业遗产管理办法》的通知	工信部政法〔2023〕24号	工业和信息化部	2023年3月2日
关于印发推动川南渝西地区融合发展总体方案的通知	川府发〔2023〕9号	四川省人民政府 重庆市人民政府	2023年3月2日
关于同意将云南省剑川县列为国家历史文化名城的批复	国函〔2023〕24号	国务院	2023年3月15日
关于印发《"十四五"时期社会服务设施建设支持工程实施方案》的通知	发改社会〔2023〕294号	国家发展改革委 民政部 退役军人部 中国残联	2023年3月15日
关于印发《上海市城市更新行动方案（2023—2025年）》的通知	沪府办〔2023〕10号	上海市人民政府办公厅	2023年3月16日
关于公布第六批列入中国传统村落名录村落名单的通知	建村〔2023〕16号	住房城乡建设部 文化和旅游部 文物局 财政部 自然资源部 农业农村部	2023年3月19日
关于加强经营性自建房安全管理的通知	建村〔2023〕18号	住房城乡建设部 应急部 国家发展改革委 教育部 工业和信息化部等15部门	2023年3月21日

名称	批号（文号）	发布机构	实施日期/发布日期
关于命名滨海新区智慧山文化创意产业园等15家园区为国家级文化产业示范园区的通知	文旅产业发〔2023〕39号	文化和旅游部	2023年3月22日
关于加强国土空间详细规划工作的通知》	自然资发〔2023〕43号	自然资源部	2023年3月23日
关于印发《北京中轴线保护管理规划（2022年—2035年）》的通知	京文物〔2023〕420号	北京市文物局	2023年3月31日
关于发布《城市轨道交通自动售检票系统工程质量验收标准》工程建设标准英文版的公告	2023年第45号	住房城乡建设部	2023年4月5日
关于加强5G+智慧旅游协同创新发展的通知	工信部联通信〔2023〕42号	工业和信息化部 文化和旅游部	2023年4月6日
关于印发《国家级文化产业示范园区（基地）管理办法》的通知	文旅产业发〔2023〕45号	文化和旅游部	2023年4月6日
关于做好2023年全国村庄建设统计调查工作的通知	建办村函〔2023〕112号	住房城乡建设部办公厅	2023年4月28日
关于深化规划用地"多审合一、多证合一"改革的通知	自然资发〔2023〕69号	自然资源部	2023年5月4日
印发《深入贯彻落实习近平总书记重要批示精神 加快推动北京国际科技创新中心建设的工作方案》的通知	国科发规〔2023〕41号	科技部等	2023年5月8日
印发《关于推进基本养老服务体系建设的意见》的通知	—	中共中央 国务院	2023年5月21日
关于发布国家标准《城镇燃气输配工程施工及验收标准》的公告	2023年第72号	住房城乡建设部	2023年5月23日
关于发布国家标准《城乡历史文化保护利用项目规范》的公告	2023年第73号	住房城乡建设部	2023年5月23日
关于印发《全民健身场地设施提升行动工作方案（2023—2025年）》的通知	—	体育总局办公厅 国家发展改革委办公厅 财政部办公厅 住房城乡建设部办公厅 人民银行办公厅	2023年5月26日
关于开展深化城市体检工作制度机制试点的函	建科函〔2023〕45号	住房城乡建设部	2023年6月7日
关于进一步做好用地用海要素保障的通知	自然资发〔2023〕89号	自然资源部	2023年6月13日
关于发布上海市生态保护红线的通知	沪府发〔2023〕4号	上海市人民政府	2023年6月20日
关于印发传统村落保护利用可复制经验清单（第一批）的通知	建办村函〔2023〕170号	住房城乡建设部办公厅	2023年6月28日
关于扎实有序推进城市更新工作的通知	建科〔2023〕30号	住房城乡建设部	2023年7月5日
关于加强临时用地监管有关工作的通知	自然资办函〔2023〕1280号	自然资源部办公厅	2023年7月6日
关于印发《全面推进城市一刻钟便民生活圈建设三年行动计划（2023—2025）》的通知	商办流通函〔2023〕401号	商务部等13部门办公厅（室）	2023年7月11日

续表

名称	批号（文号）	发布机构	实施日期/发布日期
关于积极稳步推进超大特大城市"平急两用"公共基础设施建设的指导意见	—	国务院	2023年7月14日
关于发布行业标准《城市运行管理服务平台管理监督指标及评价标准》的公告	2023年第97号	住房城乡建设部	2023年7月19日
关于发布行业标准《城市运行管理服务平台运行监测指标及评价标准》的公告	2023年第98号	住房城乡建设部	2023年7月19日
关于印发完整社区建设试点名单的通知	建办科〔2023〕28号	住房城乡建设部 国家发展改革委 民政部 商务部 国家卫生健康委 体育总局 国家能源局	2023年7月20日
关于在超大特大城市积极稳步推进城中村改造的指导意见	—	国务院办公厅	2023年7月21日
印发《关于进一步推动首都高质量发展取得新突破的行动方案（2023—2025年）》的通知	京办发〔2023〕11号	中共北京市委办公厅 北京市人民政府办公厅	2023年7月22日
关于印发《县域商业三年行动计划（2023—2025年）》的通知	—	商务部办公厅 国家发展改革委办公厅 工业和信息化部办公厅 财政部办公厅 自然资源部办公厅 农业农村部办公厅 文化和旅游部办公厅 国家邮政局办公室 中华全国供销合作总社办公厅	2023年7月27日
关于组织申报第八批中国历史文化名镇名村的通知	建科〔2023〕50号	住房城乡建设部 国家文物局	2023年7月29日
关于天津市城市更新行动计划（2023—2027年）的批复	津政函〔2023〕70号	天津市人民政府	2023年7月31日
关于《江苏省国土空间规划（2021—2035年）》的批复	国函〔2023〕69号	国务院	2023年8月2日
关于印发《〈城市儿童友好空间建设导则（试行）〉实施手册》的通知	建办科函〔2023〕223号	住房城乡建设部办公厅 国家发展改革委办公厅 国务院妇儿工委办公室	2023年8月16日
关于《广东省国土空间规划（2021—2035年）》的批复	国函〔2023〕76号	国务院	2023年8月18日
关于深化气候适应型城市建设试点的通知	环办气候〔2023〕13号	生态环境部办公厅 财政部办公厅 自然资源部办公厅 住房城乡建设部办公厅 交通运输部办公厅 水利部办公厅 中国气象局办公室 国家疾控局综合司	2023年8月18日
关于印发《全国城镇燃气安全专项整治工作方案》的通知	安委〔2023〕3号	国务院安全生产委员会	2023年8月20日
关于规划建设保障性住房的指导意见	国发〔2023〕14号	国务院	2023年8月25日

续表

名称	批号（文号）	发布机构	实施日期/发布日期
关于《宁夏回族自治区国土空间规划（2021—2035年）》的批复	国函〔2023〕79号	国务院	2023年8月28日
关于进一步加强水资源节约集约利用的意见	发改环资〔2023〕1193号	国家发展改革委 水利部 住房城乡建设部 工业和信息化部 农业农村部 自然资源部 生态环境部	2023年9月1日
关于开展低效用地再开发试点工作的通知	自然资发〔2023〕171号	自然资源部	2023年9月5日
关于印发《全国国土空间规划实施监测网络建设工作方案（2023—2027年）》的通知	自然资办发〔2023〕	自然资源部办公厅	2023年9月5日
关于《江西省国土空间规划（2021—2035年）》的批复	国函〔2023〕98号	国务院	2023年9月20日
关于《海南省国土空间规划（2021—2035年）》的批复	国函〔2023〕97号	国务院	2023年9月20日
关于《山西省国土空间规划（2021—2035年）》的批复	国函〔2023〕101号	国务院	2023年9月26日
关于《山东省国土空间规划（2021—2035年）》的批复	国函〔2023〕102号	国务院	2023年9月26日
印发《关于释放旅游消费潜力推动旅游业高质量发展的若干措施》的通知	国办发〔2023〕36号	国务院办公厅	2023年9月27日
关于保障性住房有关税费政策的公告	财政部 税务总局 住房城乡建设部公告2023年第70号	财政部 税务总局 住房城乡建设部	2023年9月28日
关于做好城镇开发边界管理的通知（试行）	自然资发〔2023〕193号	自然资源部	2023年10月8日
关于同意将福建省莆田市列为国家历史文化名城的批复	国函〔2023〕107号	国务院	2023年10月10日
关于印发《中国（新疆）自由贸易试验区总体方案》的通知	国发〔2023〕17号	国务院	2023年10月31日
关于印发《国内旅游提升计划（2023—2025年）》的通知	文旅市场发〔2023〕118号	文化和旅游部	2023年11月1日
关于印发《支持城市更新的规划与土地政策指引（2023版）》的通知	自然资办发〔2023〕47号	自然资源部办公厅	2023年11月10日
关于转发国家发展改革委《城市社区嵌入式服务设施建设工程实施方案》的通知	国办函〔2023〕121号	国务院办公厅	2023年11月19日
关于开展水资源基础调查工作的通知	自然资发〔2023〕230号	自然资源部	2023年11月20日
关于转发国家发展改革委《城市社区嵌入式服务设施建设工程实施方案》的通知	国办函〔2023〕121号	国务院办公厅	2023年11月26日
关于全面推进城市综合交通体系建设的指导意见	建城〔2023〕74号	住房城乡建设部	2023年11月27日
关于《福建省国土空间规划（2021—2035年）》的批复	国函〔2023〕131号	国务院	2023年11月28日
关于全面开展城市体检工作的指导意见	建科〔2023〕75号	住房城乡建设部	2023年11月29日

续表

名称	批号（文号）	发布机构	实施日期/ 发布日期
关于《安徽省国土空间规划（2021—2035年）》的批复	国函〔2023〕137号	国务院	2023年12月7日
关于《湖南省国土空间规划（2021—2035年）》的批复	国函〔2023〕136号	国务院	2023年12月7日
关于《吉林省国土空间规划（2021—2035年）》的批复	国函〔2023〕147号	国务院	2023年12月12日
关于《河北省国土空间规划（2021—2035年）》的批复	国函〔2023〕141号	国务院	2023年12月13日
关于印发《广州都市圈发展规划》《深圳都市圈发展规划》《珠江口西岸都市圈发展规划》《汕潮揭都市圈发展规划》《湛茂都市圈发展规划》的通知	粤府〔2023〕92号	广东省人民政府	2023年12月20日
关于《内蒙古自治区国土空间规划（2021—2035年）》的批复	国函〔2023〕148号	国务院	2023年12月21日
关于《广西壮族国土空间规划（2021—2035年）》的批复	国函〔2023〕149号	国务院	2023年12月22日
关于《贵州省国土空间规划（2021—2035年）》的批复	国函〔2023〕151号	国务院	2023年12月25日
关于《青海省国土空间规划（2021—2035年）》的批复	国函〔2023〕159号	国务院	2023年12月25日
关于《浙江省国土空间规划（2021—2035年）》的批复	国函〔2023〕150号	国务院	2023年12月25日

（作者：胡文娜，中国城市规划设计研究院信息中心教授级高级城市规划师）

中国城市基本数据（2021年）
The Basic Data of China's Cities (2021)

城市名称 Name of cities	行政级别 Administrative level	行政区域土地面积（平方公里） Total area of city's administrative (sq.km)	户籍人口（万人） Household registered population (10 000 persons)	七普常住人口（万人） Total residents of the Seventh Population Census (10 000 persons)	建成区面积（平方公里） Area of built-up district (sq.km)	地区生产总值（万元） Gross regional product (10 000 yuan)	人均地区生产总值（元） Per capita gross regional product (yuan)	供水普及率（%） Water coverage rate (%)	污水处理率（%） Waste-water treatment rate (%)	人均公园绿地面积（平方米） Per capita public recreational green space (sq.m)	生活垃圾处理率（%） Domestic garbage treatment rate (%)
北京市 Beijing	直辖市	16 410	1 414.0	2 189.31		402 700 000	183 980	98.80	97.19	16.62	100.00
天津市 Tianjin	直辖市	11 967	1 152.0	1 386.60	1 237	156 950 000	113 732	100.00	96.82	9.74	100.00
河北省 Hebei											
石家庄市 Shijiazhuang	地级市	15 848	1 051.0	1 123.51	335	64 900 000	57 830	100.00	99.70	14.03	100.00
唐山市 Tangshan	地级市	14 198	751.0	771.80	276	82 310 000	106 784	100.00	99.20	16.51	100.00
秦皇岛市 Qinhuangdao	地级市	7 802	300.0	313.69	147	18 440 000	58 774	100.00	97.10	17.60	100.00
邯郸市 Handan	地级市	12 065	1 061.0	941.40	192	41 150 000	43 817	100.00	99.64	16.70	100.00
邢台市 Xingtai	地级市	12 433	800.0	711.11	157	24 270 000	34 193	100.00	99.01	23.41	100.00
保定市 Baoding	地级市	22 185	1 208.0	1 154.40	228	44 020 000	38 157	100.00	99.85	13.01	100.00
张家口市 Zhangjiakou	地级市	36 797	458.0	411.89	102	17 280 000	42 049	100.00	97.20	10.88	100.00
承德市 Chengde	地级市	39 490	379.0	335.44	81	16 970 000	50 749	100.00	98.64	19.98	100.00
沧州市 Cangzhou	地级市	14 304	781.0	730.08	90	41 630 000	57 009	100.00	99.97	12.71	100.00
廊坊市 Langfang	地级市	6 419	494.0	546.41	80	35 530 000	64 460	100.00	98.42	15.00	100.00

续表

城市名称 Name of cities	行政级别 Administrative level	行政区域土地面积（平方公里）Total area of city's administrative (sq.km)	户籍人口（万人）Household registered population (10 000 persons)	七普常住人口（万人）Total residents of the Seventh Population Census (10 000 persons)	建成区面积（平方公里）Area of built-up district (sq.km)	地区生产总值（万元）Gross regional product (10 000 yuan)	人均地区生产总值（元）Per capita gross regional product (yuan)	供水普及率（%）Water coverage rate (%)	污水处理率（%）Waste-water treatment rate (%)	人均公园绿地面积（平方米）Per capita public recreational green space (sq.m)	生活垃圾处理率（%）Domestic garbage treatment rate (%)
衡水市 Hengshui	地级市	8 837	459.0	421.29	77	17 030 000	40 561	100.00	99.20	15.52	100.00
晋州市 Jinzhou	县级市	619	57.3	50.80	15	1 715 029		100.00	98.43	13.23	100.00
新乐市 Xinle	县级市	525	51.7	47.85	15	1 574 252		100.00	99.36	19.55	100.00
遵化市 Zunhua	县级市	1 514	74.9	70.70	27	5 072 408		100.00	99.70	14.60	100.00
迁安市 Qian'an	县级市	1 227	77.6	77.68	45	11 602 895		100.00	99.96	14.10	100.00
滦州市 Luanzhou	县级市	1 027	56.7	52.01	30	4 737 752		100.00	99.99	12.19	100.00
武安市 Wu'an	县级市	1 818	85.0	81.16	39	7 581 344		100.00	99.51	15.20	100.00
南宫市 Nangong	县级市	861	50.3	39.67	16	1 301 909		100.00	96.00	12.73	100.00
沙河市 Shahe	县级市	859	46.5	43.17	18	2 106 739		100.00	99.43	14.38	100.00
涿州市 Zhuozhou	县级市	751	69.8	66.77	38	3 714 300		100.00	99.00	15.26	100.00
安国市 Anguo	县级市	486	40.4	36.31	15	1 221 737		100.00	99.24	14.60	100.00
高碑店市 Gaobeidian	县级市	620	56.8	53.27	21	2 287 625		100.00	99.90	15.06	100.00
平泉市 Pingquan	县级市	3 294	47.3	39.94	18	1 571 236		100.00	96.79	12.53	100.00
泊头市 Botou	县级市	1 009	62.3	57.38	20	2 812 111		100.00	98.00	13.56	100.00
任丘市 Renqiu	县级市	872	81.3	81.64	51	6 612 278		100.00	99.95	14.28	100.00
黄骅市 Huanghua	县级市	1 718	48.4	48.43	38	2 858 312		100.00	99.99	16.12	100.00
河间市 Hejian	县级市	1 322	90.0	79.52	21	2 801 456		100.00	99.97	16.43	100.00
霸州市 Bazhou	县级市	802	65.9	74.32	18	4 356 080		100.00	99.98	13.37	100.00
三河市 Sanhe	县级市	634	76.9	96.51	19	5 951 907		100.00	98.25	14.08	100.00
深州市 Shenzhou	县级市	1 245	54.7	48.23	21	1 709 308		100.00	98.87	12.75	100.00

续表

城市名称 Name of cities	行政级别 Administrative level	行政区域土地面积（平方公里） Total area of city's administrative (sq.km)	户籍人口（万人） Household registered population (10 000 persons)	七普常住人口（万人） Total residents of the Seventh Population Census (10 000 persons)	建成区面积（平方公里） Area of built-up district (sq.km)	地区生产总值（万元） Gross regional product (10 000 yuan)	人均地区生产总值（元） Per capita gross regional product (yuan)	供水普及率（%） Water coverage rate (%)	污水处理率（%） Waste-water treatment rate (%)	人均公园绿地面积（平方米） Per capita public recreational green space (sq.m)	生活垃圾处理率（%） Domestic garbage treatment rate (%)
定州市 Dingzhou	县级市	1 284	122.8	109.60	44	3 637 305		100.00	96.90	12.26	100.00
辛集市 Xinji	县级市	951	62.9	59.46	34	4 766 155		100.00	99.83	12.19	100.00
山西省 Shanxi											
太原市 Taiyuan	地级市	6 988	395.0	530.41	340	51 220 000	95 646	99.86	100.00	12.75	100.00
大同市 Datong	地级市	14 056	316.0	310.56	156	16 860 000	54 391	100.00	98.00	15.87	100.00
阳泉市 Yangquan	地级市	4 559	131.0	131.85	60	9 170 000	69 731	98.33	98.08	11.98	100.00
长治市 Changzhi	地级市	13 955	339.0	318.09	96	23 110 000	73 001	100.00	95.81	14.87	100.00
晋城市 Jincheng	地级市	9 425	222.0	219.45	50	19 120 000	87 265	99.94	99.40	17.33	100.00
朔州市 Shuozhou	地级市	10 625	162.0	159.34	50	14 210 000	89 299	96.04	96.55	14.61	100.00
晋中市 Jinzhong	地级市	16 392	335.0	337.95	104	18 440 000	54 456	100.00	97.98	13.94	100.00
运城市 Yuncheng	地级市	14 183	513.0	477.45	66	20 530 000	43 201	100.00	96.06	13.27	100.00
忻州市 Xinzhou	地级市	25 236	305.0	268.97	37	13 440 000	50 290	100.00	97.00	14.89	100.00
临汾市 Linfen	地级市	20 275	429.0	397.65	89	19 090 000	48 438	99.35	100.00	14.41	100.00
吕梁市 Lvliang	地级市	21 239	392.0	339.84	33	20 710 000	61 200	100.00	97.40	13.93	100.00
古交市 Gujiao	县级市	1 512	21.1	21.08	17	830 753		99.46	100.00	10.43	100.00
高平市 Gaoping	县级市	980	48.5	45.31	18	3 417 235		98.29	98.37	12.96	100.00
怀仁市 Huairen	县级市	1 234	29.5	34.85	28	3 046 843		100.00	99.82	15.47	100.00
介休市 Jiexiu	县级市	741	44.5	43.21	20	3 230 667		100.00	98.00	12.23	100.00
永济市 Yongji	县级市	1 208	44.2	39.49	26	1 589 441		99.42	91.99	14.61	100.00
河津市 Hejin	县级市	593	40.1	39.26	27	3 480 896		100.00	90.00	15.54	100.00

续表

城市名称 Name of cities		行政级别 Admini-strative level	行政区域土地面积（平方公里） Total area of city's administrative (sq.km)	户籍人口（万人） Household registered population (10 000 persons)	七普常住人口 Total residents of the Seventh Population Census (10 000 persons)	建成区面积（平方公里） Area of built-up district (sq.km)	地区生产总值（万元） Gross regional product (10 000 yuan)	人均地区生产总值（元） Per capita gross regional product (yuan)	供水普及率（%） Water coverage rate (%)	污水处理率（%） Waste-water treatment rate (%)	人均公园绿地面积（平方米） Per capita public recreational green space (sq.m)	生活垃圾处理率（%） Domestic garbage treatment rate (%)
原平市	Yuanping	县级市	2 550	47.5	41.39	20	1 928 284		100.00	96.20	10.44	100.00
侯马市	Houma	县级市	220	23.7	25.79	21	1 521 011		100.00	100.00	11.28	100.00
霍州市	Huozhou	县级市	765	30.3	27.30	15	1 005 310		100.00	95.00	9.96	100.00
孝义市	Xiaoyi	县级市	938	48.8	47.73	29	3 518 703		95.97	100.00	10.63	100.00
汾阳市	Fenyang	县级市	1 181	43.4	40.76	18	2 432 124		97.17	100.00	10.55	100.00
内蒙古自治区	Neimenggu											
呼和浩特市	Huhhot	地级市	17 186	255.0	344.61	273	31 210 000	89 828	99.59	98.49	19.62	100.00
包头市	Baotou	地级市	27 768	224.0	270.94	212	32 930 000	121 331	100.00	96.33	15.62	100.00
乌海市	Wuhai	地级市	1 754	44.0	55.66	62	7 180 000	128 923	100.00	100.00	22.66	100.00
赤峰市	Chifeng	地级市	90 021	454.0	403.60	120	19 750 000	49 069	99.32	96.96	20.35	100.00
通辽市	Tongliao	地级市	59 629	315.0	287.32	63	14 110 000	49 346	99.63	98.60	21.21	100.00
鄂尔多斯市	Ordos	地级市	86 882	165.0	215.36	118	47 160 000	218 118	100.00	99.34	37.43	100.00
呼伦贝尔市	Hulunbeier	地级市	261 570	250.0	224.29	86	13 550 000	60 887	99.94	100.00	15.41	100.00
巴彦淖尔市	Bayannur	地级市	65 140	172.0	153.87	51	9 830 000	64 144	98.79	99.10	11.49	100.00
乌兰察布市	Ulanqab	地级市	54 456	264.0	170.63	75	9 040 000	53 871	98.03	96.28	34.17	100.00
霍林郭勒市	Huolinguole	县级市	585	8.4	13.87	17	1 975 900		99.92	98.80	15.90	100.00
满洲里市	Manzhouli	县级市	735	17.2	15.05	27	1 579 403		100.00	99.07	17.49	99.00
牙克石市	Yakeshi	县级市	27 803	30.9	25.64	28	1 086 060		99.85	95.29	19.05	100.00
扎兰屯市	Zhalantun	县级市	16 785	39.7	31.89	19	1 793 076		97.55	99.14	14.57	100.00
额尔古纳市	Eerguna	县级市	28 959	7.7	6.85	10	431 833		96.58	96.01	12.36	100.00

续表

城市名称 Name of cities	行政级别 Administrative level	行政区域土地面积（平方公里） Total area of city's administrative (sq.km)	户籍人口（万人） Household registered population (10 000 persons)	七普常住人口（万人） Total residents of the Seventh Population Census (10 000 persons)	建成区面积（平方公里） Area of built-up district (sq.km)	地区生产总值（万元） Gross regional product (10 000 yuan)	人均地区生产总值（元） Per capita gross regional product (yuan)	供水普及率（%） Water coverage rate (%)	污水处理率（%） Waste-water treatment rate (%)	人均公园绿地面积（平方米） Per capita public recreational green space (sq.m)	生活垃圾处理率（%） Domestic garbage treatment rate (%)
根河市 Genhe	县级市	20 010	12.4	7.14	9	349 208		100.00	97.43	16.84	99.01
丰镇市 Fengzhen	县级市	2 722	30.3	19.52	25	954 596		97.96	100.00	20.83	97.96
乌兰浩特市 Wulanghaote	地级市	2 728	32.2	35.60	45	2 021 600		100.00	95.92	20.22	98.83
阿尔山市 Aershan	县级市	7 409	4.2	3.23	11	205 621		98.14	95.10	46.26	99.70
二连浩特市 Erlianhaote	县级市	4 013	3.7	7.58	27	745 681		100.00	97.99	23.29	100.00
锡林浩特市 Xilinhaote	地级市	14 778	20.4	35.00	48	2 953 354		99.30	97.93	17.15	100.00
辽宁省 Liaoning											
沈阳市 Shenyang	副省级市	12 860	765.0	907.01	570	72 490 000	79 706	100.00	99.00	13.65	100.00
大连市 Dalian	副省级市	13 739	604.0	745.08	444	78 260 000	104 751	100.00	99.02	13.81	100.00
鞍山市 Anshan	地级市	9 263	333.0	332.54	177	18 880 000	57 188	100.00	95.50	13.82	100.00
抚顺市 Fushun	地级市	11 271	201.0	186.14	123	8 700 000	47 338	100.00	98.24	12.78	100.00
本溪市 Benxi	地级市	8 414	141.0	132.60	109	8 940 000	68 340	98.93	99.02	11.25	100.00
丹东市 Dandong	地级市	15 290	229.0	218.84	75	8 540 000	39 402	100.00	92.21	12.42	100.00
锦州市 Jinzhou	地级市	10 048	288.0	270.39	77	11 480 000	42 809	100.00	97.25	13.58	100.00
营口市 Yingkou	地级市	5 427	228.0	232.86	180	14 030 000	60 484	100.00	100.00	12.29	100.00
阜新市 Fuxin	地级市	10 327	180.0	164.73	77	5 450 000	33 376	100.00	100.00	12.61	100.00
辽阳市 Liaoyang	地级市	4 788	171.0	160.46	101	8 600 000	54 105	100.00	100.00	12.05	100.00
盘锦市 Panjin	地级市	4 103	129.0	138.97	107	13 830 000	99 443	100.00	100.00	15.30	100.00
铁岭市 Tieling	地级市	12 985	283.0	238.83	70	7 160 000	30 389	100.00	100.00	13.05	100.00
朝阳市 Chaoyang	地级市	19 698	328.0	287.29	62	9 450 000	33 086	99.61	100.00	17.40	100.00

续表

城市名称 Name of cities	行政级别 Administrative level	行政区域土地面积（平方公里） Total area of city's administrative（sq.km）	户籍人口（万人） Household registered population（10 000 persons）	七普常住人口（万人） Total residents of the Seventh Population Census（10 000 persons）	建成区面积（平方公里） Area of built-up district（sq.km）	地区生产总值（万元） Gross regional product（10 000 yuan）	人均地区生产总值（元） Per capita gross regional product（yuan）	供水普及率（%） Water coverage rate（%）	污水处理率（%） Waste-water treatment rate（%）	人均公园绿地面积（平方米） Per capita public recreational green space（sq.m）	生活垃圾处理率（%） Domestic garbage treatment rate（%）
葫芦岛市 Huludao	地级市	10 416	271.0	243.42	95	8 420 000	34 823	99.98	99.35	18.23	100.00
新民市 Xinmin	县级市	3 318	64.6	56.56	23	2 811 332		96.20	100.00	5.77	100.00
瓦房店市 Wafangdian	县级市	3 643	96.2	90.51	36	9 340 678		100.00	96.24	15.33	100.00
庄河市 Zhuanghe	县级市	4 115	86.4	74.25	43	5 745 222		93.47	96.02	15.48	100.00
海城市 Haicheng	县级市	2 566	104.9	106.80	36	5 679 631		100.00	100.00	14.61	100.00
东港市 Donggang	县级市	2 399	58.4	56.86	23	2 435 562		100.00	70.06	13.45	100.00
凤城市 Fengcheng	县级市	5 515	53.8	46.94	21	1 788 905		100.00	86.00	14.56	100.00
凌海市 Linghai	县级市	2 579	48.9	41.25	20	1 548 723		100.00	100.00	15.39	100.00
北镇市 Beizhen	县级市	1 694	48.4	42.23	15	1 134 844		96.77	99.95	7.77	77.27
盖州市 Gaizhou	县级市	2 946	66.8	55.93	29	1 704 674		97.88	89.50	10.03	100.00
大石桥市 Dashiqiao	县级市	1 610	67.4	60.71	45	2 969 285		100.00	89.50	9.17	100.00
灯塔市 Dengta	县级市	1 170	42.6	35.46	15	1 577 673		100.00	100.00	15.93	100.00
调兵山市 Diaobingshan	县级市	262	21.4	20.61	19	1 117 428		95.38	98.06	8.71	100.00
开原市 Kaiyuan	县级市	2 838	54.3	46.09	28	1 171 796		100.00	100.00	13.33	100.00
北票市 Beipiao	县级市	4 419	53.3	44.00	24	1 374 172		98.73	100.00	14.56	100.00
凌源市 Lingyuan	县级市	3 282	62.4	54.08	27	1 613 834		99.64	100.00	7.78	100.00
兴城市 Xingcheng	县级市	2 103	52.1	49.03	35	1 390 552		87.78	100.00	18.10	100.00
吉林省 Jilin											
长春市 Changchun	副省级市	24 705	852.0	906.69	562	71 030 000	78 255	94.46	96.32	13.13	100.00
吉林市 Jilin	地级市	27 711	402.0	362.37	196	15 500 000	43 333	98.85	98.90	14.03	100.00

续表

城市名称 Name of cities	行政级别 Administrative level	行政区域土地面积（平方公里） Total area of city's administrative（sq.km）	户籍人口（万人） Household registered population（10 000 persons）	七普常住人口（万人） Total residents of the Seventh Population Census（10 000 persons）	建成区面积（平方公里） Area of built-up district（sq.km）	地区生产总值（万元） Gross regional product（10 000 yuan）	人均地区生产总值（元） Per capita gross regional product（yuan）	供水普及率（%） Water coverage rate（%）	污水处理率（%） Waste-water treatment rate（%）	人均公园绿地面积（平方米） Per capita public recreational green space（sq.m）	生活垃圾处理率（%） Domestic garbage treatment rate（%）
四平市 Siping	地级市	10 271	209.0	181.47	65	5 540 000	31 003	98.33	99.01	11.49	100.00
辽源市 Liaoyuan	地级市	5 140	114.0	99.69	56	4 630 000	47 007	95.35	97.00	12.27	100.00
通化市 Tonghua	地级市	15 612	210.0	181.21	65	5 680 000	44 308	93.10	99.46	15.92	100.00
白山市 Baishan	地级市	17 505	113.0	96.84	40	5 410 000	57 948	96.03	95.58	10.03	100.00
松原市 Songyuan	地级市	21 170	272.0	225.30	54	8 180 000	36 877	96.26	100.00	12.43	100.00
白城市 Baicheng	地级市	25 759	185.0	155.14	47	5 490 000	35 996	98.81	97.76	13.26	100.00
榆树市 Yushu	县级市	4 712	119.5	83.61	23	2 825 317		97.75	100.00	4.95	100.00
德惠市 Dehui	县级市	3 461	86.3	63.55	32	2 675 009		96.81	100.00	9.11	100.00
蛟河市 Jiaohe	县级市	6 370	40.4	32.89	19	1 020 963		100.00	100.00	6.78	100.00
桦甸市 Huadian	县级市	6 625	40.5	34.13	20	1 077 203		98.84	100.00	28.53	100.00
舒兰市 Shulan	县级市	4 559	58.7	40.67	9	1 319 132		100.00	100.00	19.77	100.00
磐石市 Panshi	县级市	3 861	49.1	37.02	24	1 367 231		98.28	100.00	14.79	100.00
公主岭市 Gongzhuling	县级市	4 141	101.2	86.23	36	3 458 192		96.45	100.00	4.02	100.00
双辽市 Shuangliao	县级市	3 121	38.0	31.78	24	1 044 758		99.11	95.00	16.72	100.00
梅河口市 Meihekou	县级市	2 179	57.9	50.93	38	2 712 021		93.37	100.00	15.51	100.00
集安市 Ji'an	县级市	3 341	20.6	16.92	9	728 693		92.34	99.09	19.05	100.00
临江市 Linjiang	县级市	3 009	14.8	12.16	10	841 646		94.34	95.68	24.42	100.00
扶余市 Fuyu	县级市	4 388	70.4	47.50	17	1 555 052		98.47	100.00	14.53	100.00
洮南市 Taonan	县级市	5 017	39.5	30.72	27	930 352		82.44	97.35	9.50	100.00
大安市 Da'an	县级市	4 879	36.9	27.09	19	1 028 449		98.91	95.00	31.38	100.00

续表

城市名称 Name of cities	行政级别 Administrative level	行政区域土地面积（平方公里） Total area of city's administrative (sq.km)	户籍人口（万人） Household registered population (10 000 persons)	七普常住人口（万人） Total residents of the Seventh Population Census (10 000 persons)	建成区面积（平方公里） Area of built-up district (sq.km)	地区生产总值（万元） Gross regional product (10 000 yuan)	人均地区生产总值（元） Per capita gross regional product (yuan)	供水普及率（%） Water coverage rate (%)	污水处理率（%） Waste-water treatment rate (%)	人均公园绿地面积（平方米） Per capita public recreational green space (sq.m)	生活垃圾处理率（%） Domestic garbage treatment rate (%)
延吉市 Yanji	县级市	1 748	56.1	68.61	62	3 520 803		99.61	100.00	13.19	100.00
图们市 Tumen	县级市	1 147	10.2	8.52	11	277 427		92.86	100.00	13.96	100.00
敦化市 Dunhua	县级市	11 957	44.2	39.25	34	1 492 679		99.10	95.00	17.84	100.00
珲春市 Hunchun	县级市	5 171	22.4	23.94	29	1 022 518		100.00	100.00	17.49	100.00
龙井市 Longjing	县级市	2 209	14.5	12.93	14	335 250		98.93	95.50	15.65	100.00
和龙市 Helong	县级市	5 069	15.7	11.71	13	364 579		94.34	97.01	10.37	100.00
黑龙江省 Heilongjiang											
哈尔滨市 Harbin	副省级市	53 076	943.0	1 000.99	491	53 520 000	53 823	100.00	95.47	10.27	100.00
齐齐哈尔市 Qiqihar	地级市	42 469	517.0	406.75	131	12 250 000	30 559	99.83	96.96	16.39	100.00
鸡西市 Jixi	地级市	22 598	165.0	150.21	80	6 040 000	40 808	100.00	100.00	11.75	100.00
鹤岗市 Hegang	地级市	14 665	96.0	89.13	56	3 540 000	40 338	91.48	99.51	15.27	100.00
双鸭山市 Shuangyashan	地级市	22 682	137.0	120.88	58	5 160 000	43 270	99.25	96.02	13.96	100.00
大庆市 Daqing	地级市	21 205	272.0	278.16	255	26 200 000	94 790	99.99	94.07	14.59	100.00
伊春市 Yichun	地级市	32 800	108.0	87.89	97	3 190 000	36 982	98.36	99.36	39.17	100.00
佳木斯市 Jiamusi	地级市	32 704	228.0	215.65	97	8 160 000	38 247	100.00	100.00	15.02	100.00
七台河市 Qitaihe	地级市	6 190	75.0	68.96	69	2 310 000	34 055	100.00	95.30	15.34	100.00
牡丹江市 Mudanjiang	地级市	38 827	244.0	229.02	82	8 750 000	38 719	95.12	100.00	10.91	100.00
黑河市 Heihe	地级市	69 345	154.0	128.64	20	6 370 000	50 206	98.18	95.93	14.80	100.00
绥化市 Suihua	地级市	34 873	513.0	375.62	45	11 780 000	31 915	99.96	99.68	13.34	100.00
尚志市 Shangzhi	县级市	8 891	54.1	46.34	21	1 858 122		98.07	95.01	14.42	100.00

续表

城市名称 Name of cities	行政级别 Administrative level	行政区域土地面积（平方公里） Total area of city's administrative (sq.km)	户籍人口（万人） Household registered population (10 000 persons)	七普常住人口（万人） Total residents of the Seventh Census Population (10 000 persons)	建成区面积（平方公里） Area of built-up district (sq.km)	地区生产总值（万元） Gross regional product (10 000 yuan)	人均地区生产总值（元） Per capita gross regional product (yuan)	供水普及率（%） Water coverage rate (%)	污水处理率（%） Waste-water treatment rate (%)	人均公园绿地面积（平方米） Per capita public recreational green space (sq.m)	生活垃圾处理率（%） Domestic garbage treatment rate (%)
五常市 Wuchang	县级市	7 499	88.3	72.47	27	2 920 739		97.64	99.32	10.47	100.00
讷河市 Nehe	县级市	6 660	67.5	43.69	14	1 113 187		100.00	95.41	22.38	100.00
虎林市 Hulin	县级市	9 334	26.9	26.79	11	1 607 884		100.00	97.14	16.42	100.00
密山市 Mishan	县级市	7 728	38.1	33.91	19	1 439 625		100.00	85.28	12.73	100.00
铁力市 Tieli	县级市	3 776	27.8	22.60	17	796 139		98.71	100.00	17.10	100.00
同江市 Tongjiang	县级市	6 229	17.4	17.61	11	1 107 062		100.00	96.80	18.12	100.00
富锦市 Fujin	县级市	8 224	44.7	41.41	16	1 670 514		100.00	95.07	9.35	100.00
抚远市 Fuyuan	县级市	6 041	8.2	9.73	6	781 363		98.63	85.12	40.76	100.00
绥芬河市 Suifenhe	县级市	422	6.8	11.46	29	539 504		98.27	98.60	15.51	100.00
海林市 Hailin	县级市	8 712	34.7	29.28	18	1 224 292		100.00	98.00	17.71	100.00
宁安市 Ning'an	县级市	7 201	40.0	32.21	11	1 241 313		100.00	99.90	14.99	100.00
穆棱市 Muling	县级市	6 041	25.8	19.71	10	1 329 728		100.00	92.96	17.37	100.00
东宁市 Dongning	县级市	7 117	19.8	19.55	15	749 816		97.86	99.84	15.79	100.00
北安市 Bei'an	县级市	7 194	40.6	30.82	23	1 301 736		99.23	100.00	15.70	100.00
五大连池市 Wudalianchi	县级市	8 745	32.7	24.33	6	1 164 010		100.00	96.00	9.23	100.00
嫩江市 Nenjiang	县级市	15 211	44.2	35.55	20	2 470 790		95.96	95.80	15.29	100.00
安达市 Anda	县级市	3 586	43.7	35.75	25	1 799 469		99.55	99.60	6.05	100.00
肇东市 Zhaodong	县级市	4 323	84.1	66.65	45	2 221 510		99.02	100.00	18.61	100.00
海伦市 Hailun	县级市	4 642	74.1	48.02	17	1 309 983		100.00	100.00	1.18	100.00
漠河市 Mohe	县级市	18 428	6.6	5.40	9	412 851		94.54	95.46	48.38	100.00

续表

城市名称 Name of cities	行政级别 Admini-strative level	行政区域土地面积（平方公里） Total area of city's admini-strative (sq.km)	户籍人口（万人） Household registered population (10 000 persons)	七普常住人口（万人） Total residents of the Seventh Population Census (10 000 persons)	建成区面积（平方公里） Area of built-up district (sq.km)	地区生产总值（万元） Gross regional product (10 000 yuan)	人均地区生产总值（元） Per capita gross regional product (yuan)	供水普及率（%） Water coverage rate (%)	污水处理率（%） Waste-water treatment rate (%)	人均公园绿地面积（平方米） Per capita public recreational green space (sq.m)	生活垃圾处理率（%） Domestic garbage treatment rate (%)
上海市 Shanghai	直辖市	6 341	1 493.0	2 487.09	1242	432 150 000	173 600	100.00	96.89	9.02	100.00
江苏省 Jiangsu											
南京市 Nanjing	副省级市	6 587	734.0	931.47	868	163 560 000	174 520	100.00	98.19	16.18	100.00
无锡市 Wuxi	地级市	4 627	515.0	746.21	356	140 030 000	187 415	100.00	98.93	15.02	100.00
徐州市 Xuzhou	地级市	11 765	1 035.0	908.38	290	81 170 000	89 634	100.00	93.39	17.75	100.00
常州市 Changzhou	地级市	4 372	388.0	527.81	279	88 080 000	165 724	100.00	98.21	14.91	100.00
苏州市 Suzhou	地级市	8 657	762.0	1 274.83	481	227 180 000	177 505	100.00	96.51	12.35	100.00
南通市 Nantong	地级市	10 549	752.0	772.66	300	110 270 000	142 721	100.00	96.09	19.28	100.00
连云港市 Lianyungang	地级市	7 616	533.0	459.94	223	37 280 000	81 015	100.00	97.53	15.44	100.00
淮安市 Huai'an	地级市	10 030	555.0	455.62	216	45 500 000	99 768	100.00	97.27	15.32	100.00
盐城市 Yancheng	地级市	16 931	804.0	670.96	173	66 170 000	98 593	100.00	96.65	15.90	100.00
扬州市 Yangzhou	地级市	6 591	452.0	455.98	192	66 960 000	146 562	100.00	95.20	20.19	100.00
镇江市 Zhenjiang	地级市	3 840	268.0	321.04	147	47 630 000	148 204	100.00	98.39	18.13	100.00
泰州市 Taizhou	地级市	5 788	493.0	451.28	158	60 250 000	133 323	100.00	96.40	16.50	100.00
宿迁市 Suqian	地级市	8 524	591.0	498.62	118	37 190 000	74 476	100.00	98.51	16.99	100.00
江阴市 Jiangyin	县级市	987	127.0	177.95	125	45 803 300		100.00	98.65	15.88	100.00
宜兴市 Yixing	县级市	1 997	107.1	128.58	91	20 821 700		100.00	97.19	15.58	100.00
新沂市 Xinyi	县级市	1 592	110.3	96.99	39	7 814 300		100.00	97.02	14.93	100.00
邳州市 Pizhou	县级市	2 085	191.8	146.26	51	11 082 200		100.00	96.05	16.30	100.00
溧阳市 Liyang	县级市	1 535	78.5	78.51	34	12 613 000		100.00	98.46	13.26	100.00

续表

城市名称 Name of cities	行政级别 Admini-strative level	行政区域土地面积（平方公里） Total area of city's admini-strative (sq.km)	户籍人口（万人） Household registered population (10 000 persons)	七普常住人口（万人） Total residents of the Seventh Census (10 000 persons)	建成区面积（平方公里） Area of built-up district (sq.km)	地区生产总值（万元） Gross regional product (10 000 yuan)	人均地区生产总值（元） Per capita gross regional product (yuan)	供水普及率（%） Water coverage rate (%)	污水处理率（%） Waste-water treatment rate (%)	人均公园绿地面积（平方米） Per capita public recreational green space (sq.m)	生活垃圾处理率（%） Domestic garbage treatment rate (%)
常熟市 Changshu	县级市	1 276	106.1	167.71	100	26 720 400		100.00	97.30	15.40	100.00
张家港市 Zhangjiagang	县级市	987	92.9	143.20	65	30 302 100		100.00	99.98	14.80	100.00
昆山市 Kunshan	县级市	932	114.3	209.25	72	47 480 600		100.00	94.08	15.50	100.00
太仓市 Taicang	县级市	810	52.6	83.11	52	15 740 500		100.00	97.26	14.29	100.00
启东市 Qidong	县级市	1 681	108.7	96.73	36	13 460 000		100.00	97.44	15.76	100.00
如皋市 Rugao	县级市	1 574	139.5	123.84	42	14 324 000		100.00	97.38	15.38	100.00
海安市 Haian	县级市	1 184	90.8	87.43	32	13 431 000		100.00	90.08	15.18	100.00
东台市 Dongtai	县级市	3 558	105.5	88.84	39	9 860 800		100.00	95.30	14.21	100.00
仪征市 Yizheng	县级市	902	54.8	53.26	39	9 107 100		100.00	91.26	11.89	100.00
高邮市 Gaoyou	县级市	1 922	78.9	70.96	29	9 293 100		100.00	92.80	12.01	100.00
丹阳市 Danyang	县级市	1 047	79.4	98.89	39	13 240 100		100.00	95.01	11.70	100.00
扬中市 Yangzhong	县级市	327	28.0	31.55	16	5 507 700		100.00	90.66	12.31	100.00
句容市 Jurong	县级市	1 378	58.2	63.93	34	7 367 500		100.00	92.97	11.99	100.00
兴化市 Xinghua	县级市	2 395	150.8	112.82	43	10 209 400		100.00	93.05	14.17	100.00
靖江市 Jingjiang	县级市	656	64.3	66.34	34	11 423 800		100.00	96.44	15.17	100.00
泰兴市 Taixing	县级市	1 170	114.7	99.44	44	12 734 400		100.00	97.05	14.41	100.00
浙江省 Zhejiang											
杭州市 Hangzhou	副省级市	16 853	835.0	1 193.60	802	181 090 000	149 857	100.00	97.13	11.20	100.00
宁波市 Ningbo	副省级市	9 816	618.0	940.43	389	145 950 000	153 922	100.00	99.75	14.82	100.00
温州市 Wenzhou	地级市	12 110	833.0	957.29	284	75 850 000	78 879	100.00	98.23	12.65	100.00

续表

城市名称 Name of cities	行政级别 Admini- strative level	行政区域 土地面积 （平方公里） Total area of city's admini- strative （sq.km）	户籍人口 （万人） Household registered population （10 000 persons）	七普常住人口 （万人） Total residents of the Seventh Population Census （10 000 persons）	建成区 面积 （平方 公里） Area of built-up district （sq.km）	地区生 产总值 （万元） Gross regional product （10 000 yuan）	人均地区 生产总值 （元） Per capita gross regional product （yuan）	供水普 及率 （％） Water coverage rate （％）	污水 处理率 （％） Waste- water treatment rate （％）	人均公园 绿地面积 （平方米） Per capita public recreational green space （sq.m）	生活垃圾 处理率 （％） Domestic garbage treatment rate （％）
嘉兴市 Jiaxing	地级市	4 223	372.0	540.09	163	63 550 000	116 323	100.00	98.60	15.42	100.00
湖州市 Huzhou	地级市	5 820	269.0	336.76	132	36 450 000	107 534	100.00	98.40	17.91	100.00
绍兴市 Shaoxing	地级市	8 279	447.0	527.10	263	67 950 000	127 875	100.00	98.42	14.76	100.00
金华市 Jinhua	地级市	10 942	495.0	705.07	113	53 550 000	75 524	100.00	97.50	12.60	100.00
衢州市 Quzhou	地级市	8 845	256.0	227.62	80	18 760 000	82 174	100.00	97.10	16.61	100.00
舟山市 Zhoushan	地级市	1 459	96.0	115.78	70	17 040 000	146 611	100.00	97.48	16.06	100.00
台州市 Taizhou	地级市	10 050	606.0	662.29	159	57 860 000	87 089	100.00	97.72	14.50	100.00
丽水市 Lishui	地级市	17 275	270.0	250.74	45	17 100 000	68 101	100.00	98.42	12.22	100.00
建德市 Jiande	县级市	2 314	50.8	44.27	11	4 305 966		100.00	97.05	17.85	100.00
余姚市 Yuyao	县级市	1 501	83.3	125.40	54	14 415 033		100.00	97.00	12.73	100.00
慈溪市 Cixi	县级市	1 361	106.5	182.95	50	23 791 693		100.00	98.71	13.88	100.00
瑞安市 Rui'an	县级市	1 342	125.6	152.04	23	11 489 832		100.00	98.70	2.85	100.00
乐清市 Leqing	县级市	1 396	132.0	145.27	24	14 334 779		100.00	97.27	15.01	100.00
龙港市 Longgang	县级市	184	38.3	46.47	24	3 403 368		100.00	96.78	10.69	100.00
海宁市 Haining	县级市	863	71.4	107.62	57	11 963 029		100.00	98.10	15.78	100.00
平湖市 Pinghu	县级市	557	51.3	67.13	47	9 074 953		100.00	97.06	14.67	100.00
桐乡市 Tongxiang	县级市	727	71.2	102.98	57	11 416 927		100.00	97.41	13.78	100.00
诸暨市 Zhuji	县级市	2 311	108.0	121.81	87	15 466 300		100.00	96.40	12.10	100.00
嵊州市 Shengzhou	县级市	1 789	71.4	67.52	43	6 583 908		100.00	94.80	18.46	100.00
兰溪市 Lanxi	县级市	1 312	65.0	57.48	38	4 480 300		100.00	98.41	17.32	100.00

续表

城市名称 Name of cities		行政级别 Admini- strative level	行政区域 土地面积 （平方公里） Total area of city's admini- strative （sq.km）	户籍人口 （万人） Household registered population （10 000 persons）	七普常住人口 （万人） Total residents of the Seventh Population Census （10 000 persons）	建成区 面积 （平方 公里） Area of built-up district （sq.km）	地区生 产总值 （万元） Gross regional product （10 000 yuan）	人均地区 生产总值 （元） Per capita gross regional product （yuan）	供水普 及率 （%） Water coverage rate （%）	污水 处理率 （%） Waste- water treatment rate （%）	人均公园 绿地面积 （平方米） Per capita public recreational green space （sq.m）	生活垃圾 处理率 （%） Domestic garbage treatment rate （%）
义乌市	Yiwu	县级市	1 105	87.2	185.94	111	17 301 575		100.00	97.30	12.03	100.00
东阳市	Dongyang	县级市	1 747	85.1	108.80	46	7 308 369		100.00	96.73	12.89	100.00
永康市	Yongkang	县级市	1 047	62.2	96.42	40	7 222 323		100.00	98.13	14.16	100.00
江山市	Jiangshan	县级市	2 019	61.1	49.44	19	3 657 550		100.00	97.43	15.01	100.00
温岭市	Wenling	县级市	1 074	121.6	141.62	41	12 569 631		100.00	97.22	15.25	100.00
临海市	Linhai	县级市	2 251	119.9	111.41	50	8 198 681		100.00	96.01	12.03	100.00
玉环市	Yuhuan	县级市	510	43.7	64.40	29	7 113 879		100.00	96.02	15.28	100.00
龙泉市	Longquan	县级市	3 045	28.8	24.89	16	1 617 600		100.00	98.70	13.65	100.00
安徽省	Anhui											
合肥市	Hefei	地级市	11 445	793.0	936.99	507	114 130 000	121 187	99.99	95.44	10.41	100.00
芜湖市	Wuhu	地级市	6 004	388.0	364.44	253	43 030 000	117 526	100.00	96.96	13.49	100.00
蚌埠市	Bengbu	地级市	5 951	387.0	329.64	155	19 890 000	60 117	100.00	98.02	14.71	100.00
淮南市	Huainan	地级市	5 532	390.0	303.35	128	14 570 000	48 008	100.00	97.81	14.51	100.00
马鞍山市	Maanshan	地级市	4 049	228.0	215.99	103	24 390 000	113 010	100.00	98.13	15.38	100.00
淮北市	Huaibei	地级市	2 741	219.0	197.03	90	12 230 000	62 019	100.00	98.15	18.21	100.00
铜陵市	Tongling	地级市	2 992	169.0	131.17	91	11 660 000	89 112	100.00	98.52	15.65	100.00
安庆市	Anqing	地级市	13 538	526.0	416.53	161	26 570 000	63 707	100.00	99.94	15.94	100.00
黄山市	Huangshan	地级市	9 678	149.0	133.06	71	9 570 000	71 928	100.00	96.80	19.20	100.00
滁州市	Chuzhou	地级市	13 516	454.0	398.71	111	33 620 000	84 263	100.00	97.21	20.34	100.00
阜阳市	Fuyang	地级市	10 118	1 074.0	820.03	156	30 720 000	37 524	97.17	98.02	18.37	100.00

续表

城市名称 Name of cities	行政级别 Admini-strative level	行政区域土地面积（平方公里） Total area of city's admini-strative (sq.km)	户籍人口（万人） Household registered population (10 000 persons)	七普常住人口（万人） Total residents of the Seventh Population Census (10 000 persons)	建成区面积（平方公里） Area of built-up district (sq.km)	地区生产总值（万元） Gross regional product (10 000 yuan)	人均地区生产总值（元） Per capita gross regional product (yuan)	供水普及率（%） Water coverage rate (%)	污水处理率（%） Waste-water treatment rate (%)	人均公园绿地面积（平方米） Per capita public recreational green space (sq.m)	生活垃圾处理率（%） Domestic garbage treatment rate (%)
宿州市 Suzhou	地级市	9 939	660.0	532.45	92	21 680 000	40 688	100.00	98.33	18.76	100.00
六安市 Lu'an	地级市	15 451	584.0	439.37	81	19 230 000	43 690	99.79	98.46	16.41	100.00
亳州市 Bozhou	地级市	8 521	669.0	499.68	75	19 730 000	39 509	100.00	98.00	18.37	100.00
池州市 Chizhou	地级市	8 399	161.0	134.28	44	10 040 000	75 191	99.77	97.18	20.07	100.00
宣城市 Xuancheng	地级市	12 313	276.0	250.01	70	18 340 000	73 548	99.84	97.75	18.83	100.00
巢湖市 Chaohu	县级市	2 046	85.4	72.72	48	5 231 019		100.00	97.00	16.33	100.00
无为市 Wuwei	县级市	2 022	118.6	81.80	25	5 770 037		100.00	95.71	13.97	100.00
桐城市 Tongcheng	县级市	1 523	74.5	59.36	29	4 191 055		100.00	96.76	14.32	100.00
潜山市 Qianshan	县级市	1 688	58.3	44.12	22	2 300 976		96.56	97.61	14.90	100.00
天长市 Tianchang	县级市	1 754	62.9	60.38	26	6 225 024		100.00	97.97	17.96	100.00
明光市 Mingguang	县级市	2 350	64.0	48.56	30	2 734 421		100.00	95.45	18.80	100.00
界首市 Jieshou	县级市	667	83.2	65.09	27	3 875 585		100.00	97.55	20.22	100.00
宁国市 Ningguo	县级市	2 487	38.0	38.46	34	4 317 032		100.00	95.01	22.33	100.00
广德市 Guangde	县级市	2 116	51.5	49.91	33	3 807 005		100.00	96.66	15.90	100.00
福建省 Fujian											
福州市 Fuzhou	地级市	12 255	723.0	829.13	354	113 240 000	135 298	99.95	97.70	14.82	100.00
厦门市 Xiamen	副省级市	1 701	283.0	516.40	406	70 340 000	134 491	100.00	100.00	14.84	100.00
莆田市 Putian	地级市	4 131	367.0	321.07	110	28 830 000	89 672	100.00	98.01	15.98	100.00
三明市 Sanming	地级市	22 965	287.0	248.65	76	29 530 000	118 852	99.71	98.90	15.47	100.00
泉州市 Quanzhou	地级市	11 015	771.0	878.23	251	113 040 000	128 165	99.70	97.61	14.95	100.00

续表

城市名称 Name of cities	行政级别 Administrative level	行政区域土地面积（平方公里）Total area of city's administrative (sq.km)	户籍人口（万人）Household registered population (10 000 persons)	七普常住人口（万人）Total residents of the Seventh Population Census (10 000 persons)	建成区面积（平方公里）Area of built-up district (sq.km)	地区生产总值（万元）Gross regional product (10 000 yuan)	人均地区生产总值（元）Per capita gross regional product (yuan)	供水普及率（%）Water coverage rate (%)	污水处理率（%）Waste-water treatment rate (%)	人均公园绿地面积（平方米）Per capita public recreational green space (sq.m)	生活垃圾处理率（%）Domestic garbage treatment rate (%)
漳州市 Zhangzhou	地级市	12 888	526.0	505.43	121	50 250 000	99 218	100.00	98.10	16.32	100.00
南平市 Nanping	地级市	26 280	315.0	268.06	49	21 180 000	79 162	99.69	96.64	14.05	100.00
龙岩市 Longyan	地级市	19 063	317.0	272.36	77	30 820 000	112 886	99.76	97.61	17.01	100.00
宁德市 Ningde	地级市	13 433	356.0	314.68	45	31 510 000	100 034	100.00	97.06	15.48	100.00
福清市 Fuqing	县级市	1 701	140.1	139.05	55	14 140 436		99.95	95.65	15.04	100.00
永安市 Yong'an	县级市	2 931	32.6	34.48	25	4 879 903		100.00	97.04	13.30	100.00
石狮市 Shishi	县级市	188	36.7	68.59	40	10 725 100		100.00	100.00	16.09	100.00
晋江市 Jinjiang	县级市	744	123.2	206.16	38	29 864 112		100.00	97.00	13.90	100.00
南安市 Nan'an	县级市	2 024	166.6	151.75	36	15 363 641		100.00	92.20	13.61	100.00
邵武市 Shaowu	县级市	2 859	30.0	27.37	28	2 570 361		100.00	98.07	16.42	100.00
武夷山市 Wuyishan	县级市	2 803	24.8	25.97	15	2 246 809		100.00	98.10	14.89	100.00
建瓯市 Jian'ou	县级市	4 199	54.2	43.45	16	2 956 157		100.00	98.23	14.69	100.00
漳平市 Zhangping	县级市	2 956	29.0	25.34	15	2 950 251		100.00	97.18	13.04	100.00
福安市 Fu'an	县级市	1 810	67.4	60.98	26	6 804 126		98.83	98.07	15.22	100.00
福鼎市 Fuding	县级市	1 526	60.5	55.31	21	4 542 448		99.78	97.00	10.88	100.00
江西省 Jiangxi											
南昌市 Nanchang	地级市	7 195	540.0	625.50	366	66 510 000	104 788	99.55	98.90	13.24	100.00
景德镇市 Jingdezhen	地级市	5 262	171.0	161.90	101	11 020 000	59 041	99.33	95.24	17.71	100.00
萍乡市 Pingxiang	地级市	3 831	199.0	180.48	52	11 080 000	61 386	100.00	99.29	14.83	100.00
九江市 Jiujiang	地级市	19 077	522.0	460.03	163	37 360 000	81 551	100.00	99.31	18.10	100.00

续表

城市名称 Name of cities	行政级别 Admini-strative level	行政区域土地面积（平方公里） Total area of city's admini-strative (sq.km)	户籍人口（万人） Household registered population (10 000 persons)	七普常住人口（万人） Total residents of the Seventh Population Census (10 000 persons)	建成区面积（平方公里） Area of built-up district (sq.km)	地区生产总值（万元） Gross regional product (10 000 yuan)	人均地区生产总值（元） Per capita gross regional product (yuan)	供水普及率（%） Water coverage rate (%)	污水处理率（%） Waste-water treatment rate (%)	人均公园绿地面积（平方米） Per capita public recreational green space (sq.m)	生活垃圾处理率（%） Domestic garbage treatment rate (%)
新余市 Xinyu	地级市	3 178	125.0	120.25	84	11 550 000	96 025	100.00	98.30	20.42	100.00
鹰潭市 Yingtan	地级市	3 560	129.0	115.42	59	11 440 000	99 069	99.97	96.11	17.34	100.00
赣州市 Ganzhou	地级市	39 363	984.0	897.00	208	41 690 000	46 452	99.65	98.73	16.17	100.00
吉安市 Ji'an	地级市	25 284	538.0	446.92	67	25 260 000	56 789	97.80	97.18	20.42	100.00
宜春市 Yichun	地级市	18 669	600.0	500.77	89	31 910 000	63 957	99.13	98.85	17.89	100.00
抚州市 Fuzhou	地级市	18 799	431.0	361.49	109	17 950 000	49 885	99.70	95.95	18.22	100.00
上饶市 Shangrao	地级市	22 757	789.0	649.11	104	30 430 000	47 081	99.80	98.57	19.53	100.00
乐平市 Leping	县级市	1 985	94.7	75.38	26	4 063 342		97.36	95.82	18.23	100.00
瑞昌市 Ruichang	县级市	1 419	45.4	40.37	23	3 085 134		96.07	93.03	13.44	100.00
共青城市 Gongqingcheng	县级市	309	12.4	19.47	23	2 027 180		100.00	96.52	15.45	100.00
庐山市 Lushan	县级市	765	27.8	23.15	13	1 662 065		100.00	95.62	19.55	100.00
贵溪市 Guixi	县级市	2 493	64.7	54.06	39	5 923 221		100.00	90.83	21.67	100.00
瑞金市 Ruijin	县级市	2 441	70.8	61.39	32	1 952 348		95.53	92.56	12.04	100.00
龙南市 Longnan	县级市	1 646	33.8	31.92	24	2 001 185		99.80	96.00	13.23	100.00
井冈山市 Jinggangshan	县级市	1 453	19.0	15.60	9	884 614		84.91	94.91	29.09	100.00
丰城市 Fengcheng	县级市	2 845	147.0	106.56	57	6 129 286		95.92	99.61	10.38	100.00
樟树市 Zhangshu	县级市	1 289	60.2	48.56	35	4 901 809		99.20	97.80	15.15	100.00
高安市 Gaoan	县级市	2 430	87.2	74.47	37	5 299 579		99.87	99.44	27.02	100.00
德兴市 Dexing	县级市	2 079	33.3	29.36	14	1 913 192		94.06	95.13	12.92	100.00

续表

城市名称 Name of cities	行政级别 Administrative level	行政区域土地面积（平方公里）Total area of city's administrative (sq.km)	户籍人口（万人）Household registered population (10 000 persons)	七普常住人口（万人）Total residents of the Seventh Population Census (10 000 persons)	建成区面积（平方公里）Area of built-up district (sq.km)	地区生产总值（万元）Gross regional product (10 000 yuan)	人均地区生产总值（元）Per capita gross regional product (yuan)	供水普及率（%）Water coverage rate (%)	污水处理率（%）Waste-water treatment rate (%)	人均公园绿地面积（平方米）Per capita public recreational green space (sq.m)	生活垃圾处理率（%）Domestic garbage treatment rate (%)
山东省 Shandong											
济南市 Jinan	副省级市	10 244	817.0	920.24	794	114 320 000	123 075	100.00	98.25	12.73	100.00
青岛市 Qingdao	副省级市	11 293	846.0	1 007.17	762	141 360 000	138 849	100.00	98.25	18.04	100.00
淄博市 Zibo	地级市	5 965	434.0	470.41	333	42 010 000	89 238	100.00	98.48	18.81	100.00
枣庄市 Zaozhuang	地级市	4 564	426.0	385.56	157	19 520 000	50 613	100.00	98.36	14.96	100.00
东营市 Dongying	地级市	8 243	198.0	219.35	166	34 420 000	156 852	100.00	98.05	26.64	100.00
烟台市 Yantai	地级市	13 865	649.0	710.21	398	87 120 000	122 818	99.31	98.20	18.62	100.00
潍坊市 Weifang	地级市	16 143	920.0	938.67	195	70 110 000	74 606	100.00	98.49	18.65	100.00
济宁市 Jining	地级市	11 187	895.0	835.79	249	50 700 000	60 728	100.00	98.48	20.00	100.00
泰安市 Tai'an	地级市	7 762	569.0	547.22	164	29 970 000	54 917	100.00	98.34	23.15	100.00
威海市 Weihai	地级市	5 800	256.0	290.65	197	34 640 000	118 925	100.00	98.13	26.09	100.00
日照市 Rizhao	地级市	5 371	310.0	296.84	126	22 120 000	74 434	100.00	98.35	18.02	100.00
临沂市 Linyi	地级市	17 191	1 201.0	1 101.84	262	54 660 000	49 585	100.00	98.50	21.22	100.00
德州市 Dezhou	地级市	10 358	596.0	561.12	168	34 890 000	62 223	100.00	98.42	25.45	100.00
聊城市 Liaocheng	地级市	8 628	648.0	595.21	156	26 430 000	44 485	100.00	98.30	12.60	100.00
滨州市 Binzhou	地级市	9 660	397.0	392.86	151	28 720 000	73 078	100.00	98.32	31.48	100.00
菏泽市 Heze	地级市	12 155	1 027.0	879.59	168	39 770 000	45 366	98.13	97.17	15.28	100.00
胶州市 Jiaozhou	县级市	1 324	87.6	98.78	90	14 562 700		100.00	98.48	12.81	100.00
平度市 Pingdu	县级市	3 176	137.4	119.13	72	8 211 431		100.00	97.81	13.57	100.00
莱西市 Laixi	县级市	1 568	73.9	72.01	42	6 255 000		100.00	98.10	14.50	100.00

续表

城市名称 Name of cities	行政级别 Admini- strative level	行政区域 土地面积 （平方公里） Total area of city's admini- strative （sq.km）	户籍人口 （万人） Household registered population （10 000 persons）	七普常住人口 （万人） Total residents of the Seventh Population Census （10 000 persons）	建成区 面积 （平方 公里） Area of built-up district （sq.km）	地区生 产总值 （万元） Gross regional product （10 000 yuan）	人均地区 生产总值 （元） Per capita gross regional product （yuan）	供水普 及率 （%） Water coverage rate （%）	污水 处理率 （%） Waste- water treatment rate （%）	人均公园 绿地面积 （平方米） Per capita public recreational green space （sq.m）	生活垃圾 处理率 （%） Domestic garbage treatment rate （%）
滕州市 Tengzhou	县级市	1 495	176.5	157.46	64	8 584 900		100.00	98.10	14.77	100.00
龙口市 Longkou	县级市	941	63.0	72.99	47	12 366 387		100.00	97.32	18.77	100.00
莱阳市 Laiyang	县级市	1 731	83.7	79.50	43	4 792 048		99.60	97.86	17.32	100.00
莱州市 Laizhou	县级市	1 949	82.7	82.47	54	7 013 134		100.00	97.52	15.79	100.00
招远市 Zhaoyuan	县级市	1 432	55.2	54.31	36	7 494 248		100.00	98.00	21.39	100.00
栖霞市 Qixia	县级市	1 793	49.7	43.54	17	2 727 445		98.24	95.27	12.75	100.00
海阳市 Haiyang	县级市	1 916	62.7	58.27	34	4 595 824		99.74	97.90	17.06	100.00
青州市 Qingzhou	县级市	1 561	96.1	96.09	54	6 767 960		100.00	98.49	15.34	100.00
诸城市 Zhucheng	县级市	2 151	111.8	107.82	55	7 673 900		100.00	98.49	23.52	100.00
寿光市 Shouguang	县级市	1 997	111.3	116.34	47	9 535 800		100.00	98.49	16.27	100.00
安丘市 Anqiu	县级市	1 712	97.6	84.06	64	4 038 600		100.00	98.48	20.63	100.00
高密市 Gaomi	县级市	1 527	89.5	87.74	56	6 145 500		100.00	98.30	17.60	100.00
昌邑市 Changyi	县级市	1 628	58.0	56.45	33	5 278 600		100.00	98.42	21.28	100.00
曲阜市 Qufu	县级市	815	65.9	62.20	27	4 028 803		100.00	97.77	17.29	100.00
邹城市 Zoucheng	县级市	1 617	121.5	116.66	49	9 605 500		100.00	98.23	14.39	100.00
新泰市 Xintai	县级市	1 934	144.6	133.83	70	5 738 985		100.00	98.00	18.47	100.00
肥城市 Feicheng	县级市	1 278	97.0	89.41	50	7 709 086		100.00	98.50	18.29	100.00
荣成市 Rongcheng	县级市	1 555	64.7	71.42	59	10 214 300		100.00	98.07	25.96	100.00
乳山市 Rushan	县级市	1 660	53.2	46.41	37	3 287 900		100.00	98.14	18.70	100.00
乐陵市 Leling	县级市	1 173	71.3	55.92	35	2 748 927		100.00	98.40	13.11	100.00

续表

城市名称 Name of cities	行政级别 Admini- strative level	行政区域 土地面积 （平方公里） Total area of city's admini- strative (sq.km)	户籍人口 （万人） Household registered population (10 000 persons)	七普常住人口 （万人） Total residents of the Seventh Population Census (10 000 persons)	建成区 面积 （平方 公里） Area of built-up district (sq.km)	地区生 产总值 （万元） Gross regional product (10 000 yuan)	人均地区 生产总值 （元） Per capita gross regional product (yuan)	供水普 及率 （%） Water coverage rate (%)	污水 处理率 （%） Waste- water treatment rate (%)	人均公园 绿地面积 （平方米） Per capita public recreational green space (sq.m)	生活垃圾 处理率 （%） Domestic garbage treatment rate (%)
禹城市 Yucheng	县级市	992	54.1	48.80	38	2 844 249		96.16	98.00	11.26	100.00
临清市 Linqing	县级市	951	83.7	79.45	31	2 692 700		100.00	98.00	13.76	100.00
邹平市 Zouping	县级市	1 250	74.4	77.45	59	6 319 930		100.00	98.18	18.60	100.00
河南省 Henan											
郑州市 Zhengzhou	地级市	7 446	911.0	1 260.06	670	126 910 000	100 092	100.00	100.00	15.27	100.00
开封市 Kaifeng	地级市	6 240	565.0	482.40	141	25 570 000	53 173	98.18	97.10	15.11	100.00
洛阳市 Luoyang	地级市	15 236	752.0	705.67	294	54 470 000	77 110	100.00	100.00	16.13	100.00
平顶山市 Pingdingshan	地级市	7 882	570.0	498.71	73	26 940 000	54 122	99.50	99.31	12.81	100.00
安阳市 Anyang	地级市	7 352	631.0	547.76	92	24 350 000	44 690	100.00	100.00	13.24	100.00
鹤壁市 Hebi	地级市	2 182	171.0	156.60	66	10 650 000	67 803	99.53	100.00	20.72	100.00
新乡市 Xinxiang	地级市	8 291	668.0	625.19	128	32 330 000	52 028	100.00	99.00	12.88	100.00
焦作市 Jiaozuo	地级市	4 071	372.0	352.11	118	21 370 000	60 643	99.82	99.01	16.77	100.00
濮阳市 Puyang	地级市	4 188	435.0	377.21	65	17 720 000	47 131	100.00	98.21	14.93	100.00
许昌市 Xuchang	地级市	4 997	513.0	438.00	134	36 550 000	83 415	99.09	99.68	16.07	100.00
漯河市 Luohe	地级市	2 692	266.0	236.75	68	17 210 000	72 560	99.52	100.00	18.35	100.00
三门峡市 Sanmenxia	地级市	10 496	226.0	203.49	61	15 830 000	77 701	99.40	99.01	14.18	100.00
南阳市 Nanyang	地级市	26 509	1 231.0	971.31	165	43 420 000	44 894	100.00	99.52	16.83	100.00
商丘市 Shangqiu	地级市	10 704	1 012.0	781.68	163	30 830 000	39 678	97.66	98.50	14.50	100.00
信阳市 Xinyang	地级市	18 803	910.0	623.44	107	30 650 000	49 345	100.00	100.00	14.63	100.00
周口市 Zhoukou	地级市	11 961	1 258.0	902.60	115	34 960 000	39 126	99.62	99.68	14.95	100.00

续表

城市名称 Name of cities	行政级别 Admini-strative level	行政区域土地面积（平方公里） Total area of city's administrative (sq.km)	户籍人口（万人） Household registered population (10 000 persons)	七普常住人口（万人） Total residents of the Seventh Population Census (10 000 persons)	建成区面积（平方公里） Area of built-up district (sq.km)	地区生产总值（万元） Gross regional product (10 000 yuan)	人均地区生产总值（元） Per capita gross regional product (yuan)	供水普及率（%） Water coverage rate (%)	污水处理率（%） Waste-water treatment rate (%)	人均公园绿地面积（平方米） Per capita public recreational green space (sq.m)	生活垃圾处理率（%） Domestic garbage treatment rate (%)
驻马店市 Zhumadian	地级市	15 065	967.0	700.84	104	30 830 000	44 266	100.00	100.00	17.49	100.00
巩义市 Gongyi	县级市	1 043	85.1	78.52	36	9 018 795		88.52	98.76	15.61	100.00
荥阳市 Xingyang	县级市	943	72.0	73.01	38	5 542 313		99.65	97.16	12.99	100.00
新密市 Xinmi	县级市	996	90.3	82.60	34	7 132 520		100.00	100.00	12.99	100.00
新郑市 Xinzheng	县级市	702	65.4	117.22	34	7 933 300		97.97	97.58	14.87	100.00
登封市 Dengfeng	县级市	1 217	73.4	72.93	30	4 661 123		97.78	98.00	16.36	100.00
舞钢市 Wugang	县级市	641	33.7	29.48	17	1 588 559		99.68	94.69	12.80	100.00
汝州市 Ruzhou	县级市	1 572	118.1	97.45	42	5 345 699		100.00	100.00	17.94	100.00
林州市 Linzhou	县级市	2 062	113.3	95.09	26	6 153 428		100.00	99.54	12.02	100.00
卫辉市 Weihui	县级市	859	54.1	47.69	23	1 862 464		99.64	98.00	9.38	100.00
辉县市 Huixian	县级市	1 681	93.3	84.56	23	3 590 386		99.21	97.19	9.50	100.00
长垣市 Changyuan	县级市	1 051	103.5	90.54	43	5 295 868		99.14	99.66	12.44	100.00
沁阳市 Qinyang	县级市	595	49.3	44.75	21	3 206 313		85.41	98.06	9.52	100.00
孟州市 Mengzhou	县级市	542	38.1	33.42	17	2 371 591		96.53	85.28	11.58	100.00
禹州市 Yuzhou	县级市	1 469	134.0	110.98	48	9 038 261		97.54	99.79	12.92	100.00
长葛市 Changge	县级市	650	78.3	71.00	28	8 248 419		97.79	96.22	14.97	100.00
义马市 Yima	县级市	112	14.8	13.58	19	1 468 404		99.66	96.88	17.84	100.00
灵宝市 Lingbao	县级市	3 011	74.2	65.66	23	4 657 288		100.00	99.66	12.62	100.00
邓州市 Dengzhou	县级市	2 360	184.9	124.78	38	4 808 890		95.54	98.18	12.89	100.00
永城市 Yongcheng	县级市	2 021	164.9	125.64	50	7 200 100		99.54	97.05	15.14	100.00

续表

城市名称 Name of cities	行政级别 Administrative level	行政区域土地面积（平方公里） Total area of city's administrative (sq.km)	户籍人口（万人） Household registered population (10 000 persons)	七普常住人口（万人） Total residents of the Seventh Population Census (10 000 persons)	建成区面积（平方公里） Area of built-up district (sq.km)	地区生产总值（万元） Gross regional product (10 000 yuan)	人均地区生产总值（元） Per capita gross regional product (yuan)	供水普及率（%） Water coverage rate (%)	污水处理率（%） Waste-water treatment rate (%)	人均公园绿地面积（平方米） Per capita public recreational green space (sq.m)	生活垃圾处理率（%） Domestic garbage treatment rate (%)
项城市 Xiangcheng	县级市	1 086	134.5	97.32	37	4 180 497		100.00	97.35	12.01	100.00
济源市 Jiyuan	县级市	1 899	73.3	72.73	57	7 622 300		99.97	98.99	12.59	100.00
湖北省 Hubei											
武汉市 Wuhan	副省级市	8 569	934.0	1 244.77	926	177 170 000	135 251	100.00	97.39	14.82	100.00
黄石市 Huangshi	地级市	4 583	273.0	246.91	85	18 660 000	75 943	100.00	98.31	16.99	100.00
十堰市 Shiyan	地级市	23 666	340.0	320.90	117	21 640 000	67 973	100.00	99.85	15.48	100.00
宜昌市 Yichang	地级市	21 230	388.0	376.24	191	50 230 000	127 091	100.00	98.01	15.04	100.00
襄阳市 Xiangyang	地级市	19 728	587.0	526.10	206	53 090 000	100 824	100.00	97.75	16.81	100.00
鄂州市 Ezhou	地级市	1 596	112.0	107.94	38	11 620 000	107 968	100.00	99.58	16.29	100.00
荆门市 Jingmen	地级市	12 404	286.0	259.69	69	21 210 000	83 441	100.00	98.60	14.00	100.00
孝感市 Xiaogan	地级市	8 904	504.0	427.04	97	25 620 000	60 556	100.00	97.41	13.02	100.00
荆州市 Jingzhou	地级市	14 242	628.0	523.12	100	27 160 000	52 735	99.87	96.02	12.65	100.00
黄冈市 Huanggang	地级市	17 457	725.0	588.27	62	25 410 000	43 550	100.00	98.37	13.38	100.00
咸宁市 Xianning	地级市	9 752	304.0	265.83	107	17 520 000	66 194	100.00	96.02	15.77	100.00
随州市 Suizhou	地级市	9 614	245.0	204.79	84	12 410 000	61 102	99.44	97.33	13.00	100.00
大冶市 Daye	县级市	1 556	99.8	87.12	32	7 511 300		100.00	87.02	12.53	100.00
丹江口市 Danjiangkou	县级市	3 129	45.5	40.99	29	3 020 564		99.05	96.50	18.03	100.00
宜都市 Yidu	县级市	1 353	38.1	34.74	28	8 000 605		100.00	95.45	13.34	100.00
当阳市 Dangyang	县级市	2 150	46.0	39.75	25	5 696 772		100.00	97.30	12.63	100.00
枝江市 Zhijiang	县级市	1 374	46.9	40.85	30	7 223 594		100.00	96.01	14.03	100.00

续表

城市名称 Name of cities		行政级别 Administrative level	行政区域土地面积（平方公里） Total area of city's administrative (sq.km)	户籍人口（万人） Household registered population (10 000 persons)	七普常住人口（万人） Total residents of the Seventh Census Population (10 000 persons)	建成区面积（平方公里） Area of built-up district (sq.km)	地区生产总值（万元） Gross regional product (10 000 yuan)	人均地区生产总值（元） Per capita gross regional product (yuan)	供水普及率（%） Water coverage rate (%)	污水处理率（%） Waste-water treatment rate (%)	人均公园绿地面积（平方米） Per capita public recreational green space (sq.m)	生活垃圾处理率（%） Domestic garbage treatment rate (%)
老河口市	Laohekou	县级市	1 052	50.5	42.05	32	3 842 737		100.00	100.00	12.39	100.00
枣阳市	Zaoyang	县级市	3 276	110.9	88.88	51	7 560 617		98.27	97.49	13.03	100.00
宜城市	Yicheng	县级市	2 115	55.4	46.94	28	4 094 874		100.00	91.22	13.94	100.00
钟祥市	Zhongxiang	县级市	4 488	102.5	86.89	27	6 015 600		100.00	95.30	14.30	100.00
京山市	Jingshan	县级市	3 743	67.7	54.48	32	4 258 832		100.00		17.32	100.00
应城市	Yingcheng	县级市	1 103	62.4	47.66	21	4 335 014		100.00	100.00	12.96	100.00
安陆市	Anlu	县级市	1 353	59.9	49.84	20	2 883 197		100.00	94.15	11.52	100.00
汉川市	Hanchuan	县级市	1 659	104.4	90.33	28	7 531 186		100.00	100.00	15.50	100.00
石首市	Shishou	县级市	1 406	60.4	47.37	23	2 393 488		96.78	100.00	14.99	100.00
洪湖市	Honghu	县级市	2 444	90.3	69.82	21	3 190 196		100.00	99.93	14.80	100.00
松滋市	Songzi	县级市	2 177	80.7	65.48	21	4 050 149		100.00	96.10	14.55	100.00
麻城市	Macheng	县级市	3 604	114.0	89.37	42	4 102 600		99.51	95.85	11.50	100.00
武穴市	Wuxue	县级市	1 242	81.6	67.63	30	3 478 649		98.32	95.47	19.30	100.00
赤壁市	Chibi	县级市	1 718	52.6	47.04	33	5 195 357		98.69	95.40	10.66	100.00
广水市	Guangshui	县级市	2 646	88.8	71.09	34	3 900 726		99.84	99.86	12.82	100.00
恩施市	Enshi	县级市	3 969	82.2	83.68	43	4 162 938		99.75	97.68	15.93	100.00
利川市	Lichuan	县级市	4 606	91.8	75.07	19	2 317 200		97.63	95.98	13.57	100.00
仙桃市	Xiantao	县级市	2 538	151.5	126.87	64	9 299 000		100.00	96.84	11.16	100.00
潜江市	Qianjiang	县级市	2 004	99.3	88.65	58	8 527 381		100.00	96.30	11.25	100.00
天门市	Tianmen	县级市	2 614	158.1	115.86	47	7 188 900		100.00	97.15	22.78	100.00

续表

城市名称 Name of cities	行政级别 Administrative level	行政区域土地面积（平方公里） Total area of city's administrative（sq.km）	户籍人口（万人） Household registered population（10 000 persons）	七普常住人口（万人） Total residents of the Seventh Population Census（10 000 persons）	建成区面积（平方公里） Area of built-up district（sq.km）	地区生产总值（万元） Gross regional product（10 000 yuan）	人均地区生产总值（元） Per capita gross regional product（yuan）	供水普及率（%） Water coverage rate（%）	污水处理率（%） Wastewater treatment rate（%）	人均公园绿地面积（平方米） Per capita public recreational green space（sq.m）	生活垃圾处理率（%） Domestic garbage treatment rate（%）
监利市 Jianli	县级市	3 201	154.6	112.08	26	3 358 329		100.00	95.52	12.05	100.00
湖南省 Hunan											
长沙市 Changsha	地级市	11 816	760.0	1 004.79	572	132 710 000	130 745	100.00	99.52	12.50	100.00
株洲市 Zhuzhou	地级市	11 248	397.0	390.27	163	34 200 000	87 852	95.97	97.96	12.01	100.00
湘潭市 Xiangtan	地级市	5 006	282.0	272.62	90	25 480 000	93 793	100.00	98.07	12.23	100.00
衡阳市 Hengyang	地级市	15 299	785.0	664.52	150	38 400 000	57 909	99.29	98.37	15.13	100.00
邵阳市 Shaoyang	地级市	20 830	817.0	656.35	78	24 620 000	37 783	97.84	100.00	14.45	100.00
岳阳市 Yueyang	地级市	15 074	562.0	505.19	121	44 030 000	87 268	99.13	98.02	12.95	100.00
常德市 Changde	地级市	18 177	592.0	527.91	131	40 540 000	77 118	96.39	99.99	12.92	100.00
张家界市 Zhangjiajie	地级市	9 534	168.0	151.70	39	5 800 000	38 333	98.08	96.77	10.58	100.00
益阳市 Yiyang	地级市	12 320	463.0	385.16	94	20 190 000	52 597	99.88	99.70	14.92	100.00
郴州市 Chenzhou	地级市	19 342	527.0	466.71	80	27 700 000	59 342	99.49	97.69	14.16	100.00
永州市 Yongzhou	地级市	22 260	635.0	528.98	74	22 610 000	43 122	98.33	98.30	12.02	100.00
怀化市 Huaihua	地级市	27 572	519.0	458.76	66	18 180 000	39 767	99.06	95.85	10.29	100.00
娄底市 Loudi	地级市	8 109	448.0	382.70	54	18 260 000	47 893	99.91	98.70	9.64	100.00
浏阳市 Liuyang	县级市	4 998	148.1	142.94	30	16 165 620		100.00	97.84	11.64	100.00
宁乡市 Ningxiang	县级市	2 905	141.5	126.33	72	11 670 232		100.00	98.20	12.28	100.00
醴陵市 Liling	县级市	2 157	103.5	88.60	30	8 251 853		100.00	95.55	13.77	100.00
湘乡市 Xiangxiang	县级市	1 967	91.0	73.01	24	5 455 969		100.00	98.00	10.81	100.00
韶山市 Shaoshan	县级市	247	11.8	10.34	5	1 058 870		100.00	97.51	16.46	100.00

续表

城市名称 Name of cities	行政级别 Admini-strative level	行政区域土地面积（平方公里） Total area of city's admini-strative (sq.km)	户籍人口（万人） Household registered population (10 000 persons)	七普常住人口（万人） Total residents of the Seventh Census (10 000 persons)	建成区面积（平方公里） Area of built-up district (sq.km)	地区生产总值（万元） Gross regional product (10 000 yuan)	人均地区生产总值（元） Per capita gross regional product (yuan)	供水普及率（%） Water coverage rate (%)	污水处理率（%） Waste-water treatment rate (%)	人均公园绿地面积（平方米） Per capita public recreational green space (sq.m)	生活垃圾处理率（%） Domestic garbage treatment rate (%)
耒阳市 Leiyang	县级市	2 648	139.8	114.07	34	4 193 682		99.32	98.78	11.38	100.00
常宁市 Changning	县级市	2 048	94.1	79.07	35	4 010 624		100.00	96.70	15.00	100.00
武冈市 Wugang	县级市	1 539	81.6	64.02	24	1 858 035		100.00	95.11	14.55	100.00
邵东市 Shaodong	县级市	1 779	132.0	103.84	35	6 852 100		95.53	100.00	10.62	100.00
汨罗市 Miluo	县级市	1 670	74.8	56.07	21	5 631 800		100.00	96.88	12.40	100.00
临湘市 Linxiang	县级市	1 719	53.4	43.32	16	3 098 800		95.50	99.57	14.00	100.00
津市市 Jinshi	县级市	556	22.4	21.27	16	1 935 557		100.00	98.00	10.68	100.00
沅江市 Yuanjiang	县级市	2 129	70.7	56.72	22	2 916 685		99.53	97.20	12.14	100.00
资兴市 Zixing	县级市	2 730	36.6	32.30	22	3 617 937		99.33	96.64	13.76	100.00
祁阳市 Qiyang	县级市	2 538	102.6	83.28	31	3 757 013		99.97	99.38	15.85	100.00
洪江市 Hongjiang	县级市	2 223	48.7	34.17	16	1 788 466		99.91	95.60	11.06	100.00
冷水江市 Lengshuijiang	县级市	438	35.7	32.99	14	2 572 662		99.93	96.62	15.88	100.00
涟源市 Lianyuan	县级市	1 813	113.3	86.21	15	3 296 571		97.03	96.20	7.88	100.00
吉首市 Jishou	县级市	1 082	31.7	40.88	38	2 202 359		98.47	95.40	9.08	100.00
广东省 Guangdong											
广州市 Guangzhou	副省级市	7 434	1 012.0	1 867.66	1 366	282 320 000	150 366	100.00	97.70	24.51	100.00
韶关市 Shaoguan	地级市	18 413	337.0	285.51	124	15 540 000	54 377	100.00	99.50	16.70	100.00
深圳市 Shenzhen	副省级市	1 997	631.0	1 749.44	956	306 650 000	173 663	100.00	98.28	12.44	100.00
珠海市 Zhuhai	地级市	1 736	148.0	243.96	153	38 820 000	157 914	100.00	99.63	22.18	100.00
汕头市 Shantou	地级市	2 199	578.0	550.20	247	29 300 000	53 106	100.00	98.70	12.01	100.00

续表

城市名称 Name of cities	行政级别 Administrative level	行政区域土地面积（平方公里） Total area of city's administrative (sq.km)	户籍人口（万人） Household registered population (10 000 persons)	七普常住人口（万人） Total residents of the Seventh Population Census (10 000 persons)	建成区面积（平方公里） Area of built-up district (sq.km)	地区生产总值（万元） Gross regional product (10 000 yuan)	人均地区生产总值（元） Per capita gross regional product (yuan)	供水普及率（%） Water coverage rate (%)	污水处理率（%） Waste-water treatment rate (%)	人均公园绿地面积（平方米） Per capita public recreational green space (sq.m)	生活垃圾处理率（%） Domestic garbage treatment rate (%)
佛山市 Foshan	地级市	3 798	484.0	949.89	164	121 570 000	127 085	100.00		19.25	100.00
江门市 Jiangmen	地级市	9 507	403.0	479.81	158	36 010 000	74 722	100.00	97.92	20.07	100.00
湛江市 Zhanjiang	地级市	13 263	866.0	698.12	112	35 600 000	50 814	100.00	100.00	14.96	100.00
茂名市 Maoming	地级市	11 428	829.0	617.41	135	36 980 000	59 648	100.00		18.21	100.00
肇庆市 Zhaoqing	地级市	14 891	458.0	411.36	208	26 500 000	64 269	100.00	98.02	20.27	100.00
惠州市 Huizhou	地级市	11 347	406.0	604.29	310	49 770 000	82 113	100.00	98.82	16.83	100.00
梅州市 Meizhou	地级市	15 865	542.0	387.32	67	13 080 000	33 764	100.00	100.00	19.11	100.00
汕尾市 Shanwei	地级市	4 865	356.0	273.85	37	12 880 000	48 095	100.00	97.43	15.39	100.00
河源市 Heyuan	地级市	15 654	372.0	283.77	41	12 740 000	44 886	100.00	100.00	16.35	100.00
阳江市 Yangjiang	地级市	7 956	303.0	260.30	113	15 160 000	58 005	100.00		25.82	100.00
清远市 Qingyuan	地级市	19 036	452.0	396.95	94	20 070 000	50 459	100.00	97.29	15.16	100.00
东莞市 Dongguan	地级市	2 460	279.0	1 046.66	1 194	108 550 000	103 284	100.00	97.17	21.61	100.00
中山市 Zhongshan	地级市	1 784	199.0	441.81	192	35 660 000	80 157	100.00	89.59	11.80	100.00
潮州市 Chaozhou	地级市	3 146	275.0	256.84	118	12 450 000	48 427	100.00		13.91	100.00
揭阳市 Jieyang	地级市	5 266	713.0	557.78	158	22 650 000	40 470	100.00	96.44	15.10	100.00
云浮市 Yunfu	地级市	7 787	302.0	238.34	34	11 390 000	47 685	100.00	99.68	18.25	100.00
乐昌市 Lechang	县级市	2 419	52.6	38.35	21	1 377 114		100.00	100.00	8.88	100.00
南雄市 Nanxiong	县级市	2 326	49.0	35.39	12	1 318 972		100.00		14.42	100.00
台山市 Taishan	县级市	3 308	96.3	90.77	32	5 032 292		100.00	97.72	21.13	100.00
开平市 Kaiping	县级市	1 657	68.6	74.88	34	4 384 493		100.00	96.30	14.84	100.00

续表

城市名称 Name of cities	行政级别 Administrative level	行政区域土地面积（平方公里） Total area of city's administrative (sq.km)	户籍人口（万人） Household registered population (10 000 persons)	七普常住人口（万人） Total residents of the Seventh Population Census (10 000 persons)	建成区面积（平方公里） Area of built-up district (sq.km)	地区生产总值（万元） Gross regional product (10 000 yuan)	人均地区生产总值（元） Per capita gross regional product (yuan)	供水普及率（%） Water coverage rate (%)	污水处理率（%） Waste-water treatment rate (%)	人均公园绿地面积（平方米） Per capita public recreational green space (sq.m)	生活垃圾处理率（%） Domestic garbage treatment rate (%)
鹤山市 Heshan	县级市	1 083	39.2	53.07	36	4 406 936		100.00	97.00	27.49	100.00
恩平市 Enping	县级市	1 694	50.4	48.39	42	2 057 226		100.00	96.15	21.65	100.00
廉江市 Lianjiang	县级市	2 867	187.1	136.35	40	5 161 572		100.00	52.84	16.10	100.00
雷州市 Leizhou	县级市	3 709	188.4	132.11	31	3 541 226		100.00	86.25	20.24	100.00
吴川市 Wuchuan	县级市	870	124.3	90.74	28	3 044 127		100.00	100.00	9.58	100.00
高州市 Gaozhou	县级市	3 270	186.9	132.87	39	6 871 647		100.00		18.31	100.00
化州市 Huazhou	县级市	2 357	181.1	129.17	37	6 253 518		100.00		17.01	100.00
信宜市 Xinyi	县级市	3 102	151.8	101.46	29	5 222 317		100.00	95.30	16.22	100.00
四会市 Sihui	县级市	1 166	43.4	64.09	31	4 731 208		100.00	100.00	13.02	100.00
兴宁市 Xingning	县级市	2 075	115.7	77.94	29	1 963 169		100.00	96.11	1.46	100.00
陆丰市 Lufeng	县级市	1 561	190.9	123.58	25	4 185 235		100.00	100.00	6.81	100.00
阳春市 Yangchun	县级市	4 038	122.5	87.59	34	3 667 732		100.00	97.41	14.60	100.00
英德市 Yingde	县级市	5 634	120.7	94.13	31	4 036 744		100.00	70.70	15.54	100.00
连州市 Lianzhou	县级市	2 668	54.1	37.72	18	1 814 267		100.00	98.99	14.58	100.00
普宁市 Puning	县级市	1 620	251.5	199.86	69	6 075 850		100.00	100.00	13.37	100.00
罗定市 Luoding	县级市	2 328	129.7	93.69	35	3 121 854		100.00	100.00	18.75	100.00
广西壮族自治区 Guangxi											
南宁市 Nanning	地级市	22 245	801.0	874.16	328	51 210 000	58 241	100.00	99.62	12.15	100.00
柳州市 Liuzhou	地级市	18 597	397.0	415.79	258	30 570 000	73 328	98.93	99.01	12.96	100.00
桂林市 Guilin	地级市	27 667	542.0	493.11	135	23 110 000	46 767	99.50	99.48	13.90	100.00

续表

城市名称 Name of cities		行政级别 Administrative level	行政区域土地面积（平方公里） Total area of city's administrative (sq.km)	户籍人口（万人） Household registered population (10 000 persons)	七普常住人口（万人） Total residents of the Seventh Census (10 000 persons)	建成区面积（平方公里） Area of built-up district (sq.km)	地区生产总值（万元） Gross regional product (10 000 yuan)	人均地区生产总值（元） Per capita gross regional product (yuan)	供水普及率（%） Water coverage rate (%)	污水处理率（%） Waste-water treatment rate (%)	人均公园绿地面积（平方米） Per capita public recreational green space (sq.m)	生活垃圾处理率（%） Domestic garbage treatment rate (%)
梧州市	Wuzhou	地级市	12 572	355.0	282.10	73	13 690 000	48 463	95.09	98.82	15.01	100.00
北海市	Beihai	地级市	3 989	183.0	185.32	86	15 040 000	80 710	98.80	99.73	12.71	100.00
防城港市	Fangchenggang	地级市	6 238	102.0	104.61	51	8 160 000	77 548	100.00	98.99	24.99	100.00
钦州市	Qinzhou	地级市	12 187	419.0	330.22	91	16 480 000	49 804	98.25	99.67	12.45	100.00
贵港市	Guigang	地级市	10 602	567.0	431.63	90	15 020 000	34 632	100.00	98.26	12.78	100.00
玉林市	Yulin	地级市	12 824	743.0	579.68	78	20 710 000	35 639	100.00	99.26	13.86	100.00
百色市	Baise	地级市	36 202	423.0	357.15	69	15 690 000	43 892	100.00	96.59	12.85	100.00
贺州市	Hezhou	地级市	11 753	249.0	200.79	57	9 090 000	45 044	100.00	99.31	16.62	100.00
河池市	Hechi	地级市	33 476	433.0	341.79	46	10 420 000	30 461	100.00	97.12	11.31	100.00
来宾市	Laibin	地级市	13 382	269.0	207.46	54	8 330 000	40 091	99.94	98.89	11.98	100.00
崇左市	Chongzuo	地级市	17 332	251.0	208.87	40	9 890 000	47 336	100.00	97.13	21.09	100.00
横州市	Hengzhou	县级市	3 448	126.9	89.61	38	3 544 277		100.00	97.11	24.95	100.00
荔浦市	Lipu	县级市	1 760	38.4	33.45	12	1 594 504		100.00	99.61	26.26	100.00
岑溪市	Cenxi	县级市	2 770	97.4	72.44	23	2 325 668		99.40	99.55	12.75	100.00
东兴市	Dongxing	县级市	590	16.2	21.61	13	810 003		97.31	97.95	16.44	100.00
桂平市	Guiping	县级市	4 071	205.2	151.10	38	3 902 924		98.04	99.46	22.93	100.00
北流市	Beiliu	县级市	2 452	156.6	121.16	29	3 884 147		97.92	98.54	14.73	100.00
靖西市	Jingxi	县级市	3 326	66.2	48.92	20	1 589 561		100.00	98.50	12.29	100.00
平果市	Pingguo	县级市	2 457	52.4	45.56	33	2 331 246		100.00	99.32	15.00	100.00
合山市	Heshan	县级市	366	13.1	9.89	8	451 169		96.73	96.85	14.33	100.00

续表

城市名称 Name of cities	行政级别 Administrative level	行政区域土地面积（平方公里） Total area of city's administrative (sq.km)	户籍人口（万人） Household registered population (10 000 persons)	七普常住人口（万人） Total residents of the Seventh Population Census (10 000 persons)	建成区面积（平方公里） Area of built-up district (sq.km)	地区生产总值（万元） Gross regional product (10 000 yuan)	人均地区生产总值（元） Per capita gross regional product (yuan)	供水普及率（%） Water coverage rate (%)	污水处理率（%） Waste-water treatment rate (%)	人均公园绿地面积（平方米） Per capita public recreational green space (sq.m)	生活垃圾处理率（%） Domestic garbage treatment rate (%)
凭祥市 Pingxiang	县级市	645	11.7	12.98	13	845 535		96.30	97.00	23.22	100.00
海南省 Hainan											
海口市 Haikou	地级市	2 297	216.0	287.34	213	20 570 000	70 999	93.19	100.00	13.65	100.00
三亚市 Sanya	地级市	1 922	71.0	103.14	58	8 350 000	79 809	100.00	100.00	16.25	100.00
三沙市 Sansha	地级市	2 000 000	0.2	0.23				100.00			100.00
儋州市 Danzhou	地级市	3 285	107.0	95.43	36	8 320 000	86 169	100.00	100.00	10.59	100.00
五指山市 Wuzhishan	县级市	1 143	10.4	11.23	16	367 633		97.79	100.00	6.51	100.00
琼海市 Qionghai	县级市	1 710	52.3	52.82	21	3 378 745		99.60	95.18	9.62	100.00
文昌市 Wenchang	县级市	2 459	59.6	56.09	22	3 087 284		100.00	100.00	8.80	100.00
万宁市 Wanning	县级市	1 904	62.5	54.60	18	2 760 308		99.60	93.94	10.34	100.00
东方市 Dongfang	县级市	2 273	46.4	44.45	25	2 150 305		98.34	95.82	4.08	100.00
重庆市 Chongqing	直辖市	82 402	3 415.0	3 205.42	1 645	278 940 000	86 879	96.26	98.88	16.67	100.00
四川省 Sichuan											
成都市 Chengdu	副省级市	14 335	1 556.0	2 093.78	1 039	199 170 000	94 622	99.52	96.09	11.74	100.00
自贡市 Zigong	地级市	4 381	317.0	248.93	132	16 010 000	64 595	95.99	96.51	14.90	100.00
攀枝花市 Panzhihua	地级市	7 414	108.0	121.22	84	11 340 000	93 406	100.00	97.30	14.58	100.00
泸州市 Luzhou	地级市	12 232	507.0	425.41	174	24 060 000	56 507	97.79	96.77	14.10	100.00
德阳市 Deyang	地级市	5 911	381.0	345.62	99	26 570 000	76 824	99.95	97.12	15.24	100.00
绵阳市 Mianyang	地级市	20 248	527.0	486.82	182	33 500 000	68 696	99.68	97.67	14.12	100.00
广元市 Guangyuan	地级市	16 319	295.0	230.57	68	11 160 000	48 638	99.87	97.09	16.26	100.00

续表

城市名称 Name of cities	行政级别 Administrative level	行政区域土地面积（平方公里） Total area of city's administrative (sq.km)	户籍人口（万人） Household registered population (10 000 persons)	七普常住人口（万人） Total residents of the Seventh Population Census (10 000 persons)	建成区面积（平方公里） Area of built-up district (sq.km)	地区生产总值（万元） Gross regional product (10 000 yuan)	人均地区生产总值（元） Per capita gross regional product (yuan)	供水普及率（%） Water coverage rate (%)	污水处理率（%） Waste-water treatment rate (%)	人均公园绿地面积（平方米） Per capita public recreational green space (sq.m)	生活垃圾处理率（%） Domestic garbage treatment rate (%)
遂宁市 Suining	地级市	5 322	358.0	281.42	90	15 200 000	54 300	100.00	96.66	15.61	100.00
内江市 Neijiang	地级市	5 386	403.0	314.07	100	16 060 000	51 377	99.70	96.70	17.13	100.00
乐山市 Leshan	地级市	12 723	347.0	316.02	76	22 050 000	69 850	99.27	96.13	18.28	100.00
南充市 Nanchong	地级市	12 479	715.0	560.76	167	26 020 000	46 589	99.34	96.26	14.11	100.00
眉山市 Meishan	地级市	7 140	341.0	295.52	68	15 480 000	52 337	99.49	98.17	14.92	100.00
宜宾市 Yibin	地级市	13 271	550.0	458.88	180	31 480 000	68 481	96.25	97.46	14.68	100.00
广安市 Guang'an	地级市	6 333	453.0	325.49	66	14 180 000	43 558	97.71	100.00	17.01	100.00
达州市 Dazhou	地级市	16 587	649.0	538.54	145	23 520 000	43 646	97.92	95.36	14.84	100.00
雅安市 Yaan	地级市	15 046	152.0	143.46	45	8 410 000	58 617	99.18	96.85	17.10	99.61
巴中市 Bazhong	地级市	12 293	362.0	271.29	64	7 430 000	27 510	100.00	99.83	13.53	100.00
资阳市 Ziyang	地级市	5 747	337.0	230.86	54	8 910 000	38 717	99.92	97.55	15.57	100.00
都江堰市 Dujiangyan	县级市	1 208	62.4	71.01	39	4 842 765		98.87	93.02	16.96	100.00
彭州市 Pengzhou	县级市	1 421	79.6	78.04	29	6 019 945		100.00	95.82	14.90	100.00
邛崃市 Qionglai	县级市	1 377	64.9	60.30	27	3 863 213		97.01	96.50	22.18	100.00
崇州市 Chongzhou	县级市	1 089	65.9	73.57	23	4 425 895		100.00	93.18	12.41	100.00
简阳市 Jianyang	县级市	2 214	149.9	111.73	41	6 200 872		100.00	93.51	15.88	100.00
广汉市 Guanghan	县级市	549	59.6	62.61	41	4 801 979		100.00	97.02	15.91	100.00
什邡市 Shifang	县级市	820	42.0	40.68	18	4 092 308		99.33	95.00	15.43	100.00
绵竹市 Mianzhu	县级市	1 246	49.1	44.00	18	3 768 540		100.00	95.77	14.98	100.00
江油市 Jiangyou	县级市	2 720	84.7	73.13	35	5 282 664		100.00	96.07	14.21	100.00

续表

城市名称 Name of cities	行政级别 Admini- strative level	行政区域 土地面积 （平方公里） Total area of city's admini- strative （sq.km）	户籍人口 （万人） Household registered population （10 000 persons）	七普常住人口 （万人） Total residents of the Seventh Population Census （10 000 persons）	建成区 面积 （平方 公里） Area of built-up district （sq.km）	地区生 产总值 （万元） Gross regional product （10 000 yuan）	人均地区 生产总值 （元） Per capita gross regional product （yuan）	供水普 及率 （%） Water coverage rate （%）	污水 处理率 （%） Waste- water treatment rate （%）	人均公园 绿地面积 （平方米） Per capita public recreational green space （sq.m）	生活垃圾 处理率 （%） Domestic garbage treatment rate （%）
射洪市 Shehong	县级市	1 496	93.4	73.24	31	4 900 884		100.00	98.03	11.21	100.00
隆昌市 Longchang	县级市	794	75.3	56.89	26	3 272 511		98.39	98.80	15.53	100.00
峨眉山市 Emeishan	县级市	1 182	42.3	41.91	25	3 857 513		98.65	95.23	18.01	100.00
阆中市 Langzhong	县级市	1 876	81.7	62.27	38	2 805 344		100.00	95.02	15.31	100.00
华蓥市 Huaying	县级市	464	34.7	27.23	16	1 859 835		94.94	98.11	13.41	100.00
万源市 Wanyuan	县级市	4 053	55.9	40.67	16	1 451 347		99.88	98.90	23.56	100.00
马尔康市 Maerkang	县级市	6 623	5.3	5.84	5	607 917		99.70	96.47	13.03	98.32
康定市 Kangding	县级市	11 593	10.6	12.68	5	1 193 130		100.00	87.65	15.21	98.86
西昌市 Xichang	县级市	2 882	74.0	95.50	52	6 304 786		82.64	90.82	10.60	100.00
会理市 Huili	县级市	4 518	46.0	39.05	14	2 000 463		98.53	83.99	9.59	100.00
贵州省 Guizhou											
贵阳市 Guiyang	地级市	8 043	445.0	598.70	455	47 110 000	77 919	99.75	98.88	17.74	100.00
六盘水市 Liupanshui	地级市	9 914	360.0	303.16	90	14 740 000	48 715	100.00	96.68	12.10	100.00
遵义市 Zunyi	地级市	30 762	829.0	660.67	159	41 700 000	63 170	94.45	98.66	13.36	98.04
安顺市 Anshun	地级市	9 267	307.0	247.06	75	10 790 000	43 763	100.00	97.81	28.36	99.23
毕节市 Bijie	地级市	26 849	955.0	689.96	52	21 810 000	31 736	96.64	98.31	15.33	99.78
铜仁市 Tongren	地级市	18 014	449.0	329.85	55	14 630 000	44 440	98.74	98.49	13.74	100.00
清镇市 Qingzhen	县级市	1 387	56.2	62.91	50	2 985 264		99.04	99.88	10.08	99.11
盘州市 Panzhou	县级市	4 041	133.8	107.41	27	6 393 916		91.72	96.01	13.75	100.00
赤水市 Chishui	县级市	1 852	31.8	24.73	22	1 179 734		97.45	99.01	13.68	98.02

续表

城市名称 Name of cities	行政级别 Administrative level	行政区域土地面积（平方公里） Total area of city's administrative (sq.km)	户籍人口（万人） Household registered population (10 000 persons)	七普常住人口（万人） Total residents of the Seventh Population Census (10 000 persons)	建成区面积（平方公里） Area of built-up district (sq.km)	地区生产总值（万元） Gross regional product (10 000 yuan)	人均地区生产总值（元） Per capita gross regional product (yuan)	供水普及率（%） Water coverage rate (%)	污水处理率（%） Wastewater treatment rate (%)	人均公园绿地面积（平方米） Per capita public recreational green space (sq.m)	生活垃圾处理率（%） Domestic garbage treatment rate (%)
仁怀市 Renhuai	县级市	1 790	74.9	65.53	31	15 644 870		95.29	97.17	10.00	98.11
黔西市 Qianxi	县级市	2 555	102.6	73.20	23	2 422 400			97.60	15.33	91.65
兴义市 Xingyi	县级市	2 908	93.7	100.41	66	5 483 979		100.00	96.60	15.10	97.46
兴仁市 Xingren	县级市	1 778	58.0	42.58	21	2 165 500		100.00	97.04	14.47	95.20
凯里市 Kaili	县级市	1 570	58.8	70.91	76	2 954 105		91.98	95.25	15.04	97.50
都匀市 Duyun	县级市	2 285	51.1	52.97	63	2 344 772		100.00	99.79	22.00	97.27
福泉市 Fuquan	县级市	1 692	34.2	29.79	20	2 172 200		100.00	98.11	18.22	98.30
云南省 Yunnan											
昆明市 Kunming	地级市	21 013	589.0	846.01	456	72 230 000	85 146	99.82	98.76	12.18	100.00
曲靖市 Qujing	地级市	28 935	672.0	576.58	103	33 940 000	59 194	98.50	99.08	13.71	100.00
玉溪市 Yuxi	地级市	14 942	222.0	224.95	38	23 520 000	104 780	99.54	98.15	20.38	100.00
保山市 Baoshan	地级市	19 637	265.0	243.12	38	11 660 000	48 074	100.00	95.00	12.12	100.00
昭通市 Zhaotong	地级市	22 439	632.0	509.26	47	14 620 000	28 932	100.00	98.70	12.59	100.00
丽江市 Lijiang	地级市	20 554	124.0	125.39	25	5 700 000	45 475	100.00	96.12	18.33	100.00
普洱市 Pu'er	地级市	44 266	254.0	240.50	27	10 290 000	43 007	99.22	98.60	12.08	100.00
临沧市 Lincang	地级市	23 620	242.0	225.80	23	9 080 000	40 458	90.04	99.54	9.05	100.00
安宁市 Anning	县级市	1 302	28.7	48.38	37	6 125 833		100.00	97.11	14.91	100.00
宣威市 Xuanwei	县级市	6 053	155.3	118.98	39	4 518 598		99.15	95.50	9.60	100.00
澄江市 Chengjiang	县级市	773	17.5	17.32	4	1 535 832		99.26	98.62	12.69	100.00
腾冲市 Tengchong	县级市	5 845	69.3	64.25	30	3 219 151		86.73	95.04	13.80	100.00

续表

城市名称 Name of cities	行政级别 Admini- strative level	行政区域 土地面积 （平方公里） Total area of city's admini- strative （sq.km）	户籍人口 （万人） Household registered population （10 000 persons）	七普常住人口 （万人） Total residents of the Seventh Population Census （10 000 persons）	建成区 面积 （平方 公里） Area of built-up district （sq.km）	地区生 产总值 （万元） Gross regional product （10 000 yuan）	人均地区 生产总值 （元） Per capita gross regional product （yuan）	供水普 及率 （%） Water coverage rate （%）	污水 处理率 （%） Waste- water treatment rate （%）	人均公园 绿地面积 （平方米） Per capita public recreational green space （sq.m）	生活垃圾 处理率 （%） Domestic garbage treatment rate （%）
水富市 Shuifu	县级市	443	10.9	10.35	13	898 545		100.00	98.16	12.50	100.00
楚雄市 Chuxiong	县级市	4 433	54.7	63.15	52	5 634 271		99.59	97.54	14.60	100.00
禄丰市 Lufeng	县级市	3 549	42.0	36.65	9	2 384 922		97.76	100.00	15.09	100.00
个旧市 Gejiu	县级市	1 587	37.4	41.93	13	4 010 536		99.49	97.18	15.20	100.00
开远市 Kaiyuan	县级市	1 940	28.6	32.30	27	3 033 765		99.75	95.59	16.05	100.00
蒙自市 Mengzi	县级市	2 228	45.1	58.60	35	4 477 360		99.82	97.01	12.02	100.00
弥勒市 Mile	县级市	4 004	55.3	53.81	31	4 960 953		95.01	96.19	18.39	100.00
文山市 Wenshan	县级市	2 977	54.7	62.38	41	3 605 279		100.00	97.03	8.89	100.00
景洪市 Jinghong	县级市	6 867	43.5	64.27	38	3 505 029		100.00	93.18	13.33	100.00
大理市 Dali	县级市	1 815	65.3	77.11	55	5 174 384		100.00	97.26	12.25	100.00
瑞丽市 Ruili	县级市	945	14.6	26.76	27	1 424 593		100.00	98.19	8.92	100.00
芒市 Mangshi	县级市	2 901	41.2	43.99	22	1 809 871		93.04	98.62	13.01	100.00
泸水市 Lushui	县级市	3 088	19.0	20.40	7	872 604		100.00	95.91	17.16	100.00
香格里拉市 Xianggelila	县级市	11 419	15.3	18.64	16	1 776 420		97.01	93.23	11.37	100.00
西藏自治区 Xizang											
拉萨市 Lasa	地级市	29 518	58.0	86.79	91	7 420 000	85 210	98.33	77.68	10.45	100.00
日喀则市 Xigaze	地级市	182 000	82.0	79.82	35	3 480 000	43 495	100.00	94.94	16.18	100.00
昌都市 Changdu	地级市	109 817	79.0	76.10	20	2 790 000	36 634	99.89	90.68	11.21	99.44
林芝市 Linzhi	地级市	117 175	21.0	23.89	16	2 090 000	87 215	100.00	96.56	26.94	100.00
山南市 Shannan	地级市	79 699	36.0	35.40	26	2 370 000	66 808	100.00	96.19	10.02	98.01

续表

城市名称 Name of cities	行政级别 Admini-strative level	行政区域土地面积（平方公里） Total area of city's administrative (sq.km)	户籍人口（万人） Household registered population (10 000 persons)	七普常住人口（万人） Total residents of the Seventh Population Census (10 000 persons)	建成区面积（平方公里） Area of built-up district (sq.km)	地区生产总值（万元） Gross regional product (10 000 yuan)	人均地区生产总值（元） Per capita gross regional product (yuan)	供水普及率（%） Water coverage rate (%)	污水处理率（%） Waste-water treatment rate (%)	人均公园绿地面积（平方米） Per capita public recreational green space (sq.m)	生活垃圾处理率（%） Domestic garbage treatment rate (%)
那曲市 Naqu	地级市	352 192	56.3	50.48	18	1 868 612	33 190	98.57	92.05	30.00	98.90
陕西省 Shanxi											
西安市 Xi'an	副省级市	10 758	999.0	1 218.33	806	106 880 000	83 689	99.40	96.94	11.85	100.00
铜川市 Tongchuan	地级市	3 882	78.0	69.83	49	4 390 000	62 108	95.40	96.02	12.48	100.00
宝鸡市 Baoji	地级市	18 117	373.0	332.19	114	25 490 000	77 210	96.34	97.97	14.22	100.00
咸阳市 Xianyang	地级市	9 544	455.0	498.33	76	25 810 000	61 002	99.32	98.28	15.89	100.00
渭南市 Weinan	地级市	13 134	538.0	468.87	83	20 870 000	44 785	100.00	96.50	14.92	100.00
延安市 Yan'an	地级市	37 037	233.0	228.26	71	20 050 000	88 127	95.11	97.75	12.07	100.00
汉中市 Hanzhong	地级市	27 096	380.0	321.15	51	17 690 000	55 279	98.68	95.56	15.52	100.00
榆林市 Yulin	地级市	42 921	386.0	362.48	78	54 350 000	149 899	87.34	98.23	16.24	100.00
安康市 Ankang	地级市	23 536	302.0	249.34	45	12 090 000	48 687	98.65	99.45	12.10	100.00
商洛市 Shangluo	地级市	19 292	249.0	204.12	34	8 520 000	41 812	96.30	99.28	15.08	100.00
兴平市 Xingping	县级市	508	59.8	49.49	23	2 809 539		97.54	95.57	12.90	99.89
彬州市 Binzhou	县级市	1 184	36.3	30.02	10	2 701 583		93.44	95.64	9.02	100.00
韩城市 Hancheng	县级市	1 621	39.3	38.31	18	3 745 198		100.00	96.00	9.09	100.00
华阴市 Huayin	县级市	817	23.8	20.51	18	776 000		99.05	95.87	13.97	100.00
子长市 Zichang	县级市	2 396	26.4	21.77	11	1 356 686		95.68	96.57	11.57	100.00
神木市 Shenmu	县级市	7 635	46.2	57.19	30	18 481 700		100.00	96.62	12.02	100.00
旬阳市 Xunyang	县级市	3 541	44.3	35.79		2 007 363					

城市名称 Name of cities	行政级别 Administrative level	行政区域土地面积（平方公里） Total area of city's administrative (sq.km)	户籍人口（万人） Household registered population (10 000 persons)	七普常住人口（万人） Total residents of the Seventh Census (10 000 persons)	建成区面积（平方公里） Area of built-up district (sq.km)	地区生产总值（万元） Gross regional product (10 000 yuan)	人均地区生产总值（元） Per capita gross regional product (yuan)	供水普及率（%） Water coverage rate (%)	污水处理率（%） Waste-water treatment rate (%)	人均公园绿地面积（平方米） Per capita public recreational green space (sq.m)	生活垃圾处理率（%） Domestic garbage treatment rate (%)
甘肃省 Gansu											
兰州市 Lanzhou	地级市	13 192	336.0	435.94	227	32 310 000	73 807	100.00	96.15	11.51	100.00
嘉峪关市 Jiayuguan	地级市	2 935	21.0	31.27	70	3 260 000	103 773	100.00	99.78	35.55	100.00
金昌市 Jinchang	地级市	8 928	45.0	43.80	47	4 290 000	98 205	100.00	98.00	28.58	100.00
白银市 Baiyin	地级市	20 099	180.0	151.21	68	5 710 000	37 919	100.00	95.25	12.42	100.00
天水市 Tianshui	地级市	14 277	372.0	298.47	60	7 500 000	25 279	99.08	100.00	13.61	100.00
武威市 Wuwei	地级市	32 347	187.0	146.50	34	6 000 000	41 361	99.97	97.50	12.03	100.00
张掖市 Zhangye	地级市	38 592	131.0	113.10	46	5 260 000	46 726	93.94	98.29	22.73	100.00
平凉市 Pingliang	地级市	11 118	232.0	184.86	42	5 540 000	30 192	100.00	98.67	16.00	100.00
酒泉市 Jiuquan	地级市	168 080	99.0	105.57	62	7 630 000	72 356	100.00	100.00	17.49	100.00
庆阳市 Qingyang	地级市	27 117	270.0	217.97	30	8 850 000	40 810	100.00	97.74	13.69	100.00
定西市 Dingxi	地级市	19 609	303.0	252.41	26	5 010 000	19 915	98.48	95.91	20.13	100.00
陇南市 Longnan	地级市	27 839	284.0	240.73	14	5 030 000	20 974	98.25	98.00	10.99	100.00
华亭市 Huating	县级市	1 201	19.2	18.24	15	817 292		98.36	97.45	13.92	100.00
玉门市 Yumen	县级市	13 496	13.8	13.77	12	2 224 952		100.00	96.00	33.40	100.00
敦煌市 Dunhuang	县级市	26 720	14.3	18.52	16	838 304		100.00	98.02	23.32	100.00
临夏市 Linxia	县级市	89	28.8	35.60	24	1 060 560		100.00	98.02	16.51	100.00
合作市 Hezuo	县级市	2 091	9.7	11.22	14	615 054		89.93	95.08	17.16	100.00
青海省 Qinghai											
西宁市 Xining	地级市	7 607	213.0	246.80	108	15 490 000	62 638	100.00	95.04	13.12	99.77

续表

城市名称 Name of cities	行政级别 Administrative level	行政区域土地面积（平方公里） Total area of city's administrative (sq.km)	户籍人口（万人） Household registered population (10 000 persons)	七普常住人口（万人） Total residents of the Seventh Population Census (10 000 persons)	建成区面积（平方公里） Area of built-up district (sq.km)	地区生产总值（万元） Gross regional product (10 000 yuan)	人均地区生产总值（元） Per capita gross regional product (yuan)	供水普及率（%） Water coverage rate (%)	污水处理率（%） Waste-water treatment rate (%)	人均公园绿地面积（平方米） Per capita public recreational green space (sq.m)	生活垃圾处理率（%） Domestic garbage treatment rate (%)
海东市 Haidong	地级市	10 340	173.0	135.85	45	5 550 000	40 828	99.83	98.81	12.34	97.00
玉树市 Yushu	县级市	15 411	11.5	14.13	14	195 087		88.93	98.58	18.16	98.75
格尔木市 Geermu	县级市	119 263	13.9	22.19	42	3 671 374		95.47	98.77	11.42	98.12
德令哈市 Delingha	县级市	27 700	7.3	8.82	26	949 536		100.00	95.09	14.16	100.00
茫崖市 Mangya	县级市	49 859	5.5	1.89	10	927 600		100.00	92.30	0.51	96.61
同仁市 Tongren	县级市	3 275	10.2	10.15	8	402 644		99.05	86.81	7.14	99.29
宁夏回族自治区 Ningxia											
银川市 Yinchuan	地级市	9 025	210.0	285.91	194	22 630 000	78 794	99.95	97.75	16.28	100.00
石嘴山市 Shizuishan	地级市	5 310	74.0	75.14	103	6 170 000	81 943	99.91	100.00	28.73	100.00
吴忠市 Wuzhong	地级市	16 758	144.0	138.27	57	7 620 000	54 933	100.00	97.75	23.33	100.00
固原市 Guyuan	地级市	10 523	146.0	114.21	45	3 750 000	32 733	97.76	97.36	33.61	100.00
中卫市 Zhongwei	地级市	17 562	122.0	106.73	31	5 050 000	47 083	97.68	100.00	24.71	100.00
灵武市 Lingwu	县级市	3 009	25.6	29.42	20	6 390 372		99.91	100.00	19.35	100.00
青铜峡市 Qingtongxia	县级市	2 325	27.4	24.43	32	1 557 915		100.00	100.00	19.61	100.00
新疆维吾尔自治区 Xinjiang											
乌鲁木齐市 Urumqi	地级市	13 788	403.5	405.44	536	36 920 000	90 794	99.50	99.31	12.86	100.00
克拉玛依市 Karamay	地级市	7 735	32.0	49.03	79	10 720 000	205 941	100.00	99.71	13.78	100.00
吐鲁番市 Turpan	地级市	69 764	67.5	69.40	24	4 330 000	62 115	100.00	100.00	17.63	100.00
哈密市 Hami	地级市	137 222	55.7	67.34	52	7 270 000	108 157	99.96	95.35	18.94	100.00
昌吉市 Changji	县级市	7 974	40.4	60.74	68	4 717 572		100.00	100.00	12.02	100.00

续表

城市名称 Name of cities		行政级别 Administrative level	行政区域土地面积（平方公里） Total area of city's administrative (sq.km)	户籍人口（万人） Household registered population (10 000 persons)	七普常住人口（万人） Total residents of the Seventh Census Population (10 000 persons)	建成区面积（平方公里） Area of built-up district (sq.km)	地区生产总值（万元） Gross regional product (10 000 yuan)	人均地区生产总值（元） Per capita gross regional product (yuan)	供水普及率（%） Water coverage rate (%)	污水处理率（%） Waste-water treatment rate (%)	人均公园绿地面积（平方米） Per capita public recreational green space (sq.m)	生活垃圾处理率（%） Domestic garbage treatment rate (%)
阜康市	Fukang	县级市	8 529	16.1	18.11	23	2 492 910		100.00	100.00	18.60	100.00
博乐市	Bole	县级市	5 947	18.9	24.67	30	2 050 530		100.00	97.95	14.87	100.00
阿拉山口市	Alashankou	县级市	1 204	0.4	1.11	12	1 003 763		100.00	100.00	32.67	100.00
库尔勒市	Kuerle	县级市	6 787	48.8	77.94	99	8 057 594		99.42	99.92	15.21	100.00
阿克苏市	Akesu	县级市	13 584	57.1	71.53	67	3 023 583		100.00	100.00	23.74	100.00
库车市	Kuche	县级市	14 603	48.3	53.03	32	3 281 754		100.00	100.00	13.66	100.00
阿图什市	Atus	县级市	16 161	28.5	29.09	15	805 199		100.00	91.30	16.49	100.00
喀什市	Kashi	县级市	1 007	66.8	78.27	99	2 647 020		100.00	95.76	19.46	100.00
和田市	Hetian	县级市	585	41.5	50.10	39	1 256 816		100.00	100.00	8.68	100.00
伊宁市	Yining	县级市	693	61.0	77.80	43	3 367 859		99.68	95.31	9.47	100.00
奎屯市	Kuitun	县级市	910	14.5	22.91	30	2 425 259		99.94	88.42	13.84	100.00
霍尔果斯市	Huoerguosi	县级市	1 909	6.6	7.15	7	2 083 723		100.00	100.00	30.59	100.00
塔城市	Tacheng	县级市	4 356	14.5	15.81	17	1 233 400		100.00	95.89	19.90	100.00
乌苏市	Wusu	县级市	14 376	21.1	26.29	23	2 355 053		99.81	48.36	12.13	100.00
沙湾市	Shawan	县级市	13 110	19.7	30.10	16	2 312 063		99.90	93.32	11.79	100.00
阿勒泰市	Aletai	县级市	10 826	18.5	22.15	18	1 094 118		94.09	100.00	26.26	100.00
石河子市	Shihezi	县级市	460	35.1	49.86	58	4 290 738		98.41	95.01	12.02	100.00
阿拉尔市	Alar	县级市	6 757	32.9	32.82	32	3 751 945		90.88	96.62	17.44	100.00
图木舒克市	Tumushuke	县级市	3 612	24.5	26.32	21	2 179 460		99.15	100.00	73.33	100.00
五家渠市	Wujiaqu	县级市	740	9.8	14.11	27	2 637 161		100.00	100.00	12.20	99.70

续表

城市名称 Name of cities	行政级别 Admini-strative level	行政区域土地面积（平方公里） Total area of city's admini-strative（sq.km）	户籍人口（万人） Household registered population（10 000 persons）	七普常住人口（万人） Total residents of the Seventh Population Census（10 000 persons）	建成区面积（平方公里） Area of built-up district（sq.km）	地区生产总值（万元） Gross regional product（10 000 yuan）	人均地区生产总值（元） Per capita gross regional product（yuan）	供水普及率（%） Water coverage rate（%）	污水处理率（%） Waste-water treatment rate（%）	人均公园绿地面积（平方米） Per capita public recreational green space（sq.m）	生活垃圾处理率（%） Domestic garbage treatment rate（%）
北屯市 Beitun	县级市	911	5.4	2.04	21	494 715		100.00	100.00	21.09	100.00
铁门关市 Tiemenguan	县级市	1 952	11.9	10.47	12	1 435 491		100.00	100.00	31.40	100.00
双河市 Shuanghe	县级市	742	6.4	5.47	15	619 871		100.00	100.00	21.10	100.00
可克达拉市 Cocodala	县级市	980	8.7	6.95	22	972 663		100.00	100.00	369.26	100.00
昆玉市 Kunyu	县级市	2 022	5.7	6.35	11	367 552		84.35	100.00	8.99	100.00
胡杨河市 Huyanghe	县级市	679	3.4	2.99	4	709 125		100.00	100.00	15.74	100.00
新星市 Xinxing	县级市	540	14.5		3	1 560 400		100.00	100.00	7.57	100.00

关于中国城市基本数据（2021年）的说明
Illumination of the Basic Data of China's Cities（2021）

一、数据来源（Data Resources）

1. 行政级别（Administrative level）

2. 行政区域土地面积（Total land area of city's administrative region）

3. 户籍人口（Household registered population）

4. 建成区面积（Area of built-up district）

5. 地区生产总值（Gross regional product）

6. 人均地区生产总值（Per capita gross regional product）

以上数据来源：国家统计局城市社会经济调查司编，《中国城市统计年鉴—2022》，北京：中国统计出版社，2023.3。

〔注：该年鉴未发表2021年全国县级市的人均地区生产总值。根据2004年1月6日国家统计局发布《关于改进和规范地区GDP核算的通知》（国统字〔2004〕4号），要求各省、区、市统一使用常住人口计算人均GDP。因此，本统计不包括2021年的394个县级市人均地区生产总值。〕

7. "七普"常住人口（Total residents of the Seventh Population Census）

以上数据来源：国务院第七次全国人口普查领导小组办公室编，《中国人口普查分县资料—2020》，北京：中国统计出版社，2022.7。

8. 供水普及率（Water coverage rate）

9. 污水处理率（Wastewater treatment rate）

10. 人均公园绿地面积（Per capita public recreational green space）

11. 生活垃圾处理率（Domestic garbage treatment rate）

以上数据来源：中华人民共和国住房和城乡建设部网站，《2021年城市建设统计年鉴》，https://www.mohurd.gov.cn/file/2022/20221012/20f60c18-a721-4f75-85fb-e3ed8e0113d9.xls.

二、指标解释（Data Illumination）

1. 行政级别：按行政级别分组，全国691个城市分为：4个直辖市，15个副省级城市，278个地级市，394个县级市。

——《中国城市统计年鉴—2022》第3页

2. 户籍人口：指每年12月31日24时的户籍登记情况统计的人口数。

——《中国城市统计年鉴—2022》第315页

3. "七普"常住人口：以2020年11月1日零时为标准时点进行的第七次全国人口普查中的常住人口，居住在本乡镇街道且户口在本乡镇街道或户口待定的人；居住在本乡镇街道且离开户口登记地所在的乡镇街道半年以上的人；户口在本乡镇街道且外出不满半年或在境外工作学习的人。各省、自治区、直辖市数据不包括现役军人和居住在省、自治区、直辖市的港澳台居民和外籍人员。

——《第七次全国人口普查数据公报》

4. 建成区面积：指城区（县城）内实际已成片开发建设、市政公用设施和公共设施基本具备的区域。对核心城市，它包括集中连片的部分以及分散的若干个已经成片建设起来，市政公用设施和公共设施基本具备的地区；对一城多镇来说，它包括由几个连片开发建设起来的，市政公用设施和公共设施基本具备的地区组成。因此建成区范围，一般指建成区外轮廓线所能包括的地区，也就是这个城市实际建设用地所达到的范围。

——《中国城市统计年鉴—2022》第315页

5. 地区生产总值：指按市场价格计算的一个地区所有常住单位在一定时期内生产活动的最终成果。

——《中国城市统计年鉴—2022》第316页

6. 供水普及率：指报告期末城区内用水人口与总人口的比率。计算公式：

供水普及率＝城区用水人口（含暂住人口）/（城区人口＋城区暂住人口）×100%

——《城市（县城）和村镇建设统计调查制度》（国统制〔2021〕30号）

7. 污水处理率：指报告期内污水处理总量与污水排放总量的比率。计算公式：

污水处理率＝污水处理总量/污水排放总量×100%

——《城市（县城）和村镇建设统计调查制度》（国统制〔2021〕30号）

8. 人均公园绿地面积：指报告期末城区内平均每人拥有的公园绿地面积。计算公式：

人均公园绿地面积＝城区公园绿地面积/（城区人口＋城区暂住人口）

——《城市（县城）和村镇建设统计调查制度》（国统制〔2021〕30号）

9. 生活垃圾处理率：指报告期内生活垃圾处理量与生活垃圾产生量的比率。计算公式：

生活垃圾处理率＝生活垃圾处理量/生活垃圾产生量×100%

——《城市（县城）和村镇建设统计报表制度》（国统制〔2015〕113号）

［注：《城市（县城）和村镇建设统计调查制度》（国统制〔2021〕30号）未列出城市（县城）生活垃圾处理率指标解释，故生活垃圾处理率仍沿用《城市（县城）和村镇建设统计报表制度》（国统制〔2015〕113号）的指标解释。］

注：

1.《中国城市统计年鉴—2022》未统计全国297个地级以上城市的行政区域土地面积。2021年地级以上城市的行政区划未发生变更。在本次"2021年中国城市基本数据"的统计工作中，沿用"2020年中国城市基本数据"。

2.《中国城市统计年鉴—2022》未统计以下城市的建成区面积：北京市，山西省阳泉市、晋城市，河南省漯河市、商丘市，广东省深圳市、梅州市、清远市、东莞市、中山市、潮州市、云浮市，海南省三沙市、儋州市，西藏自治区拉萨市、那曲市和394个县级市。在本次"2021年中国城市基本数据"的统计工作中，上述部分数据取自《2021年城市建设统计年鉴》。

3.《中国城市统计年鉴—2022》未统计海南省三沙市、西藏自治区那曲市、新疆维吾尔自治区新星市数据。在本次"2021年中国城市基本数据"的统计工作中，三沙市户籍人口取自《海南统计年鉴—2022》各市县年末常住人口；那曲市户籍人口和地区生产总值取自《中国县域统计年鉴—2022（县市卷）》那曲市辖区县之和，人均地区生产总值根据地区生产总值除以户籍人口得到；新星市行政区域土地面积取自中华人民共和国民政部全国行政区划信息查询平台，户籍人口和地区生产总值取自《新疆生产建设兵团第十三师新星市2021年国民经济和社会发展统计公报》。

4.《中国城市统计年鉴—2022》未统计新疆维吾尔自治区乌鲁木齐市、吐鲁番市、哈密市户籍人口。在本次"2021年中国城市基本数据"的统计工作中，乌鲁木齐市户籍人口取自《2021年城市建设统计年鉴》市区人口与《中国县域统计年鉴—2022（县市卷）》乌鲁木齐县户籍人口之和，吐鲁番市和哈密市户籍人口分别取自《中国县域统计年鉴—2022（县市卷）》各市辖区县之和。

5. 2021年2月1日，四川省人民政府公布，经国务院批准，民政部批复同意撤销会理县，设立县级会理市，以原会理县的行政区域为会理市的行政区域。在本次"2021年中国城市基本数据"的统计工作中，其"七普"常住人口取原会理县的七普常住人口。

6. 2021年2月3日，广西壮族自治区人民政府公布，经国务院批准，民政部批复同意撤销横县，设立县级横州市，以原横县的行政区域为横州市的行政区域。在本次"2021年中国城市基本数据"的统计工作中，其"七普"常住人口取原横县的七普常住人口。

7. 2021年2月7日，陕西省人民政府公布，经国务院批准，民政部批复同意撤销旬阳县，设立县级旬阳市，以原旬阳县的行政区域为旬阳市的行政区域。在本次"2021年中国城市基本数据"的统计工作中，其"七普"常住人口取原旬阳县的七普常住人口。

8. 2021年3月16日，贵州省人民政府公布，经国务院批准，民政部批复同意撤销黔西县，设立县级黔西市，以原黔西县的行政区域为黔西市的行政区域。在本次"2021年中国城市基本数据"的统计工作中，其"七普"常住人口取原黔西县的七普常住人口。

9.《2021年城市建设统计年鉴》统计的贵州省黔西市供水普及率（116.08%），黑龙江省牡丹江市污水处理率（104.42%），湖北省京山市污水处理率（144.56%），广东省佛山市污水处理率（101.31%）、茂名市污水处理率（104.78%）、阳江市污水处理率（123.84%）、潮州市污水处理率（108.84%）、南雄市污水处理率（123.43%）、廉江市污水处理率（100.57%）、化州市污水处理率（104.46%）、信宜市污水处理率（100.25%）、阳春市污水处理率（118.97%）可能存在统计错误。在本次"2021年中国城市基本数据"的统计工作中，删除上述数据。

（数据收集整理：毛其智，清华大学教授，国际欧亚科学院院士；胡若函，自然资源部国土空间规划研究中心副研究员）

附录4

两会市长声音

（节选）

　　2024年是全面贯彻落实党的二十大精神的关键之年，也是深入实施"十四五"规划的攻坚之年。在全国两会期间，市长们围绕城市工作建言献策，介绍各地为促进经济社会发展和提高城市规划建设治理水平所做的工作与举措，为开创城市工作新局面，不断增强人民群众的获得感、幸福感、安全感，推动城市高质量发展贡献自己的城市方案。

全国人大代表、北京市市长殷勇：

　　赞同李强总理所作的政府工作报告。过去一年，习近平总书记统揽全局、运筹帷幄，带领全党全国各族人民扎实推进高质量发展，以中国式现代化全面推进强国建设、民族复兴伟业。

　　北京深入贯彻落实习近平总书记对北京重要讲话精神，全力抗击灾情、保障安全、化解风险、稳定经济、推动发展、改善民生，首都各项工作取得了新进展新成效。成绩的取得，最根本在于有习近平总书记掌舵领航，实践充分证明，"两个确立"是我们战胜一切艰难险阻、应对一切不确定性的最大确定性、最大底气和最大保证。

　　2024年是新中国成立75周年，是实现"十四五"规划目标任务的关键一年，也是京津冀协同发展战略实施10周年。我们将坚持以习近平新时代中国特色社会主义思想为指导，牢牢把握坚持高质量发展这个新时代的硬道理，牢牢把握推进中国式现代化这个最大的政治，坚持稳中求进、以进促稳、先立后破，深化"五子"联动服务和融入新发展格局，奋力推动新时代首都发展。要优化提升首都功能，推进京津冀协同发展，加快推进现代化首都都市圈建设，携手津冀深入推进协同创新和产业协作。加强国际科技创新中心建设，统筹发挥首都教育科技人才优势，培育壮大国家战略科技力量，深入实施基础研究领先行动和关键核心技术攻坚计划，在发展新质生产力上构筑北京优势。打造美丽中国先行区，协同推进降碳、减污、扩绿、增长，打好污染防治攻坚战。推进"两区"建设，打造营商环境"北京服务"品牌，在扩大制度型开放上深化北京探索。紧扣"七有""五性"保障和改善民生，在提升城市精细化治理水平上塑造北京品质。

全国人大代表、呼和浩特市市长贺海东：

　　通过认真聆听和学习李强总理所作的《政府工作报告》，总的感觉，《报告》通篇贯穿了习近平新时代中国特色社会主义思想，贯彻了新发展理念，反映了人民群众对美好生活的新期盼，政治站位高、谋划发展实、为民情怀浓，是一个彰显决心、提振信心、凝聚人心的好《报告》。

今年的《政府工作报告》，让我印象最深刻的，就是"新质生产力"。"新质生产力"首次被写入《政府工作报告》，并且作为今年政府工作的第1项重点任务进行了部署。

目前，呼和浩特也在围绕发展新质生产力，积极谋划传统产业的升级、新兴产业的壮大、未来产业的布局。重点培育的"六大产业集群"，其中，乳业围绕"育好种、种好草、养好牛、产好奶、建好链"，以伊利现代智慧健康谷、蒙牛乳业产业园以及上下游配套产业为重点，加快推动"中国乳都"向"世界乳都"迈进；电子信息技术产业围绕"储、算、输、研、造、用"，推动算法、算据、算力全产业链发展，打造"中国云谷"和中国绿色算力中心；生物医药产业围绕生物疫苗、生物发酵与制药、中（蒙）医药3条产业链，加快向高附加值成品药、制剂、大健康方向拓展；新材料和装备制造产业围绕光伏、半导体2条产业链，打造"中国半导体硅材料之谷"；新能源产业围绕"风、光、火、氢、储"全产业链，打造新能源消纳利用示范区；现代化工产业围绕石油化工、煤化工、煤焦化工、氯碱化工、硅化工5条链，打造精细化工示范区。我们还正在加快布局"未来产业"，瞄准未来信息、未来空间、未来材料、未来健康、未来能源5大领域，重点发展人工智能、商业航天、低空经济、新一代半导体材料、生物工程等未来产业。

全国人大代表、沈阳市市长吕志成：

李强总理所作的政府工作报告，坚持以习近平新时代中国特色社会主义思想为指导，全面贯彻党的二十大、二十届二中全会精神和中央经济工作会议部署，通篇体现了高质量发展要求，求真务实、鼓舞人心、吹响了接续奋斗的号角，是一个讲实话、察实情、谋实招的好报告，我完全赞同。我们要全面落实政府工作报告部署要求，全力打好打赢攻坚之年攻坚之战，在辽宁打造新时代"六地"中当好排头兵。建议国家有关部委加大对沈阳航空产业发展的支持力度，推动更多重大项目落户沈阳，为国家重大战略提供坚强支撑。

沈阳市委市政府一直把装备制造业转型升级作为重中之重，奋力攻坚突破。一是坚持强链建群，着力建设现代化产业体系，围绕改造提升传统产业、发展壮大新兴产业、提前布局未来产业，重新梳理确定20条产业链，重点打造10大产业集群，目前已有4个产业集群产值超过千亿大关；聚焦提升产业链供应链韧性和安全水平，建设12个头部企业配套园区，产业配套率由原来的32%提升到40%。二是强化创新驱动，以科技创新推进产业创新，支持领军企业联结相关科研院所、大专院校组建实质性产学研联盟，深入开展"卡脖子"问题攻关，仅去年就突破核心技术178项；新建辽宁材料实验室、智能制造实验室、太行发动机实验室辽宁基地，进一步打造科技创新策源地；建设100余家新型研发机构，推动更多科技成果跨过"达尔文之海"，加速转化为新质生产力；建设浑南科技城、沈北科教园，推动科技型企业集聚发展，打造新经济示范地。三是狠抓数字赋能，促进数字技术与实体经济深度融合，建设智能工厂45家、数字化车间73个，今年还将对300家中小企业进行数字化改造；强化网络平台建设和数据要素赋能，打造数字沈阳、智造强市。

全国人大代表、福州市市长吴贤德：

　　政府工作报告提出加快发展新质生产力、推动高质量发展取得更大成效的主要目标和具体措施，让我们倍感振奋、倍增干劲，激励着福州广大干部群众坚持"3820"战略工程思想精髓、加快建设现代化国际城市，为奋力谱写中国式现代化福建篇章作出新的更大贡献。

　　2023年，福州实现地区生产总值12 928.47亿元，增长5.2%。站在新起点，福州以培育壮大新质生产力为突破口，不断增强高质量发展新动能。我们将深入学习贯彻习近平总书记关于新质生产力的重要论述，坚持科技创新引领，加快改造提升传统产业、培育壮大新兴产业、布局建设未来产业，切实以新质生产力赋能高质量发展。

　　去年10月，福州市荣获首届全球可持续发展城市奖（上海奖），是全球五个、我国唯一获奖城市。福州将按照"东进南下"的城市发展战略，发挥海滨、山水、古厝、温泉和生态的独特优势，统筹推进老城更新和新区建设，持续打造海滨城市、山水城市。福州将在打造便捷交通、塑造城市特色、提升宜居品质、建设新区新城等方面持续发力，统筹推进保障性住房建设、"平急两用"公共基础设施建设、城中村改造等"三大工程"，以"绣花功夫"推进城市精细化治理，不断提升城市功能品质。高质量发展的目的，是增进民生福祉。未来，福州将加大民生保障力度，不断增强人民群众的获得感、幸福感、安全感。

　　新的一年，我们将坚持以人民为中心的发展思想，聚焦解决人民群众的急难愁盼问题，做好高校毕业生等重点群体就业工作，扎实推进集团化办学、集团化办医、"长者食堂＋"等惠民举措，推动市文化馆新馆、市少儿图书馆新馆、市科技馆新馆开馆，推进"有福之州书香榕城"建设，办好60件为民办实事项目，让有福之州更好造福于民。

全国人大代表、南昌市市长万广明：

　　今年的政府工作报告提出，大力推进现代化产业体系建设，加快发展新质生产力。习近平总书记在江西考察时，特别就努力构建体现江西特色和优势的现代化产业体系寄予了殷切期望、提出了明确要求。南昌市将深入贯彻落实习近平总书记考察江西重要讲话精神，按照政府工作报告部署，围绕省委打造"三大高地"、实施"五大战略"的工作安排，立足南昌资源禀赋和产业基础，聚焦优势产业，集中优势资源，推动创新链产业链资金链人才链深度融合，加快发展新质生产力，全力打造具有南昌特色和优势的现代化产业体系。

　　"打造现代化产业体系，南昌有基础有特色。"在新中国工业史上，南昌创造了第一架飞机、第一辆军用摩托车等多个"第一"的辉煌。近年来，南昌产业体系加快完善，结构逐步优化，质量持续提升。去年，南昌电子信息、汽车及装备两条产业链营收规模突破2 000亿元，新材料产业链超千亿元，万元GDP能耗不到全省70%，工业利润增速60.2%。

　　南昌市坚持问题导向，加快发展新质生产力，全力打造南昌特色现代化产业体系。与发达地区相比，南昌的产业发展还有一定差距。我们将坚持制造业立市不动摇，深入实施制造业重点产业链现代化建设"8810"行动计划，力争2026年培育1个3 000亿级产业链、1个

2 000亿级产业链、6个千亿级产业链。

全国人大代表、郑州市市长何雄：

聆听了李强总理所作的政府工作报告，倍感振奋，深受鼓舞。报告高举旗帜、拥护核心、坚定信心、凝聚人心，总结工作客观全面，分析形势精准透彻，政策取向精准有力，是一份政治站位高、把握大势准、任务落点实、民生底色浓的好报告。在以习近平同志为核心的党中央坚强领导下，我国经济回升态势好、高质量发展劲头强、新发展格局构建进展好、防范化解风险成效足，全面建设社会主义现代化国家迈出坚实步伐。

过去一年，郑州深入贯彻落实习近平总书记视察河南及郑州重要讲话重要指示，主动担当"当好国家队、提升国际化，引领现代化河南建设"使命，全市上下团结一心，拼搏实干，在融入国家发展战略、建设国家科创中心和人才高地、构建现代化产业体系、巩固"双枢纽"战略地位、建设高品质宜居宜业城市等方面持续发力，国家中心城市现代化建设和高质量发展取得扎实进展。

郑州作为加快建设中的国家中心城市和大省挑大梁的省会城市，将全面贯彻落实党中央国务院和省委省政府部署要求，努力以更高站位矢志当好国家队，紧盯年度地区生产总值增长7%预期目标，持续提升经济首位度；以更强担当加快创新起高峰，全力争创国家区域科创中心、综合性国家科学中心；以更大力度发展新质生产力，打造新能源汽车之城、算力之城、钻石之城、量子之城、超充之城；以更实举措提升国际化水平，持续扩大制度型开放，打造内陆开放新高地；以更优治理增强城市承载力，打造充满活力、有人文魅力现代化国际化城市，加快推动高质量发展取得新成效，为"经济大省、勇挑大梁"作出更大贡献。

全国人大代表、深圳市市长覃伟中：

完全赞成政府工作报告。报告通篇贯穿习近平新时代中国特色社会主义思想，充分体现习近平总书记、党中央决策部署，充分体现真挚深厚的为民情怀和真抓实干的务实作风，是一个高举旗帜、厚重提气、自信自强、催人奋进的好报告。

接下来，深圳将深入学习贯彻习近平总书记视察广东重要讲话、重要指示精神，认真落实政府工作报告各项任务要求，落实省委"1310"具体部署，坚定扛起建设中国特色社会主义先行示范区的使命担当，把推进中国式现代化作为最大的政治，把高质量发展作为新时代的硬道理，大力实施高质量发展"十大计划"，纵深推进新阶段粤港澳大湾区建设，构建以先进制造业为骨干的现代化产业体系，加快发展新质生产力，坚定不移深化改革，扩大高水平对外开放，积极服务和融入全国统一大市场建设，深度链接国内国际双循环，加快打造更具全球影响力的经济中心城市和现代化国际大都市，坚决在推进中国式现代化建设中走在前列、勇当尖兵。

全国人大代表、海口市市长丁晖：

海口将立足优势和特色产业基础，坚持以实体经济为根基，以科技创新为核心，以产业升级为方向，以新质生产力的培育发展加快塑造发展新动能。

海口将围绕科技创新精准发力，充分释放海口高校集教育科技人才于一体的资源优势、创新潜能，全力争取重大创新基地等战略科技力量布局，完善国家技术转移海南中心功能配套，推进重大新药创制试点，加快数据、算力、算法等新生产要素集聚，推广应用数智技术、绿色技术，加快电气机电、食品加工等传统产业数字化转型升级，推动更多引领型科技成果转移转化。

今年海口还力求在补链延链上取得新突破。具体来说，将以产业园区为主阵地，坚持"一园一主业"，持续壮大现代商贸服务、消费精品贸易与加工、数字经济和生物医药4个集群；深入实施"强工业"战略，锚定数字经济、生物医药、海洋油气、机电、新能源汽车等开展产业链攻坚，聚力打造一批千亿级、百亿级产业集群；围绕电子信息等产业，加速布局芯片设计、信息技术等细分特色产业。

海口将大力推行"链长＋专班"模式，做实招商引资"一把手"工程，全面开展全球大招商，引进一批龙头企业、独角兽企业、隐形冠军企业、总部企业及产业链"链主"企业。

全国政协委员、哈尔滨市副市长张海华：

这个冬天，"尔滨"火了。我向五湖四海来哈尔滨旅游的朋友们表示衷心的感谢，感谢大家对哈尔滨、对冰雪热、对东北振兴发展的关注。东北老工业基地受到广泛关注，这是有为政府、有效市场、有爱市民同频共振、发挥优势，推动东北振兴的一个缩影。

哈尔滨注重把工作做细、做早，传递出一个温情、温暖和善意的城市形象。比如说可爱的"逃学企鹅"，它其实已经7岁了，去年正式化身黑龙江冰雪天使，为哈尔滨城市旅游代言，在冬季街头，人气满满、热情迸发、活力绽放。

今年将是充满希望、播种未来、开拓奋进的一年。哈尔滨走红、现象级冰雪热，为新的一年推动东北全面振兴工作开了个好头，我们也深受启发和鼓舞。人山人海的冰雪大世界、人头攒动的中央大街，让我们深切感受到中国经济持续回升向好的浓浓暖意。2025年第九届亚冬会将在哈尔滨举办，为这座城市注入新IP，我们的信心更足了。要乘势而上，深入践行冰天雪地也是金山银山的理念，让东北在敢闯敢干、真抓实干中成为全面振兴的"热土"。同时，东北资源条件好，产业基础雄厚，区位优势独特，不仅是中国的大粮仓，也是重要的工业基地，汇聚了一批"国之重器"企业、知名高校和科研院所。我们要用好这些优势和机遇，强化东北的首要担当，走出一条高质量发展、可持续振兴的新路。

人气带来景气，机遇成就未来。今年是实施东北振兴战略迈进第三个十年的关键节点，我们相信，东北鼓足干劲乘势而上，一定能在强国建设、民族复兴的新征程中，重振雄风、再创佳绩。

全国政协委员、武汉市副市长孟晖：

根据历年全国教育事业发展统计现状数据和学龄人口推测，全国普通高中招生规模预计在2028年达到峰值约1 280万人，比2022年增加332万人，平均每年增加55.4万人；在校生规模预计在2030年达到峰值约4 288万人，比2022年增加1 574万人，平均每年增加196.8万人。意味着8年期间需要增加1574万个学位，平均每年增加学位近200万个，才能满足当年适龄学生接受普通高中教育的需求。同时，《中国教育现代化2035》明确提出，到2035年全国高中阶段教育毛入学率97%以上。因此，未来一段时期，我国普通高中发展将面临学龄人口持续增长和普及水平持续提升双重挑战。

为此，建议要持续加快扩大普通高中学位供给，多渠道保障普通高中学位供给，积极改善普通高中办学条件。

在加快学位供给方面，要加强科学规划布局，推进新建、改扩建普通高中，并扩大优质普通高中教育资源覆盖面，更好地满足人民群众接受优质普通高中教育的迫切需求，积极缓解普职分流带来的教育焦虑和升学压力。2029年前，中央财政加大投入力度，重点支持各地持续扩大普通高中教育资源。同时，在严格遵守政府债务管理规定的前提下，指导各地多渠道筹措普通高中建设资金。此外，以实际生源及预测生源为基础，进一步相应扩大普通高中教师编制数，及时补充教师队伍。

要尽快研究修订现行普通高中建设标准，完善普通高中学校建设要求，加强普通高中标准化建设，增加学科教室、创新实验室、社团活动室等满足新课程多样化特色化需求的功能教室，推进数字化校园建设，以更好适应高考综合改革和普通高中育人方式改革的需要。

全国政协委员、厦门市副市长张志红：

河湖长制在实践中焕发出强大生机活力，在其保障下，河湖面貌实现历史性改变，人民群众对水资源、水安全的需求得到进一步满足，水生态环境获得感和幸福感不断得到提升。当前，全国没有设立统一的"河（湖）长日"，各地设立了不同的"河（湖）长日"并开展各种实践宣传活动，对治水工作起到了很好的促进作用，但也存在不利于群众辨识和集中宣传等问题。为此，建议设立全国"河（湖）长日"，并确定在每年3月30日，以提高河湖长制的知名度和影响力。

每年3月下旬既有"世界水日"和"中国水周"，也是全国汛期即将到来的日子，全国很多涉水的知识宣传活动均会在此期间举行。把3月30日设立为全国"河（湖）长日"，结合"世界水日"和"中国水周"同步进行河湖长制的宣传，可节约成本，扩大宣传声势。同时，全国各地在同一天举行丰富多彩的活动，更容易激发公众参与热情，更有利于形成全国一盘棋局面，倡导全社会一起参与到治水工作中来。而强大的宣传抓手，最终也将有效促进全国河湖长制标准化建设。

全国政协委员、丹东市副市长时燕：

政府工作报告提到要开展基础教育扩优提质行动，加快义务教育优质均衡发展。但在基层实际工作中，存在教师编制不足的情况。

以丹东市为例表示，目前全市共有2万名教职工，按照编制文件要求，丹东市教师已超编近50%。在工作和调研中发现，乡镇公办幼儿园，受编制总额影响，公办幼儿教师占比低，多为聘用合同制教师和临时代课。针对这一现状，我今年特地提交了一件关于从国家层面解决公办幼儿园核编难的提案。

建议要从国家层面出台公办幼儿园教职工编制标准，对公办幼儿园的规模、园长领导职数核定、在编教职工编制数量进行明确，为地方落实政策提供依据。同时，建立以在编教职工和合同制人员相结合的编制保障方式，为稳定幼儿园教师队伍提供坚强保障。

全国政协委员、无锡市副市长卢敏：

今年的政府工作报告从多个方面部署民生新举措，勾勒出民生发展新图景。我怀着无比激动的心情来参加大会，也将带着饱满的热情，深入学习贯彻总书记对江苏工作重要讲话重要指示精神，认真落实政府工作报告对民生工作的相关部署。

结合本职工作和前期调查研究，建议围绕人口高质量发展从小切口入手，针对儿童就医难和孤独症患者全程服务方面持续不断给予特殊群体和重点群体关心关爱。

"儿童看病难"问题由来已久，如何加速化解当前日益突出的儿童医疗资源供需矛盾，从儿童特殊性出发优化儿童医疗供给，仍需更多有针对性的具体政策落地。当前导致儿童就医难的直接原因，主要有医疗供给不足、儿科医师紧缺及儿童基本药物制度不健全等多种因素。建议要加快儿童医疗总量供给，提升运营管理效能；推进儿科医疗联盟建设，建立质量控制标准；扩容儿科医学教育，加速儿科医学生供给；提升儿科医务人员待遇，拓展职业发展空间；健全儿童基本药物制度，建立"产学研用"协同机制。

我国孤独症患病率呈逐年增长趋势，但当前救助政策极其短缺，多数患者家庭仍处于"自救"状态。孤独症人士在生命历程中面临着诊疗、教育、就业、社区融合、养老照护等多重困难需求，这就有赖残联、卫健、教育、民政、人社、财政等部门的高效衔接与协作保障，因此要加强跨部门沟通联动，立足孤独症患者全生命周期，强化政策衔接、责任衔接、服务衔接，从而提高孤独症服务保障的系统性、协同性和连续性。要推进实现孤独症"早筛、早诊、早干预"，加大康复救助力度，提升康复服务质量，同时为孤独症人士营造友好、包容的社会环境。要持续挖掘人工智能、虚拟现实等新兴技术在发展孤独症全程服务中的巨大潜能，助力他们便捷有效地参与诊疗、教育、就业、自主生活、看护照养等活动。

全国政协委员、常州市副市长蒋鹏举：

习近平总书记强调，深入推进长三角一体化发展，要紧扣一体化和高质量这两个关键词。推动创新链产业链资金链人才链深度融合是党的二十大报告关于'加快实施创新驱动发展战略'的重要部署，是推动产业链现代化的重要途径，也是长三角一体化高质量发展的重要抓手。对长三角三省一市来说，应该一体化推动"四链融合"，让创新要素在长三角区域内畅通流动，充分发挥各省市的比较优势，形成有效合力。

目前长三角各地在推动"四链融合"方面各显其能、各具特色，但同时，中心城市存在资源虹吸现象，区域发展不平衡不充分，创新要素跨区域流动存在梗阻，资源配置存在瓶颈制约，创新生态环境有待加强，城市科技创新竞争无序性逐步加大，低水平资源争夺比较突出。

建议要以重点产业链为主线，打造"四小时产业创新走廊"。产业链在"四链"中处于龙头位置，起着引领和主导作用，建议加强顶层规划设计，推进区域分工有序有效，通过产业链布局引导推动"四链融合"。同时，加速资金、人才等科技创新要素畅通流动，推动长三角协同创新体系建设。统筹推进创新链人才链资金链资源配置，着力提升产业链韧性和安全性水平。完善一体化推进发展的体制机制，为"四链融合"营造良好的创新生态。

全国政协委员、来宾市副市长杨远艳：

我国老年人口基数大，老龄化速度快，养老服务需求也随之快速增长、更加多元，对服务质量的要求也越来越高。当前，养老服务还存在发展不平衡不充分等问题，主要体现在配套基础设施薄弱，农村养老服务水平不高、居家社区养老和优质普惠服务供给不足。

今年的政府工作报告提出，加强城乡社区养老服务网络建设，加大农村养老服务补短板力度。为此，建议首先要加快完善农村养老设施建设，加大各类资金统筹扶持，对敬老院无障碍通道、扶手、监控等基础设施进行升级改造，完善农村康复、健身、娱乐等多功能配套设施建设，满足农村老年人养老需求。

其次是打造养老服务便民圈。试点建设集街道综合养老服务中心、社区智慧服务中心、智慧家庭支持中心"三位一体"的智慧社区综合服务中心，以社区为枢纽构建养老服务便民圈，内设智慧社区服务平台，配备社区卫生服务站、中医门诊、营养食堂等功能区域，打造服务于周边社区的15分钟养老生活圈。

最后是支持各地建设智慧养老信息平台，为特殊困难老年人家庭配置智慧呼叫系统、养老监护装置等设备，对特殊困难老年人日常生活状态提供远程监控巡查，并提供多层次、多样化居家养老服务。

全国政协委员、攀枝花市副市长李明：

2023年12月，国家发展改革委将西部矿产品（钒钛钢铁）骨干流通走廊纳入全国18条骨干流通走廊，并列入2024年8条全国重点商品骨干流通走廊建设计划候选名单，目前这条骨干流通走廊建设涉及多个省市、多个城市，协调内容包括流通基础设施建设、商品和资源要素流通环境优化、商贸与物流体系完善、交通运输能力提升、金融服务功能拓展、信用体系完善等，协调难度大、沟通事项多，需要强有力的机制统筹推动。

攀枝花是国家确定的矿产品原材料功能型现代流通战略支点城市、生产服务型国家物流枢纽、全国性综合交通枢纽和攀西战略资源创新开发试验区的主战场，具备牵头作为廊主构建西部矿产品（钒钛钢铁）骨干流通走廊的条件。建议国家发展改革委支持攀枝花市作为廊主城市牵头打造西部矿产品（钒钛钢铁）骨干流通走廊，作为2024年重点推动的骨干流通走廊，建立骨干流通走廊建设协调推进机制，协调解决走廊建设重大问题。

建立廊道产业链供应链协同体系，打造西部矿产品钒钛钢铁产业联盟，搭建走廊智慧供应链一体化协同服务平台，共建钢铁钒钛产业生态圈，从走廊建设、商贸物流、营商环境打造、钒钛钢铁产业协同等不同领域探索合作共建、资源共享、互利共赢的一体化发展新路径，促进骨干流通走廊供需匹配，形成规模优势；在提升走廊承载能力方面，加快交通基础设施建设，统筹推进节点城市间快速通道建设标准和时序，完善涉及昆明、成都、重庆、宝鸡等国内铁路通道布局，充分释放成昆铁路、宝成铁路等铁路货运能力，实现矿产品大宗物资铁路运输畅通无阻。

（作者：中国市长协会供稿）

编后语

2023年是全面贯彻党的二十大精神的开局之年，是三年新冠疫情防控转段后经济恢复发展的一年，也是改革开放四十五周年。这一年，中国的城市经历了谋大局、应变局、破困局、开新局的重大考验，做到了稳支柱、防风险、惠民生。

2023年12月27日发布了《中共中央 国务院关于全面推进美丽中国建设的意见》，提出新征程上，必须把美丽中国建设摆在强国建设、民族复兴的突出位置。同时，打造宜居、韧性、智慧城市，也是党的二十大报告中提出的要求。

《中国城市发展报告（2023/2024）》以"美丽中国，宜居城市"为主题，邀请30多位专家学者撰写相关文章，系统回顾2023年度中国城市发展的新形势、新需求、新变革和新进展，并展示建设美丽中国、宜居城市的理论探索与实践案例。

（一）"论坛篇"，重点围绕"美丽中国，宜居城市"的年度主题，特邀6位业内专家就相关议题笔谈论道，各抒真知灼见。

（1）关于新时代城乡历史文化保护传承工作。住房和城乡建设部党组书记、部长倪虹在《求是》杂志发文，强调了城乡历史文化保护传承的重要性和紧迫性。文章指出，新征程上，我们要深入学习领会习近平总书记关于加强城乡历史文化保护传承的重要论述精神，坚持守护根脉的根本目标、保护第一的基本原则、人民至上的价值取向、守正创新的思想方法、交流互鉴的时代要求。从构建保护传承工作格局、建立保护传承体系、营造良好保护传承氛围、开创历史文化与现代生活融合的生动局面等方面，系统回顾了新时代我国城乡历史文化保护传承工作取得的显著成效。文章最后强调，城乡历史文化保护传承事业已经进入与城乡建设、文化建设、经济社会发展统筹协调的新阶段，要统筹好保护与发展、保护与民生、保护与利用、单体保护与整体保护，持续在真重视、真懂行、真保护、真利用、真监督上下功夫，推动城乡历史文化保护传承工作不断取得新成效。

（2）关于新质生产力与新型城镇化建设。中国城市和小城镇改革发展中心主任高国力在文章中指出，新质生产力依托科技创新，以高技术、高效能、高质量为特征，正推动产业深度转型升级，并对城镇空间格局、就业结构、生活方式及城市治理产生深远影响。同时，新型城镇化通过人口优化、空间优化及制度优化，为新质生产力提供强大驱动力。文章还研判了二者相互作用的未来趋势，强调科技储备、市场化商业模式及全球合作的重要性，并指出在开放发展中需兼顾安全，确保新质生产力与新型城镇化建设的良性互动。

（3）关于数字时代的城市规划与管理。周成虎院士的文章为推动大数据与城市规划管理的深度融合提供了理论依据和实践路径。文章探讨了数字变革对城市规划与管理的深远影响，分析了大数据在辅助感知城市、提升城市治理效能方面的潜力；介绍了数据增强设计（DAD）这一新兴规划设计方法，强调通过定量分析和建模提升规划设计的科学性和可预测性；还展望了人工智能技术在城市规划中的应用前景，提出未来城市规划可能实现自动化、智能化发展。

（4）关于城市基础设施社区化与城市高质量发展，原浙江省委常委、杭州市委书记王国平撰文，建议构建经济类、社会类、生态类"三位一体"的城市基础设施建设新体系和"XOD+PPP+EPC"三位一体的建设新模式，并阐述了"十圈十美"的城市基础设施社区化理念，旨在通过打造15分钟生活圈等多元化功能圈，提升城市社区的综合服务能力和居民生活质量。文章强调城市基础设施社区化是推动城市高质量发展的有效途径，为实现高品质城市生活提供了新思路。

（5）关于中国城乡能源供给系统的低碳路径，江亿院士撰文探讨中国城乡能源供给系统的低碳路径。文章指出，实现"双碳"目标的关键在于能源系统的零碳化转型，包括电力系统的零碳化、热力系统的零碳化、零碳燃料的供给与转换以及农村新型能源系统的建设。文章详细分析了全面电气化的可行性与未来能源需求，提出通过发展新型电力与热力系统、利用余热资源、推广生物质燃料等措施，构建零碳能源系统。此外，文章还强调了政策机制改革的重要性，以确保零碳能源系统的顺利实施，并提出了一系列具体的政策建议。文章最后总结了农村在零碳能源系统中的角色，强调了其作为能源供给者的潜力与贡献。

（6）关于新阶段中国城市发展状况，中国城市规划设计研究院郑德高副院长撰文指出，新阶段中国城市发展的主要特征是从"增长主义"转向"结构主义"，从城市扩张转向存量为主、城市经营多元化，并面临经济增长高质量转型、人口老龄化、气候变化与公共安全等诸多挑战，进而提出提升城市韧性、宜居性、创新活力，注重绿色生态基底、文化赋能及治理智慧化等发展建议，旨在推动中国城市高质量发展，促进中国式城镇化目标的实现。

（二）"综论篇"聚焦2023年中国城市的规划发展状况，从三个层面介绍了全国城市发展的总体状况、重点领域进展和当年发生的重大事件。

一是综述2023年度中国城市规划发展的总体状况（中英文），内容涵盖城镇化与城市发展概况、疫后经济复苏与发展新质生产力、以人为核心的新型城镇化、宜居韧性智慧城市、美丽中国建设与绿色发展。2023年是三年新冠疫情防控转段后经济恢复发展的第一年，面对异常复杂的国际环境和艰巨繁重的改革发展稳定任务，我国不仅有效巩固了抗疫成果，更实现了经济的稳步回升和高质量发展，新质生产力加快发展，科技创新实现新突破，重点城市群、都市圈、超大特大城市以及县城建设均取得进展，好房子、好小区、好社区、好城区"四好"建设，以及保障性住房、城中村改造、"平急两用"公共基础设施建设"三大工程"成为城乡建设领域新亮点，美丽中国建设与绿色发展也连续出台重磅文件。

二是概述2023年中国城市在七个方面的主要进展：（1）在城市治理方面，安全水平全面提升，城市更新行动有序推进，数字技术的应用不断强化，共建共治共享治理制度不断健全。（2）住房发展呈现稳定恢复态势，政策导向以"增信心、防风险、促转型"为主线，加大保障性住房建设，推进老旧小区改造，同时优化住房公积金制度，加快构建租购并举制度，有效促进了房地产市场的平稳健康发展。（3）交通建设取得新进展，区域交通和城市综合交通体系不断完善，新能源汽车和智能网联汽车快速发展，充电设施和智慧交通系统建设加速，同时注重与旅游经济的融合，推动城市交通高质量发展。（4）基础设施聚焦补短板、防风险、惠民生，全面开展城市体检，推进老旧小区和燃气管道等基础设施改造，提升城市排水防涝能力，强化城市安全韧性，同时积极推动城市绿色低碳发展，提升居民生活质量。（5）信息化方面，城市数字化转型加速，数字新基建、新型基础测绘体系、安全可靠工程取得显著成果；智能网联汽车、远程医疗、智慧文旅、智能制造等领域新技术广泛应用；人工智能趋向通用化与实体化，推动智慧城市高质量发展。（6）服务业成为经济复苏主引擎，服务业增加值占GDP比重过半，高技术服务业发展迅速，消费回暖带动接触型服务业增长，同时构建服务业新体系，促进现代服务业与先进制造业融合，扩大服务业开放水平，推动城市服务业高质量发展。（7）城乡历史文化保护传承工作持续推进，新增历史文化名城和名镇名村，构建保护传承体系，创新保护手段方法，推动科学保护修缮与活化利用，完善法律法规和标准规范，加强保护资金投入和监督检查，同时扩大宣传力度，加强学术创新和经验总结推广。

三是遴选并简述2023年度中国城市发生的十大重要事件：《习近平关于城市工作论述摘编》出版、国家加快推进城市"三大工程"建设、中共中央 国务院表彰2023年度国家科学技术奖、首届全球可持续发展城市奖在上海颁奖、国务院安全生产委员会印发《全国城镇燃气安全专项整治工作方案》、国家大力推动城市文化旅游高质量发展、全面开展城市体检有序推进城市更新工作、中国宣布支持高质量共建"一带一路"的八项行动、第十九届亚运会在杭州市隆重举行、国家发布关于促进民营经济发展壮大的意见。

（三）人是"美丽中国，宜居城市"的目标主体。本年度"专题篇"侧重人本视角，更加关注国民生活状态，立足于"人"，邀请5位专家撰文就相关议题进行探讨，并提出了相应的对策建议。

（1）《中国人口负增长对城市发展的影响及应对》指出，自2022年中国人口出现负增长以来，这一趋势预计将在未来持续，并可能在"十五五"时期进入稳定的负增长阶段。人口负增长将对城市经济产业转型、公共服务配置等产生深远影响，加剧城市人口集聚与收缩的态势，影响经济社会发展，并增加城市治理的复杂度和难度。为应对人口负增长带来的挑战，文章建议加强与人口变动相适应的城市规划，因地制宜增强经济社会发展活力，以及改革创新城市治理体系，推动城市可持续发展。

（2）《健康城市与后疫情时代的机遇与挑战》分析了市域、城区和社区三个层面建成环境对传染性疾病传播的影响及规划应对策略。市域层面，提出通过空间布局优化减少病原体传播；城区层面，强调平疫结合规划设计的重要性；社区层面，建议将健康融入15分钟社区生活圈，提升应急能力。文章呼吁在城市规划中重视公共健康，创新规划策略，以应对后疫情时代的挑战，构建更加健康、韧性的城市环境。

（3）《城市建成环境适老化改造的现状问题、发展趋势和对策建议》指出了推进适老化改造的必要性和重要意义。文章强调，随着人口老龄化加剧，城市建成环境需适应老年人需求，通过科学规划、系统改造，建设适老化城市、社区和住房。同时，提出了构建适老化基础设施体系、优化社区环境、提升住房适老化品质等对策建议，旨在营造安全便捷、健康舒适的老年宜居环境，促进城市高质量发展。

（4）《疫后城市旅游发展分析与趋势预判》指出疫情对旅游业造成冲击后，随着疫情管控措施调整，国内旅游市场迅速复苏。文章探讨了城市旅游的定义、国际经验、吸引物及支撑体系，并总结了疫后城市旅游在政策扶持、经济支撑、跨界融合、科技推动及消费提升等方面的发展动力。文章还预判了城市旅游业未来的发展趋势，包括需求复苏、品质提升及多样化需求等，并强调了城市旅游业发展的条件、规律及政府与市场协作的重要性，最后提出了加强规划研究、提升供给体系、构建消费场景等建议。

（5）《国家低碳城市试点工作阶段评估：成效与问题及对策建议》指出，低碳试点工作取得了显著成效，包括经济质效提升、碳排放有效控制及低碳发展格局初步形成，但仍存在试点工作进展不平衡、规划引领作用待加强、政策制度保障不足、科技创新落实不到位，以及碳排放数据统计能力需提升等问题。针对这些问题，文章提出了加强组织领导、完善政策制度体系、强化科技支撑、提升管理能力的对策建议，以期推动低碳城市试点工作向纵深发展，助力实现碳达峰、碳中和目标。

（四）"观察篇"聚焦年度热点焦点问题，就社情民意、数字经济、城市安全、低碳转型、文脉传承等等现象进行观察分析，并提出了对策建议。

（1）中国市长协会的《2023年中国市长协会舆情观察》，集合了招商旅游、安全维稳、改革、脱贫攻坚、教育、疫情防控、反腐倡廉、环保、智慧城市、节能降碳、全面小康、城市经济12个领域的舆情分析。结果显示：2023年疫情防控常态化，旅游景点陆续放开，致使招商旅游信息总体占53.34%，居第一位；安全维稳舆情信息占比12.70%，居第二位；改革话题占比12.30%，占第三位；脱贫攻坚话题关注占比10.93%，占第四位。

（2）《智慧城市的催化剂：人工智能对城市发展的机遇与挑战》指出，AI技术通过提升数据处理和学习能力，在城市规划与管理、公共服务、环境保护等多个领域发挥了重要作用，成为推动城市智慧化转型的关键力量。然而，AI技术的应用也带来了伦理、隐私、就业结构变化、数据安全和法律监管滞后等挑战。文章通过案例分析展示了AI技术的实际成效，并提出了政策建议，以确保AI技术在促进城市可持续发展的同时，能够兼顾社会伦理、隐私保护和法律合规。

（3）《韧性城市视角下城市自然灾害防控》介绍了韧性城市视角下的城市灾害防控理念与实践。文章通过分析韧性城市的概念、特征及其在城市发展中的重要性，探讨了城市面临的多样化灾害风险及韧性建设的关键领域，重点讨论了城市综合防灾减灾规划的制定与实施，包括空天地一体化监测预警体系、智慧城市与灾害防控融合建设、地下空间与建筑结构安全防控等方面。文章强调，通过构建韧性城市体系，可以显著提升城市抵御自然灾害及衍生灾害的能力，保障城市经济社会可持续发展。

（4）《长三角地区碳排放观察和对策建议》指出了长三角地区碳排放总量较大但碳排放

强度相对较低，能源活动为主要碳源。近年来，长三角地区碳排放量虽有波动但已接近碳达峰，上海市和浙江省已显现出缓慢下降趋势。为进一步推动低碳发展，文章建议优化能源结构、提高能源利用效率、促进产业低碳转型、建设绿色交通与建筑、提升碳汇能力以及完善碳市场规则等。同时，长三角应构建更韧性的能源协同网络，强化区域协同减碳，以实现经济发展与环境保护的双赢。

（5）《大型纪录片〈文脉春秋〉中的国家历史文化名城观察》介绍了历史文化名城的重要性及其在中华文明传承中的角色，详细阐述了《文脉春秋》纪录片在推动历史文化保护工作方面的创新宣传方式。纪录片通过以人为本的记录手法，深入挖掘各名城的历史文脉，展现其保护与发展成就，强调文化自信的传承与弘扬。文章还结合片中城市案例，总结了纪录片在赋能古城复兴、推动城市焕发新活力方面的实际效果，并归纳了历史文化名城保护传承的好经验好做法，如守好保护底线、坚持以用促保、注重多方参与等。《文脉春秋》的播出，显著提升了历史文化保护传承的社会影响与号召力，为营造全社会共同保护传承城乡历史文化的良好氛围做出了贡献。

（五）"案例篇"是展示地方创新实践与成功经验的重要窗口，今年围绕年度主题，结合地方实绩，精心遴选了7个具有代表性的城市发展案例，生动展现了中国城市在高质量发展道路上的不懈追求与显著成就。

（1）义乌小商品市场从"鸡毛换糖"起步，通过改革开放与持续创新，从内陆小县发展成为全球知名的小商品贸易中心。《义乌小商品市场——中国式城市化的探索之路》详细记录了义乌市场从无到有、从小到大的发展历程，生动而鲜活地展现了义乌在政府引导、市场机制与社会力量的共同作用下，如何通过贸工联动、国贸改革及电商换市等策略，不断克服挑战，从县域小市场到全球大市场，从小城镇到大城市，实现现代化转型，成为中国式城镇化的县域典范。

（2）福州市在习近平生态文明思想指导下，坚持"3820"战略工程，通过绿色发展转型、环境治理保育、城市韧性提升及全民共建共享等措施，推动现代化国际城市建设，成为荣获首届全球可持续发展城市奖（上海奖）的中国城市。《建设"有福之州"的探索与实践》总结了福州市在数字经济、文旅经济、绿色经济和海洋经济方面的成功经验，展示了其在生态环境保护、内涝治理、防洪防灾及全民参与城市治理方面的显著成效，彰显了福州作为"有福之州"的独特魅力和可持续发展路径。

（3）《国家级近零碳示范区创建示范——海南博鳌近零碳示范区创建探索与实践》介绍了海南博鳌近零碳示范区的创建过程、举措及成效。该项目由中国城市规划设计研究院海南分公司主导，旨在积极响应国家碳达峰、碳中和战略，对博鳌亚洲论坛会址所在区域进行绿色低碳改造。通过规划引领、科学设定创建目标、加强工作统筹、全程技术指导、引入社会资本、优化审批流程、推动工程总承包、开展成果国际认证及建立零碳治理机制等举措，成功实现了全岛运行阶段近零碳、能耗与碳排放大幅下降、资源循环利用等目标。项目竣工后，不仅获得国内外权威专家的高度评价，还成功取得多项国际认证，环境、经济、社会效益显著，为海南省乃至全国绿色低碳发展提供了重要借鉴和示范。

（4）《生态立市，文化赋能，创新驱动——宜兴以新动能推动高质量发展的经验做法》介绍了宜兴市凭借独特的生态资源、深厚的文化底蕴以及创新驱动发展战略，走出了一条高质量发展的新路径。在生态立市方面，宜兴将生态价值转化为经济价值，推动山水资源向高品质农文旅、自然资源重塑及循环经济发展转变，并构建了国内领先的环保产业集群。同时，文化赋能显著提升了城市竞争力，通过文旅融合、健康产业及人才资源推动城市全面发展。在创新驱动下，宜兴积极融入区域科创格局，打造太湖湾科创带，制定科技创新政策，形成了强大的创新生态体系，为城市可持续发展注入了强劲动力。

（5）《苏州以城市更新行动聚力贡献名城保护发展新样板》介绍了苏州作为历史文化名城，通过城市更新行动，积极探索古城保护与发展的新模式。通过构建自上而下的统筹协调机制、编制更新规划、推进政策制度探索，苏州实施片区连片更新，回应人本需求，改善民生。同时，完善金融支持，鼓励多元主体参与，实施"古城细胞解剖工程"并构建CIM+"数字孪生古城"信息平台，推动古城保护与经济社会发展的深度融合，为古城保护和高质量发展提供了苏州方案。

（6）重庆作为超大城市，通过连续四年的城市体检实践，探索了面向现代化治理转型的路径。《面向超大城市现代化治理转型的城市体检探索——重庆城市体检实践》介绍了重庆城市体检的"市—区县—街道"三级联动工作机制，以及全面、常态化的城市体检体系和全过程公众参与机制。重庆城市体检成果有效指导了城市更新行动，推动了从"发现问题"到"解决问题"的闭环管理。同时，依托智慧治理，搭建城市体检信息平台，实现了数据的集成、分析与监测，为城市规划和治理提供了有力支撑，助力重庆城市现代化治理水平的提升。

（7）《健康城市建设的扬州实践》介绍了扬州市健康城市建设中的健康促进、健康干预、健康服务优化、健康环境改善、健康保障加强及健康产业发展在内的多维度模式。扬州以人民健康为中心，普及健康知识、推动全民健身、强化控烟与心理健康服务，有效防控传染病与慢性病，并构建完善的公共卫生与医疗服务体系。同时注重健康环境的营造，加强食品安全与生态环境保护，并大力发展健康产业，为市民提供全方位的健康保障，树立了健康城市建设的典范。

（六）"附录篇"中，除了《2023年中国城市规划发展大事记》《2023年中国城市规划政策法规文件索引》《中国城市基本数据（2021年）》等内容，今年还特别增设了《两会市长声音（节选）》，在全国两会期间，市长们围绕城市工作建言献策，介绍各地为促进经济社会发展和提高城市规划建设治理水平所做的工作与举措。最后，谨向为本报告作序的国际欧亚科学院中国科学中心主席将正华先生和所有文章作者以及编委会、编辑部的全体同仁表示衷心感谢！

国际欧亚科学院院士，《中国城市发展报告》主编

2024年9月3日